本书列入中国科学技术信息研究所学术著作出版计划

2021 年度

中国科技论文统计与分析

年度研究报告

中国科学技术信息研究所

U0348363

科学技术文献出版社
SCIENTIFIC AND TECHNICAL DOCUMENTATION PRESS

·北京·

图书在版编目（CIP）数据

2021 年度中国科技论文统计与分析：年度研究报告 / 中国科学技术信息研究所
著 . —北京：科学技术文献出版社，2023.6
ISBN 978-7-5235-0417-8

Ⅰ . ① 2… Ⅱ . ①中… Ⅲ . ①科学技术—论文—统计分析—研究报告—中国—
2021 Ⅳ . ① N53

中国国家版本馆 CIP 数据核字（2023）第 120487 号

2021年度中国科技论文统计与分析（年度研究报告）

策划编辑：张 丹 责任编辑：张 丹 邱晓春 李 鑫 责任校对：王瑞瑞 责任出版：张志平

出 版 者	科学技术文献出版社
地 址	北京市复兴路15号 邮编 100038
编 务 部	(010) 58882938，58882087（传真）
发 行 部	(010) 58882868，58882870（传真）
邮 购 部	(010) 58882873
官 方 网 址	www.stdp.com.cn
发 行 者	科学技术文献出版社发行 全国各地新华书店经销
印 刷 者	北京地大彩印有限公司
版 次	2023 年 6 月第 1 版 2023 年 6 月第 1 次印刷
开 本	787×1092 1/16
字 数	551千
印 张	24.25
书 号	ISBN 978-7-5235-0417-8
定 价	150.00元

主　　编：

潘云涛　马　峥

编写人员：

王海燕　翟丽华　郑雯雯　刘亚丽　田瑞强

张贵兰　俞征鹿　杨　帅　盖双双　潘　尧

焦一丹　郑楚华　冯家琪　李　静　许晓阳

张玉华

本书受国家科技统计专项工作"中国科技论文统计"资助。

通信地址：北京市海淀区复兴路 15 号　　100038
　　　　　中国科学技术信息研究所　科学计量与评价研究中心
网　　址：www.istic.ac.cn
电　　话：010-58882027，58882537，58882539，58882552
传　　真：010-58882028
电子信箱：cstpcd@istic.ac.cn

目　录

1　绪论

"2021 年度中国科技论文统计与分析"项目现已完成,统计结果和简要分析分列于后。为使广大读者能更好地了解我们的工作,本章将对中国科技论文引文数据库(CSTPCD)的统计来源期刊(中国科技核心期刊)的选取原则、标准及调整做一简要介绍;对国际论文统计选用的国际检索系统(包括 SCI、Ei、Scopus、CPCI–S、SSCI、Medline 和 Derwent 专利数据库等)的统计标准和口径、论文的归属统计方式和学科的设定等方面做出必要的说明。自 1987 年以来连续出版的《中国科技论文统计与分析(年度研究报告)》和《中国科技期刊引证报告(核心版)》,是中国科技论文统计分析工作的主要成果,受到广大科研人员、科研管理人员和期刊编辑人员的关注和欢迎。我们热切希望大家对论文统计分析工作继续给予支持和帮助。

1.1　关于统计源

1.1.1　国内科技论文统计源

国内科技论文的统计分析是使用中国科学技术信息研究所自行研制的中国科技论文与引文数据库(CSTPCD),该数据库选用中国各领域能反映学科发展的重要期刊和高影响期刊作为"中国科技核心期刊"(中国科技论文统计源期刊)。来源期刊的语种分布包括中文和英文,学科分布范围覆盖全部自然科学领域和社会科学领域,少量交叉学科领域的期刊同时分别列入自然科学领域和社会科学领域。中国科技核心期刊遴选过程和遴选程序在中国科学技术信息研究所网站进行公布。每年公开出版的《中国科技期刊引证报告(核心板)》和《中国科技论文统计与分析(年度研究报告)》公布期刊的各项指标和相关统计分析数据结果。此项工作不向期刊编辑部收取任何费用。

中国科技核心期刊的选择过程和选取原则如下。

一、遴选原则

按照公开、公平、公正的原则,采取以定量评估数据为主、专家定性评估为辅的方法,开展中国科技核心期刊遴选工作。遴选结果通过网上发布和正式出版《中国科技期刊引证报告(核心版)》两种方式向社会公布。

参加中国科技核心期刊遴选的期刊须具备下述条件:

① 有国内统一刊号(CN ×× – ××××/×××),且已经完整出版 2 卷(年)。

② 属于学术和技术类科技期刊。科普、编译、检索和指导等类期刊不列入核心期刊遴选范围。

③ 报道内容以科学发现和技术创新成果为主,刊载文献类型主要属于原创性科技论文。

二、遴选程序

中国科技核心期刊每年评估一次。评估工作在每年 3—9 月进行。

1. 样刊报送

期刊编辑部在正式参加评估的前一年，须在每期期刊出刊后，将样刊寄到中国科技信息研究所科技论文统计组。这项工作用来测度期刊出版是否按照出版计划定期定时，是否有延期出版的情况。

2. 申请

一般情况下，期刊编辑出版单位须在每年 3 月 1 日前通过中国科技核心期刊网上申报系统（https://cjcr-review.istic.ac.cn/）在线完成提交申请，并下载申请书电子版。申请书打印盖章后，附上一年度出版的样刊，寄送到中信所。申报项目主要包括以下几项。

（1）总体情况

包括期刊的办刊宗旨、目标、主管单位、主办单位、期刊沿革、期刊定位、所属学科、期刊在学科中的作用、期刊特色、同类期刊的比较、办刊单位背景、单位支持情况、主编及主创人员情况。

（2）审稿情况

包括期刊的投稿和编辑审稿流程，是否有严谨的同行评议制度。编辑部需提供审稿单的复印件，举例说明本期刊的审稿流程，并提供主要审稿人的名单。

（3）编委会情况

包括编委会的人员名单、组成，编委情况，编委责任。

（4）其他材料

包括体现期刊质量和影响的各种补充材料，如期刊获奖情况、各级主管部门（学会）的评审或推荐材料、被各重要数据库收录情况。

3. 定量数据采集与评估

①中国科技信息研究所制定中国科技期刊综合评价指标体系，用于中国科技核心期刊遴选评估。中国科技期刊综合评价指标体系对外公布。

②中国科技信息研究所科技论文统计组按照中国科技期刊综合评价指标体系，采集当年申报的期刊各项指标数据，进行数据统计和各项指标计算，并在期刊所属的学科内进行比较，确定各学科均线和入选标准。

4. 专家评审

① 定性评价分为专家函审和终审两种形式。

② 对于所选指标加权评分数排在本学科前 1/3 的期刊，免于专家函审，直接进入年度入选候选期刊名单；定量指标在均线以上的或新创刊五年以内的新办期刊，需要提供专家函审才能入选候选期刊名单。

③ 对于需函审的期刊，邀请多位学科专家对期刊进行函审。其中有 2/3 以上函审专家同意的，则视为该期刊通过专家函审。

④ 由中国科技信息研究所成立的专家评审委员会对年度入选候选期刊名单进行审查，采用票决制确定年度入选中国科技核心期刊名单。

三、退出机制

中国科技核心期刊制订了退出机制。指标表现反映出严重问题或质量和影响持续下降的期刊将退出中国科技核心期刊。存在违反出版管理各项规定、存在学术诚信和出版道德问题的期刊也将退出中国科技核心期刊。对指标表现反映出存在问题趋向的期刊采取两步处理：首先采用预警信方式向期刊编辑出版单位通报情况，进行提示和沟通；若预警后仍没有明显改进，则将退出中国科技核心期刊。

1.1.2 国际科技论文统计源

考虑到论文统计的连续性，2021 年度的国际论文数据仍采集自 SCI、Ei、CPCI‑S、Medline、SSCI 和 Scopus 等论文检索系统和 Derwent 专利数据库等。

SCI 是 Science Citation Index 的缩写，由美国科学情报所（ISI，现并入科睿唯安公司）创制。SCI 不仅是功能较为齐全的检索系统，同时也是文献计量学研究和应用的科学评估工具。

要说明的是，本报告所列出的"中国论文数"同时存在 2 个统计口径：在比较各国论文数排名时，统计中国论文数包括中国作为第一作者和非第一作者参与发表的论文，这与其他各国论文数的统计口径是一致的；在涉及中国具体学科、地区等统计结果时，统计范围只是中国内地作者为论文第一作者的论文。本报告附表中所列的各系列单位排名是按第一作者论文数作为依据排出的。在很多高校和研究机构的配合下，对于 SCI 数据加工过程中出现的各类标识错误，我们尽可能地做了更正。

Ei 是 Engineering Index 的缩写，创办于 1884 年，已有 100 多年的历史，是世界著名的工程技术领域的综合性检索工具。主要收集工程和应用科学领域 5000 余种期刊、会议论文和技术报告的文献，数据来自 50 多个国家和地区，语种达 10 余种，主要涵盖的学科有：化工、机械、土木工程、电子电工、材料、生物工程等。

我们以 Ei Compendex 核心部分的期刊论文作为统计来源。在我们的统计系统中，由于有关国际会议的论文已在我们所采用的另一专门收录国际会议论文的统计源 CPCI‑S 中得以表现，故在作为地区、学科和机构统计用的 Ei 论文数据中，已剔除了会议论文的数据，仅包括期刊论文，而且仅选择核心期刊采集出的数据。

CPCI‑S，是 Conference Proceedings Citation Index 的缩写，是科睿唯安公司的产品，从 2008 年开始代替 ISTP（Index to Scientific and Technical Proceeding）。在世界每年召开的上万个重要国际会议中，该系统收录了 70%～90% 的会议文献，汇集了自然科学、农业科学、医学和工程技术领域的会议文献。在科研产出中，科技会议文献是对期刊文献的重要补充，所反映的是学科前沿性、迅速发展学科的研究成果，一些新的创新思想和概念往往先于期刊出现在会议文献中，从会议文献可以了解最新概念的出现和发展，并能掌握某一学科最新的研究动态和趋势。

SSCI（Social Science Citation Index）是科睿唯安编制的反映社会科学研究成果的大型综合检索系统，已收录了社会科学领域期刊 3000 多种，另对约 1400 种与社会科学交叉的自然科学期刊中的论文予以选择性收录。其覆盖的领域涉及人类学、社会学、教育、经济、心理学、图书情报、语言学、法学、城市研究、管理、国际关系、健康等 55 个学科门类。通过对该系统所收录的中国论文的统计和分析研究，可以从一个方面了解中国社会科学研究成果的国际影响和国际地位。为了帮助广大社会科学工作者与国际同行交流与沟通，也为了促进中国社会科学及与之交叉的学科的发展，从 2005 年开始，我们对 SSCI 收录的中国论文情况做出统计和简要分析。

Medline（美国《医学索引》）创刊于 1879 年，由美国国立医学图书馆（National Library of Medicine）编辑出版，收集世界 70 多个国家和地区，40 多种文字、4800 种生物医学及相关学科期刊，是当今世界较权威的生物医学文献检索系统，收录文献反映了全球生物医学领域较高水平的研究成果，该系统还有较为严格的选刊程序和标准。从 2006 年度起，我们就已利用该系统对中国的生物医学领域的成果进行了统计和分析。

Scopus 数据库是 Elsevier 公司研制的大型文摘和引文数据库，收录全世界范围内经过同行评议的学术期刊、书籍和会议录等类型的文献内容，其中包括丰富的非英语发表的文献内容。Scopus 覆盖的领域包括科学、技术、医学、社会科学、艺术与人文等领域。

对 SCI、Medline、CPCI-S、Scopus 系统采集的数据时间按照出版年度统计；Ei 系统采用的是按照收录时间统计，即统计范围是在当年被数据库系统收录的期刊文献。其中基于 WoS 平台的 SCI、CPCI-S 数据库从 2020 年开始，对"出版年度"的定义将有所调整，将扩大至涵盖实际出版的年度和在线预出版的年度，意味着统计时间范围相对往年会有一定程度扩大。

1.2 论文的选取原则

在对 SCI、Ei、Scopus 和 CPCI-S 收录的论文进行统计时，为了能与国际做比较，选用第一作者单位属于中国的文献作为统计源。在 SCI 数据库中，涉及的文献类型包括 Article、Review、Letter、News、Meeting Abstracts、Correction、Editorial Material、Book Review、Biographical-Item 等。从 2009 年度起选择其中部分主要反映科研活动成果的文献类型作为论文统计的范围。初期是以 Article、Review、Letter 和 Editorial Material 4 类文献作论文计来统计 SCI 收录的文献，近年来，中国作者在国际期刊中发表的文献数量越来越多，为了鼓励和引导科技工作者们发表内容比较翔实的文献，而且便于和国际检索系统的统计指标相比较，选取范围又进一步调整。目前，SCI 论文的统计和机构排名中，我们仅选 Article、Review 两类文献作为进行各单位论文数的统计依据。这两类文献报道的内容详尽，叙述完整，著录项目齐全。

在统计国内论文的文献时，也参考了 SCI 的选用范围，对选取的论文做了如下的限定：

① 论著，记载科学发现和技术创新的学术研究成果；

② 综述与评论，评论性文章、研究述评；

③ 一般论文和研究快报，短篇论文、研究快报、文献综述、文献复习；

④ 工业工程设计，设计方案、工业或建筑规划、工程设计。

在中国科技核心期刊上发表研究材料和标准文献、交流材料、书评、社论、消息动态、译文、文摘和其他文献不计入论文统计范围。

1.3　论文的归属（按第一作者的第一单位归属）

作者发表论文时的署名不仅是作者的权益和学术荣誉，更重要的是还要承担一定的社会和学术责任。按国际文献计量学研究的通行做法，论文的归属按第一作者所在的地区和单位确定，所以中国的论文数量是按论文第一作者属于中国大陆的数量而定的。例如，一位外国研究人员所从事的研究工作的条件由中国提供，成果公布时以中国单位的名义发表，则论文的归属应划作中国，反之亦然。若出现第一作者标注了多个不同单位的情况，按作者署名的第一单位统计。

为了尽可能全面统计出各高等院校、研究机构、医疗机构和公司企业的论文产出总量，我们尽量将各类实验室所产出论文归入其所属的机构进行统计。经教育部正式批准合并的高等学校，我们也随之将原各校的论文进行了合并。由于部分高等学校改变所属关系，进行了多次更名和合并，使高等学校论文数的统计和排名可能会有微小差异，敬请谅解。

1.4　论文和期刊的学科确定

论文统计学科的确定依据是国家技术监督局颁布的 GB/T 13745—2009《中华人民共和国国家标准：学科分类与代码》，在具体进行分类时，一般是依据参考论文所载期刊的学科类别和每篇论文的内容。由于学科交叉和细分，论文的学科分类问题十分复杂，现暂分类至一级学科，共划分了 39 个自然科学学科类别，且是按主分类划分。一篇文献只作一次分类。在对 SCI 文献进行分类时，我们主要依据 SCI 划分的主题学科进行归并，综合类学术期刊中的论文分类将参考内容进行。Ei、Scopus 的学科分类参考了检索系统标引的分类代码。

通过文献计量指标对期刊进行评估，很重要的一点是要分学科进行。目前，我们对期刊学科的划分大部分仅分到一级学科，主要是依据各期刊编辑部在申请办刊时选定，但有部分期刊，由于刊载的文献内容并未按最初的规定而刊发文章，出现了一些与刊名及办刊宗旨不符的内容，使期刊的分类不够准确。而对一些期刊数量（种类）较多的学科，如医药、地学类，我们对期刊又做了二级学科细分。

1.5　关于中国期刊的评估

科技期刊是反映科学技术产出水平的窗口之一，一个国家科技水平的高低可通过期刊的状况得以反映。从论文统计工作开始之初，我们就对中国科技期刊的编辑状况和质量水平十分关注。1990 年，我们首次对 1227 种统计源期刊的 7 项指标做了编辑状况统计分析，统计结果为我们调整统计源期刊提供了编辑规范程度的依据。1994 年，我们开始了国内期刊论文的引文统计分析工作，为期刊的学术水平评价建立了引文数据库，从 1997 年开始，编辑出版《中国科技期刊引证报告》，对期刊的评价设立了多项指标。为使各期刊编辑部能更多地获取科学指标信息，在基本保持了上一年所设立的评价指标的基础上，常用指标的数量保持不减，并根据要求和变化增加一些指标。主要指标的定义如下。

（1）核心总被引频次

期刊自创刊以来所登载的全部论文在统计当年被引用的总次数，可以显示该期刊被使用和受重视的程度，以及在科学交流中的绝对影响力的大小。

（2）核心影响因子

期刊评价前两年发表论文的篇均被引用的次数，用于测度期刊学术影响力。

（3）核心即年指标

期刊当年发表的论文在当年被引用的情况，表征期刊即时反应速率的指标。

（4）核心他引率

期刊总被引频次中，被其他刊引用次数所占的比例，测度期刊学术传播能力。

（5）核心引用刊数

引用被评价期刊的期刊数，反映被评价期刊被使用的范围。

（6）核心开放因子

期刊被引次数的一半所分布的最小施引期刊数量，体现学术影响的集中度。

（7）核心扩散因子

期刊当年每被引 100 次所涉及的期刊数，测度期刊学术传播范围。

（8）学科扩散指标

在统计源期刊范围内，引用该刊的期刊数量与其所在学科全部期刊数之比。

（9）学科影响指标

指期刊所在学科内，引用该刊的期刊数占全部期刊数量的比例。

（10）核心被引半衰期

指该期刊在统计当年被引用的全部次数中，较新一半是在多长一段时间内发表的。被引半衰期是测度期刊老化速度的一种指标，通常不是针对个别文献或某一组文献，而是对某一学科或专业领域的文献的总和而言。

（11）权威因子

利用 PageRank 算法计算出来的来源期刊在统计当年的 PageRank 值。与其他单纯计算被引次数的指标不同的是，权威因子考虑了不同引用之间的重要性区别，重要的引用被赋予更高的权值，因此能更好地反映期刊的权威性。

（12）来源文献量

指符合统计来源论文选取原则的文献的数量。在期刊发表的全部内容中，只有报道科学发现和技术创新成果的学术技术类文献用于作为中国科技论文统计工作的数据来源。

（13）文献选出率

指来源文献量与期刊全年发表的所有文献总量之比，用于反映期刊发表内容中，报道学术技术类成果的比例。

（14）AR 论文量

指期刊所发表的文献中，文献类型为学术性论文（Article）和综述评论性论文（Review）的论文数量，用于反映期刊发表的内容中学术性成果的数量。

（15）论文所引用的全部参考文献数

是衡量该期刊科学交流程度和吸收外部信息能力的一个指标。

（16）平均引文数

指来源期刊每一篇论文平均引用的参考文献数。论文所引用的全部参考文献数量，用于反映期刊发表的内容中学术性成果的数量。

（17）平均作者数

指来源期刊每一篇论文平均拥有的作者数，是衡量该期刊科学生产能力的一个指标。

（18）地区分布数

指来源期刊登载论文所涉及的地区数，按全国 31 个省（自治区、直辖市计，不含港澳台地区）计。这是衡量期刊论文覆盖面和全国影响力大小的一个指标。

（19）机构分布数

指来源期刊论文的作者所涉及的机构数。这是衡量期刊科学生产能力的另一个指标。

（20）海外论文比

指来源期刊中，海外作者发表论文占全部论文的比例。这是衡量期刊国际交流程度的一个指标。

（21）基金论文比

指来源期刊中，国家级、省部级以上及其他各类重要基金资助的论文占全部论文的比例。这是衡量期刊论文学术质量的重要指标。

（22）引用半衰期

指该期刊引用的全部参考文献中，较新一半是在多长一段时间内发表的。通过这个指标可以反映出作者利用文献的新颖度。

（23）离均差率

指期刊的某项指标与其所在学科的平均值之间的差距与平均值的比例。通过这项指标可以反映期刊的单项指标在学科内的相对位置。

（24）红点指标

指该期刊发表的论文中，关键词与其所在学科排名前 1% 的高频关键词重合的论文所占的比例。通过这个指标可以反映出期刊论文与学科研究热点的重合度，从内容层面对期刊的质量和影响潜力进行预先评估。

（25）综合评价总分

根据中国科技期刊综合评价指标体系，计算多项科学计量指标，采用层次分析法确定重要指标的权重，分学科对每种期刊进行综合评定，计算出每个期刊的综合评价总分。

期刊的引证情况每年会有变化，为了动态表达各期刊的引证情况，《中国科技期刊引证报告》将每年公布，用于提供一个客观分析工具，促进中国期刊发展更好。在此需强调的是，期刊计量指标只是评价期刊的一个重要方面，对期刊的评估应是一个综合的工程。因此，在使用各计量指标时应慎重对待。

1.6　关于科技论文的评估

随着中国科技投入的加大，中国论文数越来越多，但学术水平参差不齐，为了促进中国高影响高质量科技论文的发表，进一步提高中国的国际科技影响力，我们需要做一些评估，以引领优秀论文的出现。

基于研究水平和写作能力的差异，科技论文的质量水平也是不同的。以下就根据多年来对科技论文的统计和分析，提出一些评估论文质量的文献计量指标，供读者参考和讨论。这里所说的"评估"是"外部评估"，即文献计量人员或科技管理人员对论文的外在指标的评估，不同于同行专家对论文学术水平的评估。

这里提出的仅是对期刊论文的评估指标，随着统计工作的深入和指标的完善，所用指标会有所调整。

（1）论文的类型

作为信息交流的文献类型是多种多样的，但不同类型的文献，其反映内容的全面性、文献著录的详尽情况是不同的。一般来说，各类文献检索系统依据自身的情况和检索系统的作用，收录的文献类型也是不同的。目前，我们在统计 SCI 论文时将文献类型是 Article 和 Review 的作为统计源；统计 Ei 论文时将文献类型是 *Journal Article（JA）* 的作为统计源，在统计中国科技论文引文数据库（CSTPCD）时将论著、研究型综述、一般论文、工业工程设计类型的文献作为统计源。

（2）论文发表的期刊影响

在评定期刊的指标中，较能反映期刊影响的指标是期刊的总被引频次和影响因子。我们通常说的影响因子是指期刊的影响情况，是表示期刊中所有文献被引用数的平均值，即篇均被引用数，并不是指哪一篇文献的被引用数值。影响因子的大小受多个因素的制约，关键是刊发的文献的水平和质量。一般来说，在高影响因子期刊中能发表的文献都应具备一定的水平，发表的难度也较大。影响因子的相关因素较多，一定要慎用，而且要分学科使用。

（3）文献发表的期刊的国际显示度

是指期刊被国际检索系统收录的情况及主编和编辑部的国际影响。

（4）论文的基金资助情况（评估论文的创新性）

一般来说，科研基金申请时条件之一是项目的创新性，或成果具有明显的应用价值。

特别是一些经过跨国合作、受多项资助产生的研究成果的科技论文更具重要意义。

（5）论文合著情况

合作（国际、国内合作）研究是增强研究力量、互补优势的方式，特别是一些重大研究项目，单靠一个单位，甚至一个国家的科技力量都难以完成。因此，合作研究也是一种趋势，这种合作研究的成果产生的论文显然是重要的。特别是要关注以中国为主的国际合作产生的成果。

（6）论文的即年被引用情况

论文被他人引用数量的多少是表明论文影响力的重要指标。论文发表后什么时候能被引用，被引数多少等因素与论文所属的学科密切相关。论文发表后能较短时间内获得被引用，反映这类论文的研究项目往往是热点，是科学界本领域非常关注的问题，这类论文是值得重视的。

（7）论文的合作者数

论文的合作者数可以反映项目的研究力量和强度。一般来说，研究作者多的项目研究强度高，产生的论文有影响力，可按研究合作者数大于、等于和低于该学科平均作者数统计分析。

（8）论文的参考文献数

论文的参考文献数是该论文吸收外部信息能力的重要依据，也是显示论文质量的指标。

（9）论文的下载率和获奖情况

可作为评价论文的实际应用价值及社会与经济效益的指标。

（10）发表于世界著名期刊的论文

世界著名期刊往往具有较大的影响力，世界上较多的原创论文都首发于这些期刊中，这类期刊中发表的文献其被引用率也较高，尽管在此类期刊中发表文献的难度也大，但世界各国的学者们还是很倾向于在此类刊物中发表文献以显示其成就，实现和世界同行们进行广泛交流。

（11）作者的贡献（署名位置）

在论文的署名中，作者的排序（署名位置）一般情况可作为作者对本篇论文贡献大小的评估指标。

根据以上的指标，课题组在咨询部分专家的基础上，选择了论文发表期刊的学术影响位置、论文的原创性、世界著名期刊中发表的论文情况、论文即年被引情况、论文的参考文献数及论文的国际合作情况等指标，对 SCI 收录的论文做了综合评定，选出了百篇国际高影响力的优秀论文。对 CSTPCD 中得到高被引的论文进行了评定，也选出了百篇国内高影响力的优秀论文。

（执笔人：王海燕）

2　中国国际科技论文数量总体情况分析

2.1　引言

科技论文作为科技活动产出的一种重要形式,从一个侧面反映了一个国家基础研究、应用研究等方面的情况,在一定程度上反映了一个国家的科技水平和国际竞争力水平。本文利用"科学引文索引"(SCI)、"工程索引"(Ei)和"科学技术会议录索引"(CPCI-S)三大国际检索系统数据,结合 ESI(Essential Science Indicators,基本科学指标数据库)的数据,对中国论文数和被引用情况进行统计,分析中国科技论文在世界所占的份额及位置,对中国科技论文的发展状况做出评估。

2.2　数据

SCI、CPCI-S、ESI 的数据取自科睿唯安(Clarivate Analytics,原汤森路透知识产权与科技事业部)的 Web of Knowledge 平台,Ei 数据取自 Engineering Village 平台。

2.3　研究分析与结论

2.3.1　SCI 收录中国科技论文数情况

2021 年,SCI 收录世界科技论文总数为 249.83 万篇(以出版年统计),比 2020年增加了 7.1%。2021 年收录中国科技论文数为 61.54 万篇,首次排在世界第 1 位(表 2-1),占 SCI 收录世界科技论文总数的 24.6%,所占份额较上年提升了 0.9 个百分点。排在世界前 5 位的国家分别是中国、美国、英国、德国和意大利。排在第 2 位的美国,其 SCI 收录论文数为 58.08 万篇,占世界 SCI 收录科技论文总数的 23.2%。

表 2-1　SCI 收录中国科技论文数世界排名变化

年份	2012	2013	2014	2015	2016	2017	2018	2019	2020	2021
世界排名	2	2	2	2	2	2	2	2	2	1

中国作为第一作者共计发表 55.72 万篇论文,比 2020 年增加 11.1%,占世界各国第一作者发文总数的 22.3%。如按此排序方式,中国也排在世界第 1 位,美国排第 2 位。

2.3.2　Ei 收录中国科技论文数情况

2021 年,Ei 收录世界科技论文总数为 103.78 万篇,比 2020 年增长 4.1%。Ei 收录中国论文数为 39.43 万篇,占 Ei 收录世界论文总数的 38.0%,数量比 2020 年增长 8.1%,

所占份额增加1.4个百分点，排在世界第1位。排在世界前5位的国家分别是中国、美国、印度、德国和英国。

Ei收录的第一作者为中国的科技论文共计34.41万篇，比2020年增长了1%，占Ei收录世界各国第一作者发文总数的33.2%。

2.3.3 CPCI-S收录中国科技会议论文数情况

2021年，CPCI-S数据库收录世界科技会议论文22.29万篇（以出版年统计），比2020年减少了39.5%。CPCI-S共收录了中国科技会议论文3.95万篇，比2020年减少了24.6%，占世界科技会议论文总数的17.7%，排在世界第2位。排在世界前5位的国家分别是美国、中国、印度、德国和日本。CPCI-S数据库收录美国科技会议论文5.43万篇，占世界科技会议论文总数的24.4%。

CPCI-S收录第一作者单位为中国的科技会议论文共计2.68万篇。2021年中国科技人员共参加了在60个国家（地区）召开的1233个国际会议。

2021年中国科技人员发表国际会议论文数最多的10个学科分别为计算技术，电子、通信与自动控制，物理学，临床医学，能源科学技术，工程与技术基础学科，土木建筑，基础医学，动力与电气和材料科学。

2.3.4 SCI、Ei和CPCI-S收录中国科技论文数情况

2021年，SCI、CPCI-S和Ei三大系统共收录中国科技人员发表的科技论文1 048 177篇，比2020年增加了78 375篇，增长8.1%。中国科技论文数占世界科技论文总数的比例为27.9%，比2020年的26.2%增加了1.7个百分点。从表2-2可以看出，近几年，中国科技论文数占世界科技论文总数的比例一直保持上升态势。

表2-2 2010—2021年三大系统收录中国科技论文数及其世界排名

年份	论文篇数	比上年增加篇数	增长率	占世界比例	世界排名
2010	300 923	20 765	7.4%	13.7%	2
2011	345 995	45 072	15.0%	15.1%	2
2012	394 661	48 666	14.1%	16.5%	2
2013	464 259	69 598	17.6%	17.3%	2
2014	494 078	29 819	6.4%	18.4%	2
2015	586 326	92 248	18.7%	19.8%	2
2016	628 920	42 594	7.3%	20.0%	2
2017	662 831	33 911	5.4%	21.2%	2
2018	754 323	91 492	13.8%	22.7%	2
2019	842 023	87 700	11.6%	23.6%	2
2020	969 802	127 779	15.2%	26.2%	1
2021	1 048 177	78 375	8.1%	27.9%	1

注：数据来源于Web of Science核心合集，统计截至2022年6月。

由表 2-3 可见，2021 年，中国论文数排名继续保持在世界第 1 位。2021 年排名居前 6 位的国家分别是中国、美国、英国、德国、印度和日本。2017—2021 年，中国科技论文的年均增长率达 12.1%，与其他几个国家相比，中国科技论文的年均增长率排名居第 1 位，印度论文年均增长率排名居第 2 位，达到 10.2%，美国科技论文的年均增长率最小，只有 0.3%。

表 2-3　2017—2021 年三大系统收录的部分国家科技论文数增长情况

国家	2017 年		2018 年		2019 年		2020 年		2021 年		年均增长率	占世界总数比例
	排名	论文篇数	排名	论文篇数	排名	论文篇数	排名	论文篇数	排名	论文篇数		
中国	2	662 831	2	753 043	2	842 023	1	969 802	1	1 048 177	12.1%	27.9%
美国	1	780 040	1	831 413	1	877 664	2	875 626	2	790 921	0.3%	21.0%
英国	3	215 762	3	236 902	3	252 298	3	251 551	3	261 147	4.9%	6.9%
德国	4	194 081	4	202 673	4	214 675	4	217 854	4	232 556	4.6%	6.2%
印度	6	137 890	6	147 971	6	161 122	5	181 705	5	203 071	10.2%	5.4%
日本	5	154 295	5	160 775	5	163 691	6	163 685	6	166 213	1.9%	4.4%

注：数据来源于 Web of Science 核心合集，统计截至 2022 年 6 月。

2.3.5　中国科技论文被引用情况

2012—2022 年（截至 2022 年 10 月）中国科技人员共发表国际论文 397.92 万篇，继续排在世界第 2 位，数量比 2021 年统计时增加了 18.2%；论文共被引用 5706.99 万次，增加了 31.7%，排在世界第 2 位。中国国际科技论文被引次数增长的速度显著超过其他国家。中国平均每篇论文被引用 14.34 次，比上年度统计时的 12.87 次提高了 11.4%。世界整体篇均被引次数为 14.72 次，中国平均每篇论文被引次数与世界水平还有一定的差距（表 2-4）。

表 2-4　中国各十年段科技论文被引次数世界排名变化情况

时间	2000—2010 年	2001—2011 年	2002—2012 年	2003—2013 年	2004—2014 年	2005—2015 年	2006—2016 年	2007—2017 年	2008—2018 年	2009—2019 年	2010—2020 年	2011—2021 年	2012—2022 年
世界排名	8	7	6	5	4	4	4	2	2	2	2	2	2

注：按 ESI 数据库统计，截至 2022 年 10 月。

2012—2022 年发表科技论文累计超过 20 万篇的国家（地区）共有 23 个，按平均每篇论文被引次数排名，中国排在第 16 位，与上一年度持平。每篇论文被引次数大于世界整体水平（14.72 次/篇）的国家有 13 个。瑞士、荷兰、丹麦、比利时、英国、瑞典、美国、澳大利亚、加拿大、德国、法国、意大利和西班牙的论文篇均被引次数超过 18 次。（表 2-5）。

表 2-5　2012—2022 年发表科技论文数 20 万篇以上的国家（地区）论文数及被引用情况
（按被引次数排序）

国家（地区）	论文数		被引次数		篇均被引次数	
	篇数	排名	次数	排名	次数	排名
美国	4 511 235	1	94 505 655	1	20.95	7
中国大陆	3 979 164	2	57 069 910	2	14.34	16
英国	1 195 283	4	26 564 430	3	22.22	5
德国	1 233 733	3	24 964 763	4	20.24	10
法国	824 311	6	16 544 139	5	20.07	11
加拿大	787 095	9	16 025 941	6	20.36	9
澳大利亚	736 851	10	15 342 703	7	20.82	8
意大利	804 135	7	15 144 423	8	18.83	12
日本	896 162	5	13 141 272	9	14.66	14
西班牙	684 433	11	12 492 733	10	18.25	13
荷兰	464 824	14	11 501 140	11	24.74	2
印度	798 674	8	9 703 107	12	12.15	20
韩国	662 452	12	9 638 699	13	14.55	15
瑞士	352 670	17	9 073 771	14	25.73	1
瑞典	318 191	20	7 070 962	15	22.22	6
巴西	529 917	13	6 326 338	16	11.94	21
比利时	255 765	22	5 887 277	17	23.02	4
丹麦	215 712	23	5 199 302	18	24.1	3
伊朗	394 545	16	4 811 612	19	12.2	19
中国台湾	302 119	21	4 220 060	20	13.97	17
波兰	325 747	19	4 033 857	21	12.38	18
俄罗斯	396 866	15	3 717 371	22	9.37	23
土耳其	347 319	18	3 400 911	23	9.79	22

注：以 ESI 数据库统计，截至 2022 年 10 月。

2.3.6　Top 论文

以 ESI 数据统计，中国 Top 论文位居世界第 2 位，为 56 145 篇（表 2-6）。其中美国以 81 740 篇遥遥领先，英国以 34 725 篇居第 3 位。分列第 4～10 位的国家是德国、澳大利亚、加拿大、法国、意大利、荷兰和西班牙。

表 2-6　世界 Top 论文数居前 10 位的国家

排名	国家	Top 论文篇数	排名	国家	Top 论文篇数
1	美国	81 740	6	加拿大	15 567
2	中国	56 145	7	法国	14 354
3	英国	34 725	8	意大利	13 639
4	德国	21 578	9	荷兰	11 875
5	澳大利亚	16 219	10	西班牙	11 091

注：以 ESI 数据库统计，统计截至 2022 年 9 月。

2.3.7　高被引论文

2012—2022 年各学科论文被引次数处于世界前 1% 的论文称为高被引论文。根据 ESI 数据统计，中国高被引论文居世界第 2 位，为 55 919 篇（表 2-7）。其中美国以 81 598 篇遥遥领先，英国以 34 657 篇居第 3 位。分列第 4～10 位的国家是德国、澳大利亚、加拿大、法国、意大利、荷兰和西班牙。高被引论文与 Top 论文排名居前 10 位的国家顺序一样（表 2-8）。

表 2-7　世界高被引论文数居前 10 位的国家

排名	国家	高被引论文篇数	排名	国家	高被引论文篇数
1	美国	81 598	6	加拿大	15 529
2	中国	55 919	7	法国	14 329
3	英国	34 657	8	意大利	13 606
4	德国	21 543	9	荷兰	11 863
5	澳大利亚	16 193	10	西班牙	11 066

注：以 ESI 数据库统计，统计截至 2022 年 9 月。

表 2-8　2012—2022 年中国高被引论文中被引次数居前 10 位的国际论文

学科	累计被引次数	前三位作者 第一作者单位	来源
化学	11 308	LU T，CHEN F W 北京理工大学	Journal of computational chemistry 2012，33（5）：580-592
生物学和生物化学	8959	YU G C，WANG L G，HAN Y Y 暨南大学	Omics：a journal of integrative biology 2012，16（5）：284-287
化学	6461	WANG G P，ZHANG L，ZHANG J J 中南大学	Chemical society reviews 2012，41（2）：797-828
材料科学	5531	LI L K，YU Y J，YE G J 复旦大学	Nature nanotechnology 2014，9（5）：372-377
化学	4709	CUI Y J，YUE Y F，QIAN G D 浙江大学	Chemical reviews 2012，112（2）：1126-1162
化学	3557	ZOU X X，ZHANG Y 北京航空航天大学	Chemical society reviews 2015，44（15）：5148-5180
物理学	3377	HE Z C，ZHONG C M，SU S J 华南理工大学	Nature photonics 2012，6（9）：591-595
生物学和生物化学	3323	QIN J J，LI Y R，CAI Z M 深圳华大基因科技有限公司	Nature 2012，490（7418）：55-60
化学	3217	PEI S F，CHENG H M 中国科学院金属研究所	Carbon 2012，50（9）：3210-3228
化学	3045	LIU J，LIU Y，LIU N Y 苏州大学	Science 2015，347（6225）：970-974

注：以 ESI 数据库统计，截至 2022 年 9 月；对于作者总人数超过 3 人的论文，本表作者栏中仅列出前三位。

2.3.8　热点论文

近两年间发表的论文在最近两个月得到大量引用，且被引次数进入本学科前 1‰的论文称为热点论文。根据 ESI 统计，中国热点论文居世界第 1 位，为 1919 篇（表 2-9）。其中美国以 1673 篇位居第 2 位，英国以 1033 篇居第 3 位。分列第 4～10 位的国家是德国、澳大利亚、加拿大、法国、意大利、西班牙和荷兰。

表 2-9　世界热点论文数居前 10 位的国家

排名	国家	热点论文篇数	排名	国家	热点论文篇数
1	中国	1919	6	加拿大	425
2	美国	1673	7	法国	377
3	英国	1033	8	意大利	362
4	德国	536	9	西班牙	336
5	澳大利亚	439	10	荷兰	314

注：以 ESI 数据库统计，统计截至 2022 年 9 月。

其中被引最高的一篇论文是 2020 年 10 月以深圳市第三人民医院为第一作者和通讯作者，联合中国 8 个机构在 *Clinical infectious diseases* 上发表的论文 *Antibody responses to SARS-CoV-2 in patients with novel coronavirus disease 2019*。截至 2022 年 12 月，该论文已被世界 101 个国家（地区）的 900 余个机构科技人员发表的论文引用，引用的科技期刊 512 种（含中国期刊 11 种），国际著名期刊如《自然》（*Nature*）、《科学》（*Science*）、《细胞》（*Cell*）、《柳叶刀》（*Lancet*）和美国国家科学院院刊 *PNAS* 都引用了该文。引用频次在 50 次以上的国家分别是：美国（195 次）、中国（144 次）、英国（82 次）、意大利（69 次），印度（65 次）和德国（51 次）。

2.3.9　CNS 论文

Science、*Nature* 和 *Cell* 是国际公认的 3 个享有最高学术声誉的科技期刊。发表在三大名刊上的论文，往往都是经过世界范围内知名专家层层审读、反复修改而成的高质量、高水平的论文。2021 年上述三大名刊共刊登论文 6094 篇。其中中国论文为 517 篇，排在世界第 4 位，与 2020 年持平。美国仍然排在首位，论文数为 2519 篇。英国、德国分列第 2、第 3 位，排在中国之前。若仅统计 Article 和 Review 两种类型的论文，则中国有 416 篇，排在世界第 4 位，与 2020 年持平。

2.3.10　最具影响力期刊上发表的论文

2021 年被引次数超过 10 万次且影响因子超过 30 的国际期刊有 18 种（*Nature*、*Science*、*New England Journal of Medicine*、*Lancet*、*Cell*、*Advanced Materials*、*Chemical Reviews*、*Jama-Journal of the American Medical Association*、*Circulation*、*Journal of Clinical Oncology*、*Chemical Society Reviews*、*BMJ-British Medical Journal*、*Nature*

Medicine、*Nature Genetics*、*Nature Materials*、*Energy & Environmental Science*、*Nature Methods*、*Gastroenterology*），2021 年共发表论文 32 089 篇，其中中国论文 3208 篇，占发表论文总数的 10.0%，排在世界第 3 位。若仅统计 Article 和 Review 两种类型的论文，则中国有 2045 篇，排在世界第 2 位，与 2020 年持平。

各学科领域影响因子最高的期刊可以被看作是世界各学科最具影响力期刊。2021年 178 个学科领域中高影响力期刊共有 159 种，2021 年世界各学科最具影响力期刊上的论文总数为 47 600 篇。中国在这些期刊上发表的论文数为 11 190 篇，占上述论文总数的 23.5%，排在第 2 位。美国有 13 455 篇，占上述论文总数的 28.3%，排在第 1 位。

中国在世界各学科最具影响力期刊上发表的论文中有 7108 篇是受国家自然科学基金资助产出的，占发文量的 63.5%。发表在世界各学科最具影响力期刊上的论文较多的高校是：中国科学院大学（486 篇）、清华大学（371 篇）、浙江大学（305 篇）、上海交通大学（298 篇）、北京大学（266 篇）和华中科技大学（257 篇）。

2.3.11　高水平国际论文

为落实中办、国办《关于深化项目评审、人才评价、机构评估改革的意见》、《关于进一步弘扬科学家精神加强作风和学风建设的意见》要求，改进科技评价体系，2020 年科技部印发《关于破除科技评价中"唯论文"不良导向的若干措施（试行）》，鼓励发表高质量论文、包括发表在业界公认的国际顶级或重要科技期刊的论文、具有国际影响力的国内科技期刊的论文及在国内外顶级学术会议上进行报告的论文。

中国信息技术研究所经过调研分析，将各学科影响因子和总被引次数同时位居本学科前 10%，且每年刊载的学术论文及述评文章数大于 50 篇的期刊，遴选为世界各学科代表性科技期刊，在其上发表的论文属于高质量国际论文。2021 年共有 371 种国际科技期刊入选世界各学科代表性科技期刊，发表高质量国际论文 228 719 篇。按第一作者第一单位统计分析结果显示，中国大陆发表高质量国际论文 80 521 篇，占发表高质量国际论文数的 35.25%，排在第 1 位。排在第 2 位的美国发表高质量国际论文 41 168 篇，占比为 18.0%（表 2－10）。

表 2－10　2021 年发表高质量国际论文的国家（地区）论文数排名

排名	国家（地区）	高水平国际期刊论文篇数	占高质量国际论文总数的比例
1	中国大陆	80 521	35.25%
2	美国	41 168	18.02%
3	英国	9372	4.10%
4	德国	8681	3.80%
5	韩国	6477	2.84%
6	印度	6235	2.73%
7	澳大利亚	5592	2.45%
8	法国	5479	2.40%
9	加拿大	5435	2.38%

排名	国家（地区）	高水平国际期刊论文篇数	占高质量国际论文总数的比例
10	西班牙	5427	2.38%
11	意大利	4662	2.04%
12	日本	4572	2.00%
13	巴西	3697	1.62%
14	荷兰	3068	1.34%
15	伊朗	2982	1.31%
16	瑞士	2502	1.10%
17	瑞典	1934	0.85%
18	中国台湾	1897	0.83%
19	新加坡	1679	0.74%
20	比利时	1565	0.69%

数据来源：Web of Science 核心合集 SCI，统计截至 2022 年 9 月。

　　2021 年中国发表高质量国际论文数居前 10 位的高等院校中，浙江大学以发表 1812 篇高质量国际论文居高等院校类第 1 位，上海交通大学以发表 1679 篇高质量国际论文排在第 2 位，清华大学以发表 1480 篇高质量国际论文排在第 3 位（表 2-11）。

表 2-11　2021 年中国发表高质量国际论文高等院校排名

排名	高等学校	高质量国际论文篇数	占高质量国际论文总数的比例
1	浙江大学	1812	0.79%
2	上海交通大学	1679	0.74%
3	清华大学	1480	0.65%
4	中山大学	1259	0.55%
5	华中科技大学	1181	0.52%
6	四川大学	1173	0.51%
7	哈尔滨工业大学	1166	0.51%
8	北京大学	1161	0.51%
9	天津大学	1045	0.46%
10	复旦大学	1004	0.44%

　　2021 年中国发表高质量国际论文数居前 10 位的研究机构中，中国科学院生态环境研究中心以发表 262 篇高质量国际论文居研究机构类第 1 位，中国科学院地理科学与资源研究所以发表 191 篇高质量国际论文排在第 2 位，中国科学院大连化学物理研究所以发表 189 篇高质量国际论文排在第 3 位（表 2-12）。

　　2021 年发表高质量国际论文数居前 10 位的医疗机构中，四川大学华西医院以发表 319 篇高质量国际论文居医疗机构类第 1 位，北京协和医院以发表 120 篇高质量国际论文排在第 2 位，复旦大学附属肿瘤医院以发表 118 篇高质量国际论文排在第 3 位（表 2-13）。

表2-12 2021年中国发表高质量国际论文科研机构排名

排名	研究机构	高质量国际论文篇数	占高质量国际论文总数的比例
1	中国科学院生态环境研究中心	262	0.11%
2	中国科学院地理科学与资源研究所	191	0.08%
3	中国科学院大连化学物理研究所	189	0.08%
4	中国科学院化学研究所	155	0.07%
5	中国医学科学院肿瘤研究所	148	0.06%
6	中国科学院长春应用化学研究所	146	0.06%
7	中国科学院海西研究院	123	0.05%
8	中国科学院海洋研究所	118	0.05%
9	中国林业科学研究院	113	0.05%
10	中国科学院金属研究所	110	0.05%

表2-13 2021年中国发表高质量国际论文医疗机构排名

排名	医疗机构	高质量国际论文篇数	占高质量国际论文总数的比例
1	四川大学华西医院	319	0.14%
2	北京协和医院	120	0.05%
3	复旦大学附属肿瘤医院	118	0.05%
4	复旦大学附属中山医院	109	0.05%
5	北京大学肿瘤医院	95	0.04%
6	华中科技大学同济医学院附属协和医院	90	0.04%
7	上海交通大学医学院附属仁济医院	86	0.04%
8	浙江大学医学院附属第二医院	80	0.04%
8	浙江大学附属第一医院	80	0.04%
10	华中科技大学同济医学院附属同济医院	79	0.03%

在高质量国际论文统计中，2021年中国有11个领域高质量国际论文在领域排名中居世界首位，分别是：化学、工程技术、地学、计算机科学、环境与生态学、材料科学、药学、农业科学、物理学、数学和生物学，其中化学领域中，中国高质量国际期刊论文数占本领域世界份额的50.83%。另有3个领域排在世界第2位，分别是综合交叉学科、社会科学和医学（表2-14）。

表2-14 2021年中国发表高质量国际论文学科排名

排名	学科名称	中国高质量国际论文篇数	世界高质量国际论文篇数	占本学科高质量国际论文比例
1	化学	16 439	32 343	50.83%
1	工程技术	16 225	36 149	44.88%
1	地学	3657	8219	44.49%
1	计算机科学	5382	12 145	44.31%
1	环境与生态学	9414	22 531	41.78%
1	材料科学	3102	7740	40.08%

排名	学科名称	中国高质量国际论文篇数	世界高质量国际论文篇数	占本学科高质量国际论文比例
1	药学	2515	6285	40.02%
1	农业科学	3033	7637	39.71%
1	物理学	4381	12 269	35.71%
1	数学	2370	8468	27.99%
1	生物学	5521	22 544	24.49%
2	综合交叉学科	1957	10 822	18.08%
2	社会科学	360	2005	17.96%
2	医学	6165	39 562	15.58%

2.4 小结

2021 年，SCI 收录中国科技论文 61.54 万篇，首次排在世界首位，占世界份额的 24.6%，所占份额提升了 0.9 个百分点。Ei 收录中国科技论文 39.43 万篇，占世界份额的 38.0%，数量比 2020 年增长 8.1%，排在世界第 1 位。CPCI-S 收录中国科技论文 3.95 万篇，比 2020 年减少了 24.6%，占世界份额的 17.7%，排在世界第 2 位。总的来说，三大系统收录中国科技论文 104.82 万篇，占世界科技论文总数的 27.9%，发表国际科技论文数量和占比都是上升的。

2012—2022 年（截至 2022 年 10 月）中国科技人员发表国际论文共被引用 5706.99 万次，增加了 31.7%，排在世界第 2 位，与上一年度统计位次一数。中国国际科技论文被引次数增长的速度显著超过其他国家。中国平均每篇论文被引用 14.34 次，比上年度统计时的 12.87 次提高了 11.4%。世界整体篇均被引次数为 14.72 次/篇，中国平均每篇论文被引次数与世界平均值还有一定的差距。中国 Top 论文和高被引论文均居世界第 2 位，中国热点论文首次居世界第 1 位。

（执笔人：王海燕）

参考文献

[1] 中国科学技术信息研究所 . 2020 年度中国科技论文统计与分析（年度研究报告）［M］. 北京：科学技术文献出版社，2022.

3 中国科技论文学科分布情况分析

3.1 引言

美国著名高等教育专家伯顿·克拉克认为，主宰学者工作生活的力量是学科而不是所在院校，学术系统中的核心成员单位是以学科为中心的。学科是指一定科学领域或一门科学的分支，如自然科学中的化学、物理学；社会科学中的法学、社会学等。学科是人类科学文化成熟的知识体系和物质体现，学科发展水平既决定着一所研究机构人才培养质量和科学研究水平，也是一个地区乃至一个国家知识创新力和综合竞争力的重要表现。学科的发展和变化无时不在进行，新的学科分支和领域也在不断涌现，这给许多学术机构的学科建设带来了一些问题，如重点发展的学科及学科内的发展方向。因此，详细分析了解学科的发展状况将有助于解决这些问题。

本章运用科学计量学方法，通过对各学科被国际重要检索系统 SCI、Ei、CPCI-S 和 CSTPCD 收录，以及被 SCI 被引情况的分析，研究了中国各学科发展的状况、特点和趋势。

3.2 数据和方法

3.2.1 数据来源

（1）CSTPCD

"中国科技论文与引文数据库"（CSTPCD）是中国科学技术信息研究所在 1987 年建立的，收录中国各学科重要科技期刊，其收录期刊称为"中国科技论文统计源期刊"，即中国科技核心期刊。

（2）SCI

SCI（Science Citation Index），即"科学引文索引数据库"。

（3）Ei

Ei（The Engineering Index），即"工程索引数据库"创刊于 1884 年，是美国工程信息公司（Engineering Information Inc.）出版的著名工程技术类综合性检索工具。

（4）CPCI-S

CPCI-S（Conference Proceedings Citation Index-Science），原名 ISTP。ISTP（Index to Scientific & Technical Proceedings）即"科技会议录索引"，创刊于 1978 年。该索引收录生命科学、物理与化学科学、农业、生物和环境科学、工程技术和应用科学等学科的会议文献，包括一般性会议、座谈会、研究会、讨论会等。

3.2.2　学科分类

学科分类采用《中华人民共和国学科分类与代码国家标准》（简称《学科分类与代码》，标准号是 GB/T 13745—1992）。《学科分类与代码》共设 5 个门类、58 个一级学科、573 个二级学科、近 6000 个三级学科。中国科学技术信息研究所根据《学科分类与代码》并结合工作实际制定本书的学科分类体系如下（表 3-1）。

表 3-1　中国科学技术信息研究所学科分类体系

学科名称	分类代码	学科名称	分类代码
数学	O1A	工程与技术基础	T3
信息、系统科学	O1B	矿山工程技术	TD
力学	O1C	能源科学技术	TE
物理学	O4	冶金、金属学	TF
化学	O6	机械、仪表	TH
天文学	PA	动力与电气	TK
地学	PB	核科学技术	TL
生物学	Q	电子、通信与自动控制	TN
预防医学与卫生学	RA	计算技术	TP
基础医学	RB	化工	TQ
药物学	RC	轻工、纺织	TS
临床医学	RD	食品	TT
中医学	RE	土木建筑	TU
军事医学与特种医学	RF	水利	TV
农学	SA	交通运输	U
林学	SB	航空航天	V
畜牧、兽医	SC	安全科学技术	W
水产学	SD	环境科学	X
测绘科学技术	T1	管理学	ZA
材料科学	T2	其他	ZB

3.3　研究分析与结论

3.3.1　2021 年中国各学科收录论文的分布情况

我们对不同数据库收录的中国科技论文按照学科分类进行分析，主要分析各数据库中排名居前 10 位的学科。

（1）SCI

2021 年，SCI 收录中国科技论文数居前 10 位的学科如表 3-2 所示，前 10 个学科发表的论文都超过 2.5 万篇。

表 3-2　2021 年 SCI 收录中国科技论文数居前 10 位的学科

排名	学科	论文篇数	排名	学科	论文篇数
1	临床医学	75 710	6	电子、通信与自动控制	36 274
2	化学	70 175	7	基础医学	35 383
3	生物学	61 165	8	环境科学	29 093
4	材料科学	43 414	9	计算技术	27 147
5	物理学	42 170	10	地学	25 649

（2）Ei

2021 年，Ei 收录中国科技论文数居前 10 位的学科如表 3-3 所示，前 10 个学科发表的论文都超过 1.8 万篇。

表 3-3　Ei 收录中国科技论文数居前 10 位的学科

排名	学科	论文篇数	排名	学科	论文篇数
1	生物学	44 674	6	材料科学	23 658
2	地学	35 540	7	能源科学技术	23 420
3	土木建筑	31 682	8	计算技术	19 684
4	电子、通信与自动控制	27 659	9	物理学	19 377
5	动力与电气	25 182	10	化学	18 474

（3）CPCI-S

2021 年，CPCI-S 收录中国科技论文数居前 10 位的学科如表 3-4 所示，其中排在第 1 位的计算技术和排在第 2 位的电子、通信与自动控制学科发表的论文数加和超过 2 万篇，遥遥领先于其他学科。

表 3-4　2021 年 CPCI-S 收录中国科技论文数居前 10 位的学科

排名	学科	论文篇数	排名	学科	论文篇数
1	计算技术	12 660	6	工程与技术基础	564
2	电子、通信与自动控制	7474	7	土木建筑	545
3	物理学	3211	8	基础医学	510
4	临床医学	1270	9	动力与电气	490
5	能源科学技术	1202	10	材料科学	428

（4）CSTPCD

2021 年，CSTPCD 收录中国科技论文数居前 10 位的学科如表 3-5 所示，前 10 个学科发表的论文都超过 1.2 万篇，其中临床医学超过 12 万篇，远远领先于其他学科。

表 3-5　2021 年 CSTPCD 收录中国科技论文数居前 10 位的学科

排名	学科	论文篇数	排名	学科	论文篇数
1	临床医学	121 210	6	环境	14 874
2	计算技术	27 722	7	预防医学与卫生学	14 686
3	电子、通信与自动控制	25 376	8	地学	14 380
4	中医学	23 199	9	土木建筑	14 351
5	农学	21 784	10	交通运输	12 475

3.3.2　各学科产出论文数量及影响与世界平均水平比较分析

从各学科论文产出数量及其占世界份额来看，中国有 12 个学科产出论文的比例超过该学科论文占世界份额的 20%，分别是农业科学、生物与生物化学、化学、计算机科学、工程技术、环境与生态学、地学、材料科学、数学、分子生物学与遗传学、药学与毒物学和物理学。

从论文被引情况来看，农业科学、材料科学、化学、计算机科学和工程技术等 5 个领域论文的被引次数排名居世界第 1 位，生物与生物化学、环境与生态学、地学、数学、微生物学、分子生物学与遗传学、综合类、药学与毒物学、物理学、植物学与动物学 10 个领域论文的被引次数排名居世界第 2 位，临床医学论文的被引次数排名居世界第 3 位，经济贸易、免疫学和神经科学与行为学等 3 个领域论文被引次数排名居世界第 4 位。与上一统计年度相比，7 个学科领域的论文被引用频次位次有所上升（表 3-6）。

表 3-6　2012—2022 年中国各学科产出论文与世界平均水平比较

学科	论文情况		被引情况		世界排位	位次变化趋势	篇均被引次数	相对影响
	论文篇数	占世界份额	被引次数	占世界份额				
农业科学	107 956	20.32%	1 424 915	21.84%	1	↑1	21.84	1.07
生物与生物化学	176 360	20.99%	2 570 420	15.85%	2	—	15.85	0.75
化学	604 857	30.67%	1 114 142	32.51%	1	—	32.51	1.06
临床医学	447 476	13.58%	5 356 605	11.15%	3	↑1	11.15	0.82
计算机科学	158 334	31.91%	1 741 926	33.51%	1	—	33.51	1.05
经济贸易	35 209	10.30%	340 223	8.55%	4	↑1	8.55	0.83
工程技术	598 435	32.77%	7 006 237	33.06%	1	—	33.06	1.01
环境与生态学	174 773	23.32%	2 695 837	22.76%	2	—	22.76	0.98
地学	154 794	26.76%	2 149 085	24.68%	2	—	24.68	0.92
免疫学	40 040	13.34%	632 078	10.13%	4	—	10.13	0.76
材料科学	460 597	39.20%	9 407 048	42.31%	1	—	42.31	1.08
数学	119 184	23.53%	665 655	25.43%	2	—	25.43	1.08
微生物学	43 658	17.48%	602 623	13.44%	2	—	13.44	0.77
分子生物学与遗传学	138 273	25.75%	2 499 137	17.89%	2	—	17.89	0.69
综合类	4286	15.66%	104 122	18.18%	2	↑1	18.18	1.16

续表

学科	论文情况		被引情况			位次变化趋势	篇均被引次数	相对影响
	论文篇数	占世界份额	被引次数	占世界份额	世界排位			
神经科学与行为学	69 509	12.01%	986 723	8.69%	4	↑1	8.69	0.72
药学与毒物学	109 256	22.40%	1 353 847	19.15%	2	—	19.15	0.85
物理学	303 485	26.63%	3 696 540	24.79%	2	—	24.79	0.93
植物学与动物学	127 743	15.13%	1 544 937	16.54%	2	—	16.54	1.09
精神病学与心理学	29 271	5.68%	278 944	3.89%	8	↑1	3.89	0.69
社会科学	55 382	4.75%	550 237	5.26%	7	—	5.26	1.11
空间科学	20 286	12.42%	321 344	9.90%	11	↑1	9.90	0.80

注：1. 统计时间截至 2022 年 10 月。

2. "↑1"的含义是：与上一统计年度相比，位次上升了 1 位；"—"表示位次未变。

3. 相对影响：中国篇均被引次数与该学科世界平均值的比值。

3.3.3 学科的质量与影响力分析

科研活动具有继承性和协作性，几乎所有科研成果都是以已有成果为前提的。学术论文、专著等科学文献是传递新学术思想、成果的最主要的物质载体，它们之间并不是孤立的，而是相互联系的，突出表现在相互引用的关系，这种关系体现了科学工作者们对以往的科学理论、方法、经验及成果的借鉴和认可。论文之间的相互引证，能够反映学术研究之间的交流与联系。通过论文之间的引证与被引证关系，我们可以了解某个理论与方法是如何得到借鉴和利用的。某些技术与手段是如何得到应用和发展的。从横向的对应性上，我们可以看到不同的实验或方法之间是如何互相参照和借鉴的。我们也可以将不同的结果放在一起进行比较，看它们之间的应用关系。从纵向的继承性上，我们可以看到一个课题的基础和起源是什么，我们也可以看到一个课题的最新进展情况是怎样的。关于反面的引用，它反映的是某个学科领域的学术争鸣。论文间的引用关系能够有效地阐明学科结构和学科发展过程，确定学科领域之间的关系，测度学科影响。

表 3-7 给出了 2012—2021 年 SCIE 收录的中国科技论文累计被引次数排名居前 10 位的学科分布情况，由表可见，中国国际论文被引次数居前 10 位的学科主要分布在基础学科领域、医学领域和工程技术领域。其中化学被引次数超过了 1200 万次，以较大优势领先其他学科。

表 3-7 2012—2021 年 SCIE 收录的中国科技论文累计被引次数居前 10 位的学科

排序	学科	被引次数	排序	学科	被引次数
1	化学	12 929 897	6	基础医学	2 716 111
2	生物学	6 449 859	7	电子、通信与自动控制	2 611 097
3	临床医学	5 274 064	8	环境科学	2 543 087
4	材料科学	4 889 438	9	计算技术	2 143 606
5	物理学	4 033 905	10	地学	2 079 808

3.4 小结

中国近十年来的学科发展相当迅速，不仅论文的数量有明显的增加，并且被引频次也有所增长。但是数据显示中国的学科发展呈现一种不均衡的态势，有些学科的论文篇均被引频次的水平已经接近世界平均水平，但仍有一些学科的该指标值与世界平均水平差别较大。

中国有 12 个学科产出论文的比例超过世界该学科论文的 20%，分别是：农业科学、生物与生物化学、化学、计算机科学、工程技术、环境与生态学、地学、材料科学、数学、分子生物学与遗传学、药学与毒物学和物理学。从论文的被引情况来看，中国学科发展不均衡。农业科学、材料科学、化学、计算机科学和工程技术等 5 个领域论文的被引次数排名居世界第 1 位，空间科学论文的被引次数排名居世界第 11 位。

目前我们正在建设创新型国家，应该在加强相对优势学科领域的同时，资源重点向农学、卫生医药、高新技术等领域倾斜。

（执笔人：翟丽华）

参考文献

[1] 中国科学技术信息研究所.2012年度中国科技论文统计与分析（年度研究报告）［M］.北京：科学技术文献出版社，2014.

[2] 中国科学技术信息研究所.2013年度中国科技论文统计与分析（年度研究报告）［M］.北京：科学技术文献出版社，2015.

[3] 中国科学技术信息研究所.2014年度中国科技论文统计与分析（年度研究报告）［M］.北京：科学技术文献出版社，2016.

[4] 中国科学技术信息研究所.2015年度中国科技论文统计与分析（年度研究报告）［M］.北京：科学技术文献出版社，2017.

[5] 中国科学技术信息研究所.2016年度中国科技论文统计与分析（年度研究报告）［M］.北京：科学技术文献出版社，2018.

[6] 中国科学技术信息研究所.2017年度中国科技论文统计与分析（年度研究报告）［M］.北京：科学技术文献出版社，2019.

[7] 中国科学技术信息研究所.2018年度中国科技论文统计与分析（年度研究报告）［M］.北京：科学技术文献出版社，2020.

[8] 中国科学技术信息研究所.2019年度中国科技论文统计与分析（年度研究报告）［M］.北京：科学技术文献出版社，2021.

[9] 中国科学技术信息研究所.2019年度中国科技论文统计与分析（年度研究报告）［M］.北京：科学技术文献出版社，2022.

4 中国科技论文地区分布情况分析

本章运用文献计量学方法对中国 2021 年的国际和国内科技论文的地区分布进行了分析，并结合国家统计局科技经费数据和国家知识产权局专利统计数据对各地区科研经费投入及产出进行了分析。通过研究分析了中国科技论文的高产地区、快速发展地区和高影响力地区和城市，同时分析了各地区在国际权威期刊上发表论文的情况，从不同角度反映了中国科技论文在 2021 年度的地区特征。

4.1 引言

科技论文作为科技活动产出的一种重要形式，能够反映基础研究、应用研究等方面的情况。对全国各地区的科技论文产出分布进行统计与分析，可以从一个侧面反映出该地区的科技实力和科技发展潜力，是了解区域优势及科技环境的决策参考因素之一。

本章通过对中国 31 个省（自治区、直辖市，不含港澳台地区）的国际国内科技论文产出数量、论文被引情况、科技论文数 3 年平均增长率、各地区科技经费投入、论文产出与发明专利产出状况等数据的分析与比较，反映中国科技论文在 2021 年度的地区特征。

4.2 数据与方法

本章的数据来源：①国内科技论文数据来自中国科学技术信息研究所自行研制的"中国科技论文与引文数据库"（CSTPCD）；②国际论文数据采集自 SCI、Ei 和 CPCI-S 检索系统；③各地区国内发明专利数据来自国家知识产权局 2021 年专利统计年报；④各地区 R&D 经费投入数据来自国家统计局全国科技经费投入统计公报。

本章运用文献计量学方法对中国 2021 年的国际科技论文和中国国内论文的地区分布、论文数增长变化、论文影响力状况进行了比较分析，并结合国家统计局全国科技经费投入数据及国家知识产权局专利统计数据对 2021 年中国各地区科研经费的投入与产出进行了分析。

4.3 研究分析与结论

4.3.1 国际论文产出分析

（1）国际论文产出地区分布情况

本章所统计的国际论文数据主要来自国际上颇具影响的文献数据库：SCI、Ei 和 CPCI-S。2021 年，国际论文数（SCI、Ei、CPCI-S 三大检索论文综述）产出浙江上升到第 7 位，湖北下降到第 8 位，其余居前 10 位的地区与 2020 年的基本相同（表 4-1）。

表 4-1 2021 年中国国际论文数居前 10 位的地区

排名	地区	2020 年论文篇数	2021 年论文篇数	增长率
1	北京	133 339	134 617	0.96%
2	江苏	89 470	94 327	5.43%
3	上海	65 294	70 917	8.61%
4	广东	60 430	66 019	9.25%
5	陕西	50 391	54 117	7.39%
6	山东	47 411	50 028	5.52%
7	浙江	44 165	48 816	10.53%
8	湖北	47 297	48 576	2.70%
9	四川	40 755	44 253	8.58%
10	辽宁	33 247	34 841	4.79%

（2）国际论文产出快速发展地区

科技论文数量的增长率可以反映该地区科技发展的活跃程度。2019—2021 年各地区的国际科技论文数都有不同程度的增长。如表 4-2 所示，论文基数较大的地区不容易有较高增长率，增速较快的地区多数是国际论文数较少的地区。论文基数较小的地区，如西藏、青海和宁夏等的论文年均增长率都较高。这些地区的科研水平暂时不高，但是具有很大的发展潜力，广东和山东是论文数排名居前 10 位、增速排名也居前 10 位的地区。

表 4-2 2019—2021 年国际科技论文数增长率居前 10 位的地区

地区	国际科技论文篇数			年均增长率	排名
	2019 年	2020 年	2021 年		
西藏	107	103	185	31.49%	1
青海	750	1255	1256	29.41%	2
宁夏	1112	1482	1689	23.24%	3
海南	1832	2085	2763	22.81%	4
广西	6345	7944	9536	22.59%	5
新疆	3379	4078	4929	20.78%	6
福建	15 191	18 753	20 015	14.78%	7
山东	37 983	47 411	50 028	14.77%	8
广东	50 150	60 430	66 019	14.74%	9
河南	18 108	21 333	23 729	14.47%	10

注：1. "国际科技论文数" 指 SCI、Ei 和 CPCI-S 三大检索系统收录的中国科技人员发表的论文数之和。

2. 年均增长率 $= \left(\sqrt{\dfrac{2021\text{年国内科技论文数}}{2019\text{年国内科技论文数}}} - 1 \right) \times 100\%$。

（3）SCI 论文 10 年被引地区排名

论文被他人引用数量的多少是表明论文影响力的重要指标。一个地区的论文被引数量不仅可以反映该地区论文的受关注程度，同时也是该地区科学研究活跃度和影响力的重要指标。2012—2021 年 SCI 收录论文被引篇数、被引次数和篇均被引次数情况如表 4-3 所示。其中，SCI 收录的北京地区论文被引篇数和被引次数以绝对优势位居榜首。

表 4-3　2012—2021 年 SCI 收录各地区论文被引情况

地区	被引论文篇数	被引次数	被引次数排名	篇均被引次数	篇均被引次数排名
北京	455 299	8 866 327	1	16.75	2
天津	84 841	1 539 977	12	15.71	7
河北	34 313	428 176	21	9.93	24
山西	28 547	386 573	22	11.19	21
内蒙古	9247	96 058	27	8.03	29
辽宁	105 757	1 785 800	10	14.57	14
吉林	68 658	1 270 022	15	15.79	6
黑龙江	75 626	1 281 676	14	14.75	11
上海	244 831	4 679 274	3	16.40	3
江苏	299 805	5 281 007	2	15.23	8
浙江	148 874	2 601 013	6	14.74	13
安徽	76 105	1 430 727	13	15.99	5
福建	59 196	1 128 782	16	16.33	4
江西	31 496	446 099	20	11.59	19
山东	150 172	2 304 223	8	13.03	17
河南	64 941	901 855	18	11.39	20
湖北	154 215	3 077 353	5	17.33	1
湖南	99 878	1 763 027	11	15.20	10
广东	191 667	3 476 923	4	15.22	9
广西	23 720	287 800	24	9.87	25
海南	6976	80 657	28	8.96	26
重庆	63 906	1 044 050	17	13.91	15
四川	123 170	1 818 312	9	12.26	18
贵州	12 905	140 192	26	8.38	28
云南	28 339	376 398	23	11.07	22
西藏	317	2672	31	6.09	31
陕西	148 554	2 336 478	7	13.44	16
甘肃	39 193	673 701	19	14.74	12
青海	2582	25 760	30	7.59	30
宁夏	3514	38 961	29	8.54	27
新疆	13 971	177 239	25	10.19	23

各地区的国际论文被引次数与该地区国际论文总数的比值（篇均被引次数）是衡量一个地区论文质量的重要指标之一。该值消除了论文数量对各个地区的影响，篇均被引

次数可以反映出各地区论文的平均影响力。从 SCI 收录论文 10 年的篇均被引次数看，各省（直辖市）的排名顺序依次是湖北、北京、上海、福建、安徽、吉林、天津、江苏、广东和湖南。其中，北京、上海、江苏、湖北和广东这 5 个省（直辖市）的被引次数和篇均被引次数均居全国前 10 位。

（4）SCI 收录论文数较多的城市

如表 4-4 所示，2021 年，SCI 收录论文较多的城市除北京、上海、天津等直辖市外，南京、广州、武汉、西安、成都、杭州和长沙等省会城市被收录的论文也较多，论文数均超过了 15 000 篇。

表 4-4　2021 年 SCI 收录论文数居前 10 位的城市

排名	城市	SCI 收录论文篇数	排名	城市	SCI 收录论文篇数
1	北京	76 505	6	西安	25 407
2	上海	43 404	7	成都	22 808
3	南京	33 250	8	杭州	20 739
4	广州	27 983	9	长沙	16 358
5	武汉	27 206	10	天津	15 871

（5）卓越国际论文数较多的地区

若在每个学科领域内，按统计年度的论文被引次数世界均值画一条线，高于均线的论文为卓越论文，即论文发表后的影响超过其所在学科的一般水平。2009 年我们第一次公布了利用这一方法指标进行的统计结果，当时称为"表现不俗论文"，受到国内外学术界的普遍关注。

根据 SCI 统计，2021 年中国作者为第一作者的论文共 557 238 篇，其中卓越国际论文数为 211 299 篇，占总数的 37.92%。产出卓越国际论文较多的前 3 个地区为北京、江苏和广东，卓越国际论文数排名居前 10 位的地区卓越论文数占其 SCI 论文总数的比例均在 35% 以上。其中，湖北和广东的比例高，均在 40% 以上，具体如表 4-5 所示。

表 4-5　2021 年卓越国际论文数居前 10 位的地区

排名	地区	卓越国际论文篇数	SCI 收录论文总篇数	卓越论文占比
1	北京	29 070	76 505	38.00%
2	江苏	22 669	56 919	39.83%
3	广东	17 600	43 521	40.44%
4	上海	17 049	43 404	39.28%
5	湖北	12 307	29 798	41.30%
6	山东	12 130	31 427	38.60%
7	浙江	11 660	31 132	37.45%
8	陕西	11 452	29 201	39.22%
9	四川	9410	26 770	35.15%
10	湖南	7916	19 881	39.82%

从城市分布看，与SCI收录论文较多的城市相似，产出卓越论文较多的城市除北京、上海、天津等直辖市外，南京、武汉、广州、西安、成都、杭州和长沙等省会城市的卓越国际论文也较多（表4-6）。在发表卓越国际论文排名居前10位的城市中，武汉、南京、天津和长沙的卓越论文数占SCI收录论文总数的比例较高，均在41%以上。

表4-6 2021年卓越国际论文数居前10位的城市

排名	城市	卓越国际论文篇数	SCI收录论文总篇数	卓越论文占比
1	北京	29 070	76 505	38.00%
2	上海	17 049	43 404	39.28%
3	南京	13 763	33 250	41.39%
4	武汉	11 537	27 206	42.41%
5	广州	11 269	27 983	40.27%
6	西安	9738	25 407	38.33%
7	成都	8276	22 808	36.29%
8	杭州	8095	20 739	39.03%
9	长沙	6740	16 358	41.20%
10	天津	6552	15 871	41.28%

（6）在高影响国际期刊中发表论文数量较多的地区

按期刊影响因子可以将各学科的期刊划分为几个区，发表在学科影响因子前1/10的期刊上的论文即为在高影响国际期刊中发表的论文。虽然利用期刊影响因子直接作为评价学术论文质量的指标具有一定的局限性，但是基于论文作者、期刊审稿专家和同行评议专家对于论文质量和水平的判断，高学术水平的论文更容易发表在具有高影响因子的期刊上。在相同学科和时域范围内，以影响因子比较期刊和论文质量，具有一定的可比性，因此发表在高影响期刊上的论文也可以从一个侧面反映出一个地区的科研水平。表4-7为2021年在高影响国际期刊上发表论文数居前10位的地区，北京在高影响国际期刊上发表的论文数位居榜首。

表4-7 2021年在学科影响因子前1/10的期刊上发表论文数排名居前10位的地区

排名	地区	前1/10论文篇数	SCI收录论文总篇数	占比
1	北京	21 713	76 505	28.38%
2	江苏	14 097	56 919	24.77%
3	广东	12 882	43 521	29.60%
4	上海	11 656	43 404	26.85%
5	浙江	8236	31 132	26.46%
6	湖北	8145	29 798	27.33%
7	山东	7245	31 427	23.05%
8	陕西	6878	29 201	23.55%
9	四川	5948	26 770	22.22%
10	湖南	4832	19 881	24.30%

从城市分布看，与发表卓越国际论文较多的城市情况相似，在学科影响因子前 1/10 的期刊上发表论文数较多的城市除北京、上海和天津等直辖市外，南京、广州、武汉、杭州、西安、成都和长沙等省会城市发表论文也较多（表 4-8）。在发表高影响国际论文数量较多的城市中，广州、杭州、武汉和北京在学科前 1/10 期刊上发表的论文数占其 SCI 收录论文总数的比例较高，均在 28% 以上。

表 4-8　在学科影响因子前 1/10 的期刊上发表论文数排名居前 10 位的城市

排名	城市	前 1/10 论文篇数	SCI 收录论文总篇数	占比
1	北京	21 713	76 505	28.38%
2	上海	11 656	43 404	26.85%
3	南京	8758	33 250	26.34%
4	广州	8287	27 983	29.61%
5	武汉	7742	27 206	28.46%
6	杭州	5937	20 739	28.63%
7	西安	5648	25 407	22.23%
8	成都	5193	22 808	22.77%
9	长沙	4251	16 358	25.99%
10	天津	3905	15 871	24.60%

4.3.2　国内论文产出分析

（1）国内论文产出较多的地区

本章所统计的国内论文数据主要来自 CSTPCD，2021 年国内论文数排名除了广东升至第 4 位、陕西降至第 5 位、四川升至第 6 位、湖北降至第 7 位外，其余居前 10 位的地区与 2020 年的排名相同。除湖北、浙江外，其余 8 个省（直辖市）的论文数比 2020 年都有不同程度的增加（表 4-9）。

表 4-9　2021 年中国国内论文数居前 10 位的地区

排名	地区	2020 年论文篇数	2021 年论文篇数	增长率
1	北京	61 229	65 204	6.49%
2	江苏	38 552	39 672	2.91%
3	上海	27 645	28 515	3.15%
4	广东	25 665	25 998	1.30%
5	陕西	25 581	25 609	0.11%
6	四川	22 216	22 454	1.07%
7	湖北	22 782	22 041	-3.25%
8	山东	20 677	20 777	0.48%
9	河南	18 217	18 734	2.84%
10	浙江	17 316	17 196	-0.69%

（2）国内论文增长较快的地区

国内论文数 3 年年均增长率居前 10 位的地区如表 4-10 所示。国内论文数增长较快的地区为宁夏、西藏和云南，这 3 个省（自治区）的 3 年年均增长率均在 5% 以上。通过与表 4-2，即 2019—2021 年国际论文数增长率居前 10 位的地区相比较发现，宁夏、西藏、新疆和河南，这 4 个省（自治区）不仅国际科技论文总数 3 年平均增长率居全国前 10 位，而且国内论文总数 3 年年均增长率亦是如此。这表明，2019—2021 年这些地区的科研产出水平和科研产出质量都取得了快速发展。

表 4-10　2019—2021 年国内科技论文数增长率居前 10 位的地区

地区	国内科技论文篇数			年均增长率	排名
	2019 年	2020 年	2021 年		
宁夏	1906	2075	2205	7.56%	1
西藏	398	402	451	6.45%	2
云南	7789	8189	8599	5.07%	3
甘肃	7888	8279	8564	4.20%	4
安徽	12 050	12 664	13 056	4.09%	5
北京	60 222	61 229	65 204	4.05%	6
内蒙古	4393	4687	4711	3.56%	7
山西	8497	8756	9112	3.56%	8
新疆	6651	6851	7118	3.45%	9
河南	17 518	18 217	18 734	3.41%	10

注：年均增长率 $= \left(\sqrt{\dfrac{2021\text{年国内科技论文数}}{2019\text{年国内科技论文数}}} - 1 \right) \times 100\%$。

（3）中国卓越国内科技论文较多的地区

根据学术文献的传播规律，科技论文发表后会在 3～5 年的时间内形成被引用的峰值。这个时间窗口内较高质量科技论文的学术影响力会通过论文的引用水平表现出来。为了遴选学术影响力较高的论文，我们为近 5 年中国科技核心期刊收录的每篇论文计算了"累计被引用时序指标"——n 指数。

n 指数的定义方法是：若一篇论文发表 n 年之内累计被引次数达到 n 次，同时在 $n+1$ 年累计被引次数不能达到 $n+1$ 次，则该论文的"累计被引用时序指标"的数值为 n。

对各年度发表在中国科技核心期刊上的论文被引次数设定一个 n 指数分界线，各年度发表的科技论文中，被引次数超越这一分界线的就被遴选为"卓越国内科技论文"。分界线定义为：论文 n 指数大于发表时间的论文是卓越国内科技论文。例如，论文发表 1 年之内累计被引用达到 1 次的论文，n 指数为 1；发表 2 年之内累计被引用超过 2 次，n 指数为 2。以此类推，发表 5 年之内累计被引用达到 5 次，n 指数为 5。

按照这一统计方法，我们据近 5 年（2017—2021 年）的"中国科技论文与引文数据库"（CSTPCD）统计，共遴选出卓越国内科技论文 269 175 篇，占这 5 年 CSTPCD 收录全部论文总数的 11.78%，表 4-11 为 2017—2021 年中国卓越国内科技论文排名居前 10 位的地区，由表所见，发表卓越国内科技论文数居前 10 位的地区均为上一年度排名居前 10 位的地区，只是排序略有不同。

表 4-11　2017—2021 年中国卓越国内科技论文数居前 10 位的地区

排名	地区	卓越国内论文篇数
1	北京	49 672
2	江苏	22 540
3	上海	15 989
4	广东	15 064
5	湖北	14 430
6	陕西	13 917
7	四川	12 027
8	山东	11 092
9	河南	9883
10	浙江	9780

4.3.3　各地区 R&D 投入产出分析

　　据国家统计局全国科技经费投入统计公报中定义，研究与试验发展（R&D）经费是指该统计年度内全社会实际用于基础研究、应用研究和试验发展的经费，包括实际用于 R&D 活动的人员劳务费、原材料费、固定资产购建费、管理费及其他费用支出。基础研究指为了获得关于现象和可观察事实的基本原理的新知识（揭示客观事物的本质、运动规律，获得新发展、新学说）而进行的实验性或理论性研究，它不以任何专门或特定的应用或使用为目的。应用研究指为了确定基础研究成果可能的用途，或是为达到预定的目标探索应采取的新方法（原理性）或新途径而进行的创造性研究。应用研究主要针对某一特定的目的或目标。试验发展指利用从基础研究、应用研究和实际经验所获得的现有知识，为产生新的产品、材料和装置，建立新的工艺、系统和服务，以及对已产生和建立的上述各项作实质性的改进而进行的系统性工作。

　　2020 年，全国共投入研究与试验发展（R&D）经费 24 393.1 亿元，比 2019 年增加 2249.5 亿元，增长 10.2%；R&D 经费投入强度（R&D 经费与国内生产总值之比）为 2.40%，比 2019 年提高 0.16 个百分点。按 R&D 人员（全时当量）计算的人均经费为 46.6 万元，比 2019 年增加 0.5 万元。其中，用于基础研究的经费为 1467.0 亿元，比 2019 年增长 9.8%；应用研究经费 2757.2 亿元，增长 10.4%；试验发展经费 20 168.9 亿元，增长 10.2%。基础研究、应用研究和试验发展占 R&D 经费当量的比例分别为 6.0%、11.3% 和 82.7%。

　　从地区分布看，2020 年 R&D 经费较多的 8 个省（直辖市）为广东（3479.9 亿元）、江苏（3005.9 亿元）、北京（2326.6 亿元）、浙江（1859.9 亿元）、山东（1681.9 亿元）、上海（1615.7 亿元）、四川（1055.3 亿元）和湖北（1005.3 亿元）。R&D 经费投入强度（地区 R&D 经费与地区生产总值之比）达到或超过全国平均水平的地区有北京、上海、天津、广东、江苏、浙江和陕西 7 个省（直辖市）。

　　R&D 经费投入可以作为评价国家或地区科技投入、规模和强度的指标，同时科技论文和专利又是 R&D 经费产出的两大组成部分。充足的 R&D 经费投入可以为地区未来几年科技论文产出、发明专利活动提供良好的经费保障。

从 2019—2020 年 R&D 经费与 2021 年的科技论文和专利授权情况看（表 4-12），经费投入量较大的广东、江苏、北京、浙江、山东、上海、湖北和四川等地区，论文产出量和专利授权数也居前 10 位。2019—2020 年广东在 R&D 经费投入方面居全国首位，其 2021 年国际与国内论文发表总数和国内发明专利授权数分别居全国各省（自治区、直辖市）的第 4 和第 1 位。北京在 2019—2020 年 R&D 经费投入方面落后于广东和江苏，居全国第 3 位，但其 2021 年国际与国内发表论文总数和国内发明专利授权数分别居全国第 1 和第 2 位。

表 4-12　2021 年各地区论文数、专利数与 2019—2020 年 R&D 经费比较

地区	2021 年国际与国内发表论文情况		2021 年国内发明专利授权数情况		R&D 经费/亿元			
	篇数	排名	件数	排名	2019 年	2020 年	2019—2020 年合计	排名
北京	154 919	1	79 210	2	2233.6	2326.6	4560.2	3
天津	29 742	13	7376	17	463	485	948	17
河北	23 847	16	8621	16	566.7	634.4	1201.1	14
山西	15 480	21	3915	22	191.2	211.1	402.3	20
内蒙古	7195	27	1651	26	147.8	161.1	308.9	23
辽宁	37 017	10	10 480	14	508.5	549	1057.5	15
吉林	19 564	19	5730	20	148.4	159.5	307.9	24
黑龙江	23 230	17	6337	19	146.6	173.2	319.8	22
上海	76 692	3	32 860	6	1524.6	1615.7	3140.3	6
江苏	100 951	2	68 813	3	2779.5	3005.9	5785.4	2
浙江	50 540	9	56 796	4	1669.8	1859.9	3529.7	4
安徽	28 752	14	23 624	7	754	883.2	1637.2	11
福建	21 330	18	12 561	13	753.7	842.4	1596.1	12
江西	14 499	24	6741	18	384.3	430.7	815	18
山东	54 003	7	36 345	5	1494.7	1681.9	3176.6	5
河南	34 545	11	13 536	12	793	901.3	1694.3	9
湖北	54 921	6	22 376	8	957.9	1005.3	1963.2	7
湖南	34 230	12	16 564	10	787.2	898.7	1685.9	10
广东	72 477	4	102 850	1	3098.5	3479.9	6578.4	1
广西	14 883	23	4573	21	167.1	173.2	340.3	21
海南	5896	28	954	29	29.9	36.6	66.5	29
重庆	24 202	15	9413	15	469.6	526.8	996.4	16
四川	50 876	8	19 337	9	871	1055.3	1926.3	8
贵州	10 748	25	2824	24	144.7	161.7	306.4	25

续表

地区	2021 年国际与国内发表论文情况		2021 年国内发明专利授权数情况		R&D 经费/亿元			
	篇数	排名	件数	排名	2019 年	2020 年	2019—2020 年合计	排名
云南	15 054	22	3643	23	220	246	466	19
西藏	572	31	184	31	4.3	4.4	8.7	31
陕西	56 746	5	15 516	11	584.6	632.3	1216.9	13
甘肃	16 684	20	2253	25	110.2	109.6	219.8	26
青海	2779	30	454	30	20.6	21.3	41.9	30
宁夏	3378	29	1103	28	54.5	59.6	114.1	28
新疆	10 683	26	1153	27	64.1	61.6	125.7	27

注：1. 国际论文指 SCI 收录的中国科技人员发表的论文。

2. 国内论文指中国科学技术信息研究所研制的 CSTPCD 收录的自然科学领域和社会科学领域的论文。

3. 专利数据来源：2021 年国家知识产权局统计数据。

4. R&D 经费数据来源：2019 年和 2020 年全国科技经费投入统计公报。

图 4-1 为 2021 年中国各地区的 R&D 经费投入及论文和专利产出情况。由图不难看出，目前中国各地区的论文产出和专利产出量仍存在较大差距。论文总数显著高过发明专利数，反映出专利产出能力依旧薄弱的状况。加强中国专利的生产能力是需要我们重视的问题。此外，一些省份 R&D 经费投入虽然不是很大，但相对的科技产出量还是较大的，如安徽和湖南这两个省份的 R&D 经费投入量分别排在第 11 与第 10 位，但专利授权数分别排在第 7 和第 10 位。

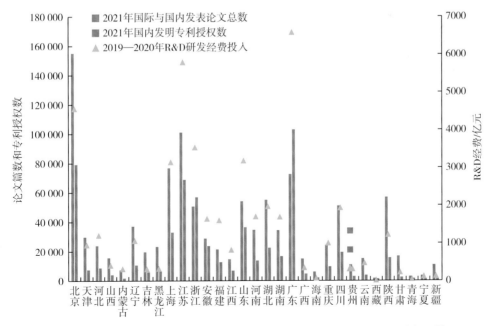

图 4-1 2021 年各地区论文发表、专利授权及 2019—2020 年 R&D 研发经费投入情况

4.3.4 各地区科研产出结构分析

（1）国际国内论文比

国际国内论文比是某些地区当年的国际论文总数除以该地区的国内论文数，该比值能在一定程度上反映该地区的国际交流能力及影响力。

2021 年中国国际国内论文比居前 10 位的地区与 2020 年的相同，但排序略有不同，具体如表 4-13 所示。总体上，这 10 个地区的国际国内论文比都大于 1，表明这 10 个地区的国际论文产量均超过了国内论文。国际国内论文比大于 1 的地区还有湖北、辽宁、陕西、北京、安徽、重庆、四川、江西、甘肃、河南、广西、山西和云南。国际国内论文比较小的地区为西藏、青海和新疆这几个偏远的省（自治区），这些地区的国际国内论文比都低于 0.70。

表 4-13 2021 年各地区国际国内论文比情况

排名	地区	国际论文总篇数	国内论文总篇数	国际国内论文比
1	吉林	19 420	6694	2.90
2	浙江	48 816	17 196	2.84
3	湖南	33 588	12 781	2.63
4	广东	66 019	25 998	2.54
5	黑龙江	24 735	9779	2.53
6	上海	70 917	28 515	2.49
7	福建	20 015	8148	2.46
8	山东	50 028	20 777	2.41
9	江苏	94 327	39 672	2.38
10	天津	28 386	12 388	2.29
11	湖北	48 576	22 041	2.20
12	辽宁	34 841	16 186	2.15
13	陕西	54 117	25 609	2.11
14	北京	134 617	65 204	2.06
15	安徽	26 573	13 056	2.04
16	重庆	20 883	10 342	2.02
17	四川	44 253	22 454	1.97
18	江西	11 800	6437	1.83
19	甘肃	12 226	8564	1.43
20	河南	23 729	18 734	1.27
21	广西	9536	8275	1.15
22	山西	10 258	9112	1.13
23	云南	9085	8599	1.06
24	内蒙古	3775	4711	0.80
25	河北	11 991	15 637	0.77
26	宁夏	1689	2205	0.77
27	海南	2763	3637	0.76

排名	地区	国际论文总篇数	国内论文总篇数	国际国内论文比
28	贵州	4795	6586	0.73
29	新疆	4929	7118	0.69
30	青海	1256	2031	0.62
31	西藏	185	451	0.41

（2）国际权威期刊载文分析

Science、*Nature* 和 *Cell* 是国际公认的 3 个享有最高学术声誉的科技期刊。发表在三大名刊上的论文，往往都是经过世界范围内知名专家层层审读、反复修改而成的高质量、高水平论文。据统计，2021 年这三大期刊共刊登论文 6092 篇，比 2020 年减少了 9 篇。其中，中国论文为 520 篇，论文数比 2020 年增加了 5 篇，排在世界第 4 位，与 2020 年相比排名未发生改变。美国仍然排在首位，论文数为 2521 篇。英国和德国分列第 2 和第 3 位，排在中国之前。若仅统计 Article 和 Review 两种类型的论文，则中国论文数为 419 篇，仍排在世界第 4 位。

如表 4-14 所示，按第一作者地址统计，2021 年中国内地第一作者在三大名刊上发表的论文（文献类型只统计了 Article 和 Review）共 192 篇，其中在 *Nature* 上发表 86 篇，*Science* 上发表 70 篇，*Cell* 上发表 36 篇。这 192 篇论文中，北京以发表 64 篇居地区第 1 位，上海以发表 35 篇居地区第 2 位，杭州以发表 17 篇居第 3 位，合肥和武汉均发表 10 篇居并列第 4 位，深圳发表 9 篇居第 6 位；南京发表 8 篇居第 7 位；成都、广州、昆明、天津、西安和长春均发表 4 篇居并列第 8 位，厦门发表 3 篇居第 14 位；福州、沈阳、泰安和长沙发表 2 篇居并列第 15 位，其他城市均只有 1 个机构发表了 1 篇论文。

表 4-14　2021 年中国内地第一作者发表在三大名刊上的论文城市分布

城市	机构总数	论文篇数	城市	机构总数	论文篇数
北京	22	64	西安	3	4
上海	15	35	长春	1	4
杭州	4	17	厦门	1	3
合肥	1	10	福州	2	2
武汉	6	10	沈阳	1	2
深圳	5	9	泰安	1	2
南京	6	8	长沙	1	2
成都	2	4	蚌埠	1	1
广州	4	4	济南	1	1
昆明	3	4	开封	1	1
天津	3	4	苏州	1	1

注：机构总数指在 *Science*、*Nature* 和 *Cell* 上发表的论文第一作者单位属于该地区的机构总数。

4.4　小结

2021 年中国科技人员作为第一作者共发表国际论文 928 128 篇。北京、江苏、上海、广东、陕西、山东、浙江、湖北、四川和辽宁为产出国际论文数居前 10 位的地区；从论文被引情况看，这 10 个地区的论文被引次数也是排名居前 10 位的地区。西藏、青海和宁夏等偏远地区由于论文基数较小，3 年国际论文总数平均增长速度较快。广东和山东是论文数排名居前 10 位、增速排名也居前 10 位的地区。

2021 年中国科技人员作为第一作者共发表国内论文 458 964 篇。北京、江苏、上海、广东、陕西、四川、湖北、山东、河南和浙江仍是国内论文高产地区，情况与 2020 年相似。宁夏、西藏和云南这 3 个省（自治区）3 年国内论文总数年均增长率位居全国前三，是 2021 年国内论文快速发展地区。

与 2018—2019 年度统计结果相似，2019—2020 年 R&D 经费投入量较大的有广东、江苏、北京、浙江、山东、上海、湖北和四川等地区，这几个地区 2021 年发表的科技论文总数和专利授权数也较多。广东在 R&D 经费投入方面居全国首位，其 2021 年国际与国内论文发表总数和国内发明专利授权数分别居全国各省（自治区、直辖市）的第 4 和第 1 位。北京 R&D 经费投入排名居全国第 3 位，但其国际与国内发表论文总数和获得国内发明专利授权数分别居全国第 1 和第 2 位。

国际论文产量在所有科技论文中所占比例越来越大，国际论文数量超过国内论文数量的省份已达 23 个。2021 年中国内地第一作者在三大名刊上发表的论文共 192 篇，分属 22 个城市。其中，北京和上海发表在三大名刊上的论文数最多。

（执笔人：郑雯雯）

参考文献

[1]　中国科学技术信息研究所 . 2020 年度中国科技论文统计与分析（年度研究报告）［M］. 北京：科学技术文献出版社，2022：27 – 39.

[2]　中国科学技术信息研究所 . 2019 年度中国科技论文统计与分析（年度研究报告）［M］. 北京：科学技术文献出版社，2021：23 – 35.

[3]　国家统计局，科技技术部，财政部 . 国家统计局全国科技经费统计公报 [Z].

[4]　国家知识产权局 . https：// www.cnipa.gov.cn / tjxx / jianbao / year2021 / b / b2.html.

5　中国科技论文的机构分布情况

5.1　引言

科技论文作为科技活动产出的一种重要形式，能够在很大程度上反映研究机构的研究活跃度和影响力，是评估研究机构科技实力和运行绩效的重要依据。为全面系统考察 2021 年中国研究机构的整体发展状况以及发展趋势，本章从国际上 3 个重要的检索系统（SCI、Ei、CPCI-S）和"中国科技论文与引文数据库"（CSTPCD）出发，从发文量、被引总次数、学科分布等多角度分析 2021 年中国不同类型研究机构的论文发表状况。

5.2　数据与方法

SCI 数据采集自汤森路透公司的国际上权威的科学文献数据库——"科学引文索引"（Science Citation Index Expanded）。CPCI-S 数据采集科睿唯安公司的 Conference Proceedings Citation Index – Science 数据库。Ei 数据采集自 Ei 工程索引数据库。在国内期刊发表的论文采集自 CSTPCD。从以上数据库分别采集"地址"字段中含有"中国"的论文数据。SCI 数据是基于 Article 和 Review 两类文献进行统计，Ei 数据是基于 Journal Article 文献类型进行统计，CSTPCD 数据是基于论著、综述、研究快报和工业工程设计 4 类文献进行统计。

下载的数据通过自编程序导入数据库 FoxPro 中。尽管这些数据库整体数据质量都不错，但还是存在不少不完全、不一致甚至是错误的现象，在统计分析之前，必须对数据进行清洗规范。本章所涉及的数据处理主要包括以下 3 项。

①分离出论文的第一作者及第一作者单位。

②作者单位不同写法标准化处理。例如，把单位的中文写法、英文写法、新旧名、不同缩写形式等采用程序结合人工方式统一编码处理。

③单位类型编码。采用机器结合人工方式给单位类型编码。

本章主要采用的方法有文献计量法、文献调研法、数据可视化分析等。为更好地反映中国研究机构研究状况，基于文献计量法思想，我们设计了发文量、被引总次数、篇均被引次数、未被引率等指标。

5.3 研究分析与结论

5.3.1 各机构类型 2021 年发表论文情况分析

2021 年 SCI、CPCI-S、Ei 和 CSTPCD 收录中国科技论文的机构类型分布如表 5-1 所示。由表 5-1 可以看出，不论是国际论文（SCI、CPCI-S、Ei）还是国内论文（CSTPCD），高等院校都是中国科技论文产出的主要贡献者。与国际论文份额相比，高等院校的国内论文份额相对较低，为 49.34%。研究机构发表国内论文占比 11.78%，SCI 占比 8.15%，CPCI-S 占比 6.57%，Ei 占比 9.28%，占比较为接近。医疗机构发表国内论文占比较高，达 28.61%。

表 5-1 2021 年 SCI、CPCI-S、Ei、CSTPCD 收录中国科技论文的机构类型分布

机构类型	SCI		CPCI-S		Ei		CSTPCD		合计	
	论文篇数	占比	论文篇数	占比	论文篇数	占比	论文篇数	占比	论文篇数	占比
高等院校	395 360	73.65%	20 845	77.72%	302 484	87.78%	226 456	49.34%	945 145	69.13%
研究机构	43 733	8.15%	1762	6.57%	31 973	9.28%	54 082	11.78%	131 550	9.62%
医疗机构	85 688	15.96%	279	1.04%	3934	1.14%	131 324	28.61%	221 225	16.18%
企业	2191	0.41%	3932	14.66%	3599	1.04%	31 877	6.94%	41 599	3.04%
其他	9802	1.83%	3	0.01%	2617	0.76%	15 257	3.32%	27 679	2.02%
总计	536 774	100.00%	26 821	100.00%	344 607	100.00%	458 996	100.00%	1 367 198	100.00%

注：1. SCI 论文数量的统计口径为 SCI 2021 收录的 Article 和 Review 两种文献类型的期刊论文，数据截至 2022 年 7 月。

2. CPCI-S 论文数量的统计口径为 CPCI-S 2021 收录的全部会议论文，数据截至 2022 年 7 月。

3. Ei 论文数量的统计口径为 Ei 2021 收录的全部期刊论文，数据截至 2022 年 6 月。

4. CSTPCD 论文数量的统计口径为 CSTPCD 2021 收录的论著、研究型综述、一般论文、工业工程设计 4 类文献类型的论文。

5.3.2 各机构类型被引情况分析

论文的被引情况可以大致反映论文的影响。表 5-2 为 2012—2021 年 SCI 收录的中国科技论文的各机构类型被引情况。由表 5-2 可以看出，中国科技论文的篇均被引次数为 15.55 次，未被引论文占比为 12.05%。从篇均被引次数来看，研究机构发表论文的篇均被引次数最高，为 19.08 次，高于平均水平（15.55 次）。除高等院校（15.71次）略高外，其他类型机构发表论文的篇均被引次数均低于平均水平，依次为医疗机构 12.44 次和企业 9.06 次。从未被引论文占比来看，研究机构发表的论文中未被引论文占比最低，为 10.02%。其次是高等院校，为 11.80%；这两者都低于平均水平（12.05%）。高于平均水平的为企业（25.14%）和医疗机构（14.48%）。

表 5-2　SCI 收录的中国科技论文各机构类型被引情况

机构类型	发文量	未被引论文篇数	总被引频次	篇均被引次数	未被引论文占比
高等院校	2 495 862	294 540	39 198 950	15.71	11.80%
研究机构	324 591	32 538	6 192 559	19.08	10.02%
医疗机构	476 262	68 983	5 925 066	12.44	14.48%
企业	8453	2125	76 554	9.06	25.14%
总计	3 305 168	398 186	51 393 129	15.55	12.05%

数据来源：2012—2021 年 SCI 收录的中国科技论文，数据截至 2022 年 7 月。

5.3.3　各机构类型发表论文学科分布分析

表 5-3 为 2021 年 CSTPCD 收录的各机构类型发表论文占比居前 10 位的学科。由表可以看出，在高等院校发表论文中，数学，管理学，信息、系统科学，力学，计算技术，物理学，材料科学，中医学，工程与技术基础，生物学等学科论文占比较高，均超过了 70%，其中数学超过了 95%。从学科性质看，高等院校是基础科学等理论性研究的绝对主体。在研究机构发表的论文中，天文学，核科学技术，农学，航空航天，水产学，地学，林学，能源科学技术，畜牧、兽医，预防医学与卫生学等偏工程技术方面的应用性研究学科占比较多。在医疗机构发表论文中，占比居前 10 位的学科分别为临床医学、军事医学与特种医学、药物学、基础医学、中医学、预防医学与卫生学、生物学、核科学技术、计算技术、管理学。值得注意的是生物学，查看其详细论文列表可以发现，生物学中多是分子生物学等与医学关系密切的学科。在企业发表的论文中，占比居前 10 位的学科分别为矿山工程技术，能源科学技术，交通运输，冶金、金属学，土木建筑，化工，核科学技术、动力与电气，电子、通信与自动控制，轻工、纺织。

表 5-3　2021 年 CSTPCD 收录的各机构类型发表论文占比居前 10 位的学科分布

高等院校		研究机构		医疗机构		企业	
学科	占比	学科	占比	学科	占比	学科	占比
数学	96.88%	天文学	41.79%	临床医学	83.55%	矿山工程技术	38.98%
管理学	93.77%	核科学技术	41.37%	军事医学与特种医学	72.07%	能源科学技术	33.07%
信息、系统科学	90.61%	农学	33.08%	药物学	52.16%	交通运输	29.04%
力学	83.82%	航空航天	31.78%	基础医学	46.54%	冶金、金属学	22.56%
计算技术	82.58%	水产学	29.06%	中医学	43.98%	土木建筑	20.46%
物理学	80.57%	地学	28.52%	预防医学与卫生学	40.62%	化工	18.69%
材料科学	77.50%	林学	26.51%	生物学	5.97%	核科学技术	16.88%
中医学	75.56%	能源科学技术	24.96%	核科学技术	1.21%	动力与电气	16.71%
工程与技术基础	74.66%	畜牧、兽医	22.19%	计算技术	1.14%	电子、通信与自动控制	16.05%
生物学	74.49%	预防医学与卫生学	21.29%	管理学	1.06%	轻工、纺织	14.91%

5.3.4　SCI、CPCI-S、Ei 和 CSTPCD 收录论文 TOP10 高等院校

由表 5-4 可以看出，2021 年 SCI 收录中国论文 TOP10 高等院校总发文量 78 362 篇，占收录的所有高等院校论文数的 19.82%；CPCI-S 收录中国论文 TOP10 高等院校总发文量 6067 篇，占所有高等院校发文量的 29.11%；Ei 收录中国论文 TOP10 高等院校总发文量为 48 928 篇，占所有高等院校发文量的 16.18%；CSTPCD 收录中国论文 TOP10 高等院校总发文量为 38 413 篇，占所有高等院校发文量的 16.96%。这说明中国高等院校发文集中在少数高等院校，并且国际论文集中度高于国内论文的集中度。

表 5-4　2021 年 SCI、CPCI-S、Ei、CSTPCD 收录的 TOP10 高等院校发文量占比

SCI			CPCI-S			Ei			CSTPCD		
TOP10篇数	总篇数	占比	TOP10篇数	总篇数	占比	TOP10篇数	总篇数	占比	TOP10篇数	总篇数	占比
78 362	395 360	19.82%	6067	20 845	29.11%	48 928	302 484	16.18%	38 413	226 456	16.96%

表 5-5 列出了 2021 年 SCI、CPCI-S、Ei 和 CSTPCD 收录论文数居前 10 位的高等院校。4 个列表均进入前 10 位的高等院校有：浙江大学和上海交通大学。进入 3 个列表的高等院校有：四川大学、华中科技大学和北京大学。进入两个列表的高等院校有：中南大学、复旦大学、西安交通大学、清华大学和哈尔滨工业大学。只进入 1 个列表的高等院校有：中山大学、山东大学、电子科技大学、北京邮电大学、北京航空航天大学、中国科学技术大学、东南大学、天津大学、大连理工大学、首都医科大学、北京中医药大学、武汉大学和郑州大学。应该指出的是我们不能简单地认为 4 个列表均进入前 10 位的学校就比只进入 2 个或 1 个列表前 10 位的学校要好。但是，进入前 10 位列表越多大致可以说明，该机构学科发展的覆盖程度和均衡程度较好。

由表 5-5 还可以看出，在被收录论文数居前的高等院校中，被收录的国际论文数已经超出了国内论文数。这说明中国较好高等院校的科研人员倾向在国际期刊和国际会议上发表论文。

表 5-5　2021 年 SCI、CPCI-S、Ei 和 CSTPCD 收录论文数居前 10 位的高等院校

排名	SCI 高等院校 （论文篇数）	Ei 高等院校 （论文篇数）	CPCI-S 高等院校 （论文篇数）	CSTPCD 高等院校 （论文篇数）
1	浙江大学（10 828）	浙江大学（6136）	清华大学（1002）	首都医科大学（6295）
2	上海交通大学（10 429）	上海交通大学（5638）	上海交通大学（838）	上海交通大学（5733）
3	四川大学（8662）	清华大学（5566）	电子科技大学（758）	北京大学（4292）
4	中南大学（7621）	哈尔滨工业大学（5324）	浙江大学（622）	四川大学（4182）
5	华中科技大学（7552）	天津大学（4978）	北京大学（582）	浙江大学（3084）
6	中山大学（7337）	西安交通大学（4974）	哈尔滨工业大学（470）	复旦大学（3055）
7	北京大学（6830）	四川大学（4116）	北京邮电大学（461）	北京中医药大学（2990）

续表

排名	SCI 高等院校（论文篇数）	Ei 高等院校（论文篇数）	CPCI-S 高等院校（论文篇数）	CSTPCD 高等院校（论文篇数）
8	复旦大学（6429）	中南大学（4102）	北京航空航天大学（452）	华中科技大学（2985）
9	西安交通大学（6350）	大连理工大学（4097）	中国科学技术大学（447）	武汉大学（2978）
10	山东大学（6324）	华中科技大学（3997）	东南大学（435）	郑州大学（2819）

注：按第一作者第一单位统计。

5.3.5 SCI、CPCI-S、Ei 和 CSTPCD 收录论文 TOP10 研究机构

由表 5-6 可以看出，2021 年 SCI 收录中国论文 TOP10 研究机构总发文量为 6741 篇，占收录的所有研究机构论文数的 15.41%；CPCI-S 收录中国论文 TOP10 研究机构总发文量为 953 篇，占收录的所有研究机构论文数的 54.09%；Ei 收录中国论文 TOP10 研究机构总发文量为 5765 篇，占收录的所有研究机构论文数的 18.03%；CSTPCD 收录中国论文 TOP10 研究机构总发文量为 6390 篇，占收录的所有研究机构论文数的 11.82%。和高等院校情况类似，中国研究机构发文也较为集中在少数研究机构，并且国际论文集中度高于国内论文的集中度。与 TOP10 高等院校发文量占比相比，TOP10 研究机构发文量在 SCI 和 CSTPCD 中的占比要低于高等院校，在 CPCI-S 和 Ei 中的占比要高于高等院校。

表 5-6　2021 年 SCI、CPCI-S、Ei 和 CSTPCD TOP10 研究机构发文量占比

SCI			CPCI-S			Ei			CSTPCD		
TOP10篇数	总篇数	占比	TOP10篇数	总篇数	占比	TOP10篇数	总篇数	占比	TOP10篇数	总篇数	占比
6741	43 733	15.41%	953	1762	54.09%	5765	31 973	18.03%	6390	54 082	11.82%

表 5-7 列出了 2021 年 SCI、CPCI-S、Ei 和 CSTPCD 收录论文数居前 10 位的研究机构。中国工程物理研究院是进入 4 个列表前 10 位的研究机构。中国科学院地理科学与资源研究所、中国科学院空天信息创新研究院是同时进入 3 个列表前 10 位的研究机构。进入 2 个列表前 10 位的研究机构有中国科学院合肥物质科学研究院、中国科学院大连化学物理研究所、中国医学科学院肿瘤研究所、中国科学院生态环境研究中心、中国科学院长春应用化学研究所、中国科学院化学研究所、中国科学院、。只进入 1 个列表前 10 位的研究机构有中国科学院西北生态环境资源研究院、中国科学院金属研究所、中国科学院物理研究所、中国中医科学院、中国疾病预防控制中心、中国林业科学研究院、中国食品药品检定研究院、中国水产科学研究院、中国热带农业科学院和广东省农业科学院。

表 5-7 2021 年 SCI、CPCI-S、Ei 和 CSTPCD 收录论文数居前 10 位的研究机构

排名	SCI	CPCI-S	Ei	CSTPCD
	研究机构（论文篇数）	研究机构（论文篇数）	研究机构（论文篇数）	研究机构（论文篇数）
1	中国科学院合肥物质科学研究院（851）	中国科学院信息工程研究所（213）	中国科学院合肥物质科学研究院（803）	中国中医科学院（1829）
2	中国工程物理研究院（829）	中国科学院自动化研究所（157）	中国科学院长春应用化学研究所（666）	中国疾病预防控制中心（935）
3	中国科学院地理科学与资源研究所（758）	中国科学院深圳先进技术研究院（140）	中国科学院大连化学物理研究所（631）	中国林业科学研究院（589）
4	中国科学院大连化学物理研究所（682）	中国科学院计算技术研究所（134）	中国工程物理研究院（621）	中国医学科学院肿瘤研究所（455）
5	中国医学科学院肿瘤研究所（664）	中国科学院西安光学精密机械研究所（60）	中国科学院空天信息创新研究院（611）	中国工程物理研究院（454）
6	中国科学院空天信息创新研究院（616）	中国科学院空天信息创新研究院（57）	中国科学院化学研究所（592）	中国科学院地理科学与资源研究所（448）
7	中国科学院生态环境研究中心（601）	中国科学院软件研究所（57）	中国科学院金属研究所（480）	中国食品药品检定研究院（445）
8	中国科学院西北生态环境资源研究院（592）	中国科学院上海微系统与信息技术研究所（53）	中国科学院物理研究所（459）	中国水产科学研究院（434）
9	中国科学院长春应用化学研究所（581）	中国科学院微电子研究所（43）	中国科学院地理科学与资源研究所（452）	中国热带农业科学院（419）
10	中国科学院化学研究所（567）	中国工程物理研究院（39）	中国科学院生态环境研究中心（450）	广东省农业科学院（382）

注：按第一作者第一单位统计。

5.3.6 SCI、CPCI-S 和 CSTPCD 收录论文 TOP10 医疗机构

由表 5-8 可以看出，2021 年 SCI 收录中国论文数 TOP10 医疗机构总发文量为 13 673 篇，占收录的所有医疗机构论文数的 15.96%；CPCI-S 收录中国论文 TOP10 医疗机构总发文量为 196 篇，占收录的所有研究机构论文数的 70.25%；CSTPCD 收录中国论文 TOP10 医疗机构总发文量为 11 437 篇，占收录的所有医疗机构论文数的 8.71%。和高等院校、研究机构情况类似的是，中国医疗机构国际论文的集中度高于国内论文的集中度，其中，国际会议论文 TOP10 医疗机构的占比最高，为 70.25%。国内论文 TOP10 医疗机构占医疗机构总发文数的 8.71%，与高等院校的 16.96% 和研究机构的 11.82% 相比，差距较大。

表 5-8 2021 年 SCI、CPCI-S、CSTPCD 收录的 TOP10 医疗机构发文量占比

SCI			CPCI-S			CSTPCD		
TOP10 篇数	总篇数	占比	TOP10 篇数	总篇数	占比	TOP10 篇数	总篇数	占比
13 673	85 688	15.96%	196	279	70.25%	11 437	131 324	8.71%

表 5-9 列出了 2021 年 SCI、CPCI-S 和 CSTPCD 收录论文数居前 10 位的医疗机构。3 个列表均进入前 10 位的医疗机构有 2 个，分别是四川大学华西医院和北京协和医院。两个列表均进入前 10 位的医疗机构有 4 个，分别是华中科技大学同济医学院附属同济医院、解放军总医院、郑州大学第一附属医院和中南大学湘雅医院。只进入一个列表前 10 位的有 16 个，分别是浙江大学第一附属医院、华中科技大学同济医学院附属协和医院、中南大学湘雅二医院、浙江大学医学院附属第二医院、北京大学肿瘤医院、复旦大学附属中山医院、上海市胸科医院、复旦大学附属肿瘤医院、中山大学肿瘤防治中心、北京大学人民医院、广东省人民医院、江苏省人民医院、武汉大学人民医院、北京大学第三医院、河南省人民医院、空军军医大学第一附属医院（西京医院）。除四川大学华西医院以外，被收录的论文数居前的医疗机构一般国际论文数要少于国内论文数。

表 5-9　2021 年 SCI、CPCI-S 和 CSTPCD 收录论文数居前 10 位的医疗机构

排名	SCI 研究机构（论文篇数）	CPCI-S 研究机构（论文篇数）	CSTPCD 研究机构（论文篇数）
1	四川大学华西医院（3088）	四川大学华西医院（34）	解放军总医院（1982）
2	北京协和医院（1418）	北京协和医院（28）	四川大学华西医院（1760）
3	华中科技大学同济医学院附属同济医院（1290）	北京大学肿瘤医院（25）	北京协和医院（1280）
4	解放军总医院（1269）	复旦大学附属中山医院（20）	郑州大学第一附属医院（1217）
5	郑州大学第一附属医院（1210）	上海市胸科医院（17）	江苏省人民医院（1040）
6	中南大学湘雅医院（1195）	复旦大学附属肿瘤医院（16）	武汉大学人民医院（954）
7	浙江大学第一附属医院（1144）	中山大学肿瘤防治中心（16）	华中科技大学同济医学院附属同济医院（825）
8	华中科技大学同济医学院附属协和医院（1061）	北京大学人民医院（14）	北京大学第三医院（807）
9	中南大学湘雅二医院（1040）	中南大学湘雅医院（13）	河南省人民医院（804）
10	浙江大学医学院附属第二医院（958）	广东省人民医院（13）	空军军医大学第一附属医院（西京医院）（768）

5.4　小结

从国内外 4 个重要检索系统收录 2021 年中国科技论文的机构分布情况可以看出，高等院校是国际论文（SCI、Ei、CPCI-S）发表的绝对主体，平均占比约 79.72%，根据 CSTPCD 的数据，高等院校在国内的发文量占比为 49.34%，另外，医疗机构也是国内论文发表的重要力量，占 28.61%，但医疗机构的国际论文占比比高等院校要小得多。

从篇均被引次数和未被引率来看，研究机构发表论文的总体质量是最高的，其次为高等院校。

从学科性质看，高等院校是基础科学等理论性研究的绝对主体；研究机构在应用性

研究学科方面相对活跃；医疗机构是医学领域研究的重要力量；企业在矿山工程技术，能源科学技术，交通运输，冶金、金属学、土木建筑，化工，核科学技术，动力与电气，电子、通信与自动控制和轻工、纺织等领域相对活跃。

中国高等院校发文集中度高，并且国际论文集中度高于国内论文的集中度。中国研究机构发文集中度也高，国际论文集中度高于国内论文的集中度。医疗机构国内论文集中度远远低于高等院校和研究机构。

在被收录论文数居前的高等院校和研究机构中，国际论文发表数量已经超出了国内论文发表数。医疗机构除四川大学华西医院以外，被收录的论文数居前的医疗机构一般国际论文数要少于国内论文数。

（执笔人：刘亚丽）

参考文献

[1]　中国科学技术信息研究所. 2020年度中国科技论文统计与分析（年度研究报告）［M］. 北京：科学技术文献出版社，2021：40-47.

6 中国科技论文被引情况分析

6.1 引言

论文是科研工作产出的重要体现。对科技论文的评价方式主要有 3 种：基于同行评议的定性评价、基于科学计量学指标的定量评价及二者相结合的评价。虽然对具体的评价方法存在诸多争议，但被引情况仍不失为重要的参考指标。在《自然》（*Nature*）的一项关于计量指标的调查中，当允许被调查者自行设计评价的计量指标时，排在第 1 位的是在高影响因子的期刊上所发表的论文数量，被引情况排在第 3 位。

分析研究中国科技论文的国际、国内被引情况，可以从一个侧面揭示中国科技论文的影响，为管理决策部门和科研工作提供数据支撑。

6.2 数据与方法

本章在进行被引情况国际比较时，采用的是科睿唯安（Clarivate Analytics）出版的 ESI 数据。ESI 数据包括第一作者单位和非第一作者单位的数据统计。具体分析地区、学科和机构等分布情况时采用的数据有：2011—2021 年 SCI 收录的中国科技人员作为第一作者的论文累计被引数据；CSTPCD 1988—2021 年收录论文在 2021 年度被引数据。

6.3 研究分析与结论

6.3.1 国际比较

2012—2022 年（截至 2022 年 10 月）中国科技人员共发表国际论文 397.92 万篇，继续排在世界第 2 位，数量比 2021 年统计时增加了 18.2%；论文共被引用 5706.99 万次，增加了 31.7%，排在世界第 2 位。美国仍然保持在世界第 1 位。中国平均每篇论文被引用 14.34 次，比上年度统计时的 12.87 次提高了 11.4%。世界整体篇均被引用数为 14.72 次，中国平均每篇论文被引次数与世界水平之间的差距缩小。

在 2012—2022 年发表科技论文累计超过 20 万篇以上的国家（地区）共有 23 个，按平均每篇论文被引次数排序，中国排在第 16 位。每篇论文被引次数大于世界整体水平的国家有 13 个。

6.3.2 时间分布

图 6-1 为 SCI 2021 年度引用的时间分布情况。可以发现，SCI 被引的峰值为 2017 年和 2018 年，表明 SCI 收录论文更倾向于引用较早出版的文献。

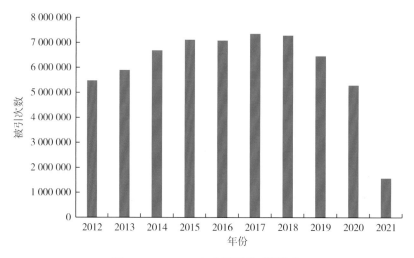

图 6-1　SCI2021 年度引用的时间分布

6.3.3　地区分布

2012—2021 年 SCI 收录论文总被引次数排名居前 3 位的地区分别为北京、江苏和上海，篇均被引次数排名居前 3 位的地区分别为湖北、北京和上海，未被引论文比例低排名居前 3 位地区分别为黑龙江、湖北和天津（表 6–1）。进入 3 个排名列表前 10 位的地区有上海、江苏、湖北和北京；进入 2 个排名列表前 10 位的地区有辽宁、福建、天津、广东和湖南；只进入 1 个列表前 10 位的地区有黑龙江、四川、浙江、甘肃、安徽、山东、陕西和吉林。

表 6–1　2012—2021 年 SCI 收录中国科技论文被引情况地区分布

排名	总被引情况		篇均被引情况		未被引情况	
	地区	次数	地区	次数	地区	占比
1	北京	8 866 327	湖北	17.33	黑龙江	12.95%
2	江苏	5 281 007	北京	16.75	湖北	13.13%
3	上海	4 679 274	上海	16.40	天津	13.44%
4	广东	3 476 923	福建	16.33	江苏	13.53%
5	湖北	3 077 353	安徽	15.99	辽宁	13.70%
6	浙江	2 601 013	吉林	15.79	湖南	13.91%
7	陕西	2 336 478	天津	15.71	北京	14.00%
8	山东	2 304 223	江苏	15.23	上海	14.20%
9	四川	1 818 312	广东	15.22	甘肃	14.22%
10	辽宁	1 785 800	湖南	15.20	福建	14.38%

6.3.4　学科分布

2012—2021 年 SCI 收录论文总被引次数排名居前 3 位的学科分别为化学、生物和临床医学，篇均被引次数排名居前 3 位的学科分别为化学、能源科学技术和化工，未被引论文比例低居前 3 位的学科分别为安全科学技术、动力与电气和能源科学技术（表 6-2）。进入 3 个排名列表前 10 位的学科有材料科学、化学和环境科学学科；进入 2 个排名列表前 10 位的学科有化工、能源科学技术、天文学、动力与电气、管理学和安全科学技术学科；只进入 1 个前 10 位列表的学科有临床医学，生物，食品，电子、通信与自动控制，地学，力学，物理学，基础医学和计算技术。

表 6-2　2012—2021 年 SCI 收录中国科技论文被引情况学科分布

排名	总被引次情况		篇均被引情况		未被引情况	
	学科	次数	学科	次数	学科	占比
1	化学	12 929 897	化学	24.73	安全科学技术	6.35%
2	生物	6 449 859	能源科学技术	21.60	动力与电气	6.45%
3	临床医学	5 274 064	化工	20.59	能源科学技术	7.47%
4	材料科学	4 889 438	环境科学	19.23	化学	8.45%
5	物理学	4 033 905	安全科学技术	18.51	化工	8.85%
6	基础医学	2 716 111	管理学	17.87	环境科学	9.34%
7	电子、通信与自动控制	2 611 097	材料科学	17.86	管理学	9.38%
8	环境科学	2 543 087	动力与电气	17.52	天文学	9.87%
9	计算技术	2 143 606	天文学	17.07	材料科学	9.94%
10	地学	2 079 808	食品	16.19	力学	10.37%

6.3.5　机构分布

（1）高等院校

表 6-3 列出了 CSTPCD 被引篇数、CSTPCD 被引次数、SCI 被引篇数、SCI 被引次数这 4 个列表中排名靠前的高等院校。其中，北京大学 CSTPCD 被引次数和被引篇数均排在第 1 位，上海交通大学的 CSTPCD 被引次数和被引篇数均排在第 2 位；浙江大学 SCI 被引篇数、被引次数均排在第 1 位；清华大学的 SCI 被引次数排在第 2 位，SCI 被引篇数排在第 5 位；上海交通大学 SCI 被引篇数排在第 2 位，SCI 被引次数排在第 3 位。

表 6-3　CSTPCD、SCI 被引情况排名靠前的高等院校

高等院校	CSTPCD 被引情况				SCI 被引情况			
	篇数	排名	次数	排名	篇数	排名	次数	排名
北京大学	13 180	1	26 966	1	51 618	4	934 454	5
上海交通大学	12 844	2	21 458	2	70 402	2	1 077 525	3
首都医科大学	12 105	3	19 438	4	24 539	24	214 641	54
浙江大学	10 136	4	19 361	5	72 634	1	1 273 739	1
武汉大学	9845	5	19 490	3	35 693	14	668 234	12
四川大学	9307	6	16 045	7	53 015	3	700 678	8
中南大学	8987	7	15 325	9	45 264	9	693 045	9
同济大学	8779	8	15 707	8	31 003	16	499 886	20

续表

高等院校	CSTPCD 被引情况				SCI 被引情况			
	篇数	排名	次数	排名	篇数	排名	次数	排名
清华大学	8192	9	18 640	6	51 432	5	1 177 121	2
华中科技大学	7878	10	14 650	10	49 115	6	935 606	4
复旦大学	7259	11	13 916	13	46 373	8	812 197	6
吉林大学	7208	12	11 939	19	43 688	10	633 970	14
中山大学	7020	13	13 698	14	48 519	7	776 498	7
中国地质大学	6811	14	13 951	12	18 665	34	297 228	37
中国石油大学	6720	15	12 108	18	18 798	33	268 215	42

（2）研究机构

表 6-4 列出了 CSTPCD 被引篇数、CSTPCD 被引次数、SCI 被引篇数、SCI 被引次数排名靠前的研究机构。其中中国科学院地理科学与资源研究所 CSTPCD 被引次数、被引篇数均排在第 1 位；中国疾病预防控制中心 CSTPCD 被引篇数、被引次数均排在第 2 位，中国林业科学研究院 CSTPCD 被引篇数、被引次数均排在第 3 位。

表 6-4 CSTPCD 和 SCI 被引情况排名靠前的研究机构

研究机构	CSTPCD 被引情况				SCI 被引情况			
	篇数	排名	次数	排名	篇数	排名	次数	排名
中国科学院地理科学与资源研究所	3070	1	11 209	1	4900	9	102 626	12
中国疾病预防控制中心	2710	2	6764	2	2570	32	94 374	16
中国林业科学研究院	2512	3	4772	3	3070	23	39 573	45
中国水产科学研究院	2390	4	4146	5	2927	25	35 794	51
中国科学院西北生态环境资源研究院	2080	5	4210	4	3093	22	48 771	39
中国中医科学院	1841	6	4095	6	1858	49	27 940	64
中国科学院地质与地球物理研究所	1417	7	3555	7	3794	16	67 159	23
中国热带农业科学院	1367	8	2115	14	1406	66	18 183	93
江苏省农业科学院	1311	9	2459	9	1375	67	19 020	91
中国科学院生态环境研究中心	1206	10	3390	8	5257	7	150 083	4
中国科学院长春光学精密机械与物理研究所	1127	11	1686	21	2222	39	37 857	47
中国工程物理研究院	1079	12	1543	27	5749	5	64 246	25
中国科学院空天信息创新研究院	1019	13	2067	16	3963	12	55 782	30
中国环境科学研究院	973	14	2128	12	1345	71	26 749	66
中国水利水电科学研究院	969	15	2029	17	1073	89	12 745	109

（3）医疗机构

表 6-5 列出了 CSTPCD 被引篇数、CSTPCD 被引次数、SCI 被引篇数、SCI 被引次数排名靠前的医疗机构。其中解放军总医院的 CSTPCD 被引篇数、被引次数均排在第 1 位；北京协和医院 CSTPCD 被引篇数、被引次数均排在第 2 位；中国人民解放军东部

战区总医院 CSTPCD 被引次数、被引次数均排在第 3 位。解放军总医院医院 SCI 被引篇数、被引次数均排在第 1 位；中日友好医院 SCI 被引篇数排在第 4 位，被引次数排在第 3 位。

表 6-5　CSTPCD、SCI 被引情况排名靠前的医疗机构

医疗机构	CSTPCD 被引情况				SCI 被引情况			
	篇数	排名	次数	排名	篇数	排名	次数	排名
解放军总医院	6365	1	9786	1	9631	1	144 829	1
北京协和医院	1221	2	2195	2	419	32	8646	26
中国人民解放军东部战区总医院	1084	3	1733	3	400	37	9094	21
中日友好医院	968	4	1690	4	1218	4	22 099	3
北京医院	887	5	1514	5	1002	6	10 066	13
中国人民解放军北部战区总医院	805	6	1142	7	739	11	9382	20
北京积水潭医院	777	7	1223	6	562	18	5516	56
河南省人民医院	591	8	976	8	1436	3	21 418	4
新疆维吾尔自治区人民医院	587	9	771	13	192	107	1361	204
中部战区总医院	572	10	796	12	280	73	7249	40
中国人民解放军南部战区总医院	566	11	865	9	408	34	5918	51
广东省中医院	558	12	854	10	83	221	1432	197
河北省人民医院	468	13	725	15	231	92	2172	143
武汉市中西医结合医院	463	14	751	14	110	178	1116	232
海南省人民医院	460	15	703	16	140	145	1619	175

6.4　小结

从 2012—2022 国际被引来看，中国科技论文被引次数、世界排名均呈逐年上升趋势，这说明中国科技论文的国际影响力在逐步上升。尽管中国平均每篇论文被引次数与世界平均值还有一定的差距，但提升速度相对较快。

2012—2021 年 SCI 收录论文总被引次数排名居前 3 位的地区分别为北京、江苏和上海，篇均被引次数排名居前 3 位的地区分别为湖北、北京和上海，未被引论文比例低排名居前 3 位的地区分别为黑龙江、湖北和天津。

2012—2021 年 SCI 收录论文总被引次数排名居前 3 位的学科分别为化学、生物和临床医学，篇均被引次数排名居前 3 位的学科分别为化学、能源科学技术和化工，未被引论文比例低排名居前 3 位的学科分别为安全科学技术、动力与电气和能源科学技术。

（执笔人：田瑞强）

参考文献

[1] 中国科学技术信息研究所．2020 年度中国科技论文统计与分析：年度研究报告［M］．北京：科学科技文献出版社，2021.

7 中国各类基金资助产出论文情况分析

本章以 2021 年 CSTPCD 和 SCI 为数据来源，对中国各类基金资助产出论文情况进行了统计分析，主要分析了基金资助来源、基金论文的文献类型分布、机构分布、学科分布、地区分布、合著情况及其被引情况，此外还对 3 种国家级科技计划项目的投入产出效率进行了分析。统计分析表明，中国各类基金资助产出的论文处于不断增长的趋势，且已形成了一个以国家自然科学基金、科技部计划项目资助为主，其他部委和地方基金、机构基金、公司基金、个人基金和海外基金为补充的、多层次的基金资助体系。对比分析发现，CSTPCD 和 SCI 数据库收录的基金论文在基金资助来源、机构分布、学科分布、地区分布上存在一定的差异，但整体上保持了相似的分布格局。

7.1 引言

早在 17 世纪之初，弗兰西斯·培根就曾在《学术的进展》一书中指出，学问的进步有赖于一定的经费支持。科学基金制度的建立和科学研究资助体系的形成为这种支持的连续性和稳定性提供了保障。中华人民共和国成立以来，中国已经初步形成了国家（国家自然科学基金、国家科技重大专项、国家重点基础研究发展计划和国家科技支撑计划等基金）为主，地方（各省级基金）、机构（高等院校、研究机构基金）、公司（各公司基金）、个人（私人基金）、海外基金等为补充的多层次的资助体系。这种资助体系作为科学研究的一种运作模式，为推动中国科学技术的发展发挥了巨大作用。

由基金资助产出的论文称为基金论文，对基金论文的研究具有重要意义：基金资助课题研究都是在充分论证的基础上展开的，其研究内容一般都是国家目前研究的热点问题；基金论文是分析基金资助投入与产出效率的重要基础数据之一；对基金资助产出论文的研究，是不断完善中国基金资助体系的重要支撑和参考依据。

中国科学技术信息研究所自 1989 年都会在其《中国科技论文统计与分析（年度研究报告）》中对中国的各类基金资助产出论文情况进行统计分析，其分析具有数据质量高、更新及时、信息量大的特征，是及时了解相关动态的最重要的信息来源。

7.2 数据与方法

本章研究的基金论文主要来源于两个数据库：CSTPCD 和 SCI 网络版。本章所指的中国各类基金资助限定于附表 39 列出的各类基金资助。

2021 年 CSTPCD 延续了 2020 年对基金资助项目的标引方式，最大程度地保持统计项目、口径和方法的延续性。SCI 数据库自 2009 年起其原始数据中开始有基金字段，中国科技信息研究所也自 2009 年起开始对 SCI 收录的基金论文进行统计。SCI 数据的标引采用了与 CSTPCD 相一致的基金项目标引方式。

CSTPCD 和 SCI 数据库分别收录符合其遴选标准的中国和世界范围内的科技类期刊，CSTPCD 收录论文以中文为主，SCI 收录论文以英文为主。两个数据库收录范围互为补充，能更加全面地反映中国各类基金资助产出科技期刊论文的全貌。值得指出的是，由于 CSTPCD 和 SCI 收录期刊存在少量重复现象，所以在宏观的统计中其数据加和具有一定的科学性和参考价值，但是用于微观的计算时两者基金论文不能做简单的加和。本章对这两个数据库收录的基金论文进行了统计分析，必要时对比归纳了两个数据库收录基金论文在对应分析维度上的异同。文中的"全部基金论文"指所论述的单个数据库收录的全部基金论文。

本章的研究主要使用了统计分析的方法，对 CSTPCD 和 SCI 收录的中国各类基金资助产出论文的基金资助来源、文献类型分布、机构分布、学科分布、地区分布、合著情况进行了分析，并在最后计算了 3 种国家级科技计划项目的投入产出效率。

7.3 研究分析与结论

7.3.1 中国各类基金资助产出论文的总体情况

（1）CSTPCD 收录基金论文的总体情况

根据 CSTPCD 数据统计，2021 年中国各类基金资助产出论文共计 355 719 篇，占当年全部论文总数（458 964 篇）的 77.50%。与 2020 年相比，2021 年全部论文增加论文 7630 篇，增长率为 1.69%；2021 年基金论文总数增加 20 416 篇，增长率为 6.09%（表 7-1）。

表 7-1 2016—2021 年 CSTPCD 收录中国各类基金资助产出论文情况

年份	论文总篇数	基金论文篇数	基金论文比	全部论文增长率	基金论文增长率
2016	494 207	325 900	65.94%	0.14%	8.91%
2017	472 120	322 385	68.28%	-4.47%	-1.08%
2018	454 519	319 464	70.28%	-3.73%	-0.91%
2019	447 831	328 222	73.29%	-1.47%	2.74%
2020	451 334	335 303	74.29%	0.78%	2.16%
2021	458 964	355 719	77.50%	1.69%	6.09%

（2）SCI 收录基金论文的总体情况

2021 年，SCI 收录中国科技论文（Article、Review）总数为 536 774 篇，其中 472 953 篇是在基金资助下产生的，基金论文比为 88.11%。如表 7-2 所示，2021 年中国全部 SCI 论文总量较 2020 年增长 57 497 篇，增长率为 12.00%；基金论文总数与 2020 年相比增长了 50 010 篇，增长率为 11.82%。

表 7–2　2016—2021 年 SCI 收录中国各类基金资助产出论文情况

年份	论文总篇数	基金论文篇数	基金论文比	全部论文增长率	基金论文增长率
2016	302 098	263 942	87.37%	19.13%	52.23%
2017	309 958	276 669	89.26%	2.60%	4.82%
2018	357 405	318 906	89.23%	15.31%	15.27%
2019	425 899	383 187	89.97%	19.16%	20.16%
2020	479 277	422 943	88.25%	11.14%	10.38%
2021	536 774	472 953	88.11%	12.00%	11.82%

（3）中国各类基金资助产出论文的历时性分析

图 7–1 以红色柱状图和绿色折线图分别给出了 2016—2021 年 CSTPCD 收录基金论文的数量和基金论文比；以紫色柱状图和蓝色折线图分别给出了 2016—2021 年 SCI 收录基金论文的数量和基金论文比。综合表 7–1、表 7–2 及图 7–1 可知，CSTPCD 收录中国各类基金资助产出的论文数和基金论文比在 2016—2021 年整体都保持了较为平稳的上升态势。SCI 收录的中国各类基金资助产出的论文数在 2016—2021 年保持平稳上升趋势，基金论文比在 2016—2021 年整体保持相对稳定，其中 2019 年基金论文比为近 5 年的峰值，2020 年和 2021 年均有所下降。

总体来说，随着中国科技事业的发展，中国的科技论文数量有了较大的提高，基金论文的数量也在平稳增长，基金论文在所有论文中所占比重也在不断增长，基金资助正在对中国科技事业的发展起着越来越大的作用。

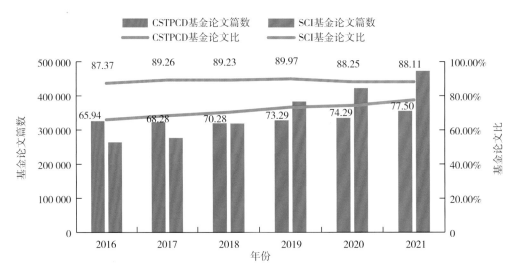

图 7–1　2016—2021 年基金资助产出论文的历时性变化

7.3.2 基金资助来源分析

（1）CSTPCD 收录基金论文的基金资助来源分析

附表 39 列出了 2021 年 CSTPCD 收录的中国各类基金与资助产出的论文数及占全部基金论文的比例。表 7-3 列出了 2021 年 CSTPCD 产出基金论文数居前 10 位的国家级和各部委基金资助来源及其产出论文的情况（不包括省级各项基金项目资助）。

由表 7-3 可以看出，在 CSTPCD 数据库中，2021 年中国各类基金资助产出论文排在首位的仍然是国家自然科学基金委员会，其次是科学技术部，由这两种基金资助来源产出的论文占到了全部基金论文的 48.04%，较 2020 年降低了 1.15%。由这两种基金资助来源产出的论文占比已连续下降 2 年。值得注意的是，国家国防科技工业局基金项目首次进入国家级和部委资助来源前 10 位。

根据 CSTPCD 数据统计，2021 年由国家自然科学基金委员会资助产出论文共计123 972 篇，占全部基金论文的 34.85%，这一比例较 2020 年降低了 0.24 个百分点。与 2020 年相比，2021 年由国家自然科学基金委员会资助产出的基金论文增加了 6320 篇，增幅为 5.37%。

2021 年由科学技术部的基金资助产出论文共计 46 933 篇，占全部基金论文的13.19%，这一比例较 2020 年降低了 0.91 个百分点。与 2020 年相比，2021 年由科学技术部的基金资助产出的基金论文减少了 339 篇，降幅为 0.72%。

表 7-3　2021 年 CSTPCD 产出论文数居前 10 位的国家级和各部委基金资助来源

基金资助来源	2021 年			2020 年		
	基金论文数	占全部基金论文的比例	排名	基金论文数	占全部基金论文的比例	排名
国家自然科学基金委员会	123 972	34.85%	1	117 652	35.09%	1
科学技术部	46 933	13.19%	2	47 272	14.10%	2
教育部	4113	1.16%	3	4333	1.29%	3
国家社会科学基金	3741	1.05%	4	3117	0.93%	4
农业农村部	2455	0.69%	5	2954	0.88%	5
军队系统	1488	0.42%	6	1878	0.56%	6
国家中医药管理局	1196	0.34%	7	1592	0.47%	8
自然资源部	1165	0.33%	8	1209	0.36%	9
人力资源和社会保障部	1078	0.30%	9	1020	0.30%	10
国家国防科技工业局	423	0.12%	10	409	0.12%	11

数据来源：CSTPCD 2021。

省一级地方［包括省（自治区、直辖市）］设立的地区科学基金产出论文是全部基金资助产出论文的重要组成部分。根据 CSTPCD 数据统计，2021 年省级基金资助产出论文 99 004 篇，占全部基金论文产出数量的 27.83%。如表 7-4 所示，2021 年江苏省基金资助产出论文数量为 6725 篇，占全部基金论文比例的 1.89%，在全国 31 个省级基金资助中位列第一。值得一提的是，河南省基金资助产出论文数量也有较大提升，超过上海、北京等地区，位列全国第四。而北京市基金资助产出论文数量有所下降，由 2020 的第 4 名下降至 2021 年的第 8 名。地区科学基金的存在有力地促进了中国科技事业的发展，丰富了中国基金资助体系层次。

表 7-4　2021 年 CSTPCD 产出论文数居前 10 位的省级基金资助来源

基金资助来源	2021 年			2020 年		
	基金论文篇数	占全部基金论文的比例	排名	基金论文篇数	占全部基金论文的比例	排名
江苏	6725	1.89%	1	6345	1.89%	1
河北	6476	1.82%	2	5756	1.72%	2
广东	6236	1.75%	3	5549	1.65%	3
河南	5965	1.68%	4	4980	1.49%	8
陕西	5320	1.50%	5	5219	1.56%	6
四川	5238	1.47%	6	5057	1.51%	7
上海	4946	1.39%	7	5446	1.62%	5
北京	4652	1.31%	8	5516	1.65%	4
山东	4619	1.30%	9	4324	1.29%	10
浙江	4049	1.14%	10	4693	1.40%	9

数据来源：CSTPCD 2021。

由科技部设立的中国的科技计划主要包括：基础研究计划［国家自然科学基金和国家重点基础研究发展计划（973 计划）］、国家科技重大专项、国家科技支撑计划、高技术研究发展计划（863 计划）、科技基础条件平台建设、政策引导类计划等。此外教育部、国家卫生健康委等部委及各省级政府科技厅、教育厅、卫生健康委都分别设立了不同的项目以支持科学研究。表 7-5 列出了 CSTPCD 2021 年产出基金论文数居前 10 位的基金资助计划（项目）。根据 CSTPCD 数据统计，国家科技重大专项以产出 6554 篇论文居于首位，国家社会科学基金项目以产出 3741 篇论文，排在第 2 位。

表 7-5　2021 年 CSTPCD 产出基金论文数居前 10 位的基金资助计划（项目）

排名	基金资助计划（项目）	基金论文篇数	占全部基金论文的比例
1	国家科技重大专项	6554	1.84%
2	国家社会科学基金	3741	1.05%
3	国家科技支撑计划	3307	0.93%
4	山东省自然科学基金	1219	0.34%
5	北京市自然科学基金	1198	0.34%
6	中央地质勘查基金	1148	0.32%
7	辽宁省自然科学基金	1112	0.31%
7	陕西省自然科学基金	1112	0.31%
9	江苏省自然科学基金	1075	0.30%
10	人力资源和社会保障部博士后科学基金	1074	0.30%

数据来源：CSTPCD 2021。

（2）SCI 收录基金论文的基金资助来源分析

2021 年，SCI 收录中国各类基金资助产出论文共计 472 953 篇。表 7-6 列出了产出基金论文数居前 6 位的国家级和各部委基金资助情况。其中，国家自然科学基金委员会以支持产生 248 265 篇论文高居首位，占全部基金论文的 52.49%，相较于 2020 年，占比下降 1.79 个百分点。排在第 2 位的是科学技术部，在其支持下产出了 65 409 篇论文，占全部基金论文的 13.83%；中国科学院以支持产生 4756 篇论文位列第 3 名，占全部基金论文的 1.01%。

表 7-6 2021 年 SCI 产出基金论文前 6 名的国家级和各部委基金资助情况

基金资助来源	2021 年			2020 年		
	基金论文篇数	占全部基金论文的比例	排名	基金论文篇数	占全部基金论文的比例	排名
国家自然科学基金委员会	248 265	52.49%	1	229 591	54.28%	1
科学技术部	65 409	13.83%	2	56 820	13.43%	2
中国科学院	4756	1.01%	3	4186	0.99%	3
教育部	3778	0.80%	4	2384	0.56%	5
人力资源和社会保障部	3351	0.71%	5	3725	0.88%	4
国家社会科学基金	2138	0.45%	6	1714	0.41%	6

数据来源：SCIE 2021。

根据 SCI 数据统计，2021 年省一级地方［包括省（自治区、直辖市）］设立的地区科学基金产出论文 74 889 篇，占全部基金论文的 15.83%，相较 2020 年增长 2.5 个百分点。表 7-7 列出了 2021 年 SCI 产出基金论文数居前 10 位的省级基金资助来源，其中广东以支持产出 7434 篇基金论文居第 1 位，而 2020 年广东省仅居第 5 位。其后分别是浙江和江苏，分别支持产出 6507 篇和 6630 篇基金论文。

表 7-7 2021 年 SCI 产出基金论文数居前 10 位的省级基金资助来源

基金资助来源	2021 年			2020 年		
	基金论文篇数	占全部基金论文的比例	排名	基金论文篇数	占全部基金论文的比例	排名
广东	7434	1.57%	1	3970	0.94%	5
浙江	6507	1.38%	2	5221	1.23%	1
江苏	6330	1.34%	3	5049	1.19%	2
上海	5493	1.16%	4	4303	1.02%	4
山东	5311	1.12%	5	4501	1.06%	3
北京	4731	1.00%	6	3838	0.91%	6
四川	3441	0.73%	7	2586	0.61%	7
湖南	3021	0.64%	8	2105	0.50%	9
陕西	2824	0.60%	9	2197	0.52%	8
河南	2298	0.49%	10	1783	0.42%	10

数据来源：SCIE 2021。

根据 SCI 数据统计，2021 年 SCI 产出基金论文排名居前 10 位的基金资助计划项目中，排在首位的是人力资源和社会保障部博士后科学基金，资助产出 SCI 论文 3344 篇；其次是浙江省自然科学基金，资助产出 SCI 论文 3116 篇；排在第 3 位的是山东省自然科学基金，资助产出论文 2666 篇（表 7-8）。

表 7-8　2021 年 SCI 产出基金论文数居前 10 位的基金资助计划（项目）

排名	基金资助计划（项目）	基金论文篇数	占全部基金论文的比例
1	人力资源和社会保障部博士后科学基金	3344	0.71%
2	浙江省自然科学基金	3116	0.66%
3	山东省自然科学基金	2666	0.56%
4	江苏省自然科学基金	2369	0.50%
5	国家社会科学基金	2138	0.45%
6	北京市自然科学基金	2055	0.43%
7	广东省自然科学基金	1780	0.38%
8	国家重点基础研究发展计划（973 计划）	1636	0.35%
9	国家重点实验室	1620	0.34%
10	教育部留学回国人员科研启动基金	1528	0.32%

数据来源：SCIE 2021。

（3）CSTPCD 和 SCI 收录基金论文的基金资助来源的异同

通过对 CSTPCD 和 SCI 收录基金论文的分析可以看出，目前中国已经形成了一个以国家（国家自然科学基金、国家科技重大专项和国家重点基础研究发展计划等）为主，地方（各省级基金）、机构（大学、研究机构基金）、公司（各公司基金）、个人（私人基金）、海外基金等为补充的多层次的资助体系。无论是 CSTPCD 收录的基金论文或者是 SCI 收录的基金论文，都是在这一资助体系下产生，所以其基金资助来源必然呈现出一定的一致性，这种一致性主要表现在：

① 国家自然科学基金在中国的基金资助体系中占据了绝对的主体地位。在 CSTPCD 数据库中，由国家自然科学基金资助产出的论文占该数据库全部基金论文的 34.85%；在 SCI 数据库中，国家自然科学基金资助产出的论文更是占到了高达 52.49%。

② 科学技术部在中国的基金资助体系中发挥了极为重要的作用。在 CSTPCD 数据库中，科学技术部资助产出的论文占该数据库全部基金论文的 13.19%；在 SCI 数据库中，科学技术部资助产出的论文占 13.83%。

③ 省一级地方［包括省（自治区、直辖市）］是中国基金资助体系的有力的补充。在 CSTPCD 数据库中，由省一级地方基金资助产出的论文占该数据库基金论文总数的 27.83%；在 SCI 数据库中，省一级地方基金资助产出的论文占 15.83%。

7.3.3 基金资助产出论文的文献类型分布

（1）CSTPCD 收录基金论文的文献类型分布与各类型文献基金论文比

根据 CSTPCD 数据统计，论著、综述与评论类型论文的基金论文比高于其他类型的文献。2021 年 CSTPCD 收录论著类型论文 384 180 篇，其中 307 459 篇由基金资助产生，基金论文比为 80.03%；收录综述与评论类型论文 38 931 篇，其中 30 781 篇由基金资助产生，基金论文比为 79.07%。其他类型文献（短篇论文和研究快报、工业工程设计）共计 35 853 篇，其中 17 479 篇由基金资助产生，基金论文比为 48.75%。论著、综述与评论这两种类型论文的基金论文比远高于其他类型的。

CSTPCD 收录的基金论文中，论著、综述与评论类型的论文占据了主体地位。2021 年 CSTPCD 收录由基金资助产出的论文共计 355 719 篇，其中论著 307 459 篇，综述与评论 30 781 篇，这两种类型的文献占全部基金论文总数的 95.09%。图 7-2 为 2021 年 CSTPCD 收录基金和非基金论文文献类型分布情况。

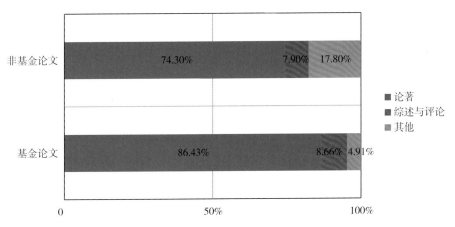

图 7-2　2021 年 CSTPCD 收录基金和非基金论文文献类型分布

（2）SCI 收录基金论文的文献类型分布与各类型文献基金论文比

如表 7-9 所示，2020 年 SCI 收录中国论文 557 238 篇（不包含港澳台地区），其中 Article、Review 两种类型的论文有 536 774 篇，其他类型（Bibliography、Biographical-Item、Book Review、Correction、Editorial Material、Letter、Meeting Abstract、News Item、Proceedings Paper、Reprint 等）论文 20 464 篇。

SCI 收录基金论文中，Article、Review 两种论文占据了绝对的主体地位。如表 7-9 所示，2021 年 SCI 收录中国基金论文 479 382 篇，其中 Article、Review 论文共计 472 953 篇，Article、Review 两种论文所占比例达 98.66%。2021 年 SCI 收录 Article、Review 基金论文占收录中国所有论文的比例 84.87%。

表 7-9　2021 年基金资助产出论文的文献类型与基金论文比

	论文总篇数	基金论文篇数	基金论文比
Article、Review 论文	536 774	472 953	88.11%
其他类型	20 464	6429	31.42%
合计	557 238	479 382	86.03%

数据来源：SCIE 2021。

7.3.4　基金论文的机构分布

（1）CSTPCD 收录基金论文的机构分布

2021 年，CSTPCD 收录中国各类基金资助产出论文在各类机构中的分布情况见附表 40 和图 7-3。多年来，高等院校一直是基金论文产出的主体力量，由其产出的基金论文占全部基金论文的比例长期保持在 70% 以上。从 CSTPCD 的统计数据可以看到，2021 年有 72.64% 的基金论文产自高等院校。自 2015 年起，高等院校产出基金论文连续 7 年保持在 22 万篇以上的水平；2020 年高等院校产出基金论文突破 24 万篇；2021 年高等院校产出基金论文突破 25 万篇。基金论文产出的第二力量来自研究机构，2021 年由研究机构产出的基金论文共计 42 872 篇，占全部基金论文的 12.05%。

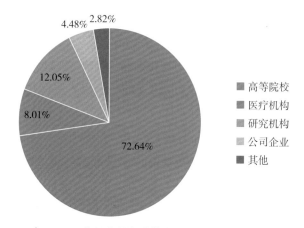

图 7-3　2021 年 CSTPCD 收录中国各类基金资助产出论文在各类机构中的分布

注：医疗机构数据不包括高等院校附属医院。

各类型机构产出基金论文数占该类型机构产出论文总数的比例，称之为该种类型机构的基金论文比。根据 CSTPCD 数据统计，2021 年不同类型机构的基金论文比存在一定差异。如表 7-10 所示，高等院校和研究机构的基金论文比明显高于其他类型的机构。这一现象与科研中高等院校和研究机构是主体力量、基金资助在这两类机构的科研人员中有更高的覆盖率的事实是相一致的。

表 7-10 2021 年 CSTPCD 收录各类型机构的基金论文比

机构类型	基金论文篇数	论文总篇数	基金论文比
高等院校	258 392	308 634	83.72%
医疗机构	28 487	49 146	57.96%
研究机构	42 872	54 061	79.30%
公司企业	15 924	31 876	49.96%
管理部门及其他	10 044	15 247	65.87%
合计	355 719	458 941	77.51%

注：医疗机构数据不包括高等院校附属医院。

数据来源：CSTPCD 2021。

根据 CSTPCD 数据统计，2021 年 CSTPCD 产出基金论文数居前 50 位的高等院校见附表 43。表 7-11 列出了 2021 年 CSTPCD 产出基金论文数居前 10 位的高等院校。2021 年进入前 10 位的高校的基金论文均超过了 2000 篇。2020 年和 2019 年均为 7 所高等院校，2017 年和 2018 年均 8 所高等院校，2016 年 3 所高等院校，2015 年 5 所高等院校，2014 年 5 所高等院校。

表 7-11 2021 年 CSTPCD 产出基金论文数居前 10 位的高等院校

排名	高等院校	基金论文篇数	占全部基金论文的比例
1	上海交通大学	4109	1.16%
2	首都医科大学	3909	1.10%
3	四川大学	3114	0.88%
4	北京大学	2570	0.72%
5	北京中医药大学	2544	0.72%
6	浙江大学	2383	0.67%
7	武汉大学	2275	0.64%
8	华中科技大学	2122	0.60%
9	复旦大学	2105	0.59%
10	郑州大学	2087	0.59%

注：高等院校数据包括其附属医院。

数据来源：CSTPCD 2021。

根据 CSTPCD 数据统计，2021 年产出基金论文数居前 50 位的研究机构见附表 44。表 7-12 列出了 2021 年 CSTPCD 产出基金论文数居前 10 位的研究机构。2015 年仅中国科学院长春光学精密机械与物理研究所 1 家机构的基金论文数超过 600 篇；2016 年，基金论文数超过 600 篇的机构有 2 家，分别是中国林业科学研究院（658 篇）和中国水产科学研究院（656 篇）；2017 年，中国林业科学研究院和中国水产科学研究院分别以 674 篇和 617 篇基金论文排在研究机构前两位；2018 年，基金论文数超过 600 篇的机构有 2 家，分别是中国林业科学研究院（601 篇）和中国水产科学研究院（600 篇）。2019 年和 2020 年基金论文数超过 600 篇的研究机构仅有中国林业科学研究院 1 家。2021 年中国疾病预防控制中心和中国中医科学院的基金论文数首次突破了 600 篇，居全国研究机构的第一和第二。

表 7-12　2021 年 CSTPCD 产出基金论文数居前 10 位的研究机构

排名	研究机构	基金论文篇数	占全部基金论文的比例
1	中国疾病预防控制中心	677	0.19%
2	中国中医科学院	663	0.19%
3	中国林业科学研究院	577	0.16%
4	中国科学院地理科学与资源研究所	444	0.12%
5	中国水产科学研究院	427	0.12%
6	中国热带农业科学院	410	0.12%
7	广东省农业科学院	381	0.11%
8	中国科学院西北生态环境资源研究院	352	0.10%
9	中国工程物理研究院	346	0.10%
10	中国环境科学研究院	324	0.09%

数据来源：CSTPCD 2021。

（2）SCI 收录基金论文的机构分布

2021 年，SCI 收录中国各类基金资助产出论文在各类机构中的分布情况如图 7-4 所示。根据 SCI 数据统计，2021 年高等院校共产出基金论文 409 566 篇，占基金论文总数的 86.60%；研究机构共产出基金论文 43 229 篇，占 9.14%；医疗机构共产出基金论文 10 004 篇，占 2.12%；公司企业共产出基金论文 2260 篇，占比不足 1%。

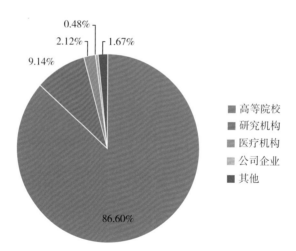

图 7-4　2021 年 SCI 收录中国各类基金资助产出论文在各类机构中的分布

（数据来源：SCIE 2021）

注：医疗机构数据不包括高等院校附属医院。

如表 7-13 所示，不同类型机构的基金论文比存在一定差异的现象同样存在于 SCI 数据库中。根据 SCI 数据统计，医疗机构、公司企业等的基金论文比明显低于高等院校和研究机构。研究机构产出论文的基金论文比为 91.66%，高等院校产出论文的基金论文比为 89.39%。

表 7-13 2021 年 SCI 收录各类型机构的基金论文比

机构类型	基金论文篇数	总论文篇数	基金论文比
高等院校	409 566	458 166	89.39%
研究机构	43 229	47 161	91.66%
医疗机构	10 004	18 579	53.85%
公司企业	2260	3066	73.71%
其他	7894	9802	80.53%
合计	472 953	536 774	88.11%

注：医疗机构数据不包括高等院校附属医院。

数据来源：SCIE 2021。

表 7-14 列出了根据 SCI 数据统计出的 2021 年中国产出基金论文数居前 10 位的高等院校。在高等院校中，浙江大学是 SCI 收录基金论文最大的产出高等院校，共产出 9654 篇，占全部基金论文的 2.04%；其次是上海交通大学，共产出 9285 篇，占 1.96%；排在第 3 位的是四川大学，共产出 7487 篇，占 1.58%。

表 7-14 2021 年 SCI 收录中国产出基金论文数居前 10 位的高等院校

排名	高等院校	基金论文篇数	占全部基金论文的比例
1	浙江大学	9654	2.04%
2	上海交通大学	9285	1.96%
3	四川大学	7487	1.58%
4	中南大学	6785	1.43%
5	中山大学	6613	1.40%
6	华中科技大学	6540	1.38%
7	北京大学	5878	1.24%
8	西安交通大学	5687	1.20%
9	复旦大学	5662	1.20%
10	山东大学	5635	1.19%

注：高等院校数据包括其附属医院。

数据来源：SCIE 2021。

表 7-15 列出了根据 SCI 数据统计出的 2021 年中国产出基金论文数居前 10 位的研究机构。在研究机构中，基金论文产出最多的是中国科学院合肥物质科学研究院，共产出 800 篇，占全部基金论文的 0.17%；其次是中国工程物理研究院，共产出 751 篇，占全部基金论文的 0.16%；排在第 3 位的是中国科学院地理科学与资源研究所，共产出 727 篇，占全部基金论文的 0.15%。

表 7-15 2021 年 SCI 收录中国产出基金论文数居前 10 位的研究机构

排名	研究机构	基金论文篇数	占全部基金论文的比例
1	中国科学院合肥物质科学研究院	800	0.17%
2	中国工程物理研究院	751	0.16%

排名	研究机构	基金论文篇数	占全部基金论文的比例
3	中国科学院地理科学与资源研究所	727	0.15%
4	中国科学院大连化学物理研究所	655	0.14%
5	中国科学院生态环境研究中心	576	0.12%
6	中国科学院西北生态环境资源研究院	564	0.12%
7	中国医学科学院肿瘤研究所	561	0.12%
8	中国科学院空天信息创新研究院	556	0.12%
9	中国科学院长春应用化学研究所	549	0.12%
10	中国科学院化学研究所	539	0.11%

数据来源：SCIE 2021。

（3）CSTPCD 和 SCI 收录基金论文机构分布的异同

长期以来，高等院校和研究机构一直是中国科学研究的主体力量，也是中国各类基金资助的主要资金流向。高等院校和研究机构的这一主体地位反映在基金论文上便是：无论是在 CSTPCD 数据库还是在 SCI 数据库，基金论文机构分布具有相同之处——高等院校和研究机构产出的基金论文数量较多，所占的比例也大。2021 年，CSTPCD 数据库收录高等院校和研究机构产出的基金论文共 301 264 篇，占该数据库收录基金论文总数的 84.69%；SCI 数据库收录高等院校和研究机构产出的基金论文共 452 795 篇，占该数据库收录基金论文总数的 95.74%。

CSTPSD 和 SCI 数据库收录基金论文的机构分布也存在一些不同。例如，①两个数据库 2021 年产出基金论文数居前 10 位的高等院校和研究机构的名单存在较大差异；② SCI 数据库中，基金论文集中产出于少数机构，而在 CSTPCD 数据库中，基金论文的机构分布较 SCI 数据库更为分散。

7.3.5　基金论文的学科分布

（1）CSTPCD 收录基金论文的学科分布

根据 CSTPCD 数据统计，2021 年中国各类基金资助产出论文在各学科中的分布情况见附表 41。表 7-16 为 2021 年和 2020 年 CSTPCD 收录中国产出基金论文数居前 10 位的学科，进入该名单的学科与 2020 年位次一致。临床医学位于第 1 位，产出基金论文 77 968 篇，占比 21.92%；计算技术位于第 2 位，产出基金论文 22 659 篇，占比 6.37%；农学位于第 3 位，产出基金论文 20 848 篇，占比 5.86%。

表 7-16　2021 年和 2020 年 CSTPCD 收录中国产出基金论文数居前 10 位的学科

学科	2021 年			2020 年		
	基金论文篇数	占全部基金论文的比例	排名	基金论文篇数	占全部基金论文的比例	排名
临床医学	77 968	21.92%	1	71 740	21.40%	1
计算技术	22 659	6.37%	2	21 806	6.50%	2

续表

学科	2021 年			2020 年		
	基金论文篇数	占全部基金论文的比例	排名	基金论文篇数	占全部基金论文的比例	排名
农学	20 848	5.86%	3	20 269	6.04%	3
中医学	20 406	5.74%	4	19 040	5.68%	4
电子、通信与自动控制	20 229	5.69%	5	19 004	5.67%	5
地学	13 328	3.75%	6	12 943	3.86%	6
环境科学	12 961	3.64%	7	12 279	3.66%	7
土木建筑	11 089	3.12%	8	10 690	3.19%	8
预防医学与卫生学	9781	2.75%	9	9068	2.70%	9
生物学	8944	2.51%	10	9049	2.70%	10

数据来源：CSTPCD 2021。

（2）SCI 收录基金论文的学科分布

根据 SCI 数据统计，2021 年中国各类基金资助产出论文在各学科中的分布情况如表 7-17 所示。基金论文最多的来自化学领域，共计 60 386 篇，占全部基金论文的 12.77%；其次是生物学，48 042 篇基金论文来自该领域，占全部基金论文的 10.16%；排在第 3 位的是临床医学，42 572 篇基金论文来自该领域，占全部基金论文的 9.00%。

表 7-17　2021 年 SCI 收录各学科基金论文数及基金论文比

学科	基金论文篇数	占全部基金论文的比例	基金论文数排名	论文总篇数	基金论文比
化学	60 386	12.77%	1	64 123	94.17%
生物学	48 042	10.16%	2	52 783	91.02%
临床医学	42 572	9.00%	3	57 481	74.06%
材料科学	37 317	7.89%	4	40 104	93.05%
物理学	34 618	7.32%	5	37 974	91.16%
电子、通信与自动控制	29 458	6.23%	6	33 058	89.11%
环境科学	23 969	5.07%	7	26 113	91.79%
基础医学	23 782	5.03%	8	30 259	78.59%
地学	20 826	4.40%	9	22 839	91.19%
计算技术	20 540	4.34%	10	24 321	84.45%
药物学	14 769	3.12%	11	17 726	83.32%
化工	14 764	3.12%	12	15 564	94.86%
能源科学技术	13 947	2.95%	13	15 236	91.54%
数学	12 391	2.62%	14	14 188	87.33%
土木建筑	8685	1.84%	15	9353	92.86%
预防医学与卫生学	8229	1.74%	16	10 688	76.99%
农学	8012	1.69%	17	8368	95.75%
机械、仪表	7506	1.59%	18	8183	91.73%

学科	基金论文篇数	占全部基金论文的比例	基金论文数排名	论文总篇数	基金论文比
食品	7372	1.56%	19	7760	95.00%
力学	4903	1.04%	20	5417	90.51%
畜牧、兽医	2735	0.58%	21	2887	94.74%
天文学	2484	0.53%	22	2569	96.69%
中医学	2442	0.52%	23	2931	83.32%
工程与技术基础	2425	0.51%	24	2981	81.35%
水产学	2043	0.43%	25	2115	96.60%
水利	1914	0.40%	26	2193	87.28%
核科学技术	1835	0.39%	27	2247	81.66%
冶金、金属学	1749	0.37%	28	2061	84.86%
信息、系统科学	1668	0.35%	29	1832	91.05%
交通运输	1547	0.33%	30	1742	88.81%
林学	1494	0.32%	31	1558	95.89%
航空航天	1434	0.30%	32	1711	83.81%
轻工、纺织	1423	0.30%	33	1571	90.58%
管理学	1340	0.28%	34	1520	88.16%
军事医学与特种医学	1300	0.27%	35	1732	75.06%
动力与电气	1206	0.25%	36	1328	90.81%
矿业工程技术	920	0.19%	37	1102	83.48%
安全科学技术	354	0.07%	38	397	89.17%
测绘科学技术	6	0.00%	39	6	100.00%
其他	546	0.12%		753	72.51%
合计	472 953	100.00%		536 774	88.11%

数据来源：SCIE 2021。

（3）CSTPCD 和 SCI 收录基金论文学科分布的异同

通过以上两节的分析可以看出，CSTPCD 和 SCI 数据库收录基金论文在学科分布上存在较大差异：

① CSTPCD 收录基金论文数居前 3 位的学科分别是临床医学、计算技术和农学；SCI 收录基金论文数居前 3 位的学科分别是化学、生物学和临床医学。

② 与 CSTPCD 数据库相比，SCI 数据库收录的基金论文在学科分布上呈现了更明显的集中趋势。在 CSTPCD 数据库中，基金论文数量排名居前 7 位的学科集中了 50% 以上的基金论文；居前 19 位的学科集中了 80% 以上的基金论文。在 SCI 数据库中，基金论文数排名居前 6 位的学科集中了 50% 以上的基金论文；居前 13 位的学科集中了 80% 以上的基金论文。

7.3.6 基金论文的地区分布

（1）CSTPCD 收录基金论文的地区分布

2021 年 CSTPCD 收录各类基金资助产出论文的地区分布情况见附表 42。表 7-18 给出了 2020 年和 2021 年基金资助产出论文数居前 10 位的地区。根据 CSTPCD 数据统计，2021 年基金论文数居首位的仍然是北京，产出基金论文 47 873 篇，占全部基金论文的 13.46%。排在第 2 位的是江苏，产出基金论文 30 778 篇，占全部基金论文的 8.65%。位列其后是上海、广东、陕西、四川、湖北、山东、河南和浙江，这些地区基金论文数均超过了 12 000 篇。相较于 2020 年，广东、四川的位次有所上升，陕西、湖北的位次有所下降。

表 7-18 2021 年 CSTPCD 产出基金论文数居前 10 位的地区

地区	2021 年			2020 年		
	基金论文篇数	占全部基金论文的比例	排名	基金论文篇数	占全部基金论文的比例	排名
北京	47 873	13.46%	1	43 484	12.97%	1
江苏	30 778	8.65%	2	28 939	8.63%	2
上海	21 335	6.00%	3	19 902	5.94%	3
广东	20 188	5.68%	4	18 914	5.64%	5
陕西	20 032	5.63%	5	19 179	5.72%	4
四川	16 609	4.67%	6	15 506	4.62%	7
湖北	16 470	4.63%	7	15 796	4.71%	6
山东	15 259	4.29%	8	14 642	4.37%	8
河南	14 316	4.02%	9	13 053	3.89%	9
浙江	12 924	3.63%	10	12 601	3.76%	10

数据来源：CSTPCD 2021。

各地区的基金论文数占该地区全部论文数的比例之为称该地区的基金论文比。2020—2021 年 CSTPCD 收录各地区产出基金论文比与基金论文变化情况如表 7-19 所示。相比 2020 年，2021 年所有地区的基金论文比均呈现上升趋势。2021 年基金论文比最高的地区是广西，其基金论文比为 88.42%；最低的地区是北京，其基金论文比为 73.45%。

表 7-19 2020—2021 年 CSTPCD 收录各地区基金论文比与基金论文数变化情况

地区	基金论文比			基金论文篇数		增长率
	2021 年	2020 年	变化（百分点）	2021 年	2020 年	
北京	73.45%	71.02%	2.44	47 873	43 484	10.09%
江苏	77.89%	75.06%	2.83	30 778	28 939	6.35%
上海	74.85%	71.99%	2.86	21 335	19 902	7.20%
广东	77.71%	73.70%	4.02	20 188	18 914	6.74%

地区	基金论文比			基金论文篇数		增长率
	2021 年	2020 年	变化（百分点）	2021 年	2020 年	
陕西	78.27%	74.97%	3.30	20 032	19 179	4.45%
四川	73.81%	69.80%	4.01	16 609	15 506	7.11%
湖北	74.71%	69.34%	5.38	16 470	15 796	4.27%
山东	73.46%	70.82%	2.64	15 259	14 642	4.21%
河南	76.36%	71.65%	4.70	14 316	13 053	9.68%
浙江	74.95%	72.78%	2.18	12 924	12 601	2.56%
辽宁	76.87%	73.73%	3.14	12 450	12 491	−0.33%
河北	77.29%	72.44%	4.85	12 088	11 277	7.19%
湖南	83.16%	79.65%	3.51	10 620	10 016	6.03%
安徽	75.31%	72.03%	3.28	9920	9121	8.76%
天津	77.32%	74.95%	2.37	9585	9092	5.42%
重庆	79.42%	75.15%	4.27	8212	8271	−0.71%
黑龙江	82.27%	80.20%	2.07	8045	7594	5.94%
广西	88.42%	85.18%	3.24	7321	7099	3.13%
云南	84.21%	80.78%	3.44	7245	6615	9.52%
甘肃	84.33%	81.76%	2.57	7226	6768	6.77%
山西	78.10%	75.22%	2.87	7117	6585	8.08%
福建	82.65%	79.93%	2.72	6625	6407	3.40%
新疆	85.90%	84.10%	1.79	6109	5762	6.02%
贵州	87.95%	85.74%	2.21	5793	5513	5.08%
江西	86.32%	83.77%	2.55	5667	5429	4.38%
吉林	82.01%	77.47%	4.54	5489	5546	−1.03%
内蒙古	80.80%	79.29%	1.51	3808	3717	2.45%
海南	76.50%	71.75%	4.75	2783	2550	9.14%
宁夏	85.57%	84.19%	1.38	1886	1747	7.96%
青海	77.03%	72.27%	4.77	1563	1368	14.25%
西藏	84.92%	79.35%	5.57	383	319	20.06%
合计	77.50%	74.29%	3.21	355 719	335 303	6.09%

数据来源：CSTPCD 2021。

（2）SCI 收录基金论文的地区分布

根据 SCI 数据统计，2021 年 SCI 收录各地区基金论文比与基金论文数变化情况如表 7-20 所示。

2021 年，SCI 收录中国各类基金资助产出论文最多的地区是北京，产出 64 468 篇，占全部基金论文的 13.63%；其次是江苏，产出 49 671 篇，占全部基金论文的 10.50%；排在第 3 位的是广东，产出 37 395 篇，占全部基金论文的 7.91%。

表7-20 2021年SCI收录各地区基金论文比与基金论文数变化情况

排名	地区	基金论文篇数	占全部基金论文的比例	论文篇数	基金论文比
1	北京	64 468	13.63%	73 016	88.29%
2	江苏	49 671	10.50%	55 301	89.82%
3	广东	37 395	7.91%	41 361	90.41%
4	上海	36 948	7.81%	41 369	89.31%
5	浙江	25 795	5.45%	29 813	86.52%
6	山东	25 616	5.42%	30 335	84.44%
7	陕西	25 392	5.37%	28 511	89.06%
8	湖北	25 074	5.30%	28 795	87.08%
9	四川	21 798	4.61%	25 358	85.96%
10	湖南	17 268	3.65%	19 285	89.54%
11	辽宁	16 960	3.59%	19 221	88.24%
12	天津	13 763	2.91%	15 436	89.16%
13	安徽	13 318	2.82%	14 709	90.54%
14	河南	11 950	2.53%	14 102	84.74%
15	黑龙江	11 100	2.35%	12 675	87.57%
16	重庆	10 643	2.25%	12 125	87.78%
17	福建	10 334	2.18%	11 537	89.57%
18	吉林	9727	2.06%	11 237	86.56%
19	甘肃	6591	1.39%	7368	89.45%
20	江西	6289	1.33%	7220	87.11%
21	河北	5719	1.21%	7550	75.75%
22	广西	5357	1.13%	5946	90.09%
23	云南	5287	1.12%	5811	90.98%
24	山西	4934	1.04%	5693	86.67%
25	贵州	3425	0.72%	3758	91.14%
26	新疆	2845	0.60%	3189	89.21%
27	内蒙古	1890	0.40%	2181	86.66%
28	海南	1691	0.36%	1987	85.10%
29	宁夏	993	0.21%	1077	92.20%
30	青海	625	0.13%	712	87.78%
31	西藏	87	0.02%	96	90.63%
	合计	472 953	100.00%	536 774	88.11%

数据来源：SCIE 2021。

（3）CSTPCD与SCI收录基金论文地区分布的异同

CSTPCD和SCI两个数据库收录基金论文地区分布的相同点主要表现在：无论是在CSTPCD数据库还是在SCI数据库中，产出基金论文数居前4位的地区都是北京、江苏、上海和广东。不同之处是城市的位次不同，在CSTPCD数据库中，上海产出基金论文数排在第3位，广东排在第4位；在SCI数据库中，广东超越上海，排在第3位，上海排在第4位。

CSTPCD 和 SCI 两个数据库收录基金论文地区分布的不同点主要表现为：SCI 数据库中基金论文的地区分布更为集中。例如，在 CSTPCD 数据库中，基金论文数居前 8 位的地区产出了 50% 以上的基金论文，基金论文数居前 17 位的地区产出了 80% 以上的基金论文；在 SCI 数据库中，基金论文数量前 5 位的地区产出了 50% 以上的基金论文，基金论文数居前 14 位的地区产出了 80% 以上的基金论文。

7.3.7　基金论文的合著情况分析

（1）CSTPCD 收录基金论文合著情况分析

如图 7-5 所示，2021 年 CSTPCD 收录所有论文 458 964 篇，其中合著论文 438 117 篇，合著论文占比为 95.46%。2021 年 CSTPCD 收录基金论文 355 719 篇，其中合著论文 346 389 篇，合著论文占比为 97.38%。这一值较 CSTPCD 收录所有论文的合著比例（95.46%）高了 1.92 个百分点。

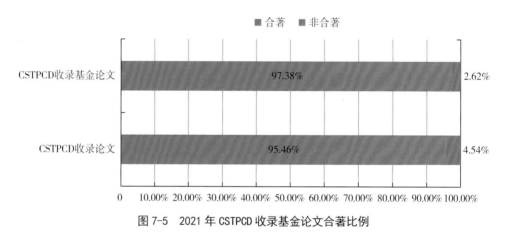

图 7-5　2021 年 CSTPCD 收录基金论文合著比例

数据来源：CSTPCD 2021。

2021 年，CSTPCD 收录所有论文的篇均作者数为 4.72 人/篇，该数据库收录基金论文篇均作者数为 4.97 人/篇，基金论文的篇均作者数较所有论文的篇均作者数高出 0.25 人/篇。

如表 7-21 所示，2021 年 CSTPCD 收录基金论文中的合著论文以 5 作者论文最多，共计 66 772 篇，占全部基金论文总数的 18.77%；4 作者论文所占比例排在第 2 位，共计 64 963 篇，占全部基金论文总数的 18.26%；排在第 3 位的是 6 作者论文，共计 54 278 篇，占全部基金论文总数的 15.26%。

表 7-21　2021 年 CSTPCD 收录不同作者数的基金论文数量

作者数	基金论文篇数	占全部基金论文的比例	作者数	基金论文篇数	占全部基金论文的比例
1	9330	2.62%	4	64 963	18.26%
2	34 204	9.62%	5	66 772	18.77%
3	53 144	14.94%	6	54 278	15.26%

作者数	基金论文篇数	占全部基金论文的比例	作者数	基金论文篇数	占全部基金论文的比例
7	31 407	8.83%	10	5881	1.65%
8	19 322	5.43%	≥ 11	6790	1.91%
9	9628	2.71%	总计	355 719	100.00%

数据来源：CSTPCD 2021。

表 7–22 列出了 2021 年 CSTPCD 基金论文的合著论文比例与篇均作者数的学科分布。根据 CSTPCD 数据统计，各学科基金论文合著论文比例最高的是动力与电气，为 99.21%；药物学，畜牧、兽医，军事医学与特种医学，核科学技术，农学，水产学，材料科学，航空航天，化学，食品，中医学，水利，生物，林学、工程与技术基础，基础医学，冶金金属学，临床医学，环境科学这 19 个学科基金论文的合著论文比例也都超过了 98.00%；数学学科基金论文的合著比例最低，为 87.95%。各学科篇均作者数在 2.61 ～ 6.56 人/篇，篇均作者数最高的是畜牧、兽医，为 6.56 人/篇，其次是核科学技术，为 6.14 人/篇；排在第三位的是农学，为 6.1 人/篇。

表 7–22　2021 年 CSTPCD 基金论文的合著论文比例与篇均作者数的学科分布

学科	基金论文篇数	合著基金论文篇数	合著论文比例	篇均作者数/（人/篇）
临床医学	77 968	76 534	98.16%	5.19
计算技术	22 659	21 588	95.27%	3.79
农学	20 848	20 615	98.88%	6.1
中医学	20 406	20 116	98.58%	5.32
电子、通信与自动控制	20 229	19 654	97.16%	4.56
地学	13 328	12 996	97.51%	5.15
环境科学	12 961	12 719	98.13%	5.16
土木建筑	11 089	10 680	96.31%	4.1
预防医学与卫生学	9781	9535	97.48%	5.4
生物学	8944	8811	98.51%	5.64
交通运输	8944	8496	94.99%	4.02
化工	8880	8675	97.69%	5.15
基础医学	8357	8221	98.37%	5.55
食品	8113	8000	98.61%	5.61
机械、仪表	7648	7438	97.25%	4.15
药物学	7624	7559	99.15%	5.26
冶金、金属学	7609	7472	98.20%	4.93
畜牧、兽医	6870	6805	99.05%	6.56
化学	6705	6612	98.61%	5.21
材料科学	6070	5996	98.78%	5.72
矿业工程技术	4613	4154	90.05%	4.27
物理学	4489	4384	97.66%	5.35
能源科学技术	4304	4045	93.98%	5.28

续表

学科	基金论文篇数	合著基金论文篇数	合著论文比例	篇均作者数/（人/篇）
林学	3833	3775	98.49%	5.33
工程与技术基础	3744	3685	98.42%	4.83
航空航天	3699	3650	98.68%	4.35
数学	3593	3160	87.95%	2.61
动力与电气	3295	3269	99.21%	4.83
水利	2999	2956	98.57%	4.43
测绘科学技术	2570	2481	96.54%	4.26
水产学	2094	2070	98.85%	5.89
力学	1685	1648	97.80%	4.07
轻工、纺织	1683	1533	91.09%	4.44
核科学技术	992	981	98.89%	6.14
军事医学与特种医学	984	974	98.98%	5.68
管理学	781	759	97.18%	3.21
天文学	548	520	94.89%	5.82
信息、系统科学	245	232	94.69%	3.18
安全科学技术	223	211	94.62%	4.08
其他	14 312	13 380	93.49%	3.55
合计	355 719	346 389	97.38%	4.97

数据来源：CSTPCD 2021。

（2）SCI 收录基金论文合著情况分析

2021 年 SCI 收录中国论文 536 774 篇，其中合著中国论文 529 698 篇，合著论文占比 98.68%。2021 年 SCI 收录中国基金论文 472 953 篇，其中合著中国基金论文 468 744 篇，合著论文占比为 99.11%。这一值较 SCI 收录所有论文的合著比例高了 0.43 个百分点（图 7-6）。

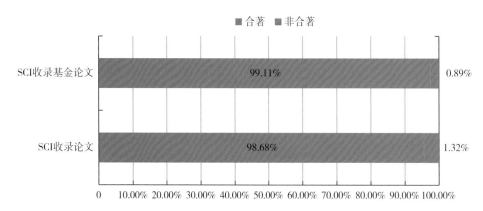

图 7-6　2021 年 SCI 收录基金论文合著比例

数据来源：SCIE 2021。

2021 年，SCI 收录所有论文的篇均作者数为 6.30 人/篇，该数据库收录基金论文篇均作者数为 6.45 人/篇，基金论文的篇均作者数较所有论文的篇均作者数高出 0.15 人/篇。

如表 7-23 所示，SCI 收录基金论文中的合著论文以 5 作者最多，共计 75 482 篇，占全部基金论文总数的 15.96%；其次是 6 作者论文，共计 71 577 篇，占全部基金论文总数的 15.13%；排在第 3 位的是 4 作者论文，共计 63 549 篇，占全部基金论文总数的 13.44%。

表 7-23　2021 年 SCI 收录不同作者数的基金论文数量

作者数	基金论文篇数	占全部基金论文的比例	作者数	基金论文篇数	占全部基金论文的比例
1	4209	0.89%	8	42 479	8.98%
2	23 331	4.93%	9	30 716	6.49%
3	43 716	9.24%	10	22 123	4.68%
4	63 549	13.44%	11	12 616	2.67%
5	75 482	15.96%	12	8529	1.80%
6	71 577	15.13%	≥ 13	18 685	3.95%
7	55 941	11.83%	总计	472 953	100.00%

数据来源：SCIE 2021。

表 7-24 列出了 2021 年 SCI 收录基金论文的合著论文比例与篇均作者数的学科分布。根据 SCI 数据统计，合著论文比例最高的是测绘科学技术，合著论文比例为 100.00%。合著论文比例最低的是数学专业，合著论文比例是 89.52%。如表 7-24 所示，各学科篇均作者数在 2.86 ~ 16.32 人/篇，篇均作者数最高的是天文学，为 16.32 人/篇；其次是军事医学与特种医学，为 8.24 人/篇。

表 7-24　2021 年 SCI 收录基金论文的合著论文比例与篇均作者数的学科分布

学科	基金论文篇数	合著基金论文篇数	合著基金论文比	篇均作者数/（人/篇）
化学	60 386	60 205	99.70%	6.65
生物学	48 042	47 864	99.63%	7.43
临床医学	42 572	42 522	99.88%	8.03
材料科学	37 317	37 183	99.64%	6.62
物理学	34 618	34 085	98.46%	6.05
电子、通信与自动控制	29 458	29 162	99.00%	4.87
环境科学	23 969	23 781	99.22%	6.2
基础医学	23 782	23 746	99.85%	8.2
地学	20 826	20 701	99.40%	5.59
计算技术	20 540	20 106	97.89%	4.49
药物学	14 769	14 749	99.86%	7.71
化工	14 764	14 739	99.83%	6.33
能源科学技术	13 947	13 896	99.63%	5.87
数学	12 391	11 092	89.52%	2.86

续表

学科	基金论文篇数	合著基金论文篇数	合著基金论文比	篇均作者数/（人/篇）
土木建筑	8685	8635	99.42%	4.77
预防医学与卫生学	8229	8177	99.37%	7.18
农学	8012	7992	99.75%	7.05
机械、仪表	7506	7445	99.19%	4.88
食品	7372	7361	99.85%	6.68
力学	4903	4840	98.72%	4.4
畜牧、兽医	2735	2734	99.96%	7.87
天文学	2484	2367	95.29%	16.32
中医学	2442	2440	99.92%	7.99
工程与技术基础	2425	2354	97.07%	4.21
水产学	2043	2039	99.80%	6.93
水利	1914	1901	99.32%	5.71
核科学技术	1835	1828	99.62%	7.51
冶金、金属学	1749	1745	99.77%	5.55
信息、系统科学	1668	1601	95.98%	3.86
交通运输	1547	1528	98.77%	4.48
林学	1494	1489	99.67%	6.24
航空航天	1434	1422	99.16%	4.47
轻工、纺织	1423	1417	99.58%	6.01
管理学	1340	1312	97.91%	3.72
军事医学与特种医学	1300	1299	99.92%	8.24
动力与电气	1206	1200	99.50%	5.22
矿业工程技术	920	915	99.46%	5.52
安全科学技术	354	347	98.02%	4.21
测绘科学技术	6	6	100.00%	5
其他	546	519	95.05%	4.73
合计	472 953	468 744	99.11%	6.45

数据来源：SCIE 2021。

7.3.8　国家自然科学基金委员会项目投入与论文产出的效率

根据 CSTPCD 数据统计，2021 年国家自然科学基金委员会项目论文产出效率如表 7-25 所示。一般说来，国家科技计划项目资助时间 1~3 年。我们以统计当年以前 3 年的投入总量作为产出的成本，计算中国科技论文的产出效率，即用 2021 年基金项目论文数除以 2018—2020 年基金项目投入的总额。从表 7-25 可以看到，2018—2020 年，国家自然科学基金项目的基金论文产出效率为 127.34 篇/亿元。

表 7-25　2021 年国家自然科学基金委员会项目 CSTPCD 论文产出效率

基金资助项目	2021 年论文篇数	资助总额/亿元				基金论文产出效率/（篇/亿元）
		2018 年	2019 年	2020 年	总计	
国家自然科学基金委员会项目	123 972	307.03	330.17	336.33	973.53	127.34

注：2021 年论文数的数据来源于 CSTPCD，资助金额数据来源于国家自然科学基金委 2020 年度统计报告。

根据 SCI 数据统计，2021 年国家自然科学基金委员会项目论文产出效率如表 7-26 所示。2018—2020 年，国家自然科学基金委员会项目的投入产出效率为 255.02 篇/亿元。

表 7-26　2021 年国家自然科学基金委员会项目 SCI 论文产出效率

基金资助项目	2021 年论文篇数	资助总额/亿元				基金论文产出效率/（篇/亿元）
		2018 年	2019 年	2020 年	总计	
国家自然科学基金委员会项目	248 265	307.03	330.17	336.33	973.53	255.02

注：2021 年论文数的数据来源于 SCIE，资助金额数据来源于国家自然科学基金委 2020 年度统计报告。

7.4　小结

本章对 CSTPCD 和 SCI 收录的基金论文从多个维度进行了分析，包括基金资助来源、基金论文的文献类型分布、机构分布、学科分布、地区分布、合著情况及 3 个国家级科技计划项目的投入产出效率。通过以上分析，主要得到了以下结论。

① 中国各类基金资助产出论文数量在整体上维持稳定状态，基金论文在所有论文中所占比重不断增长，基金资助正在对中国科技事业的发展发挥越来越大的作用。

② 中国目前已经形成了一个以国家自然科学基金、科技部计划项目资助为主，其他部委基金和地方基金、机构基金、公司基金、个人基金和海外基金为补充的多层次的基金资助体系。

③ CSTPCD 和 SCI 收录的基金论文在文献类型分布、机构分布、地区分布上具有一定的相似性；其各种分布情况与 2020 年相比也具有一定的稳定性。SCI 收录基金论文在文献类型分布、机构分布和地区分布上与 CSTPCD 数据库表现出了许多相近的特征。

④ 基金论文的合著论文比例和篇均作者数高于平均水平，这一现象同时存在于 CSTPCD 和 SCI 数据库中。

⑤ 相较于 2019 年和 2020 年，2021 年的国家自然科学基金项目资助的 CSTPCD 论文产出效率有了明显的提升。但是国家自然科学基金项目资助对 SCI 论文产出效率高于 CSTPCD 论文，由此可见，国家自然科学基金项目资助对 SCI 论文的产出影响更大。

（执笔人：张贵兰）

参考文献

[1] （英）培根. 学术的进展［M］. 刘运同，译. 上海：上海人民出版社，2007：58.

[2] 中国科学技术信息研究所. 2020 年度中国科技论文统计与分析（年度研究报告）［M］. 北京：科学技术文献出版社，2021.

[3] 国家自然科学基金委员会. 2020 年度报告 [EB / OL]. [2023 - 05 - 08]. https: // www.nsfc.gov.cn / publish / portal0 / tab1081 / info81328.htm.

[4] 国家自然科学基金委员会. 2019 年度报告 [EB / OL]. [2023 - 05 - 08]. https: // www.nsfc.gov.cn / publish / portal0 / ndbg / 2019 / 01 / info78220.htm.

[5] 国家自然科学基金委员会. 2018 年度报告 [EB / OL] [2023 - 05 - 08]. https: // www.nsfc.gov.cn / nsfc / cen / ndbg / 2018ndbg / 01 / 02.html.

8 中国科技论文合著情况统计分析

科技合作是科学研究工作发展的重要模式。随着科技的进步、全球化趋势的推动，以及先进通信方式的广泛应用，科学家能够克服地域的限制，参与合作的方式越来越灵活，合著论文的数量一直保持着增长的趋势。中国科技论文统计与分析项目自 1990 年起对中国科技论文的合著情况进行了统计分析。2021 年合著论文数量以及所占比例与 2020 年基本持平。2021 年数据显示，无论是西部地区还是其他地区，都十分重视并积极参与科研合作。各个学科领域内的合著论文比例与其自身特点相关。同时，对国内论文和国际论文的统计分析表明，中国与其他国家（地区）的合作论文情况总体保持稳定。

8.1 CSTPCD 2021 收录的合著论文统计与分析

8.1.1 概述

"2021 年中国科技论文与引文数据库"（CSTPCD 2021）收录中国机构作为第一作者单位的自然科学领域论文 458 961 篇，这些论文的作者总人次达到 2 166 596 人次，平均每篇论文由 4.72 个作者完成，其中合著论文总数为 438 118 篇，占自然科学领域论文的 95.5%，比 2020 年的 94.8% 增加了 0.7 个百分点。有 20 846 篇是由一位作者独立完成的，数量比 2020 年的 23 325 篇有所减少，占自然科学领域论文的 4.5%，比 2020 年的 5.2% 下降了 0.7 个百分点。

表 8-1 列出了 1995—2021 年 CSTPCD 论文篇数、作者人数、篇均作者人数、合著论文篇数及合著比例的变化情况。从表中可以看出，篇均作者人数的数值除 2007 年和 2012 年略有波动外，一直保持增长的趋势，自 2014 年起一直保持在篇均 4 人以上。

由表 8-1 还可以看出，合著论文的比例自 2005 年起一般都保持在 88% 以上，而在 2007 年略有下降，但是自 2008 年又开始回升，并保持在 88% 以上的水平波动，2014 年起合著论文的比例一直保持在 90% 以上。

如图 8-1 所示，合著论文的数量在持续快速增长，但是在 2008 年合著论文数量的变化幅度明显小于相邻年度。这主要是 2008 年论文总数增长幅度较小，比 2007 年仅增长 8898 篇，增幅只有 2%，因此导致尽管合著论文比例增加，但是数量增幅较小。而在 2009 年，随着论文总数增幅的回升，在比例保持相当水平的情况下，合著论文数量的增幅也有较明显的回升。自 2019 年起合著论文的增减幅度基本持平。相比 2010 年，2011 年合著论文减少了 977 篇，降幅约为 0.2%。相比 2011 年，2012 年论文总数减少了 6498 篇，降幅约为 1.2%，合著论文的数量和 2011 年相对持平，论文的合著比例显著增加。2021 年合著论文数却有所增加，合著比例较 2020 年有所提高。

表 8-1　1995—2021 年 CSTPCD 收录论文作者数及合作情况

年份	论文篇数	作者人数	篇均作者人数	合著论文篇数	合著比例
1995	107 991	304 651	2.82	81 110	75.1%
1996	116 239	340 473	2.93	88 673	76.3%
1997	120 851	366 473	3.03	95 510	79.0%
1998	133 341	413 989	3.10	107 989	81.0%
1999	162 779	511 695	3.14	132 078	81.5%
2000	180 848	580 005	3.21	151 802	83.9%
2001	203 299	662 536	3.25	169 813	83.5%
2002	240 117	796 245	3.32	203 152	84.6%
2003	274 604	929 617	3.39	235 333	85.7%
2004	311 737	1 077 595	3.46	272 082	87.3%
2005	355 070	1 244 505	3.5	314 049	88.4%
2006	404 858	1 430 127	3.53	358 950	88.7%
2007	463 122	1 615 208	3.49	403 914	87.2%
2008	472 020	1 702 949	3.61	419 738	88.9%
2009	521 327	1 887 483	3.62	461 678	88.6%
2010	530 635	1 980 698	3.73	467 857	88.2%
2011	530 087	1 975 173	3.72	466 880	88.0%
2012	523 589	2 155 230	4.12	466 864	89.2%
2013	513 157	1 994 679	3.89	460 100	89.7%
2014	497 849	1 996 166	4.01	454 528	91.3%
2015	493 530	2 074 142	4.20	455 678	92.3%
2016	494 207	2 057 194	4.16	456 857	92.4%
2017	472 120	2 022 722	4.28	439 785	93.2%
2018	454 402	1 985 234	4.37	424 906	93.5%
2019	447 830	2 003 167	4.47	422 427	94.3%
2020	451 555	2 071 192	4.59	428 230	94.8%
2021	458 961	2 166 596	4.72	438 118	95.5%

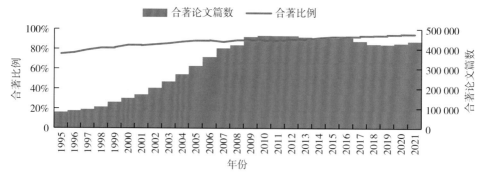

图 8-1　1995—2021 年 CSTPCD 收录中国科技论文合著论文数和合著论文比例的变化

　　图 8-2 为 1995—2021 年 CSTPCD 收录中国科技论文论文数和篇均作者的变化情况。CSTPCD 收录的论文数因收录的期刊数量的增加而持续增长，特别是在 2001—2008 年，每年增幅一直持续保持在 15% 左右；2009 年以后增长的幅度趋缓，2010 年的增幅约为 1.8%，2011 年和 2013 两年相对持平。论文篇均作者数量整体上呈现缓慢增长趋势。2021 年论文篇均作者数是 4.72 人，与 2020 年相比略有增长。

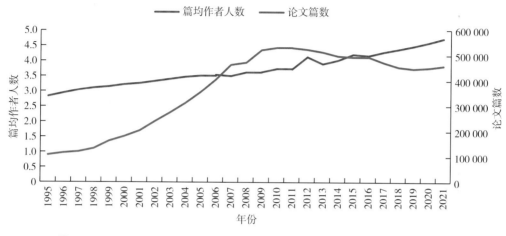

图 8-2　1995—2021 年 CSTPCD 收录中国科技论文论文数和篇均作者的变化情况

　　论文体现了科学家进行科研活动的成果，近年的数据显示大部分的科研成果由越来越多的科学家参与完成，并且这一比例还保持着增长的趋势。这表明中国的科学技术研究活动，越来越依靠科研团队的协作，同时数据也反映出合作研究有利于学术发展和研究成果的产出。2007 年数据显示，合著论文的比例和篇均作者人数开始下降，这是由于论文数的快速增长导致这些相对指标的数值降低。2007 年合著论文比例和篇均作者人数两项指标同时下降，到了 2008 年又开始回升，而在 2009 年和 2010 年数值又恢复到 2006 年水平，2011 年基本与 2010 年的数值持平，2012 年合著论文的比例持续上升，同时篇均作者人数指标大幅上升。2013 年论文数继续下降，篇均作者数回落到了 2011 年的水平，2014 年论文数仍然在下降，但是篇均作者数又出现小幅回升。这种数据的波动有可能是达到了合著论文比例增长态势从快速上升转变为相对稳定的信号，合著论文的比例稳定在 90% 以上；篇均作者人数维持在 4 人以上，2021 年依旧延续了这种趋势，达到 4.72 人。

8.1.2　各种合著类型论文的统计

　　与往年一样，我们将中国作者参与的合著论文按照参与合著的作者所在机构的地域关系进行了分类，按照 4 种合著类型分别统计。这 4 种合著类型分别是：同机构合著、同省不同机构合著、省际合著和国际合著。表 8-2 列出了 2019—2021 年 CSTPCD 收录的不同合类型著论文的数量和在合著论文总数中所占的比例。

表 8-2 2019—2021 年 CSTPCD 收录各种类型合著论文数量和比例

合作类型	论文篇数			占合著论文总数的比例		
	2019 年	2020 年	2021 年	2019 年	2020 年	2021 年
同机构合著	264 683	253 123	252 689	62.7%	59.1%	57.7%
同省不同机构合著	83 879	96 808	100 747	19.9%	22.6%	23.0%
省际合著	69 084	73 218	78 514	16.4%	17.1%	17.9%
国际合著	4781	5081	6168	1.1%	1.2%	1.4%
总数	422 427	428 230	438 118	100.0%	100.0%	100.0%

通过 3 年数值的对比，可以看到各种合著类型所占比例大体保持稳定。图 8-3 给出了各种合著类型论文所占比例，从中可以看出，2019 年、2020 年、2021 年 3 年的论文数和各种类型论文的比例有些变化，合作范围呈现轻微扩大的趋势，整体来看，各合著类型的比例较为稳定。省际合著和国际合著略有增加，其中 2021 年比 2020 年分别提高0.8 个和 0.2 个百分点。各类型合著论文的比例变化详见图 8-3。

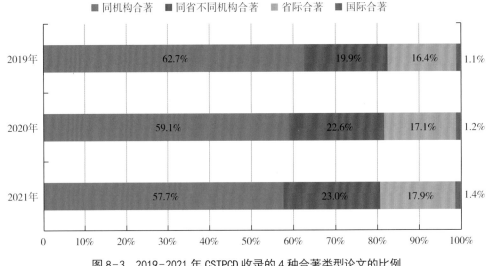

图 8-3 2019-2021 年 CSTPCD 收录的 4 种合著类型论文的比例

CSTPCD 2021 收录中国科技论文合著关系的学科分布详见附表 45，地区分布详见附表 46。

以下分别详细分析论文的各种类型的合著情况。

（1）同机构合著情况

2021 年同机构合著论文在合著论文中所占的比例为 57.7%，与 2020 年的 59.1% 相比有所下降，在各个学科和各个地区的统计中，同机构合著论文所占比例同样是最高的。

由附表 45 中的数据可以看到，临床医学学科同机构合著论文比值为 63.1%，也就说该学科论文有近六成是同机构的作者合著完成的。由附表 45 还可以看到这一类型合作论文比例最低的学科与往年一样，仍然是能源科学技术，数值为 34.1%，与上一年相比有所下降。

由附表46可以看出，同机构合著论文所占比例最高的地区为黑龙江，占比为60.4%。这一比例数值最小的地区是西藏，占比为39.9%。同时由附表46还可以看出，同一机构合著论文比例数值较小的地区大都为整体科技实力相对薄弱的西部地区。

（2）同省不同机构合著论文情况

2021年同省内不同机构间的合著论文数占合著论文总数的23.0%。

由附表45可以看出，中医学同省不同机构间的合著论文比例最高，达到了37.1%；农学、预防医学与卫生学同省不同机构间的合著论文比例分别居第2、第3位。比例最低的学科是核科学技术，其值为11.4%。

附表46显示，各省的同省不同机构合著论文比例大都集中在19%～26%。比例最高的省份是贵州，为28.0%。比值最低的是西藏，为12.0%。

（3）省际合著论文情况

2021年不同省区的科研人员合著论文占合著论文总数的17.9%。

附表45中可以看出，能源科学技术是省际合著比例最高的学科，比例数值达到40.8%。比例数值超过30%的学科还有地学、水利和天文学。比例最低的学科是临床医学，仅为8.7%。同时由表还可以看出，医学领域这一比例数值普遍较低，预防医学与卫生学、中医学、药物学、军事医学与特种医学等学科的比例都比较低。不同学科省际合著论文比例的差异与各个学科论文总数及研究机构的地域分布有关系。研究机构地区分布较广的学科，省际合作的机会比较多，省际合著论文比例就会比较高，如地学、矿山工程技术和林学。而医学领域的研究活动的组织方式具有地域特点，这使得其同单位的合作比例最高，同省次之，省际合作的比例较低。

附表46中所列出的各省省际合著论文比例最高的是西藏（43.5%），比例最低的是广西（13.4%）。大体可以看出这样的规律：科技论文产出能力比较强的地区省际合著论文比例低一些，反之论文产出数量较少的地区省际合著论文比例会高一些。这表明科技实力较弱的地区在科研产出上，对外的依靠程度相对高一些。但是对比北京、江苏、广东和上海这几个论文产出数量较多的地区，可以看到北京省际合著论文比例为19.5%，明显高于江苏（16.3%）、广东（16.0%）和上海（14.5%）。

（4）国际合著论文情况

国际合著论文比例最高的学科是天文学，其比值达14.0%，其后是材料科学技术和物理学，比值都超过了5.0%。国际合著论文比例最低的是军事医学与特种医学，比值为0.1%。

国际合著论文比例最高的地区是北京和广东，其比值均为1.9%。北京地区的国际合著论文数为1263篇，远远领先于其他省区。江苏、上海、广东和湖北的国际合著论文数都超过了300篇，排在第二阵营。

（5）西部地区合著论文情况

交流与合作是西部地区科技发展与进步的重要途径。将各省的省际合著论文比例与国际合著论文比例的数值相加，作为考察各地区与外界合作的指标。图8-4对比了西部地区和其他地区的这一指标值，可以看出西部地区和其他地区之间并没有明显差异，

12 个西部地区省际合著论文比例与国际合著论文比例的数值超过 15% 的有 11 个，特别是西藏地区对外合著的比例高达 43.9%，明显高于其他省区。

图 8-5 是各省的合著论文比例与论文总数对照的散点图。从横坐标方向数据点分布可以看到，西部地区的合著论文产出数量明显少于其他地区；但是从纵坐标方向数据点分布看，西部地区数据点的分布在纵坐标方向整体上与其他地区没有十分明显的差异。所有地区均超过 90%；云南地区合作论文比例最高，达到 97.5%。

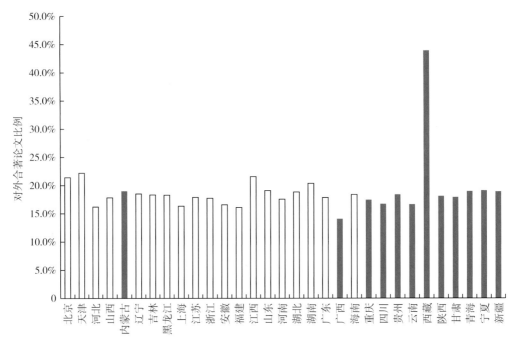

图 8-4　2021 年西部地区和其他地区对外合作论文比例的对比

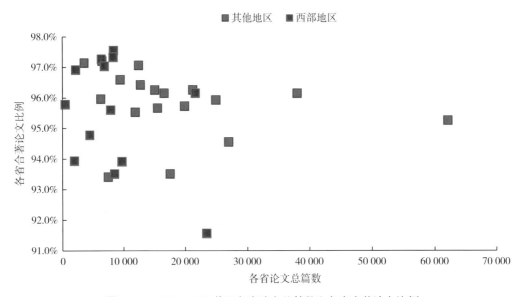

图 8-5　CSTPCD 2021 收录各省论文总篇数和各省合著论文比例

表 8-3 列出了 2021 年西部各省份的各种合著类型论文比例的分布。从数值上看，大部分西部省区的各种类型合作论文的分布情况与全部省份论文计算的数值差别并不是很大，但国际合著论文的比例数值除个别省外，普遍低于整体水平。

表 8-3　2021 年西部各省份的各种合著类型论文比例

地区	单一作者比例	同机构合著比例	同省不同机构合著比例	省际合著比例	国际合著比例
山西	6.5%	53.4%	22.2%	16.7%	1.2%
内蒙古	5.2%	51.3%	24.5%	18.3%	0.7%
广西	4.4%	54.6%	27.0%	13.4%	0.6%
重庆	6.1%	57.8%	18.6%	16.4%	1.1%
四川	3.8%	56.5%	23.0%	15.5%	1.2%
贵州	2.7%	50.9%	28.0%	17.9%	0.5%
云南	2.5%	54.8%	26.1%	15.7%	1.0%
西藏	4.2%	39.9%	12.0%	43.5%	0.4%
陕西	8.4%	52.5%	20.9%	17.0%	1.1%
甘肃	2.7%	54.5%	24.9%	17.0%	0.9%
青海	6.1%	54.3%	20.7%	18.9%	0.1%
宁夏	3.1%	52.1%	25.7%	18.5%	0.7%
新疆	3.0%	54.8%	23.3%	18.5%	0.5%
全部省份论文	4.5%	55.1%	22.0%	17.1%	1.3%

8.1.3　不同类型机构之间的合著论文情况

表 8-4 列出了 CSTPCD 2021 收录的不同机构之间各种类型的合著论文数，反映了各类机构合作伙伴的分布。数据显示，高等院校之间的合著论文数最多，而且无论是高等院校主导、其他类型机构参与的合作，还是其他类型机构主导、高等院校参与的合作，论文产出量都很多。研究机构和高等院校的合作也非常紧密，而且更多地依赖于高等院校。高等院校主导、研究机构参加的合著论文数超过了研究机构之间的合著论文数，更比研究机构主导、高等院校参加的合著论文数量多出了 1 倍多。农业机构合著论文的数据与公司企业合著论文的数据也体现出类似的情况，都是高等院校在合作中发挥了重要作用。医疗机构之间的合作论文数比较多，这与其专业领域比较集中的特点有关。同时，由于高等院校中有一些医学专业院校和附属医院，在医学和相关领域的科学研究中发挥重要作用，所以医疗机构和高等院校合作产生的论文数量也很多。

表 8-4　CSTPCD 2021 收录的不同机构之间各种类型的合著论文数

机构类型	高等院校	研究机构	医疗机构	农业机构	公司企业
高等院校[①]/篇	65 226	25 414	14 198	849	22 763
研究机构[①]/篇	11 358	7794	707	595	4766
医疗机构[①②]/篇	9581	697	7484	0	338

续表

机构类型	高等院校	研究机构	医疗机构	农业机构	公司企业
农业机构[①]/篇	108	134	2	93	44
公司企业[①]/篇	7403	2327	77	27	7153

注：① 表示在发表合著论文时作为第一作者。
　　② 医疗机构包括独立机构和高校附属医疗机构。

8.1.4　国际合著论文的情况

CSTPCD 2021收录的中国科技人员为第一作者参与的国际合著论文总数为6168篇，与2020年的5081篇相比增加了1087篇。

（1）地区和机构类型分布

2021年在中国科技人员作为第一作者发表的国际合著论文中，有1265篇论文的第一作者分布在北京地区，所占比例达到20.5%。

对比表8-5中所列出的各省论文篇数和比例，可以看到，与往年的统计结果一样，北京远远高于其他的省区，其他各地区中国科技人员作为第一作者发表的国际论文篇数最高为江苏646篇，其比例为10.5%，但这一值与北京相差甚远。这一方面是由于北京的高等院校和大型科研院所比较集中，论文产出的数量比其他地区多很多；另一方面北京作为全国科技教育文化中心，有更多的机会参与国际科技合作。

在北京、江苏之后，所占比例较高的地区还有上海和广东，它们所占的比例分别是8.5%和8.2%。中国科技人员作为第一作者发表的国际论文篇数不足10篇的地区有青海和西藏。

表8-5　国际合著论文按国内地区分布情况

地区	第一作者		地区	第一作者	
	论文篇数	比例		论文篇数	比例
北京	1265	20.5%	湖北	318	5.2%
天津	193	3.1%	湖南	187	3.0%
河北	65	1.1%	广东	504	8.2%
山西	106	1.7%	广西	51	0.8%
内蒙古	35	0.6%	海南	18	0.3%
辽宁	198	3.2%	重庆	109	1.8%
吉林	113	1.8%	四川	262	4.2%
黑龙江	121	2.0%	贵州	33	0.5%
上海	524	8.5%	云南	85	1.4%
江苏	646	10.5%	西藏	2	0.0%
浙江	269	4.4%	陕西	290	4.7%
安徽	115	1.9%	甘肃	76	1.2%
福建	137	2.2%	青海	3	0.0%
江西	61	1.0%	宁夏	15	0.2%
山东	226	3.7%	新疆	36	0.6%
河南	105	1.7%			

CSTCD 2021 收录的中国科技人员作为第一作者的国际合著论文的机构类型分布如表 8-6 所示，依照第一作者单位的机构类型统计，高等院校仍然占据最主要的地位，所占比例为 80.0%，与 2020 年相比，增长了 1.1 个百分点。

表 8-6　CSTCD 2021 收录的中国科技人员作为第一作者的国际合著论文按机构分布情况

机构类型	国际合著论文篇数	国际合著论文比例
高等院校	4942	80.0%
研究机构	920	14.9%
医疗机构①	104	1.7%
公司企业	98	1.6%
其他机构	112	1.8%

注：① 此处医疗机构的数据不包括高校附属医疗机构数据。

CSTPCD 2021 年收录的中国大陆作为第一作者发表的国际合著论文中，其国际合著伙伴分布在 113 个国家（地区），比 2020 年增加了 12 个。表 8-7 列出了 CSTPCD 2021 收录的国际合著论文数较多的国家（地区）合著论文情况。从表可以看到，中国大陆与美国合著论文为 1960 篇排在第 1 位；中国大陆与英国的合著论文数为 631 篇。美国、英国、中国香港、澳大利亚和日本是中国内地与其合作发表国际论文的主要国家（地区）。

表 8-7　CSTPCD 2021 收录的中国大陆国际合著论文数较多的国家（地区）合著论文情况

国家（地区）	国际合著论文篇数	国家（地区）	国际合著论文篇数
美国	1960	韩国	115
英国	631	瑞典	94
中国香港	575	俄罗斯	88
澳大利亚	561	荷兰	86
日本	396	意大利	75
德国	331	中国台湾	74
加拿大	315	巴基斯坦	73
新加坡	227	丹麦	71
中国澳门	151	马来西亚	53
法国	142	瑞士	47

（2）学科分布

从 CSTPCD 2021 收录的中国大陆国际合著论文分布来看（表 8-8），数量最多的学科是临床医学（634 篇），远远高于其他学科，占所有学科国际合著论文的 10.4%。合著论文数比较多的还有电子、通信与自动化和计算技术，数量分别为 425 篇和 418 篇。

表 8-8　CSTPCD 2021 收录的中国大陆国际合著论文学科分布

学科	论文篇数	比例	学科	论文篇数	比例
数学	119	1.9%	工程与技术基础	144	2.3%
力学	50	0.8%	矿山工程技术	55	0.9%
信息、系统科学	6	0.1%	能源科学技术	53	0.9%
物理学	252	4.1%	冶金、金属学	161	2.6%
化学	162	2.6%	机械、仪表	72	1.2%
天文学	83	1.3%	动力与电气	97	1.6%
地学	400	6.5%	核科学技术	7	0.1%
生物学	354	5.7%	电子、通信与自动控制	425	6.9%
预防医学与卫生学	167	2.7%	计算技术	418	6.8%
基础医学	156	2.5%	化工	221	3.6%
药物学	89	1.4%	轻工、纺织	16	0.3%
临床医学	634	10.3%	食品	80	1.3%
中医学	175	2.8%	土木建筑	267	4.3%
军事医学与特种医学	2	0.0%	水利	50	0.8%
农学	206	3.3%	交通运输	152	2.5%
林学	47	0.8%	航空航天	42	0.7%
畜牧、兽医	70	1.1%	安全科学技术	2	0.0%
水产学	17	0.3%	环境科学	208	3.4%
测绘科学技术	25	0.4%	管理学	9	0.1%
材料科学	391	6.3%	社会科学	292	4.7%

8.1.5　CSTPCD 2021 收录境外作者发表论文的情况

CSTPCD 2021 还收录了一部分境外作者在中国科技期刊上作为第一作者发表的论文（表 8-9），这些论文同样可以起到增进国际交流的作用，还可促进中国的研究工作进入全球的科技舞台。

表 8-9　CSTPCD 2021 收录的第一作者为境外作者论文的论文分布情况

国家（地区）	论文篇数	国家（地区）	论文篇数
美国	1119	加拿大	173
印度	368	法国	168
英国	348	西班牙	146
德国	328	巴西	143
伊朗	318	俄罗斯	111
韩国	264	土耳其	97
澳大利亚	248	中国澳门	95
中国香港	235	巴基斯坦	92
日本	210	沙特阿拉伯	92
意大利	208	新加坡	92

CSTPCD 2021 共收录了境外作者作为第一作者发表的论文 4989 篇，比 2020 年减少了 105 篇。这些论文的作者来自 128 个国家（地区），表 8-9 列出了 CSTPCD 2021 年收录的论文数量较多的国家（地区），其中美国作者发表的论文数量最多，其次是印度、英国和德国的作者。CSTPCD 2021 收录境外作者论文学科分布也十分广泛，覆盖了 40 个学科。表 8-10 列出了各学科的论文数量和所占比例，从中可以看到，自然科学领域临床医学的论文数最多达 800 篇，所占比例为 16.0%；超过 100 篇的学科共有 18 个，其中数量排在第 2、第 3 位的学科分别是材料科学和生物学。

表 8-10 CSTPCD 2021 收录的境外论文学科分布情况

学科	论文篇数	比例	学科	论文篇数	比例
数学	109	2.2%	工程与技术基础	124	2.5%
力学	41	0.8%	矿山工程技术	76	1.5%
信息、系统科学	1	0.0%	能源科学技术	33	0.7%
物理学	273	5.5%	冶金、金属学	114	2.3%
化学	92	1.8%	机械、仪表	71	1.4%
天文学	73	1.5%	动力与电气	68	1.4%
地学	261	5.2%	核科学技术	14	0.3%
生物学	327	6.6%	电子、通信与自动控制	262	5.3%
预防医学与卫生学	114	2.3%	计算技术	175	3.5%
基础医学	259	5.2%	化工	176	3.5%
药物学	87	1.7%	轻工、纺织	8	0.2%
临床医学	800	16.0%	食品	20	0.4%
中医学	98	2.0%	土木建筑	236	4.7%
军事医学与特种医学	9	0.2%	水利	43	0.9%
农学	117	2.3%	交通运输	101	2.0%
林学	84	1.7%	航空航天	43	0.9%
畜牧、兽医	55	1.1%	安全科学技术	2	0.0%
水产学	6	0.1%	环境科学	113	2.3%
测绘科学技术	7	0.1%	管理学	1	0.0%
材料科学	351	7.0%	社会科学	145	2.9%

8.2 SCI 2021 收录的中国大陆国际合著论文

据 SCI 数据库统计，2021 年收录的中国大陆论文中，国际合作产生的论文为 14.92 万篇，比 2020 年增加了 0.46 万篇，增长了 3.3%。国际合著论文占中国大陆发表论文总数的 24.4%。

2021 年中国大陆作者为第一作者的国际合著论文共计 101 951 篇，占中国全部国际合著论文的 68.3%，合作伙伴涉及 173 个国家（地区）；其他国家（地区）作者为第一作者、中国大陆作者参与工作的国际合著论文为 47 298 篇，合作伙伴涉及 199 个国家（地区）（表 8-11）。与 2021 年统计时相比，三方合作、多方合作的比例有所增加。

表 8-11 SCI 2020 收录的中国大陆科技论文的国际合著形式分布

	中国第一作者论文篇数	比例	参与合著	比例
双边合作	82 486	80.91%	25 320	53.53%
三方合作	14 159	13.89%	10 800	22.83%
多方合作	5306	5.20%	11 178	23.63%

注：双边指两个国家（地区）参与合作，三方指 3 个国家（地区）参与合作，多方指 3 个以上国家（地区）参与合作的论文。

（1）合作国家（地区）分布

SCI 2021 收录的中国大陆作者作为第一作者的合著论文共计 101 951 篇，涉及 173 个国家（地区），合作伙伴排前 6 位的分别是：美国、英国、澳大利亚、加拿大、德国和日本（表 8-12）。

表 8-12 SCI 2021 收录的中国大陆作者作为第一作者与合作国（地区）发表的论文情况

排名	国家（地区）	论文篇数	排名	国家（地区）	论文篇数
1	美国	36 380	4	加拿大	7245
2	英国	12 086	5	德国	5792
3	澳大利亚	10 456	6	日本	5113

中国大陆作者参与、其他国家（地区）作者为第一作者的合著论文共计 47 298 篇，涉及 199 个国家（地区），合作伙伴排前 6 位的分别是：美国、英国、德国、澳大利亚、日本和加拿大（表 8-13 和图 8-6）。

表 8-13 SCI 2021 收录的中国大陆作为参与方与合作国（地区）发表的论文情况

排名	国家（地区）	论文篇数	排名	国家（地区）	论文篇数
1	美国	18 564	4	澳大利亚	5651
2	英国	8857	5	日本	4483
3	德国	6148	6	加拿大	4161

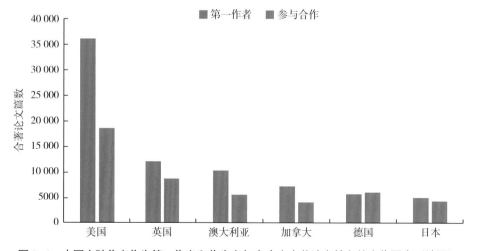

图 8-6 中国大陆作者作为第一作者和作为参与方产出合著论文较多的合作国家（地区）

（2）国际合著论文的学科分布

表 8–14 和表 8–15 分别为中国大陆作者作为第一作者参与的国际合著论文数排在居前 6 位的学科和中国大陆作者参与的国际合著论文数排名居前 6 位的学科。

表 8–14　中国大陆作者作为第一作者参与的国际合著论文数排在居前 6 位的学科

排名	学科	论文篇数	占本学科论文比例
1	生物学	10 388	16.98%
2	化学	10 026	14.29%
3	临床医学	7534	9.95%
4	电子、通信与自动控制	7437	20.50%
5	地学	6892	26.87%
6	环境科学	6746	24.85%

表 8–15　中国大陆作者参与的国际合著论文数排名居前 6 位的学科

排名	学科	论文篇数	占本学科论文比例
1	临床医学	6124	8.09%
2	生物学	5846	9.56%
3	化学	4614	6.57%
4	物理学	3415	8.10%
5	基础医学	2737	7.74%
6	材料科学	2509	5.78%

（3）国际合著论文数居前 6 位的中国地区

表 8–16 为 2021 年中国大陆作者作为第一作者参与的国际合著论文数排名居前 6 位的地区。

表 8–16　2021 年中国大陆作者作为第一作者参与的国际合著论文数排名居前 6 位的地区

排名	地区	论文篇数	占本地区论文比例
1	北京	15 983	20.89%
2	江苏	11 489	20.18%
3	广东	9145	21.01%
4	上海	8534	19.66%
5	湖北	6023	20.21%
6	浙江	5891	18.92%

（4）中国已具备参与国际大科学合作能力

近年来，通过参与国际热核聚变实验堆（ITER）计划、国际综合大洋钻探计划、全球对地观测系统等一系列国际大科学计划，中国与美、欧、日、俄等主要科技大国开展平等合作，为参与制定国际标准、解决全球性重大问题做出了应有贡献。国家级国际科技合作基地成为中国开展国际科技合作的重要平台。随着综合国力和科技实力的增强，中国已具备参与国际大科学和大科学合作的能力。

大科学研究一般来说是指具有投资强度大、多学科交叉、实验设备复杂、研究目标宏大等特点的研究活动。大科学工程是科学技术高度发展的综合体现，是显示各国科技实力的重要标志。

2021 年中国发表的国际论文中，作者数大于 1000 人、合作机构数大于 150 个的论文共有 198 篇。作者数超过 100 人且合作机构数量大于 50 个的论文共计 532 篇。涉及的主要学科均与物理学相关，如粒子与场物理、天文与天体物理、多学科物理研究、核物理研究等。其中，中国大陆机构作为第一作者机构的论文 75 篇、中国科学院高能物理所 63 篇。中国科学院北京基因组研究所作为第一作者机构撰写的 *Database Resources of the National Genomics Data Center*，*China National Center for Bioinformation in 2021* 当年被引次数最高，该论文共有 2 个国家（地区）、53 个机构参加完成。

8.3　小结

通过对 CSTPCD 2021 和 SCI 2021 收录的中国科技人员参与的合著论文情况的分析，我们可以看到，更加广泛和深入的合作仍然是科学研究方式的发展方向。中国的合著论文数及其在全部论文中所占的比例显示出稳定的趋势。

各种类型合著论文所占比例与往年相比变化不大，同机构内的合作仍然是主要的合著类型，但比重有所下降。

不同地区由于其具体情况不同，合著情况有所差别。但是从整体上看，西部地区和其他地区相比，尽管在合著论文数上有一定的差距，但是在合著论文的比例上并没有明显的差异。而且在用国际合著和省际合著的比例考查地区对外合作情况时，西部地区的合作势头还略强一些。

由于研究方法和学科特点的不同，不同学科之间的合著论文数和规模差别较大，基础学科的合著论文数往往比较多，应用工程和工业技术方面的合著论文相对较少。

（执笔人：俞征鹿）

参考文献

[1] 中国科学技术信息研究所 . 2004 年度中国科技论文统计与分析（年度研究报告）［M］. 北京：科学技术文献出版社，2006.

[2] 中国科学技术信息研究所 . 2005 年度中国科技论文统计与分析（年度研究报告）［M］. 北京：科学技术文献出版社，2007.

[3] 中国科学技术信息研究所 . 2007 年版中国科技期刊引证报告（核心版）［M］. 北京：科学技术文献出版社，2007.

[4] 中国科学技术信息研究所 . 2006 年度中国科技论文统计与分析（年度研究报告）［M］. 北京：科学技术文献出版社，2008.

[5] 中国科学技术信息研究所 . 2008 年版中国科技期刊引证报告（核心版）［M］. 北京：科学技

术文献出版社，2008.

[6]　中国科学技术信息研究所 . 2007 年度中国科技论文统计与分析（年度研究报告）［M］. 北京：科学技术文献出版社，2009.

[7]　中国科学技术信息研究所 . 2009 年版中国科技期刊引证报告（核心版）［M］. 北京：科学技术文献出版社，2009.

[8]　中国科学技术信息研究所 . 2008 年度中国科技论文统计与分析（年度研究报告）［M］. 北京：科学技术文献出版社，2010.

[9]　中国科学技术信息研究所 . 2010 年版中国科技期刊引证报告（核心版）［M］. 北京：科学技术文献出版社，2010.

[10]　中国科学技术信息研究所 . 2011 年版中国科技期刊引证报告（核心版）［M］. 北京：科学技术文献出版社，2011.

[11]　中国科学技术信息研究所 . 2012 年版中国科技期刊引证报告（核心版）［M］. 北京：科学技术文献出版社，2012.

[12]　中国科学技术信息研究所 . 2012 年度中国科技论文统计与分析（年度研究报告）［M］. 北京：科学技术文献出版社，2014.

[13]　中国科学技术信息研究所 . 2013 年度中国科技论文统计与分析（年度研究报告）［M］. 北京：科学技术文献出版社，2015.

[14]　中国科学技术信息研究所 . 2014 年度中国科技论文统计与分析（年度研究报告）［M］. 北京：科学技术文献出版社，2016.

[15]　中国科学技术信息研究所 . 2015 年度中国科技论文统计与分析（年度研究报告）［M］. 北京：科学技术文献出版社，2017.

[16]　中国科学技术信息研究所 . 2016 年度中国科技论文统计与分析（年度研究报告）［M］. 北京：科学技术文献出版社，2018.

[17]　中国科学技术信息研究所 . 2017 年度中国科技论文统计与分析（年度研究报告）［M］. 北京：科学技术文献出版社，2019.

[18]　中国科学技术信息研究所 . 2018 年度中国科技论文统计与分析（年度研究报告）［M］. 北京：科学技术文献出版社，2020.

[19]　中国科学技术信息研究所 . 2019 年度中国科技论文统计与分析（年度研究报告）［M］. 北京：科学技术文献出版社，2021.

[20]　中国科学技术信息研究所 . 2020 年度中国科技论文统计与分析（年度研究报告）［M］. 北京：科学技术文献出版社，2022.

9　中国卓越科技论文的统计与分析

9.1　引言

　　根据 SCI、Ei、CPCI-S、SSCI 等国际权威检索数据库的统计结果，中国的国际论文数量排名均位于世界前列，经过多年的努力，中国已经成为科技论文产出大国。但也应清楚地看到，中国国际论文的质量与一些科技强国相比仍存在一定的差距，所以，在提高论文数量的同时，我们也应重视论文影响力的提升，真正实现中国科技论文从"量变"向"质变"的转变。为了引导科技管理部门和科研人员从关注论文数量向重视论文质量和影响转变，考量中国当前科技发展趋势及水平，既鼓励科研人员发表国际高水平论文，也重视发表在中国国内期刊的优秀论文，中国科学技术信息研究所从 2016 年开始，采用中国卓越科技论文这一指标进行评价。

　　中国卓越科技论文，由中国科研人员发表在国际、国内的论文共同组成。其中，国际论文部分即为之前所说的表现不俗论文，指的是各学科领域内被引次数超过均值的论文，即在每个学科领域内，按统计年度的论文被引次数世界均值画一条线，高于均线的论文入选，表示论文发表后的影响超过其所在学科的一般水平。在此基础上，2020 年加入高质量国际论文、高被引论文、热点论文、各学科最具影响力论文、顶尖学术期刊论文等不同维度选出的国际论文。国内部分取近 5 年在"中国科技论文与引文数据库"（CSTPCD）中收录的发表在中国科技核心期刊上，且论文"累计被引用时序指标"超越本学科期望值的高影响力论文。

　　以下我们将对 2021 年度中国卓越科技论文的学科、地区、机构、期刊、基金和合著等方面的情况进行统计与分析。

9.2　中国卓越国际科技论文的研究分析和结论

　　若在每个学科领域内，按统计年度的论文被引次数世界均值画一条线，则高于均线的论文为卓越论文，即论文发表后的影响超过其所在学科的一般水平。2009 年我们第一次公布了利用这一方法指标进行的统计结果，当时称为"表现不俗论文"，受到国内外学术界的普遍关注。2020 年首次加入高质量国际论文、高被引论文、热点论文、各学科最具影响力论文、顶尖学术期刊论文等不同维度选出的国际论文。

　　以科学引文索引数据库（SCI）统计，2021 年，中国机构作者为第一作者共发表论文 55.72 万篇，其中卓越国际论文为 21.13 万篇，占中国机构作者作为第一作者发表论文总数的 43.1%，较 2020 年减少了 3.4 个百分点。按文献类型分，中国卓越国际科技论文 92.3% 是原创论文，7.7% 是述评类文章。

9.2.1   学科影响力关系分析

2021 年，中国卓越国际论文主要分布在 39 个学科（表 9-1）。38 个学科的卓越国际论文数超过 100 篇；卓越国际论文达 1000 篇及以上的学科有 24 个；500 篇以上的学科有 33 个。

表 9-1   2021 年中国卓越国际论文的学科分布

学科	卓越国际论文篇数	全部论文篇数	2021 年卓越国际论文占全部论文的比例	2020 年卓越国际论文占全部论文的比例
数学	6533	14 273	45.77%	50.81%
力学	3958	5471	72.35%	72.13%
信息、系统科学	1244	1850	67.24%	69.04%
物理学	12 525	38 401	32.62%	38.92%
化学	30 731	64 844	47.39%	53.20%
天文学	672	2599	25.86%	46.85%
地学	10 123	23 116	43.79%	44.18%
生物学	16 951	54 728	30.97%	36.43%
预防医学与卫生学	3225	11 262	28.64%	30.28%
基础医学	10 635	32 202	33.03%	27.95%
药物学	7733	18 976	40.75%	30.64%
临床医学	16 630	67 986	24.46%	21.07%
中医学	1046	2995	34.92%	17.25%
军事医学与特种医学	622	2055	30.27%	18.57%
农学	4402	8486	51.87%	53.60%
林学	651	1579	41.23%	46.33%
畜牧、兽医	862	2925	29.47%	34.50%
水产学	1262	2145	58.83%	59.24%
测绘科学技术	1	6	16.67%	0
材料科学	15 014	40 505	37.07%	54.97%
工程与技术基础	417	3032	13.75%	18.30%
矿山工程技术	444	1116	39.78%	48.19%
能源科学技术	7814	15 346	50.92%	68.52%
冶金、金属学	373	2079	17.94%	28.87%
机械、仪表	2517	8223	30.61%	45.84%
动力与电气	944	1333	70.82%	84.77%
核科学技术	382	2273	16.81%	31.56%
电子、通信与自动控制	7924	33 278	23.81%	37.88%
计算技术	10 939	24 734	44.23%	46.71%
化工	7878	15 680	50.24%	64.58%
轻工、纺织	681	1577	43.18%	61.40%
食品	3498	7821	44.73%	74.30%
土木建筑	4310	9411	45.80%	57.82%
水利	840	2221	37.82%	43.51%
交通运输	615	1756	35.02%	41.92%

续表

学科	卓越国际论文篇数	全部论文篇数	2021年卓越国际论文占全部论文的比例	2020年卓越国际论文占全部论文的比例
航空航天	656	1715	38.25%	50.51%
安全科学技术	203	398	51.01%	61.94%
环境科学	14 609	26 359	55.42%	60.86%
管理学	1132	1537	73.65%	51.37%
自然科学类其他	303	945	32.06%	21.62%

数据来源：SCIE 2021。

卓越国际论文的数量一定程度上可以反映学科影响力的大小，卓越国际论文越多，表明该学科的论文越受到关注，中国在该学科的影响力也就越大。卓越国际论文数达1000篇的24个学科中，管理学的2021卓越国际论文占全部论文的比例最高，为73.65%；力学和信息、系统科学2个学科2021卓越国际论文占全部论文的比例也超过了60%。

9.2.2 中国各地区卓越国际科技论文的分布特征

2021年，中国31个省（自治区、直辖市）卓越国际科技论文的发表情况如表9-2所示。按发表数量计，100篇以上的省（自治区、直辖市）有30个；1000篇以上的省（自治区、直辖市）有25个。从卓越国际论文数来看，多数省份较2020年有不同程度的减少。

表9-2 卓越国际论文的地区分布及增长情况

地区	卓越国际论文数	年增长率	全部论文数	比例	地区	卓越国际论文数	年增长率	全部论文数	比例
北京	29 070	−5.43%	71 157	40.85%	湖北	12 307	−5.24%	27 416	44.89%
天津	6552	−3.59%	14 452	45.34%	湖南	7916	−5.54%	18 174	43.56%
河北	2196	−3.35%	6807	32.26%	广东	17 600	3.30%	38 642	45.55%
山西	1806	−16.12%	5699	31.69%	广西	2121	13.06%	5004	42.39%
内蒙古	638	−3.04%	2163	29.50%	海南	630	25.25%	1545	40.78%
辽宁	7502	−3.60%	17 666	42.47%	重庆	4709	−3.27%	11 287	41.72%
吉林	3917	−15.53%	11 373	34.44%	四川	9410	0.95%	23 424	40.17%
黑龙江	5055	−9.57%	12 230	41.33%	贵州	1089	4.51%	3207	33.96%
上海	17 049	1.81%	38 727	44.02%	云南	1897	2.10%	5235	36.24%
江苏	22 669	−2.91%	51 195	44.28%	西藏	21	0	90	23.33%
浙江	11 660	7.65%	26 384	44.19%	陕西	11 452	−3.34%	26 547	43.14%
安徽	5499	−2.31%	13 111	41.94%	甘肃	2678	0.79%	6496	41.23%
福建	4637	−5.25%	10 930	42.42%	青海	156	9.09%	627	24.88%
江西	2474	−7.34%	6634	37.29%	宁夏	333	11.00%	890	37.42%
山东	12 130	−1.84%	28 773	42.16%	新疆	961	13.06%	2628	36.57%
河南	5165	−0.77%	13 063	39.54%					

数据来源：SCIE 2021。

从卓越国际论文数占全部论文数（所有文献类型）的比例来看，高于40%的省（自治区、直辖市）共有19个，占所有地区数量的61.29%。卓越国际论文比例排名居前3位的省份分别是广东、天津和湖北，分别为45.55%、45.34%和44.89%。

9.2.3　不同机构卓越国际论文的比例机构分布特征

2021年中国21.13万篇卓越国际论文中，高等院校发表184 683篇，研究机构发表18 106篇，医疗机构发表5275篇，其他部门发表3235篇，机构分布如图9-1所示。与2020年相比，医疗机构的卓越国际论文占总数的比例有所上升，由2020年的2.03%升至2.50%；高等院校和研究机构所占比例有所下降，分别由2020年的87.77%和9.14%降为87.40%和8.57%。

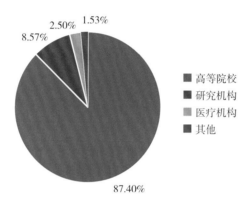

图9-1　2021年中国卓越国际论文的机构分布

（1）高等院校

2021年，共有648所高等院校有卓越国际论文产出，与2020年的765所高等院校相比有所减少。其中，卓越国际论文超过1000篇的高等院校有48所，与2020年的52所相比，减少了4所。卓越国际论文数超过3000篇的高等院校有6所，分别是浙江大学、上海交通大学、四川大学、华中科技大学、中南大学和中山大学。卓越国际论文数排名居前20位高等院校如表9-3所示，其卓越国际论文占本高等院校全部论文（Article和Review两种文献类型）的比例均已超过36%，其中，清华大学、华南理工大学和哈尔滨工业大学的卓越国际论文占全部论文的比例排在前三。

表9-3　发表卓越国际论文数居前20位的高等院校

高等院校	卓越国际论文篇数	全部论文篇数	卓越国际论文占全部论文的比例
浙江大学	4658	10 828	43.02%
上海交通大学	4353	10 429	41.74%
四川大学	3396	8662	39.21%
华中科技大学	3372	7552	44.65%
中南大学	3244	7621	42.57%
中山大学	3060	7337	41.71%

高等院校	卓越国际论文篇数	全部论文篇数	卓越国际论文占全部论文的比例
清华大学	2974	6076	48.95%
北京大学	2769	6830	40.54%
复旦大学	2607	6429	40.55%
西安交通大学	2568	6350	40.44%
哈尔滨工业大学	2552	5372	47.51%
武汉大学	2530	5467	46.28%
山东大学	2509	6324	39.67%
天津大学	2463	5373	45.84%
吉林大学	2147	5920	36.27%
同济大学	2101	4836	43.44%
华南理工大学	2064	4340	47.56%
东南大学	2020	4670	43.25%
郑州大学	1947	4411	44.14%
大连理工大学	1830	3979	45.99%

数据来源：SCIE 2021。

（2）研究机构

2021年，共有246个研究机构产出卓越国际论文，比2020年的294个减少了48个。其中，产出卓越国际论文数大于100篇的研究机构有49个。发表卓越国际论文数居前20位的研究机构如表9-4所示，其卓越国际论文占本研究机构全部论文（Article和Review两种文献类型）的比例超过50%的有8个，其中，中国科学院生态环境研究中心的卓越国际论文占全部论文的比例最高，为61.9%。

表9-4　发表卓越国际论文数居前20位的研究机构

单位名称	卓越国际论文篇数	全部论文篇数	卓越国际论文占全部论文的比例
中国科学院地理科学与资源研究所	401	758	52.90%
中国科学院大连化学物理研究所	380	682	55.72%
中国科学院生态环境研究中心	372	601	61.90%
中国科学院化学研究所	324	567	57.14%
中国科学院长春应用化学研究所	324	581	55.77%
中国工程物理研究院	275	829	33.17%
中国科学院宁波材料技术与工程研究所	270	497	54.33%
中国科学院海西研究院	265	467	56.75%
中国科学院合肥物质科学研究院	258	851	30.32%
中国科学院空天信息创新研究院	258	616	41.88%
中国科学院金属研究所	249	492	50.61%
中国医学科学院肿瘤研究所	235	664	35.39%
中国林业科学研究院	226	554	40.79%
中国科学院西北生态环境资源研究院	223	592	37.67%

续表

单位名称	卓越国际论文篇数	全部论文篇数	卓越国际论文占全部论文的比例
中国科学院海洋研究所	223	501	44.51%
中国科学院物理研究所	211	478	44.14%
中国科学院深圳先进技术研究院	204	448	45.54%
中国科学院上海硅酸盐研究所	199	407	48.89%
中国科学院大气物理研究所	193	413	46.73%
中国科学院地质与地球物理研究所	185	483	38.30%

数据来源：SCIE 2021。

（3）医疗机构

2021年，共有341个医疗机构产出卓越国际论文，与2020年的658个相比大幅减少。其中，产出卓越国际论文数大于100篇的医疗机构有68个。发表卓越国际论文数居前20位的医疗机构见表9-5，发表卓越国际论文最多的医疗机构是四川大学华西医院，共产出论文1060篇，而上海交通大学医学院附属仁济医院的卓越国际论文占全部论文的比例最高，为40.18%。

表9-5 发表卓越国际论文数居前20位的医疗机构

单位名称	卓越国际论文篇数	全部论文篇数	卓越国际论文占全部论文的比例
四川大学华西医院	1060	3088	34.33%
华中科技大学同济医学院附属同济医院	485	1290	37.60%
北京协和医院	446	1418	31.45%
郑州大学第一附属医院	442	1210	36.53%
中南大学湘雅医院	419	1195	35.06%
浙江大学第一附属医院	414	1144	36.19%
华中科技大学同济医学院附属协和医院	382	1061	36.00%
中南大学湘雅二医院	368	1040	35.38%
浙江大学医学院附属第二医院	352	958	36.74%
解放军总医院	326	1269	25.69%
武汉大学人民医院	324	836	38.76%
复旦大学附属中山医院	321	858	37.41%
南方医院	307	772	39.77%
上海交通大学医学院附属瑞金医院	291	822	35.40%
江苏省人民医院	287	858	33.45%
上海交通大学医学院附属第九人民医院	276	812	33.99%
青岛大学附属医院	273	705	38.72%
上海交通大学医学院附属仁济医院	272	677	40.18%
吉林大学白求恩第一医院	262	872	30.05%
中国医科大学附属盛京医院	260	886	29.35%

数据来源：SCIE 2021。

9.2.4 卓越国际论文的期刊分布

2021 年，中国的卓越国际论文共发表在 6220 种期刊中，比 2020 年的 6230 减少了 0.16%。其中在中国大陆编辑出版的 231 种期刊共发表卓越国际论文 10 711 篇，占全部卓越国际论文数的 5.07%，比 2020 年有所增长。2021 年，在发表卓越国际论文的全部期刊中，发表 1000 篇以上的期刊有 20 种，如表 9-6 所示。发表卓越国际论文数大于 100 篇的中国科技期刊共 24 种，如表 9-7 所示。

表 9-6 发表卓越国际论文大于 1000 篇的国际科技期刊

期刊名称	论文篇数
Science of the Total Environment	3348
Journal of Alloys and Compounds	2626
Chemical Engineering Journal	2497
Journal of Cleaner Production	2280
Journal of Hazardous Materials	1984
Construction and Building Materials	1948
Applied Surface Science	1721
Acs Applied Materials & Interfaces	1556
Angewandte Chemie – International Edition	1413
Journal of Materials Chemistry A	1409
Nature Communications	1302
Food Chemistry	1293
International Journal of Biological Macromolecules	1263
Frontiers in Plant Science	1252
Advanced Functional Materials	1200
Ecotoxicology and Environmental Safety	1194
Energy	1181
Frontiers in Oncology	1147
Separation and Purification Technology	1115
Sensors and Actuators B – Chemical	1092

数据来源：SCIE 2021。

表 9-7 发表卓越国际论文 100 篇以上的中国科技期刊

期刊名称	论文篇数
Journal of Energy Chemistry	583
Journal of Materials Science & Technology	539
Chinese Journal of Organic Chemistry	422
Chinese Chemical Letters	377
Nano Research	302
Bioactive Materials	242
Rare Metals	200
Horticulture Research	189
Science China – Materials	178

期刊名称	论文篇数
Nano–Micro Letters	156
Acta Pharmaceutica Sinica B	151
Journal of Environmental Sciences	150
Science Bulletin	150
Acta Pharmacologica Sinica	146
Chinese Journal of Catalysis	140
Chinese Physics B	137
Signal Transduction and Targeted Therapy	135
Chinese Journal of Chemistry	134
Science China–Chemistry	121
Journal of Integrative Agriculture	119
Photonics Research	119
National Science Review	112
Petroleum Exploration and Development	111
Engineering	101

数据来源：SCIE 2021。

9.2.5　卓越国际论文的国际国内合作情况分析

2021 年，合作（包括国际国内合作）研究产生的卓越国际论文共计 173 148 篇，占全部卓越国际论文的 81.9%，比 2020 年的 81.0% 上升了 0.9 个百分点。其中，高等院校合作产生卓越国际论文 149 076 篇，占合作产生卓越国际论文的 86.1%；研究机构合作产生 16 807 篇，占 9.7%。高等院校合作产生的卓越国际论文占高校卓越国际论文（184 683 篇）的 80.7%，而研究机构合作产生卓越国际论文占研究机构卓越国际论文（18 106 篇）的 92.8%。与 2020 年相比，高等院校和研究机构的合作卓越国际论文在全部合作卓越国际论文中所占的比例均有所下降，高等院校和研究机构的合作卓越国际论文分别占高等院校和研究机构全部卓越国际论文的比例均有所上升。

2021 年，以中国为主的国际合作卓越国际论文共有 50 869 篇，地区分布如表 9–8 所示。其中，数量超过 100 篇的省（自治区、直辖市）有 28 个，北京和江苏的国际合作卓越国际论文数分别居第 1、第 2 位并均超过 5000 篇，这两个地区的国际合作卓越国际论文数分别为 7838 篇、5985 篇。国际合作卓越国际论文占卓越国际论文比例大于 20% 的省份有 19 个（只计卓越国际论文数大于 100 篇的省份）。

表 9–8　以中国为主的卓越国际合作卓越国际论文地区分布

地区	国际合作卓越国际论文篇数	卓越国际论文总篇数	卓越国际合作论文占卓越国际论文比例
北京	7838	29 070	26.96%
天津	1480	6552	22.59%
河北	344	2196	15.66%

地区	国际合作卓越国际论文篇数	卓越国际论文总篇数	卓越国际合作论文占卓越国际论文比例
山西	360	1806	19.93%
内蒙古	108	638	16.93%
辽宁	1545	7502	20.59%
吉林	788	3917	20.12%
黑龙江	986	5055	19.51%
上海	4301	17 049	25.23%
江苏	5985	22 669	26.40%
浙江	2977	11 660	25.53%
安徽	1152	5499	20.95%
福建	1260	4637	27.17%
江西	429	2474	17.34%
山东	2557	12 130	21.08%
河南	984	5165	19.05%
湖北	3109	12 307	25.26%
湖南	1784	7916	22.54%
广东	4657	17 600	26.46%
广西	425	2121	20.04%
海南	128	630	20.32%
重庆	1075	4709	22.83%
四川	2295	9410	24.39%
贵州	205	1089	18.82%
云南	441	1897	23.25%
西藏	3	21	14.29%
陕西	2956	11 452	25.81%
甘肃	488	2678	18.22%
青海	26	156	16.67%
宁夏	40	333	12.01%
新疆	143	961	14.88%

数据来源：SCIE 2021。

从以中国为主的国际合作的卓越国际论文学科分布看（表 9-9），国际合作卓越国际论文数超过 100 篇的学科有 33 个；超过 300 篇的学科有 23 个，其中，数量最多的是化学，国际合作卓越国际论文数为 6071 篇，其次为环境科学、生物学、计算技术、地学、材料科学、电子通信与自动控制、物理学、临床医学和能源科学技术，国际合作卓越国际论文均达到 2000 篇以上。国际合作卓越国际论文占卓越国际论文比大于 20%（只计卓越国际论文大于 100 篇的学科）的有 25 个学科，大于 30% 的学科有 10 个。

表9-9 以中国为主的卓越国际合作卓越国际论文学科分布

学科	国际合作卓越国际论文篇数	卓越国际论文总篇数	卓越国际合作论文占卓越国际总论文比例
数学	1628	6533	24.92%
力学	1012	3958	25.57%
信息、系统科学	450	1244	36.17%
物理学	2737	12 525	21.85%
化学	6071	30 731	19.76%
天文学	312	672	46.43%
地学	3583	10 123	35.39%
生物学	4203	16 951	24.79%
预防医学与卫生学	892	3225	27.66%
基础医学	1654	10 635	15.55%
药物学	1166	7733	15.08%
临床医学	2710	16 630	16.30%
中医学	98	1046	9.37%
军事医学与特种医学	91	622	14.63%
农学	1197	4402	27.19%
林学	248	651	38.10%
畜牧、兽医	164	862	19.03%
水产学	194	1262	15.37%
测绘科学技术	0	1	0
材料科学	3280	15 014	21.85%
工程与技术基础	146	417	35.01%
矿山工程技术	110	444	24.77%
能源科学技术	2060	7814	26.36%
冶金、金属学	61	373	16.35%
机械、仪表	619	2517	24.59%
动力与电气	205	944	21.72%
核科学技术	97	382	25.39%
电子、通信与自动控制	2892	7924	36.50%
计算技术	3710	10 939	33.92%
化工	1596	7878	20.26%
轻工、纺织	102	681	14.98%
食品	805	3498	23.01%
土木建筑	1184	4310	27.47%
水利	269	840	32.02%
交通运输	285	615	46.34%
航空航天	110	656	16.77%
安全科学技术	84	203	41.38%
环境科学	4291	14 609	29.37%
管理学	455	1132	40.19%
自然科学类其他	98	303	32.34%

数据来源：SCIE 2021。

9.2.6 卓越国际论文的创新性分析

中国实行的科学基金资助体系是为了扶持中国的基础研究和应用研究，但要获得基金的资助就要求科技项目的立意具有新颖性和前瞻性，即要有创新性。下面，我们将从由各类基金（这里所指的基金是广泛意义的、各省部级以上的各类资助项目和各项国家大型研究和工程计划）资助产生的论文来了解科学研究中的一些创新情况。

2021 年，中国卓越国际论文中得到基金资助产生的有 195 290 篇，占卓越国际论文数的 92.4%，比 2020 年的 92.1% 提高了 0.3 个百分点。

从卓越国际基金论文的学科分布看（表 9-10），数量最多的学科是化学，其卓越国际基金论文数超过 29 000 篇，超过 10 000 篇的学科还有生物学、材料科学、环境科学、临床医学和物理学。95% 的学科卓越国际基金论文占学科卓越国际论文的比例在 80% 以上。

表 9-10 卓越国际基金论文的学科分布

学科	卓越国际基金论文数	卓越国际论文总数	卓越国际基金论文比例 2021 年	2020 年
数学	5815	6533	89.01%	89.85%
力学	3619	3958	91.44%	90.83%
信息、系统科学	1141	1244	91.72%	84.64%
物理学	11 922	12 525	95.19%	95.10%
化学	29 858	30 731	97.16%	96.06%
天文学	650	672	96.73%	98.34%
地学	9638	10 123	95.21%	93.09%
生物学	15 791	16 951	93.16%	90.52%
预防医学与卫生学	2732	3225	84.71%	85.78%
基础医学	8945	10 635	84.11%	83.20%
药物学	7008	7733	90.62%	86.63%
临床医学	13 182	16 630	79.27%	77.86%
中医学	955	1046	91.30%	81.56%
军事医学与特种医学	485	622	77.97%	81.98%
农学	4225	4402	95.98%	96.11%
林学	640	651	98.31%	91.55%
畜牧、兽医	841	862	97.56%	96.55%
水产学	1220	1262	96.67%	97.47%
测绘科学技术	1	1	100.00%	—
材料科学	14 419	15 014	96.04%	94.86%
工程与技术基础	359	417	86.09%	90.27%
矿山工程技术	377	444	84.91%	90.23%
能源科学技术	7347	7814	94.02%	94.94%
冶金、金属学	333	373	89.28%	81.20%
机械、仪表	2369	2517	94.12%	92.13%

续表

学科	卓越国际基金论文数	卓越国际论文总数	卓越国际基金论文比例	
			2021 年	2020 年
动力与电气	867	944	91.84%	93.26%
核科学技术	338	382	88.48%	88.10%
电子、通信与自动控制	7461	7924	94.16%	92.08%
计算技术	9808	10 939	89.66%	87.38%
化工	7669	7878	97.35%	96.89%
轻工、纺织	645	681	94.71%	87.67%
食品	3388	3498	96.86%	97.92%
土木建筑	4036	4310	93.64%	94.57%
水利	772	840	91.90%	94.44%
交通运输	559	615	90.89%	92.48%
航空航天	573	656	87.35%	87.94%
安全科学技术	180	203	88.67%	92.19%
环境科学	13 878	14 609	95.00%	96.01%
管理学	1022	1132	90.28%	86.45%
自然科学类其他	222	303	73.27%	79.31%

数据来源：SCIE 2021。

　　卓越国际基金论文数居前的地区仍是科技资源配置丰富、高等院校和研究机构较为集中的地区。例如，卓越国际基金论文数居前6位的地区分别是北京、江苏、广东、上海、湖北和山东。2021 年，卓越国际基金论文比例在90%以上的地区有28个。从表9-11所列数据也可看出，各地区基金论文比例的差距不是很大。

表 9-11　卓越国际基金论文的地区分布

地区	卓越国际基金论文数	卓越国际论文总数	卓越国际基金论文比例	
			2021 年	2020 年
北京	26 958	29 070	92.73%	92.63%
天津	6120	6552	93.41%	93.05%
河北	1852	2196	84.34%	86.88%
山西	1649	1806	91.31%	92.48%
内蒙古	590	638	92.48%	92.10%
辽宁	6936	7502	92.46%	91.67%
吉林	3565	3917	91.01%	89.93%
黑龙江	4640	5055	91.79%	92.83%
上海	15 830	17 049	92.85%	92.25%
江苏	21 188	22 669	93.47%	93.00%
浙江	10 716	11 660	91.90%	92.14%
安徽	5186	5499	94.31%	94.16%
福建	4362	4637	94.07%	93.71%
江西	2281	2474	92.20%	91.61%

续表

地区	卓越国际基金论文数	卓越国际论文总数	卓越国际基金论文比例	
			2021 年	2020 年
山东	10 937	12 130	90.16%	89.84%
河南	4609	5165	89.24%	86.97%
湖北	11 279	12 307	91.65%	91.21%
湖南	7362	7916	93.00%	92.71%
广东	16 496	17 600	93.73%	93.53%
广西	1989	2121	93.78%	93.18%
海南	573	630	90.95%	93.84%
重庆	4348	4709	92.33%	91.97%
四川	8493	9410	90.26%	90.07%
贵州	1037	1089	95.22%	93.86%
云南	1781	1897	93.89%	93.60%
西藏	19	21	90.48%	100.00%
陕西	10 625	11 452	92.78%	92.83%
甘肃	2517	2678	93.99%	92.21%
青海	140	156	89.74%	95.10%
宁夏	318	333	95.50%	92.67%
新疆	894	961	93.03%	93.18%

数据来源：SCIE 2021。

9.3 中国卓越国内科技论文的研究分析和结论

根据学术文献的传播规律，科技论文发表后在 3～5 年形成被引用的峰值。这个时间窗口内较高质量科技论文的学术影响力会通过论文的引用水平表现出来。为了遴选学术影响力较高的论文，我们为近 5 年中国科技核心期刊收录的每篇论文计算了"累计被引用时序指标"——n 指数。

n 指数的定义方法是：若一篇论文发表 n 年之内累计被引次数达到 n 次，同时在 $n+1$ 年累计被引次数不能达到 $n+1$ 次，则该论文的"累计被引用时序指标"的数值为 n。

对各年度发表在中国科技核心期刊上的论文被引次数设定一个 n 指数分界线，各年度发表的论文中，被引次数超越这一分界线的就被遴选为"卓越国内科技论文"。我们经过数据分析测算后，对近 5 年的"卓越国内科技论文"分界线定义为：论文 n 指数大于发表时间的论文是"卓越国内科技论文"。例如，论文发表 1 年之内累计被引达到 1 次的论文，n 指数为 1；发表 2 年之内累计被引达到 2 次，n 指数为 2。以此类推，发表 5 年内累计被引达到 5 次，n 指数为 5。

按照这一统计方法，我们据近 5 年（2017—2021 年）的"中国科技论文与引文数据库"（CSTPCD）统计，共遴选出卓越国内科技论文 26.92 万篇，占这 5 年 CSTPCD 收录全部论文的 11.8%。

9.3.1　卓越国内论文的学科分布

2021 年，中国卓越国内论文主要分布在 39 个学科中（表 9–12），论文数最多的学科是临床医学，共发表了 52 720 篇卓越国内论文，说明中国的临床医学在国内和国际均具有较大的影响力；其次是电子、通信与自动控制，为 18 654 篇，卓越国内论文数超过 10 000 篇的学科还有农学、中医学、计算技术、环境科学和地学，分别为 17 901 篇、16 677 篇、15 333 篇、12 551 篇和 11 900 篇。

表 9–12　卓越国内论文的学科分布

学科	卓越国内论文篇数	学科	卓越国内论文篇数
数学	465	工程与技术基础	1244
力学	686	矿业工程技术	4040
信息、系统科学	131	能源科学技术	4738
物理学	1192	冶金、金属学	3682
化学	2791	机械、仪表	3854
天文学	85	动力与电气	1390
地学	11 900	核科学技术	124
生物学	6175	电子、通信与自动控制	18 654
预防医学与卫生学	8119	计算技术	15 333
基础医学	4847	化工	3127
药物学	5085	轻工、纺织	708
临床医学	52 720	食品	8041
中医药	16 677	土木建筑	6345
军事医学与特种医学	803	水利	1874
农学	17 901	交通运输	4551
林学	3414	航空航天	2133
畜牧、兽医	3714	安全科学	212
水产学	1262	环境科学	12 551
测绘科学	1724	管理学	912
材料科学	2136		

数据来源：CSTPCD。

9.3.2　中国各地区国内卓越论文的分布特征

2021 年，中国 31 个省（自治区、直辖市）卓越国内科技论文的地区分布如表 9–13 所示，其中北京发表的卓越国内论文数最多，达到 49 672 篇。卓越国内论文数在 2 万篇以上的地区还有江苏，为 22 540 篇。卓越国内论文数排名居前 10 位的省份还有上海、广东、湖北、陕西、四川、山东、河南和浙江等。对比卓越国际论文的地区分布，可以看出，这些地区的卓越国际论文数也较多，说明这些地区无论是国际科技产出还是国内科技产出，其影响力均较国内其他地区强。

表 9-13　卓越国内论文的地区分布

地区	卓越国内论文篇数	地区	卓越国内论文篇数
北京	49 672	湖北	14 430
天津	7321	湖南	8207
河北	7096	广东	15 064
山西	4082	广西	3870
内蒙古	2205	海南	1554
辽宁	8787	重庆	6420
吉林	4383	四川	12 027
黑龙江	5659	贵州	3531
上海	15 989	云南	3905
江苏	22 540	西藏	196
浙江	9780	陕西	13 917
安徽	6146	甘肃	5260
福建	4791	青海	898
江西	3992	宁夏	1165
山东	11 092	新疆	3809
河南	9883		

数据来源：CSTPCD。

9.3.3　国内卓越论文的机构分布特征

2021 年中国 269 175 篇卓越国内论文中，高等院校发表 109 192 篇，研究机构发表 27 224 篇，医疗机构发表 41 484 篇，公司企业发表 7398 篇，其他部门发表 83 877 篇，各机构发表论文数占比分布如图 9-2 所示。

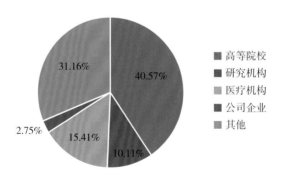

图 9-2　2021 年中国卓越国内论文的机构占比分布

（1）高等院校

2021 年发表卓越国内论文数居前 20 位的高等院校见表 9-14，其中，北京大学、武汉大学和首都医科大学位居前三，其发表的国内卓越论文数分别为 3422 篇、2899 篇和 2828 篇。

表 9-14 2021 年卓越国内论文数居前 20 位的高等院校

单位名称	卓越国内论文篇数	单位名称	卓越国内论文篇数
北京大学	3422	中南大学	1812
武汉大学	2899	中山大学	1740
首都医科大学	2828	同济大学	1676
上海交通大学	2751	北京中医药大学	1644
四川大学	2288	西安交通大学	1593
浙江大学	2218	西北农林科技大学	1577
华中科技大学	2018	中国矿业大学	1547
清华大学	1923	吉林大学	1542
华北电力大学	1888	中国地质大学	1524
复旦大学	1839	郑州大学	1488

数据来源：CSTPCD。

（2）研究机构

2021 年发表卓越国内论文数居前 20 位的研究机构见表 9-15。其中，中国中医科学院、中国科学院地理科学与资源研究所和中国疾病预防控制中心位居前三，其发表的卓越国内论文数分别为 1388 篇、953 篇和 815 篇。发表卓越国内论文数超过 300 篇的研究机构还有中国林业科学研究院、中国水产科学研究院和中国科学院生态环境研究中心。

表 9-15 2021 年发表卓越国内论文数居前 20 位的研究机构

单位名称	卓越国内论文篇数	单位名称	卓越国内论文篇数
中国中医科学院	1388	中国地质科学院	258
中国科学院地理科学与资源研究所	953	中国热带农业科学院	252
中国疾病预防控制中心	815	江苏省农业科学院	251
中国林业科学研究院	629	中国水利水电科学研究院	250
中国水产科学研究院	452	山西省农业科学院	241
中国科学院生态环境研究中心	313	中国食品药品检定研究院	240
广东省农业科学院	293	中国科学院空天信息创新研究院	238
中国科学院西北生态环境资源研究院	289	河南省农业科学院	225
中国环境科学研究院	286	中国科学院地质与地球物理研究所	224
中国医学科学院肿瘤研究所	279	中国社会科学院研究生院	212

数据来源：CSTPCD。

（3）医疗机构

2021 年发表卓越国内论文数居前 20 位的医疗机构见表 9-16。其中，解放军总医院、四川大学华西医院和北京协和医院位居前三，其发表卓越国内论文数分别为 1006 篇、792 篇和 686 篇。

表 9–16 2021 年发表卓越国内论文数居前 20 位的医疗机构

单位名称	卓越国内论文篇数	单位名称	卓越国内论文篇数
解放军总医院	1006	中国中医科学院广安门医院	326
四川大学华西医院	792	华中科技大学同济医学院附属协和医院	313
北京协和医院	686	中南大学湘雅医院	306
郑州大学第一附属医院	529	首都医科大学宣武医院	306
武汉大学人民医院	480	北京大学人民医院	302
华中科技大学同济医学院附属同济医院	449	海军军医大学第一附属医院（上海长海医院）	298
中国医科大学附属盛京医院	444	南京鼓楼医院	297
北京大学第三医院	441	首都医科大学附属北京安贞医院	290
北京大学第一医院	362	重庆医科大学附属第一医院	288
江苏省人民医院	348	复旦大学附属中山医院	286

数据来源：CSTPCD。

9.3.4 国内卓越论文的期刊分布

2021 年，中国的卓越国内论文共发表在 2580 种中国期刊上，其中，发表在《生态学报》的卓越国内论文数最多，为 2064 篇，其次为《食品科学》和《中国中药杂志》，发表在其上的卓越国内论文分别为 1931 篇和 1763 篇。2021 年，在发表卓越国内论文的全部期刊中，1000 篇以上的期刊有 17 种，比 2020 年增加 3 种，见表 9–17。

表 9–17 发表卓越国内论文大于 1000 篇的国内科技期刊

期刊名称	论文篇数	期刊名称	论文篇数
生态学报	2064	电力系统保护与控制	1537
食品科学	1931	电网技术	1445
中国中药杂志	1763	食品工业科技	1407
中国电机工程学报	1739	电工技术学报	1339
农业工程学报	1714	中华中医药杂志	1145
中国实验方剂学杂志	1649	农业机械学报	1073
中草药	1604	应用生态学报	1064
电力系统自动化	1591	高电压技术	1027
环境科学	1577		

数据来源：CSTPCD。

9.4 小结

2021 年，中国机构作者为第一作者的 SCI 论文共 55.72 万篇，其中卓越国际论文数为 21.13 万篇，占中国机构作者作为第一作者发表论文总数的 37.9%，较 2020 年有所下降。合作（包括国际国内合作）研究产生的卓越国际论文为 17.31 万篇，占全部卓越国际论文的 81.9%，比 2020 年的 81.0% 上升了 0.9 个百分点。

　　2017—2021年，中国发表的卓越国内论文为26.92万篇，占这5年CSTPCD收录全部论文的11.8%。卓越国内论文数的机构分布与卓越国际论文相似，高等院校均为论文产出最多机构类型。地区分布也较为相似，发表卓越国际论文较多的地区，其卓越国内论文也较多，说明这些地区无论是国际科技产出还是国内科技产出，其影响力均较国内其他地区强。从学科分布来看，优势学科稍有不同，但中国的临床医学在国内和国际均具有较大的影响力。

　　从SCI、Ei、CPCI-S等重要国际检索系统收录的论文数看，经过多年的努力，中国已成为论文产出大国。2021年，SCI收录中国大陆科技论文（不包港澳台地区）61.54万篇，占SCI收录科技论文总数的24.6%，超过美国，排在世界第1位。中国已进入论文产出大国行列，但是论文的影响力还有待进一步提高。

　　卓越论文主要是指在各学科领域，论文被引次数高于世界或国内均值的论文，2020年国际部分首次加入高质量国际论文、高被引论文、热点论文、各学科最具影响力论文、顶尖学术期刊论文等不同维度选出的国际论文。因此要提高这类论文的数量，关键是继续加大对基础研究工作的支持力度，以产生优秀的创新成果，从而产生高质量论文和有影响的论文，增加国际和国内同行的引用。从文献计量角度看，文献能不能获得引用，与很多因素有关，比如文献类型、语种、期刊影响因子、合作研究情况等。我们深信，在中国广大科技工作者不断潜心钻研和锐意进取的过程中，中国论文的国际国内影响力会越来越大，卓越论文也会越来越多。

（执笔人：杨帅）

参考文献

[1] 中国科学技术信息研究所.2020年度中国科技论文统计与分析（年度研究报告）［M］.北京：科学技术文献出版社，2022：93-110.

[2] 张玉华，潘云涛.科技论文影响力相关因素研究［J］.编辑学报，2007（1）：1-4.

[3] 中国科技论文统计与分析课题组.2020年中国科技论文统计与分析简报［J］.中国科技期刊研究，2022，33（1）：103-112.

[4] 中国科技论文统计与分析课题组.2021年中国科技论文统计与分析简报［J］.中国科技期刊研究，2023，34（1）：87-95.

10　领跑者 5000 论文情况分析

为了进一步推动中国科技期刊的发展，提高其整体水平，更好地宣传和利用中国的优秀学术成果，推动更多的科研成果走向世界，参与国际学术交流，扩大国际影响，起到引领和示范的作用，中国科学技术信息研究所利用科学计量指标和同行评议结合的方法，在中国精品科技期刊中遴选优秀学术论文，建设了"领跑者 5000（F5000）——中国精品科技期刊顶尖学术论文"平台，用英文长文摘的形式，集中对外展示和交流中国的优秀学术论文。通过与国际重要信息服务机构和国际出版机构的合作，将 F5000 论文集中链接和推送给国际同行。为中文发表的论文、作者和中文学术期刊融入国际学术共同体提供了一条高效的渠道。

2000 年以来，中国科学技术信息研究所承担科技部中国科技期刊战略相关研究任务，在国内首先提出了精品科技期刊战略的概念，2005 年研制完成中国精品科技期刊评价指标体系，并承担了建设中国精品科技期刊服务与保障系统工作，该项目领导小组成员来自科技部、国家新闻出版署、中央宣传部、国家卫生健康委、中国科协、教育部等科技期刊的管理部门。2008 年、2011 年、2014 年、2017 年和 2020 年公布了五届"中国精品科技期刊"的评选结果，对提升优秀学术期刊质量和影响力、带动中国科技期刊整体水平进步起到了推动作用。

在前五届"中国精品科技期刊"的基础上，2021 年我们公布了新一届的"中国精品科技期刊"的评选结果，并以此为基础遴选了 2022 年 F5000 论文。

本研究是以 2022 年 F5000 提名论文为基础，分析 F5000 论文的学科、地区、机构、基金及被引等情况。

10.1　引言

中国科学技术信息研究所于 2012 年集中力量启动了"领跑者 5000（F5000）——中国精品科技期刊顶尖学术论文"项目，同时为此打造了向国内外展示 F5000 论文的平台（http：//f5000.istic.ac.cn/f5000/index），并已与国际专业信息服务提供商科睿唯安（Clarivate）、爱思唯尔（Elsevier）、约翰威立（Wiley）、泰勒弗朗西斯出版集团（Taylor & Francis Group）、TrendMD 等展开深入合作。

F5000 平台的总体目标是充分利用精品科技期刊评价成果，形成面向宏观科技期刊管理和科研评价工作直接需求，具有一定社会显示度和国际国内影响的新型论文数据平台。平台通过与国际知名信息服务商的合作，最终将国内优秀的科研成果和科研人才推向世界。

10.2　2022 年 F5000 论文遴选方式

① 强化单篇论文定量评估方法的研究和实践。在"中国科技论文与引文数据库"（CSTPCD）的基础上，采用定量和定性分析相结合的方法，从第五届"中国精品科技期刊"中择优选取 2017—2021 年发表的学术论文作为 F5000 的提名论文，每刊最多 20 篇。

具体评价方法为：

a. 以"中国科技论文与引文数据库"（CSTPCD）为基础，计算每篇论文在 2017—2021 年这个 5 年时间窗口内累计被引用的次数。

b. 根据论文发表时间的不同和论文所在学科的差异，分别进行归类，并且对论文按照累计被引次数排序。

c. 对各个学科类别每个年度发表的论文，分别计算前 1% 高被引论文的基准线（表 10-1）。

d. 在各学科领域各年度基准线以上的论文中，遴选各个精品期刊的提名论文。如果一个期刊在基准线以上的论文数量超过 20 篇，则根据累计被引次数相对基准线标准的情况，择优选取其中 20 篇作为提名论文；如果一个核心期刊在基准线以上的论文不足 20 篇，则只有过线论文作为提名论文。最终通过定量分析方式获得 2022 年精品期刊顶尖论文提名的论文共 2023 篇。

② 中国科学技术信息研究所将继续与各个精品科技期刊编辑部协作配合推进 F5000 项目工作。各个精品科技期刊编辑部通过同行评议或期刊推荐的方式遴选 2 篇 2022 年发表的学术水平较高的研究论文，作为提名论文。

提名论文的具体条件如下：

a. 遴选范围是在 2022 年期刊上发表的学术论文，增刊的论文不列入遴选范围。已经收录并且确定在 2022 年正刊出版，但是尚未正式印刷出版的论文，可以列入遴选范围。

b. 论文内容科学、严谨，报道原创性的科学发现和技术创新成果，能够反映期刊所在学科领域的最高学术水平。

③ 为非精品科技期刊提供入选 F5000 的渠道。期刊可参照提名论文的具体条件，提交经过编委会认可的 2 篇评审当年发表的论文，F5000 平台组织专家评审后确认入选，给予证书。

④ 中国科学技术信息研究所依托各个精品科技期刊编辑部的支持和协作，联系和组织作者，补充获得提名论文的详细完整资料（包括全文或中英文长摘要、其他合著作者的信息、论文图表、编委会评价和推荐意见等），提交到 F5000 工作平台参加综合评估。

⑤ 中国科学技术信息研究所进行综合评价，根据定量分析数据和同行评议结果，从信息完整的提名论文中评定出 2022 年 F5000 论文，颁发入选证书，收录入"领跑者 5000——中国精品科技期刊顶尖学术论文"展示平台（http：//f5000.istic.ac.cn/f5000/index）。

表 10-1　2017—2021 年中国各学科 1% 高被引论文基准线

学科名称	2017 年	2018 年	2019 年	2020 年	2021 年
数学	10	7	6	4	2
力学	15	12	9	6	3
信息、系统科学	21	11	10	6	2
物理学	11	10	9	8	3
化学	12	10	10	7	3
天文学	27	6	7	5	2
地学	26	19	16	9	4
生物学	23	17	15	8	4
预防医学与卫生学	19	16	13	12	4
基础医学	15	12	11	8	3
药物学	15	13	10	7	3
临床医学	17	13	12	9	3
中医学	22	17	15	12	4
军事医学与特种医学	15	11	10	10	3
农学	23	19	15	9	4
林学	20	18	14	8	3
畜牧、兽医	16	14	12	8	3
水产学	17	14	11	7	3
测绘科学技术	25	18	15	8	3
材料科学	12	11	9	6	3
工程与技术基础	12	11	10	6	3
矿山工程技术	21	18	16	10	4
能源科学技术	28	25	22	15	5
冶金、金属学	12	10	10	7	3
机械、仪表	14	12	11	7	3
动力与电气	15	14	12	6	3
核科学技术	8	7	7	4	2
电子、通信与自动控制	27	23	20	11	4
计算技术	20	17	15	9	3
化工	11	10	8	6	3
轻工、纺织	12	10	9	6	3
食品	18	16	14	8	4
土木建筑	19	15	12	7	3
水利	20	15	15	9	4
交通运输	16	12	10	6	3
航空航天	15	11	10	7	3
安全科学技术	21	13	17	8	3
环境科学	25	21	18	11	4
管理科学	25	25	14	12	3

10.3　数据与方法

2022 年 F5000 提名论文包括定量评估的论文和编辑部推荐的论文,后者由于时间(报告编写时间为 2023 年 1 月) 的关系,并不完整,为此,后续 F5000 论文的分析仅基于定量评估的 2023 篇论文。

论文归属:按国际文献计量学研究的通行做法,论文的归属按照第一作者所在第一地区和第一单位确定。

论文学科:依据本书 3.2.2 的学科分类方法,在具体进行分类时,一般是依据刊载论文期刊的学科类别和每篇论文的具体内容。由于学科交叉和细分,论文的学科分类问题十分复杂,先暂仅分类至一级学科,共划分了 40 个学科类别,且是按主分类划分,一篇文献只作一次分类。

10.4　研究分析与结论

10.4.1　F5000 论文概况

(1) F5000 论文的参考文献研究

在科学计量学领域,通过大量的研究分析发现:论文的参考文献数量与论文的科学研究水平有较强的相关性。2022 年 F5000 论文的平均参考文献数为 34.95 篇,具体分布情况如表 10-2 所示。

表 10-2　2022 年 F5000 论文参考文献数分布情况

序号	参考文献数	论文篇数	比例	序号	参考文献数	论文篇数	比例
1	0～10	105	5.19%	4	31～50	493	24.37%
2	11～20	542	26.79%	5	51～100	188	9.29%
3	21～30	604	29.86%	6	>100	91	4.50%

可以看出,参考文献数在 21～30 篇的论文数最多,为 604 篇,占 F5000 论文数的 29.86%;其次为参考文献数在 11～20 篇的论文数,占 F5000 论文数的 26.79%;另外,有 91 篇论文的参考文献数超过 100 篇。与上一年度相比,参考文献数在 0～10 篇、11～20 篇两个范围内的论文数占比有所下降,其他范围内的论文数占比均有所提升,在 31～50 范围内的论文占比增长幅度较大,上升 2.75 个百分点。

其中,引用参考文献数最多的 1 篇 F5000 论文是 2020 年中国科学院地质与地球物理研究所吴福元等发表在《岩石学报》上的《特提斯地球动力学》,共引用参考文献 483 篇;其次为 2021 年国家地质实验测试中心曾普胜等发表在《地球学报》上的《中国东部燕山期大火成岩省:岩浆—构造—资源—环境效应》,共引用参考文献 337 篇。

（2）F5000 论文的作者数研究

在全球化日益明显的今天，不同学科、不同身份、不同国家的科研合作已经成为非常普遍的现象。科研合作通过科技资源共享、团队协作的方式，有利于提高科研生产率和促进科研创新。

2022 年 F5000 论文中，由单一作者完成的论文有 85 篇，约占全部论文数的 4.2%，说明 2022 年 F5000 论文合著率高达 95.8%，相比上一年度下降 0.42 个百分点。由 4 人和 5 人合作完成的论文数居第 1、第 2 位，分别为 330 篇和 328 篇，占比分别为 16.31% 和 16.21%（图 10-1）。

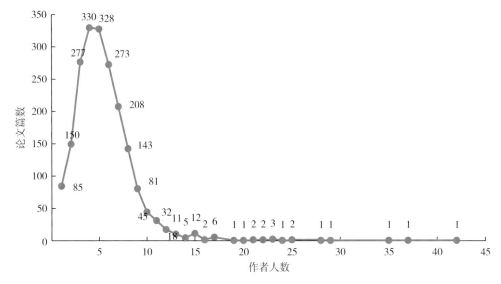

图 10-1 2022 年不同合作规模的 F5000 论文产出

合作者数量最多的 1 篇论文是由中国科学院空天信息创新研究院的赵天杰等 42 位学者于 2021 年发表在《遥感学报》上的《闪电河流域水循环和能量平衡遥感综合试验》。

10.4.2 F5000 论文学科分布

学科建设与发展是科学技术发展的基础，了解论文的学科分布情况是十分必要的。论文学科的划分一般是依据刊载论文的期刊的学科类别进行的。在 CSTPCD 统计分析中，论文的学科分类除了依据论文所在期刊进行外，还会进一步根据论文的具体研究内容进行划分。

在 CSTPCD 中，所有的科技论文被划分为 40 个学科，包括数学、力学、物理学、化学、天文学、地学、生物学、药物学、农学、林学、水产学、化工、食品等。在此基础上，40 个学科被进一步归并为 5 个大类，分别是基础学科、医药卫生、农林牧渔、工业技术和管理及其他。

如图 10-2 所示，2022 年 F5000 论文主要来自工业技术和医药卫生两大领域。其中工业技术领域的论文数最多，为 941 篇，占全部论文数的 46.52%；其次为医药卫生领域，论文数为 562 篇，占全部论文数的 27.78%，两大领域的 F5000 论文数量占 F5000 论文总量的 74.3%，与上一年相比，医药卫生领域论文占比下降 7.75 个百分点，工业技术领域论文占比上升 6.91 个百分点。管理及其他大类的 F5000 论文数量最少，为 6 篇，占 F5000 论文总量的 0.30%，与上一年基本保持一致。基础学科（313 篇）和农林牧渔（201 篇）领域 F5000 论文数量分别占 F5000 论文总量的 15.47% 和 9.94%。

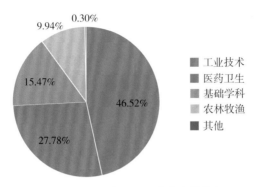

图 10-2　2022 年 F5000 论文大类分布

对 2022 年 F5000 论文进行学科分析发现，2023 篇论文广泛分布在各个学科领域中，表 10-3 给出了 2022 年 F5000 论文数排名居前 10 位的学科，占论文总数的 63.07%。可以看出，临床医学的 F5000 论文数明显高于其他学科，共发表 F5000 论文 323 篇，占 F5000 论文总量的 15.97%；其次是地学，共发表 F5000 论文 144 篇，占 F5000 论文总量的 7.12%；排在第 3 位的是农学，共发表 F5000 论文 138 篇，占 F5000 论文总量的 6.82%。

F5000 论文量不足 5 篇的有 3 个学科，分别为核科学技术（4 篇），轻工、纺织（4 篇），信息、系统科学（2 篇），这 3 个学科的 F5000 论文数占 F5000 论文总量的比例仅为 0.49%。

表 10-3　2022 年 F5000 论文数排名居前 10 位的学科

排名	学科	论文篇数	占比	学科大类	排名	学科	论文篇数	占比	学科大类
1	临床医学	323	15.97%	医药卫生	6	中医学	102	5.04%	医药卫生
2	地学	144	7.12%	基础学科	7	土木建筑	89	4.40%	工业技术
3	农学	138	6.82%	农林牧渔	8	电子、通信与自动控制	86	4.25%	工业技术
4	计算技术	137	6.77%	工业技术	9	冶金、金属学	85	4.20%	工业技术
5	环境科学	103	5.09%	工业技术	10	预防医学与卫生学	69	3.41%	医药卫生

10.4.3　F5000 论文地区分布

对全国各地区的 F5000 论文进行统计，可以从一个侧面反映出中国具体地区的科研实力、技术水平，而这也是了解区域发展状况及区域科研优劣势的重要参考。

　　2022 年的 F5000 论文广泛分布在中国的 31 个省（自治区、直辖市），其中，论文数排名居前 10 位的地区分布如表 10-4 所示。可以看出，北京以 564 篇位居榜首，占 F5000 论文总量的 27.88%；排在第 2 位的是江苏，F5000 论文数为 166 篇，占 F5000 论文总量的 8.21%；居第 3 位的是陕西，F5000 论文数为 120 篇，占 F5000 论文总量的 5.93%。其中，前两位与上一年度保持不变，第 3 位则由湖北变为陕西。青海、海南、宁夏和西藏 4 个省份的 F5000 论文数较少，均不足 10 篇，分别为 6 篇、5 篇、5 篇和 2 篇。

表 10-4　2022 年 F5000 论文数排名居前 10 位的地区分布

排名	地区	论文篇数	占比	排名	地区	论文篇数	占比
1	北京	564	27.88%	6	上海	94	4.65%
2	江苏	166	8.21%	6	四川	94	4.65%
3	陕西	120	5.93%	8	辽宁	66	3.26%
4	湖北	105	5.19%	9	天津	64	3.16%
5	广东	101	4.99%	10	浙江	63	3.11%

10.4.4　F5000 论文机构分布

　　2022 年 F5000 论文的机构分布情况如图 10-3 所示。高等院校（包括其附属医院）共发表 F5000 1335 篇论文，占 F5000 论文总量的 65.99%，相比上一年度上升 1.96 个百分点；科研院所的论文数排在第 2 位，共发表 F5000 426 篇，占比为 21.06%；排名第 3 位的为医疗机构，共发表 74 篇 F5000 论文，占比为 3.66%。

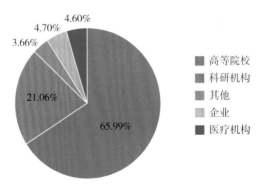

图 10-3　2022 年 F5000 论文的机构分布情况

　　2022 年 F5000 论文分布在多所高等院校中，表 10-5 为 2022 年 F5000 论文数排名居前 5 位的高等院校。其中，排名第 1 位的是北京大学，包括北京大学本部、北京大学第六医院、北京大学第三医院、北京大学第一医院、北京大学回龙观临床医学院、北京大学口腔医学院、北京大学民航临床医学院、北京大学人民医院、北京大学深圳研究生院、北京大学首钢医院共 10 所机构，F5000 论文数为 33 篇。中国矿业大学位居第 2 位，F5000 论文数为 29 篇，排在第 3 位的是中南大学，F5000 论文数为 22 篇。

表 10-5 2022 年 F5000 论文数居前 5 位的高等院校

排名	高等院校	论文篇数	排名	高等院校	论文篇数
1	北京大学	33	4	清华大学	20
2	中国矿业大学	29	4	同济大学	20
3	中南大学	22	4	浙江大学	20

在医疗机构方面，将高等院校附属医院和普通医疗机构进行统一排序比较。2022年中国医学科学院阜外心血管病医院发表 F5000 论文数最多，共 7 篇；其次为北京协和医院，共 6 篇；江苏省人民医院、南方医院、四川大学华西医院、苏州大学附属第二医院紧随其后，排在第 3 位，分别发表 F5000 论文 5 篇（表 10-6）。

表 10-6 2022 年 F5000 论文数居前 5 位的医疗机构

排名	医疗机构	论文篇数	排名	医疗机构	论文篇数
1	中国医学科学院阜外心血管病医院	7	3	南方医院	5
2	北京协和医院	6	3	四川大学华西医院	5
3	江苏省人民医院	5	3	苏州大学附属第二医院	5

在研究机构方面，2022 年中国疾病预防控制中心发表 F5000 论文数最多，共 25篇；中国中医科学院和中国科学院地理科学与资源研究所排在第 2、第 3 位，分别发表F5000 论文 20 篇、17 篇；居第 4 位的是中国医学科学院肿瘤研究所，其 F5000 论文数为13 篇；中国科学院生态环境研究中心排在第 5 位，共发表 F5000 论文 7 篇（表 10-7）。

表 10-7 2022 年 F5000 论文数居前 5 位的研究机构

排名	研究机构	论文篇数
1	中国疾病预防控制中心	25
2	中国中医科学院	20
3	中国科学院地理科学与资源研究所	17
4	中国医学科学院肿瘤研究所	13
5	中国科学院生态环境研究中心	7

10.4.5 F5000 论文基金分布情况

基金资助课题研究一般都是在充分调研论证的基础上展开的，是属于某个学科当前或者未来一段时间内的研究热点或者研究前沿。本节主要分析 2022 年 F5000 论文的基金资助情况。

2022 年产出的 F5000 论文被资助最多的项目是国家自然科学基金委员会各项基金，包括国家自然科学基金面上项目、国家自然科学基金青年基金项目、国家自然科学基金委创新研究群体科学基金资助项目、国家自然科学基金委重大研究计划重点研究项目等，共产出 F5000 论文 698 篇，占 F5000 论文总数的 34.5%；排在第 2 位的是科学技术部其他基金项目，共产出 F5000 论文 285 篇，占比为 14.09%（表 10-8）。

表 10-8　2022 年 F5000 论文数居前 5 位的基金项目

排名	基金名称	论文篇数
1	国家自然科学基金委员会各项基金	698
2	科学技术部资助项目 / 计划	285
3	国内大学、研究机构和公益组织资助	75
4	国家科技重大专项	67
5	农业农村部基金项目	27

10.4.6　F5000 论文被引情况

论文的被引情况，可以用来评价一篇论文的学术影响力。这里 F5000 论文的被引情况，指的是论文从发表当年到 2021 年的累计被引情况，亦即 F5000 论文定量遴选时的累计被引次数。其中，被引次数为 13 次的论文数最多，为 118 篇，之后依次是被引次数 14 次和 12 次的，其论文量分别为 113 篇和 107 篇（图 10-4）。

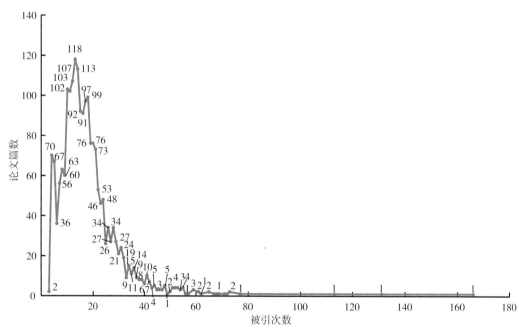

图 10-4　2022 年 F5000 论文的被引情况

（数据来源：CSTPCD）

其中，2022 年的 F5000 论文中，累计被引次数最高的前 3 篇论文分别为 2018 年中国电力科学研究院有限公司周孝信等发表在《中国电机工程学报》的《能源转型中我国新一代电力系统的技术特征》，累计被引 166 次；2020 年南方科技大学附属第二医院刘映霞等发表在《中国科学（生命科学）》的《新型冠状病毒（2019-nCoV）感染患者肺损伤相关的临床及生化指标研究》，累计被引 131 次；2020 年四川大学华西医院李舍予等发表在《中国循证医学杂志》的《新型冠状病毒感染医院内防控的华西紧急推荐》，累计被引 113 次。

鉴于 2022 年 F5000 论文是精品期刊发表在 2017—2021 年的高被引论文，故而发表年论文的统计时段是不同的。相对而言，发表较早的论文累计被引次数会相对较高。由表 10-9 可以看出，不同发表年的 F5000 论文在被引次数方面有显著差异。2017 年发表 F5000 论文 298 篇，篇均被引为 26.37 次；其次为 2018 年发表 F5000 论文 480 篇，篇均被引 21.41 次。

表 10-9　2022 年 F5000 论文在不同年份的分布及被引情况

发表年份	论文篇数	总被引次数	篇均被引次数
2017	298	7858	26.37
2018	480	10 278	21.41
2019	487	9320	19.14
2020	503	7205	14.32
2021	255	1658	6.50

由表 10-10 可以看出，电子、通信与自动控制的篇均被引次数远高于其他学科，为 38.12 次。矿山工程技术、能源科学技术等学科虽然 F5000 论文数较少，但其篇均被引次数处于较高水平。

表 10-10　2022 年 F5000 论文学科分布及被引情况

学科	论文篇数	总被引次数	篇均被引次数
电子、通信与自动控制	86	3278	38.12
矿山工程技术	38	1091	28.71
能源科学技术	41	1123	27.39
环境科学	103	2358	22.89
中医学	102	2278	22.33
农学	138	2984	21.62
生物学	51	1059	20.76
预防医学与卫生学	69	1377	19.96
管理学	6	111	18.50
林学	20	348	17.40
食品	38	661	17.39
地学	144	2488	17.28
计算技术	137	2339	17.07
临床医学	323	5065	15.68
测绘科学技术	26	407	15.65
土木建筑	89	1383	15.54
机械、仪表	63	940	14.92
材料科学	34	499	14.68
化学	43	628	14.60
畜牧、兽医	37	532	14.38
物理学	32	456	14.25

续表

学科	论文篇数	总被引次数	篇均被引次数
水产学	6	84	14.00
军事医学与特种医学	7	94	13.43
药物学	33	439	13.30
冶金、金属学	85	1122	13.20
航空航天	35	450	12.86
水利	22	281	12.77
基础医学	28	356	12.71
动力与电气	20	249	12.45
工程与技术基础	12	146	12.17
交通运输	67	812	12.12
化工	37	414	11.19
力学	19	198	10.42
信息、系统科学	2	20	10.00
数学	22	184	8.36
轻工、纺织	4	33	8.25
核科学技术	4	32	8.00

10.5　小结

本章首先对 2022 年 F5000 论文的遴选方式进行了介绍，重点是对 F5000 论文的定量评价指标体系进行了详细说明。在此基础上，本章对 2022 年定量选出来的 2023 篇 F5000 论文，从参考文献、学科分布、地区分布、机构分布、基金分布、被引情况等角度进行了统计分析。

2022 年 F5000 论文的平均参考文献数为 34.95 篇，其中，26.79% 的论文所引参考文献数分布在 11～20 篇，有 3 篇论文所引的参考文献数高达 300 篇以上。有 95.8% 的 F5000 论文是通过合著的方式完成的，其中，4 人和 5 人合作完成的论文数最多，表明高质量论文通常需要凝聚多人智慧。

在学科分布方面，工业技术和医药卫生仍然是产出 F5000 论文较多的两大领域，二者占产出 F5000 论文总量的 74.30%。具体，2020 年度 F5000 论文广泛分布在各学科领域，但临床医学、农学和地学等学科 F5000 论文数排在前三。

在地区和机构分布方面，F5000 论文主要分布在北京、江苏、陕西、湖北等地，其中，北京大学、中国矿业大学、中南大学、清华大学、同济大学、浙江大学等的论文数位居高等院校前列；中国医学科学院阜外心血管病医院、北京协和医院、江苏省人民医院、南方医院、四川大学华西医院、苏州大学附属第二医院等的论文数位居医疗机构前列；中国疾病预防控制中心、中国中医科学院、中国科学院地理科学与资源研究所、中国医学科学院肿瘤研究所、中国科学院生态环境研究中心等的论文数位居研究机构前列。

在基金分布方面，F5000 论文主要是由国家自然科学基金委员会各项基金资助发表的，占论文总量的 34.50%，此外，科学技术部其他基金项目，国内大学、研究机构和公益组织资助、国家科技重大专项等也是 F5000 论文的主要项目基金来源。

在被引方面，2022 年所有的 F5000 论文，其篇均被引次数为 17.95 次。论文的被引次数与其发表时间显著相关，其中，2017 年发表的 F5000 论文，篇均被引次数最高，为 26.37 次；而在 2021 年发表的论文，篇均被引次数最低，为 6.50 次。不同学科的论文，其被引次数也有明显差异，电子、通信与自动控制论文篇均被引次数最高，为 38.12 次；核科学技术论文篇均被引次数最低，为 8.00 次。

（执笔人：盖双双）

11 中国科技论文引用文献与被引文献情况分析

11.1 引言

在学术领域中，科学研究是具有延续性的，研究人员撰写论文，通常是对前人观念或研究成果的改进、继承发展，完全自己原创的其实是少数。科研人员产出的学术作品如论文和专著等都会在末尾标注参考文献，表明对前人研究成果的借鉴、继承、修正、反驳、批判或是向读者提供更进一步研究的参考线索等，于是引文与正文之间建立起一种引证关系。因此，科技文献的引用与被引用，是科技知识和内容信息的一种继承与发展，也是科学不断发展的标志之一。

与此同时，一篇文章的被引情况也从某种程度上体现了文章的受关注程度，以及其影响和价值。随着数字化程度的不断加深，文献的可获得性越来越强，一篇文章被引用的机会也大大增加。因此，若能够系统地分学科领域、分地区、分机构和文献类型来分析引用文献，便能够弄清楚学科领域的发展趋势、机构的发展和知识载体的变化等。

本章根据 CSTPCD 2021 的引文数据，详细分析了中国科技论文的参考文献情况和中国科技文献的被引情况，重点分析了不同文献类型、学科、地区、机构、作者的科技论文的被引用情况，还包括了对图书文献、网络文献和专利文献的被引情况分析。

11.2 数据与方法

本章所涉及的数据主要来自 2021 年度 CSTPCD 论文与 1988—2021 年引文数据库，在数据的处理过程中，对长年累积的数据进行了大量清洗和处理的工作，在信息匹配和关联过程中，由于 CSTPCD 收录的是中国科技论文统计源期刊，是学术水平较高的期刊，因而并没有覆盖所有的科技期刊，以及限于部分著录信息不规范、不完善等客观原因，并非所有的引用和被引信息都足够完整。

11.3 研究分析与结论

11.3.1 概况

CSTPCD 2021 共收录 458 996 篇中国科技论文，比 CSTPCD 2020 增长 1.65%；共引用 11 678 667 次各类科技文献，同比增长 12.55%；篇均引文数量达到 25.44 篇，相比 2020 年的 22.98 篇有所上升（图 11-1）。

从图 11-1 可以看出，1995—2021 年，除 2004 年、2007 年、2009 年、2013 年、2015 年、2018 年有所下降外，中国科技论文的篇均引文数总体呈上升态势。2021 年的篇均引文数量较 1995 年增加了 325.42%，可见这几十年来科研人员越来越重视对参考文献的引用。同时，各类学术文献的可获得性的增加也是论文篇均被引量增加的一个原因。

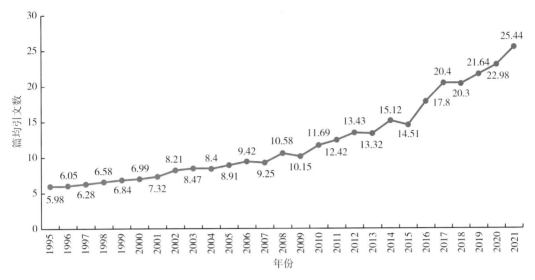

图 11-1　1995—2021 年 CSTPCD 论文篇均引文数

通过比较各类型的文献在知识传播中被使用的程度，可以从中发现文献在科学研究成果的传递中所起的作用。被引文献包括期刊论文、专著和论文集、学位论文、标准、电子资源、研究报告、专利、报纸及其他。图 11-2 显示了 2021 年被引用的各类型文献所占的份额，图中期刊论文所占的比例最高，达到了 85.36%，相比 2020 年的 84.61%，略有上升。这说明科技期刊仍然是科研人员在研究工作中使用最多的科技文献，所以本章重点讨论期刊论文的被引情况。列在期刊论文之后的专著和论文集，被引次数所占比例为 8.55%。期刊论文、专著和论文集被引次数所占比例之和超过 93%。另外，学位论文的被引次数所占比例为 2.70%。

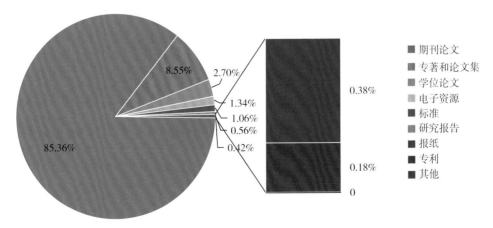

图 11-2　CSTPCD 2021 各类科技文献被引次数所占比例

11.3.2 期刊论文引用文献的学科和地区分布情况

（1）学科分布

为了更清楚地看到中文文献与外文文献施引上的不同，将 SCI 2021 收录的中国论文施引情况与 CSTPCD 2021 收录中国论文的施引情况进行对比。

表 11-1 列出了 CSTPCD 2021 各学科的引文总篇数和篇均引文数。由表 11-1 可知，篇均引文数居前 5 位的学科分别是天文学（50.11 篇）、生物学（41.34 篇）、地学（40.05 篇）、物理学（38.05 篇）和材料科学（36.52 篇）。

表 11-1 CSTPCD 2021 各学科参考文献量

学科	论文篇数	引文总篇数	篇均引文数
数学	3819	77 455	20.28
力学	1928	50 519	26.20
信息、系统科学	277	6328	22.84
物理学	4842	184 260	38.05
化学	7861	282 357	35.92
天文学	591	29 613	50.11
地学	14 382	575 941	40.05
生物学	9423	389 588	41.34
预防医学与卫生学	14 686	278 733	18.98
基础医学	10 343	282 391	27.30
药物学	11 061	267 287	24.16
临床医学	121 216	2 772 419	22.87
中医学	23 199	578 781	24.95
军事医学与特种医学	1611	32 389	20.10
农学	21 784	651 830	29.92
林学	4010	127 766	31.86
畜牧、兽医	7305	224 451	30.73
水产学	2137	76 679	35.88
测绘科学技术	3088	65 078	21.07
材料科学	7121	260 031	36.52
工程与技术基础	4708	130 357	27.69
矿山工程技术	6481	122 759	18.94
能源科学技术	5068	125 588	24.78
冶金、金属学	10 500	228 368	21.75
机械、仪表	10 322	181 003	17.54
动力与电气	3961	92 220	23.28
核科学技术	1576	27 355	17.36
电子、通信与自动控制	25 376	570 673	22.49
计算技术	27 722	628 377	22.67
化工	12 307	336 470	27.34

学科	论文篇数	引文总篇数	篇均引文数
轻工、纺织	2454	45 577	18.57
食品	9220	287 040	31.13
土木建筑	14 357	288 886	20.12
水利	3413	75 061	21.99
交通运输	12 475	215 606	17.28
航空航天	5479	126 724	23.13
安全科学技术	235	6510	27.70
环境科学	14 874	474 297	31.89
管理学	851	24 657	28.97
其他	16 933	477 243	28.18

如表 11-2 所示，2021 年 SCI 收录的中国论文中各学科的篇均引文数均在 20 篇以上；篇均引文数排在前 5 位的学科分别是天文学（68.73 篇）、林学（58.84 篇）、环境科学（58.18 篇）、地学（57.61 篇）和水产学（56.81 篇）。

表 11-2 2021 年 SCI 和 CSTPCD 收录的中国学科论文和参考文献数量的对比

学科	SCI			CSTPCD		
	论文篇数	引文总篇数	篇均引文数	论文篇数	引文总篇数	篇均引文数
数学	16 039	508 124	31.68	3819	77 455	20.28
力学	6020	268 852	44.66	1928	50 519	26.20
信息、系统科学	2071	78 395	37.85	277	6328	22.84
物理学	42 170	1 792 002	42.49	4842	184 260	38.05
化学	70 175	3 860 022	55.01	7861	282 357	35.92
天文学	3828	263 089	68.73	591	29 613	50.11
地学	25 649	1 477 628	57.61	14 382	575 941	40.05
生物学	61 165	3 328 568	54.42	9423	389 588	41.34
预防医学与卫生学	13 159	559 779	42.54	14 686	278 733	18.98
基础医学	35 383	1 595 018	45.08	10 343	282 391	27.30
药物学	20 364	1 016 894	49.94	11 061	267 287	24.16
临床医学	75 710	2 646 291	34.95	121 216	2 772 419	22.87
中医学	3192	154 617	48.44	23 199	578 781	24.95
军事医学与特种医学	2241	68 297	30.48	1611	32 389	20.10
农学	9089	480 115	52.82	21 784	651 830	29.92
林学	1689	99 377	58.84	4010	127 766	31.86
畜牧、兽医	3195	144 694	45.29	7305	224 451	30.73
水产学	2293	130 259	56.81	2137	76 679	35.88
测绘科学技术	7	315	45.00	3088	65 078	21.07
材料科学	43 414	2 110 194	48.61	7121	260 031	36.52
工程与技术基础	3210	114 536	35.68	4708	130 357	27.69
矿山工程技术	1179	56 098	47.58	6481	122 759	18.94

续表

学科	SCI			CSTPCD		
	论文篇数	引文总篇数	篇均引文数	论文篇数	引文总篇数	篇均引文数
能源科学技术	16 844	862 808	51.22	5068	125 588	24.78
冶金、金属学	2137	81 021	37.91	10 500	228 368	21.75
机械、仪表	8841	334 794	37.87	10 322	181 003	17.54
动力与电气	1413	60 392	42.74	3961	92 220	23.28
核科学技术	2455	86 173	35.10	1576	27 355	17.36
电子、通信与自动控制	36 274	1 313 347	36.21	25 376	570 673	22.49
计算技术	27 147	1 169 964	43.10	27 722	628 377	22.67
化工	16 693	872 309	52.26	12 307	336 470	27.34
轻工、纺织	1662	70 021	42.13	2454	45 577	18.57
食品	8309	399 104	48.03	9220	287 040	31.13
土木建筑	10 387	467 222	44.98	14 357	288 886	20.12
水利	2430	117 931	48.53	3413	75 061	21.99
交通运输	2012	87 622	43.55	12 475	215 606	17.28
航空航天	1778	68 866	38.73	5479	126 724	23.13
安全科学技术	459	22 028	47.99	235	6510	27.70
环境科学	29 093	1 692 562	58.18	14 874	474 297	31.89
管理学	1875	92 819	49.50	851	24 657	28.97

2021 年，SCI 各学科收录文献的篇均引文数均大于 CSTPCD 各学科收录文献的篇均引文数。

（2）地区分布

统计 2021 年中国各省（自治区、直辖市，不含港澳台地区）发表期刊论文数及引文数，并比较这些省份的篇均引文数，如表 11-3 所示。可以看到，各份论文引文量存在一定的差异，从篇均引文数来看，排在前 10 位的分别是北京、甘肃、黑龙江、福建、湖南、天津、云南、西藏、贵州和江西。

表 11-3   CSTPCD 2021 各地区参考文献量（按篇均引文数排序）

排名	地区	论文篇数	引文数	篇均引文数
1	北京	65 204	1 819 869	27.91
2	甘肃	8564	237 419	27.72
3	黑龙江	9779	270 510	27.66
4	福建	8148	220 682	27.08
5	湖南	12 781	345 356	27.02
6	天津	12 388	332 681	26.86
7	云南	8599	230 823	26.84
8	西藏	451	12 017	26.65
9	贵州	6586	175 308	26.62
10	江西	6437	168 583	26.19

续表

排名	地区	论文篇数	引文数	篇均引文数
11	吉林	6694	174 648	26.09
12	上海	28 515	739 564	25.94
13	山东	20 777	533 448	25.67
14	广东	25 998	666 959	25.65
15	青海	2031	51 260	25.24
16	辽宁	16 186	405 164	25.03
17	浙江	17 196	429 391	24.97
18	湖北	22 041	548 930	24.90
19	江苏	39 672	985 257	24.84
20	重庆	10 342	255 894	24.74
20	四川	22 454	555 533	24.74
22	宁夏	2205	54 274	24.61
23	内蒙古	4711	115 777	24.58
24	广西	8275	201 903	24.40
25	陕西	25 609	617 301	24.10
26	山西	9112	215 129	23.61
27	新疆	7118	167 825	23.58
28	安徽	13 056	302 662	23.18
29	海南	3637	84 078	23.12
30	河南	18 734	418 256	22.33
31	河北	15 637	340 942	21.80

11.3.3 期刊论文被引用情况

在被引文献中，期刊论文所占比例超过八成，可以说期刊论文是目前最重要的一种学术科研知识传播和交流载体。CSTPCD 2021 共引期刊论文 11 601 689 篇，本节对被引用的期刊论文从学科分布、机构分布、地区分布等方面进行多角度分析，并分析基金论文、合著论文的被引情况。我们利用 2021 年中文引文数据库与 1988—2021 年统计源期刊中文论文数据库的累计数据进行分级模糊关联，从而得到被引用期刊论文的详细信息，并在此基础上进行各项统计工作。由于统计源期刊的范围是各个学科领域学术水平较高的刊物，并不能覆盖所有科技期刊，再加上部分期刊编辑著录不规范，因此并不是所有被引用的期刊论文都能得到其详细信息。

（1）各学科期刊论文被引情况

由于各学科的发展历史和学科特点不同，论文数和被引次数都存在较大差异。表 11-4 列出的是被 CSTPCD 2021 引用居前 10 位的学科，可以看出临床医学是被引最多的学科，其次是农学，中医学，电子、通信与自动控制，地学，计算技术，环境科学，生物学，土木建筑和预防医学与卫生学。

表 11-4 被 CSTPCD 2021 引用论文总次数量居前 10 位的学科

学科	被引总数	
	次数	排名
临床医学	602 302	1
农学	208 560	2
中医学	175 841	3
电子、通信与自动控制	171 851	4
地学	163 894	5
计算技术	144 761	6
环境科学	127 878	7
生物学	92 982	8
土木建筑	86 892	9
预防医学与卫生学	86 485	10

（2）各地区期刊论文被引情况

按照篇均被引次数来看，排在前 10 位的地区分别是北京、甘肃、湖北、湖南、天津、江苏、上海、江西、广东和四川；按照被引论文篇数来看，排名前 10 位的地区分别是北京、江苏、上海、广东、陕西、湖北、四川、山东、浙江和辽宁（表 11-5）。北京的各项指标的绝对值和相对值的排名都遥遥领先，这表明北京作为全国的科技中心，发表论文的数量和质量都位居全国之首，体现出其具备最强的科研综合实力。

表 11-5 被 CSTPCD 2021 引用的各地区论文情况（按篇均被引次数排名）

排名	地区	篇均被引次数	被引总次数	被引论文篇数
1	北京	2.04	583 446	286 166
2	甘肃	1.81	56 352	31 182
3	湖北	1.79	152 356	85 290
4	湖南	1.75	91 183	52 188
5	天津	1.74	79 663	45 678
5	江苏	1.74	261 393	150 591
7	上海	1.73	261 393	105 391
7	江西	1.73	38 467	22 249
9	广东	1.72	169 380	98 432
9	四川	1.72	129 936	75 548
9	宁夏	1.72	10 904	6354
12	陕西	1.71	156 445	91 582
13	重庆	1.70	66 786	39 194
13	吉林	1.70	47 973	28 239
13	福建	1.70	50 757	29 897
16	新疆	1.69	41 110	24 331
16	贵州	1.69	33 240	19 706
16	浙江	1.69	114 346	67 839

续表

排名	地区	篇均被引次数	被引总次数	被引论文篇数
19	河南	1.68	98 383	58 389
19	安徽	1.68	65 930	39 261
21	山东	1.67	124 205	74 307
21	内蒙古	1.67	22 863	13 717
23	青海	1.66	9339	5621
23	黑龙江	1.66	65 320	39 336
25	辽宁	1.65	102 522	62 078
25	西藏	1.65	1816	1101
27	山西	1.64	40 925	24 909
27	河北	1.64	78 379	47 762
29	云南	1.63	43 110	26 458
30	广西	1.60	41 557	25 933
30	海南	1.60	16 364	10 234

（3）各类型机构的论文被引情况

从 CSTPCD 2021 所显示各类型机构的论文被引情况来看，高等院校占比最高，为 66.73%，其次是研究机构（14.39%）和医疗机构（11.11%），二者相差不大（图 11-3）。

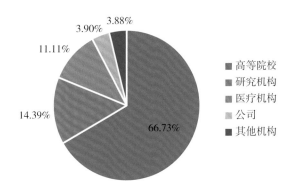

图 11-3 CSTPCD 2021 收录的各类型机构发表的期刊论文被引比例

根据 CSTPCD 2021 引文库，期刊论文被引次数居前 50 位的高等院校如表 11-6 所示。北京大学、上海交通大学和首都医科大学 2021 年论文发表数量和被引次数上都名列前茅。

由于高等院校产生的论文研究领域较为广泛，因此可以从宏观上反映科研的整体状况。通过比较可以看出，2021 年被引次数排在前 10 位的高等院校在 2021 年发表的论文数也大都位于前 10 名。

表 11-6　期刊论文被引次数居前 50 位的高等院校

高等院校	2021 年论文发表情况		2021 年被引情况	
	篇数	排名	次数	排名
北京大学	4292	3	38 857	1
上海交通大学	5733	2	32 413	2
首都医科大学	6295	1	30 531	3
武汉大学	2978	9	27 383	4
浙江大学	3084	5	26 832	5
清华大学	1915	20	25 086	6
四川大学	4182	4	23 059	7
同济大学	2374	14	22 077	8
华中科技大学	2985	8	21 556	9
中南大学	2397	13	21 442	10
中山大学	2496	12	20 665	11
复旦大学	3055	6	20 214	12
中国地质大学	1407	44	18 753	13
中国矿业大学	1435	42	18 629	14
西北农林科技大学	1311	49	18 111	15
北京中医药大学	2990	7	17 608	16
南京大学	1753	23	17 526	17
吉林大学	2232	16	17 227	18
西安交通大学	2309	15	16 462	19
中国石油大学	1674	25	16 306	20
华北电力大学	1313	47	15 783	21
中国农业大学	1243	53	15 001	22
华南理工大学	1991	19	14 618	23
天津大学	2115	17	14 594	24
重庆大学	1250	52	13 474	25
郑州大学	2819	10	13 248	26
南京农业大学	932	84	12 297	27
东南大学	1458	40	12 169	28
山东大学	1773	22	12 117	29
河海大学	1573	31	11 672	30
西南大学	913	89	11 669	31
西南交通大学	1547	35	11 562	32
北京师范大学	616	153	11 471	33
中国人民大学	425	211	11 425	34
南京中医药大学	1419	43	11 337	35
兰州大学	1192	57	10 784	36
上海中医药大学	1562	32	10 646	37
安徽医科大学	2016	18	10 530	38
哈尔滨工业大学	1103	68	10 464	39

续表

高等院校	2021 年论文发表情况		2021 年被引情况	
	篇数	排名	次数	排名
南京航空航天大学	1630	28	10 440	40
广州中医药大学	1642	27	10 293	41
大连理工大学	1339	45	10 048	42
南京医科大学	2711	11	9893	43
北京航空航天大学	847	101	9456	44
西北工业大学	1073	74	9392	45
北京科技大学	1132	64	9288	46
湖南大学	856	99	9241	47
北京林业大学	795	108	9078	48
江苏大学	1313	47	9035	49
中国医科大学	1536	36	8960	50

数据来源：CSTPCD 2021。

　　根据 CSTPCD 2021 引文库，期刊论文被引次数居前 50 位的研究机构如表 11-7 所示，排首位的是中国科学院地理科学与资源研究所，被引频次达到了 14 899 次。与高等院校不同，被引次数较多的研究机构其论文数并不一定排在前列。表 11-7 所列出的论文数和被引次数同时排在前 50 位的研究机构并不多。相比高等院校，由于研究机构的学科领域特点更突出，不同学科方向的研究机构在论文数量和被引次数方面的差异十分明显。

表 11-7　期刊论文被 CSTPCD 2021 引用次数居前 50 位的研究机构

研究机构	2021 年论文发表情况		2021 年被引情况	
	篇数	排名	次数	排名
中国科学院地理科学与资源研究所	448	6	14 899	1
中国中医科学院	1829	1	14 229	2
中国疾病预防控制中心	935	2	9592	3
中国林业科学研究院	589	3	6793	4
中国水产科学研究院	434	8	5587	5
中国科学院西北生态环境资源研究院	361	11	5301	6
中国科学院地质与地球物理研究所	161	47	4594	7
中国科学院生态环境研究中心	221	27	4363	8
中国医学科学院肿瘤研究所	455	4	3425	9
江苏省农业科学院	327	13	3394	10
中国环境科学研究院	329	12	3131	11
中国科学院南京土壤研究所	126	66	3091	12
中国热带农业科学院	419	9	3064	13
中国地质科学院矿产资源研究所	106	79	2820	14
中国水利水电科学研究院	256	18	2814	15
中国科学院空天信息创新研究院	255	20	2781	16

续表

研究机构	2021 年论文发表情况		2021 年被引情况	
	篇数	排名	次数	排名
中国科学院南京地理与湖泊研究所	85	117	2743	17
中国农业科学院农业资源与农业区划研究所	100	88	2670	18
广东省农业科学院	382	10	2445	19
中国科学院新疆生态与地理研究所	141	55	2441	20
中国科学院大气物理研究所	125	67	2409	21
中国气象科学研究院	86	115	2257	22
中国科学院长春光学精密机械与物理研究所	162	46	2215	23
中国食品药品检定研究院	445	7	2183	24
山西省农业科学院	29	276	2116	25
福建省农业科学院	256	18	2107	26
中国工程物理研究院	454	5	2096	27
中国地质科学院地质研究所	100	88	2095	28
山东省农业科学院	176	38	2053	29
中国科学院东北地理与农业生态研究所	100	88	2035	30
中国科学院沈阳应用生态研究所	81	124	1971	31
中国科学院广州地球化学研究所	74	140	1907	32
中国科学院武汉岩土力学研究所	78	128	1890	33
云南省农业科学院	229	24	1848	34
中国科学院植物研究所	89	109	1793	35
河南省农业科学院	281	15	1771	36
中国科学院海洋研究所	172	39	1722	37
中国地质科学院	45	222	1711	38
北京市农林科学院	217	29	1708	39
南京水利科学研究院	166	43	1587	40
中国农业科学院作物科学研究所	74	140	1580	41
中国科学院地球化学研究所	63	169	1542	42
广西农业科学院	317	14	1541	43
中国社会科学院研究生院	40	241	1509	44
中国科学院水利部成都山地灾害与环境研究所	128	64	1499	45
军事医学科学院	209	32	1461	46
中国医学科学院药用植物研究所	135	59	1459	47
中国地震局地质研究所	51	201	1452	48
甘肃省农业科学院	138	56	1382	49
浙江省农业科学院	161	47	1346	50

　　根据 CSTPCD 2021 引文库，期刊论文被引次数居前 50 位的医疗机构如表 11-8 所示。由表中数据可以看出，解放军总医院被引次数最多（13 017 次），其次是四川大学华西医院（7748 次）、北京协和医院（7697 次）。

表 11-8　期刊论文被 CSTPCD 2021 引用次数居前 50 位的医疗机构

医疗机构	2021 年论文发表情况		2021 年被引情况	
	篇数	排名	次数	排名
解放军总医院	1982	1	13 017	1
四川大学华西医院	1760	2	7748	2
北京协和医院	1280	3	7697	3
郑州大学第一附属医院	1217	4	4813	4
华中科技大学同济医学院附属同济医院	825	7	4765	5
武汉大学人民医院	954	6	4620	6
北京大学第三医院	807	8	4571	7
中国中医科学院广安门医院	551	28	4360	8
中国医科大学附属盛京医院	759	11	4284	9
北京大学第一医院	522	32	4249	10
北京大学人民医院	544	29	3635	11
江苏省人民医院	1040	5	3608	12
首都医科大学宣武医院	695	14	3532	13
中国医学科学院阜外心血管病医院	515	33	3469	14
海军军医大学第一附属医院（上海长海医院）	625	20	3292	15
北京中医药大学东直门医院	652	15	3140	16
华中科技大学同济医学院附属协和医院	613	22	3116	17
复旦大学附属中山医院	575	24	2967	18
空军军医大学第一附属医院（西京医院）	768	10	2964	19
南方医院	409	49	2953	20
重庆医科大学附属第一医院	564	26	2922	21
首都医科大学附属北京友谊医院	640	18	2885	22
上海交通大学医学院附属瑞金医院	494	37	2881	23
南京鼓楼医院	700	13	2852	24
安徽医科大学第一附属医院	603	23	2826	25
复旦大学附属华山医院	333	69	2821	26
中国人民解放军东部战区总医院	460	41	2817	27
首都医科大学附属北京安贞医院	529	31	2814	28
西安交通大学医学院第一附属医院	648	17	2800	29
哈尔滨医科大学附属第一医院	649	16	2800	29
新疆医科大学第一附属医院	711	12	2723	31
上海中医药大学附属曙光医院	409	49	2701	32
河南省人民医院	804	9	2649	33
中南大学湘雅医院	322	74	2626	34
中国医科大学附属第一医院	406	52	2625	35

医疗机构	2021 年论文发表情况		2021 年被引情况	
	篇数	排名	次数	排名
广东省中医院	571	25	2520	36
昆山市中医医院	633	19	2518	37
上海市第六人民医院	456	42	2492	38
首都医科大学附属北京朝阳医院	552	27	2423	39
安徽省立医院	495	36	2400	40
中日友好医院	340	67	2388	41
上海交通大学医学院附属第九人民医院	614	21	2311	42
首都医科大学附属北京同仁医院	538	30	2309	43
中山大学附属第一医院	303	79	2306	44
北京医院	402	53	2245	45
首都医科大学附属北京中医医院	320	75	2244	46
青岛大学附属医院	501	34	2236	47
上海交通大学医学院附属新华医院	407	51	2175	48
上海中医药大学附属龙华医院	304	78	2173	49
上海交通大学医学院附属仁济医院	355	62	2151	50

（4）基金论文被引情况

表 11-9 列出了期刊论文被 CSTPCD 2021 引用次数排名居前 10 位的基金资助项目。由表可以看出，国家自然科学基金委基金项目被引次数最高（740 917 次），其次是科学技术部资助项目（322 338 次）。

表 11-9　期刊论文被 CSTPCD 2021 引用次数居前 10 位的基金资助项目

基金项目	2021 年被引情况	
	次数	排名
国家自然科学基金委基金项目	740 917	1
科学技术部资助项目	322 338	2
其他资助项目	104 602	3
国内大学、研究机构和公益组织资助项目	88 912	4
教育部基金项目	43 403	5
其他部委基金项目	40 171	6
国内企业资助基金项目	35 055	7
江苏省基金项目	33 969	8
广东省基金项目	32 191	9
上海市基金项目	29 719	10

（5）被引用最多的作者

根据被引论文的作者姓名、机构来统计每位作者在 CSTPCD 2021 中的被引次数。表 11-10 列出了期刊论文被 CSTPCD 2021 引用次数居前 20 位的作者。从作者机构所在地来看，一半左右的机构在北京。从作者机构类型来看，10 位作者来自高等院校及附属医疗机构，被引最高的是中国石油勘探开发研究院的邹才能，其发表的论文在 2021 年被引 858 次。

表 11-10　期刊论文被 CSTPCD 2021 引用次数居前 20 位的作者

作者	机构	2021 年被引次数	排名
邹才能	中国石油勘探开发研究院	858	1
胡盛寿	中国医学科学院阜外心血管病医院	839	2
温忠麟	华南师范大学	720	3
刘彦随	中国科学院地理科学与资源研究所	472	4
胡付品	复旦大学附属华山医院	464	5
陈石林	湖南省肿瘤医院	433	6
谢高地	中国科学院地理科学与资源研究所	424	7
王劲峰	中国科学院地理科学与资源研究所	377	8
方创琳	中国科学院地理科学与资源研究所	371	9
陈万青	中国医学科学院肿瘤研究所	368	10
陶飞	北京航空航天大学	341	11
李德仁	武汉大学	335	12
王成山	天津大学	335	12
彭建	北京大学	332	14
龙花楼	中国科学院地理科学与资源研究所	299	15
吴福元	中国科学院地质与地球物理研究所	289	16
谢和平	四川大学	286	17
郑荣寿	湖南省肿瘤医院	282	18
丁明	合肥工业大学	275	19
孙可欣	中国医学科学院肿瘤研究所	273	20

11.3.4　图书文献被引用情况

图书文献是对某一学科或某一专门课题进行全面系统论述的著作，具有明确的研究性和系统连贯性，是非常重要的知识载体。尤其在年代较为久远时，图书文献在学术的传播和继承中有着十分重要和不可替代的作用。它有着较高的学术价值，可用来评估科研人员的科研能力及研究学科发展的脉络。但是由于图书的一些外在特征，如数量少、篇幅大、周期长等，使其在统计学意义上不占优势，并且较难阅读分析和快速传播。

而今学术交流形式变化鲜明，图书文献的被引次数在所有类型文献的总被引次数所占比例虽不及期刊论文，但数量仍然巨大，是仅次于期刊论文的第二大文献。

据 CSTPCD 统计，2021 年中国科技核心期刊发表的论文共引用科技图书文献 74.52 万次，比 2020 年的引用次数上升了 1.2%。表 11-11 列出了 CSTPCD 2021 被引次数居前 10 位的图书文献。

这 10 部图书文献中有 5 部分布在医学领域之中，这一方面是由于医学领域论文数量较多，另一方面是由于医学领域自身具有明确的研究体系和清晰的知识传承的学科特点。从这些图书文献的题目可以看出，大部分是用于指导实践的辞书、方法手册及用于教材的指导综述类图书文献。这些图书文献与实践结合密切，所以使用的频率较高，被引次数要高于基础理论研究类图书文献。

表 11-11　CSTPCD 2021 被引次数居前 10 位的图书文献

排名	第一作者	图书文献名称	被引次数
1	鲍士旦	土壤农化分析	1460
2	谢幸	妇产科学	983
3	鲁如坤	土壤农业化学分析方法	799
4	李合生	植物生理生化实验原理和技术	582
5	葛均波	内科学	631
6	周志华	机器学习	414
7	邵肖梅	实用新生儿学	363
8	周仲瑛	中医内科学	339
9	赵辨	中国临床皮肤病学	328
10	杨世铭	传热学	265

11.3.5　网络资源被引用情况

在数字资源迅速发展的今天，网络中存在着大量的信息资源和学术材料。因此对网络资源的引用越来越多。虽然网络资源被引次数在 CSTPCD 2021 中所占的比例不大，也无法和期刊论文、专著相比，但是网络确实是获取最新研究热点和动态的一个较好的途径，互联网确实缩短了信息搜寻的周期，减少了信息搜索的成本。但由于网络资源引用的著录格式有的非常不完整和不规范，因此在统计中只是尽可能地根据所能采集到的数据进行比较研究。

（1）网络文献的文件格式类型分布

网络文献的文件格式类型主要包括静态网页和动态网页。根据 CSTPCD 2021 统计，两者构成比例如图 11-4 所示。从数据可以看出，动态网页和其他格式是网络文献最主要的文件格式类型，所占比例为 56.90%；其次是静态网页，占比为 29.98%；PDF 占比仅为 13.12%。

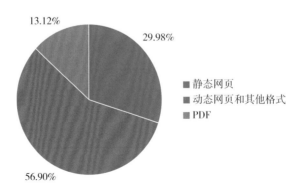

图 11-4　被 CSTPCD 2021 引用的网络文献主要文件格式类型及其所占比例

（2）网络文献的来源

网络文献资源一般都会列出完整的域名，大部分网络文献资源可以根据顶级域名进行分类。被引次数较多的文献资源类型包括商业网站、机构网站、高校网站和政府网站 4 类，分别对应着顶级域名中出现的 .com、.org、.edu、.gov 的网站资源。图 11-5 为这几类网络文献来源的构成情况。从图中可以看出，政府网站（.gov）所占比例最大，比例达到 30.69%，商业网站（.com）所占比例也比较大，为 26.71%，机构网站（.org）和高校网站（.edu）份额小一些，分别居第 3 和第 4 位，所占比例分别为 18.89% 和 3.49%。

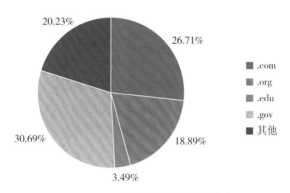

图 11-5　网络文献资源的域名分布

11.3.6　专利被引用情况

一般而言，专利不会马上被引用，而发表时间久远的专利也不会一直被引用。专利的引用高峰期普遍为发表后的 2～3 年，图 11-6 为 1994—2021 年专利被引用时间分布，可以看出，2019 年为被引用最高峰，符合专利被引用的普遍规律。

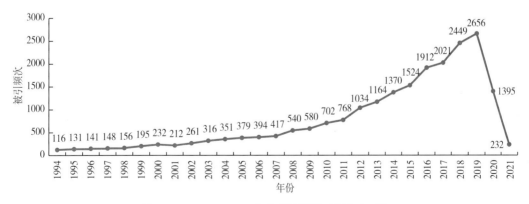

图 11-6　1994—2021 年专利被引用时间分布对比

11.4 小结

本章针对 CSTPCD 2021 收录的中国科技论文引用文献与被引文献分别进行了 CSTPCD 2021 引用文献的学科分布、地区分布的情况分析，并分别对期刊论文、图书文献、网络资源和专利文献的引用与被引用情况进行分析。2021 年度中国科技论文发表数量相比 2020 年度的中国科技论文发表数量增长 1.65%，引用各类科技文献数量增长 12.55%。期刊论文仍然是被引用文献的主要来源，图书文献和会议论文也是重要的引文来源。在期刊论文引用方面被引次数较多的学科是临床医学，农学，中医学，电子、通信与自动控制，地学，计算技术等，北京地区仍是科技论文发表数量和引用文献数量方面的领头羊。从论文被引的机构类型分布来看，高等院校占比最高，其次是研究机构和医疗机构，二者相差不大。从图书文献的引用情况来看，用于指导实践的辞书、方法手册及用于教材的指导综述类图书使用的频率较高，被引次数要高于基础理论研究类图书。从网络资源被引用情况来看，动态网页和其他格式是最主要引用的文献类型，政府网站（.gov）是占比最大的网络文献的来源，其次是商业网站（.com）和机构网站（.org）。

（执笔人：潘尧）

参考文献

[1] 中国科学技术信息研究所 . 2003 年度中国科技论文统计与分析［M］. 北京：科学技术文献出版社，2005.

[2] 中国科学技术信息研究所 . 2004 年度中国科技论文统计与分析［M］. 北京：科学技术文献出版社，2006.

[3] 中国科学技术信息研究所 . 2005 年度中国科技论文统计与分析［M］. 北京：科学技术文献出版社，2007.

[4] 中国科学技术信息研究所 . 2006 年度中国科技论文统计与分析［M］. 北京：科学技术文献出版社，2008.

[5] 中国科学技术信息研究所 . 2007 年度中国科技论文统计与分析［M］. 北京：科学技术文献出版社，2009.

[6] 中国科学技术信息研究所 . 2008 年度中国科技论文统计与分析［M］. 北京：科学技术文献出版社，2010.

[7] 中国科学技术信息研究所 . 2009 年度中国科技论文统计与分析［M］. 北京：科学技术文献出版社，2011.

[8] 中国科学技术信息研究所 . 2010 年度中国科技论文统计与分析［M］. 北京：科学技术文献出版社，2012.

[9] 中国科学技术信息研究所 . 2011 年度中国科技论文统计与分析［M］. 北京：科学技术文献出版社，2013.

[10] 中国科学技术信息研究所 . 2012 年度中国科技论文统计与分析［M］. 北京：科学技术文献出版社，2014.

[11] 中国科学技术信息研究所 . 2013 年度中国科技论文统计与分析［M］. 北京：科学技术文献出版社，2015.

[12] 中国科学技术信息研究所 . 2014 年度中国科技论文统计与分析［M］. 北京：科学技术文献

出版社，2016.

[13]   中国科学技术信息研究所 . 2015 年度中国科技论文统计与分析［M］. 北京：科学技术文献
出版社，2017.

[14]   中国科学技术信息研究所 . 2016 年度中国科技论文统计与分析［M］. 北京：科学技术文献
出版社，2018.

[15]   中国科学技术信息研究所 . 2017 年度中国科技论文统计与分析［M］. 北京：科学技术文献
出版社，2019.

[16]   中国科学技术信息研究所 . 2018 年度中国科技论文统计与分析［M］. 北京：科学技术文献
出版社，2020.

[17]   中国科学技术信息研究所 . 2019 年度中国科技论文统计与分析［M］. 北京：科学技术文献
出版社，2021.

[18]   中国科学技术信息研究所 . 2020 年度中国科技论文统计与分析［M］. 北京：科学技术文献
出版社，2022.

12 中国科技期刊统计与分析

12.1 引言

据新闻出版总署对 2021 年全国新闻出版业基本情况调查结果统计，2021 年全国共出版期刊 10 185 种，平均期印数 11 048 万册，每种平均期印数 1.12 万册，总印数 20.09 亿册，总印张 118.97 亿印张，定价总金额 217.33 亿元。与上一年相比，出版期刊种数降低 0.07%，平均期印数降低 0.76%，每种平均期印数降低 0.69%，总印数降低 1.29%，总印张增长 2.21%，定价总金额增长 2.55%。2012—2021 年近 10 年间，全国出版期刊的种数总体呈上升趋势，但平均期印数、总印数、总印张、定价总金额整体呈现下降趋势。

2012—2021 年，中国期刊总量总体呈现微增长态势。近 10 年间，2012 年出版期刊总种数最少，为 9867；2015 年首次过万，达到 10 014，随后的 5 年持续增长，2021 年相比于 2020 年略微有所减少。近 10 年中，期刊总印数持续下降，2021 年降低至 20.1 亿册。定价总金额在 2012—2018 年持续下降，2019 年稍有所回升后，2020 年又有所下降，2021 年增长至 217.33 亿元。

近 10 年间，中国科技期刊种数的变化与中国期刊总种数变化的态势总体相同，均呈微量上涨态势（表 12–1）。中国科技期刊的种数多年来一直占期刊总种数的 50% 左右。2021 年科技期刊 5088 种，平均期印数 1660 万册，总印数 24 664 万册，总印张 2 987 539 千印张；占期刊总种数 49.96%，占总印数 12.28%，占总印张 25.11%。与上年相比，种数持平，平均期印数降低 4.14%，总印数降低 2.72%，总印张增长 16.35%。2012—2021 年，科技类中国科技期刊种数微量增加，但平均期印数、总印数和总印张总体呈现下降趋势。

表 12–1　2012—2021 年中国期刊出版情况

年份	科技类期刊种数（A）	期刊总种数（B）	A/B
2012	4953	9867	50.20%
2013	4944	9877	50.06%
2014	4974	9966	49.91%
2015	4983	10 014	49.76%
2016	5014	10 084	49.72%
2017	5027	10 130	49.62%
2018	5037	10 139	49.68%
2019	5062	10 171	49.77%
2020	5088	10 192	49.92%
2021	5088	10 185	49.96%

12.2　研究分析与结论

12.2.1　中国科技核心期刊

中国科学技术信息研究所受科学技术部委托，自 1987 年开始从事中国科技论文统计与分析工作，研制了《中国科技论文与引文数据库》（CSTPCD），并利用该数据库的数据，每年对中国科研产出状况进行各种分类统计和分析，以年度研究报告和新闻发布的形式定期向社会公布统计分析结果。由此出版的一系列研究报告，为政府管理部门和广大高等院校、研究机构提供了决策支持。

"中国科技论文与引文数据库"选择的期刊称为中国科技核心期刊（中国科技论文统计源期刊）。中国科技核心期刊的选取经过了严格的同行评议和定量评价，选取的是中国各学科领域中较重要的、能反映本学科发展水平的科技期刊。并且对中国科技核心期刊遴选设立动态退出机制。研究中国科技核心期刊（中国科技论文统计源期刊）的各项科学指标，可以从一个侧面反映中国科技期刊的发展状况，也可映射出中国各学科的研究力量。本章期刊指标的数据来源即为中国科技核心期刊（中国科技论文统计源期刊）。2021 年，《中国科技论文与引文数据库》（CSTPCD）共收录中国科技核心期刊（中国科技论文统计源期刊）2126 种（表 12-2），其中包括中文科技期刊 1977 种，英文科技期刊 149 种。

表 12-2　2009—2021 年中国科技核心期刊收录情况

年份	中国科技核心期刊种数（A）	科技类期刊总种数（B）	A/B
2009	1946	4926	39.51%
2010	1998	4936	40.48%
2011	1998	4920	40.61%
2012	1994	4953	40.25%
2013	1989	4944	40.23%
2014	1989	4974	39.99%
2015	1985	4983	39.83%
2016	2008	5014	40.05%
2017	2028	5027	40.34%
2018	2049	5037	40.68%
2019	2070	5062	40.89%
2020	2084	5088	40.96%
2021	2126	5088	41.78%

图 12-1 显示了 2021 年 2126 种中国科技核心期刊的学科领域分布情况，其中工程技术领域依旧占比最高，为 38.46%；其次为医学领域，占比 33.19%；理学领域排名第三，占比 14.79%；农学领域排名第四，占比 8.10%；自然科学综合和管理领域共占比 5.45%。与上一年度相比，收录的期刊总数增加 42 种，工程技术领域和医学领域的期刊数量依旧位于前 2 位。

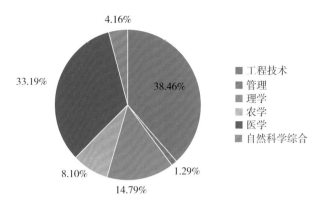

图 12-1　2021 年中国科技核心期刊的学科领域分布情况

12.2.2　中国科技期刊引证报告

《中国科技期刊引证报告》（CJCR）的研制出版始于 1997 年，是一种专门用于期刊引用分析研究的重要检索评价工具。利用 CJCR 所提供的统计数据，可以清楚地了解期刊引用和被引用的情况，以及进行引用效率、引用网络、期刊自引等统计分析。同时，利用 CJCR 中的期刊评价指标，还可以方便地定量评价期刊的相互影响和相互作用，正确评估某种期刊在科学交流体系中的作用和地位。CJCR 自问世以来，在开展科研管理和科学评价期刊方面一直发挥着巨大的作用。

《中国科技期刊引证报告》选用的"中国科技核心期刊（中国科技论文统计源期刊）"是在经过严格的定量和定性分析的基础上选取的各个学科的重要科技期刊。《2022 年版中国科技期刊引证报告（核心版）自然科学卷》中收录自然科学与工程技术领域期刊共 2126 种。"中国科技核心期刊（中国科技论文统计源期刊）"上刊发的论文构成了《中国科技论文与引文数据库》（CSTPCD），即中国科学技术信息研究所每年进行中国科技论文统计与分析的数据库。该数据库的统计结果编入国家统计局和科技部编制的《中国科技统计年鉴》，统计结果被科技管理部门和学术界广泛应用。

本项目在统计分析中国科技论文整体情况的同时，也对中国科技期刊的发展状况进行了跟踪研究，并形成了每年定期对中国科技核心期刊的各项计量指标进行公布的制度。此外，为了促进中国科技期刊的发展，为期刊界和期刊管理部门提供评估依据，同时为选取中国科技核心期刊做准备，自 1998 年起中国科学技术信息研究所还连续出版了《中国科技期刊引证报告（扩刊版）》，2007 年起，扩刊版引证报告与万方公司共同出版，涵盖中国 6000 余种科技期刊。

12.2.3　中国科技期刊的整体指标分析

为了全面、准确、公正、客观地评价和利用期刊，《中国科技期刊引证报告（核心版）自然科学卷》在与国际评价体系保持一致的基础上，结合中国期刊的实际情况，《2022年版中国科技期刊引证报告（核心版）自然科学卷》选取了 25 项计量指标公布，这些指标基本涵盖和描述了期刊的各个方面。指标包括：

① 期刊被引用计量指标：核心总被引频次、核心影响因子、核心即年指标、核心他引率、核心引用刊数、核心扩散因子、核心开放因子、核心权威因子和核心被引半衰期。

② 期刊来源计量指标：来源文献量、文献选出率、AR 论文量、篇均引文数、平均作者数、地区分布数、机构分布数、海外论文比、基金论文比和引用半衰期。

③ 学科分类内期刊计量指标：综合评价总分、学科扩散指标、学科影响指标、红点指标、核心总被引频次的离均差率和核心影响因子的离均差率。

其中，期刊被引用计量指标主要显示该期刊被读者使用和重视的程度，以及在科学交流中的地位和作用，是评价期刊影响的重要依据和客观标准。

期刊来源计量指标通过对来源文献方面的统计分析，全面描述了该期刊的学术水平、编辑状况和科学交流程度，也是评价期刊的重要依据。综合评价总分则是对期刊整体状况的一个综合描述。

表 12-3 显示了中国科技核心期刊近 10 年（2012—2021 年）主要计量指标的变化情况。可以看到，除核心他引率基本保持稳定之外，其余各项指标的趋势整体上基本呈上升状态。

表 12-3　2012—2021 年中国科技核心期刊主要计量指标平均值统计情况

年份	核心总被引频次	核心影响因子	核心他引率	基金论文比	篇均引文数	核心即年指标	平均作者数
2012	1023	0.493	0.82	0.53	14.9	0.068	3.9
2013	1180	0.523	0.81	0.56	15.9	0.072	4.0
2014	1265	0.560	0.82	0.54	17.1	0.070	4.1
2015	1327	0.594	0.82	0.59	15.8	0.084	4.3
2016	1361	0.628	0.82	0.58	19.6	0.087	4.2
2017	1381	0.648	0.82	0.63	20.3	0.091	4.3
2018	1410	0.689	0.82	0.62	21.9	0.099	4.4
2019	1429	0.740	0.82	0.64	23.2	0.113	4.5
2020	1523	0.869	0.83	0.62	24.7	0.188	4.6
2021	1576	0.973	0.82	0.62	26.8	0.163	4.7

核心总被引频次，是指期刊自创刊以来所登载的全部论文在统计的当年被引用的总次数，可以显示该期刊被使用和受重视的程度，以及在科学交流中的绝对影响力的大小。核心影响因子是指期刊评价前 2 年发表论文的篇均被引用的次数，用于测度期刊学术影响力。图 12-2 显示的是 2012—2021 年中国科技核心期刊核心总被引频次和核心影响因子的变化情况，由图可见，近 10 年间中国科技核心期刊的平均核心总被引频次和核心影响因子总体呈上升趋势。2013—2019 年间，核心总被引频次整体呈现增长趋势，但增长幅度持续下降，2020 年相比上一年度增长幅度上升，2021 年相比上一年度增长幅度略稍平缓。近 10 年中影响因子持续增长，2019 年到 2020 年增长幅度最大，2021 年影响因子达到 0.973。

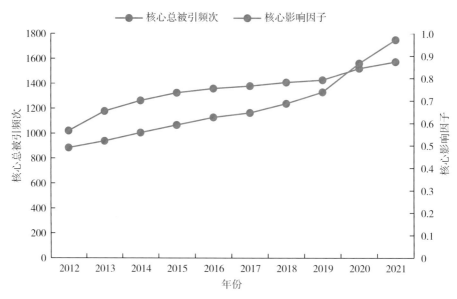

图 12-2　2012—2021 年中国科技核心期刊核心总被引频次和核心影响因子变化情况

图 12-3 反映了中国科技核心期刊核心总被引频次及核心影响因子增长率变化情况。根据图 12-3 可以看出，核心总被引频次在不断增加的同时，增长率变化较大。2013 年相比上一年度增长幅度最大，2012 年核心总被引频次为 1023，2013 年达到 1180，增长了 15.35%。随后连续 4 年时间增长率持续下降，2018 年稍有所上升，2020 年相比上一年度的增长率是近 10 年的第二个峰值，相比 2019 年增加了 6.58%。

平均核心影响因子增长情况近 10 年呈现波浪式发展，2012—2017 年平均核心影响因子增长的速度持续放缓，2017 年开始连续 3 年增速有所提升。2017 年增长率最低，相比 2016 年增长了 3.18%，2020 年增长率最高，相比 2019 年增长了 17.43%。

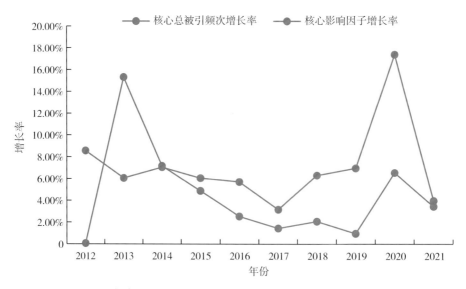

图 12-3　2012—2021 年中国科技核心期刊核心总被引频次和核心影响因子增长率的变化趋势

图 12-4 显示的是 2012—2021 年中国科技核心期刊核心即年指标、基金论文比及核心他引率变化情况。核心即年指标是指期刊当年发表的论文在当年的被引用情况，表征期刊即时反应速率。由图 12-4 可见，近 10 年中核心即年指标整体呈上升趋势，2012—2019 年间基本处于平稳增长，2020 年增长幅度最大，相比上一年度增长66.37%。总体来说，中国科技核心期刊的即时反应速率在波动中逐步上升。

基金论文比是指期刊中国家级、省部级以上及其他各类重要基金资助的论文数量占全部论文数量的比例，是衡量期刊学术论文质量的重要指标。由图 12-4 可见，2012—2021 年间基金论文比整体呈上升趋势，近 10 年中基金论文比有涨有落，2017 年基金论文比首次超过 0.60，2020 年为 0.62，相比上一年度稍有所下降，2021 年与 2020 年保持一致，基金论文比为 0.62。总体来说，中国科技核心期刊中的论文大部分是由省部级以上的项目基金或资助产生的，且整体处于不断增长中，这与中国近年来加大科研投入密切相关。

核心他引率是指期刊总被引频次中，被其他期刊引用次数所占的比例，用来测度期刊学术传播力。近 10 年中中国科技核心期刊的核心他引率保持稳定，基本稳定在 0.82。

图 12-4　2012—2021 年中国科技核心期刊核心即年指标、基金论文比、核心他引率变化情况

图 12-5 展示出 2012—2021 年中国科技核心期刊篇均引文数和篇均作者数的变化趋势。篇均引文数指标是指期刊每一篇论文平均引用的参考文献数量，它是衡量科技期刊科学交流程度和吸收外部信息能力的相对指标，同时，参考文献的规范化标注，也是反映中国学术期刊规范化程度及与国际科学研究工作接轨的一个重要指标。由图 12-5可知，近 10 年间中国科技核心期刊（中国科技论文统计源期刊）的篇均引文数总体呈上升趋势，在 2015 年有所下降，为 15.8；到 2017 年首次超过 20，为 20.3；2021 年达到 26.8，是 2012 年的约 1.80 倍。随着越来越多的中国科研人员与世界学术界交往的加强，科研人员在发表论文时越来越重视论文的完整性和规范性，意识到了参考文献著录的重要性；同时，广大科技期刊编辑工作者也日益认识到保留客观完整的参考文献是期刊进行学术交流的重要渠道。因此，中国论文的篇均引文数逐渐提高。

篇均作者数是指来源期刊每一篇论文平均拥有的作者数，是衡量该期刊科学生产能力的一个指标。2012 年，中国科技核心期刊的篇均作者数为 3.9；2013 年为 4.0；随后每年的平均作者数均在 4.0 以上，且逐年增加；2021 年达到 4.7。目前，科学范式的转变、交流工具的进步及科学政策的影响等方面均在促使学术论文合作规模逐渐增大。

图 12-5　2012—2021 年中国科技核心期刊篇均引文数和篇均作者数的变化趋势

12.2.4　中国科技核心期刊载文量情况

来源文献量，即期刊载文量，即指期刊所载信息量的大小的指标，具体来说就是一种期刊年发表论文的数量。需要说明的是，《中国科技论文与引文数据库》在收录论文时，是对期刊论文进行选择的，所指的载文量是指学术性期刊中的科学论文和研究简报；技术类期刊的科学论文和阐明新技术、新材料、新工艺和新产品的研究成果论文；医学类期刊中的基础医学理论研究论文和重要的临床实践总结报告及综述类文献。

2021 年，2126 种中国科技核心期刊共收录论文 461 134 篇，与 2020 年相比增加了6788 篇，论文总数增加了 1.49%。平均每刊的来源文献量为 217 篇。2021 年，中国科技核心期刊来源文献量最大值为 2102 篇，相比 2020 年减少了 81 篇；最小值为 17 篇，相比 2020 年增加了 9 篇。2021 年，有 717 种期刊的来源文献量超过中国科技核心期刊来源文献量的平均值，相比 2020 年增加了 27 种。来源文献量大于 1500 的期刊有 3 种，分别为《科学技术与工程》2102 篇、《中华中医药杂志》1800 篇、《中国医药导报》1633 篇。

由表 12-4 和图 12-6 可知，在 2012—2021 年间来源文献量在 50 篇及以下的期刊数所占期刊总数的比例一直是最低的，期刊占比最少，最高为 2018 年的 2.93%，2021 年相比上一年度增加 0.18 个百分点，从 2016 年开始发文量小于或等于 50 篇的期刊数量在持续上升。发表论文在 100～200 篇的期刊所占的比例最高，近 10 年中均在 40.00% 左右浮动，2019 年超过 40.00%，2020 年又下降到 40.00% 以下，2021 年载文量在 100～200 篇、300～400 篇及 50 篇及以下 3 个范围内的论文比例相比上一年度稍有所提升。

表 12-4 2012—2021 年中国科技核心期刊载文量变化情况

年份	载文量 P						
	P > 500	400 < P ≤ 500	300 < P ≤ 400	200 < P ≤ 300	100 < P ≤ 200	50 < P ≤ 100	P ≤ 50
2012	9.53%	4.76%	10.38%	18.51%	39.92%	15.20%	2.11%
2013	9.30%	5.03%	9.60%	18.85%	39.22%	16.39%	1.61%
2014	9.15%	5.58%	9.20%	18.45%	39.82%	16.29%	1.51%
2015	9.37%	4.99%	9.27%	18.44%	38.59%	17.63%	1.71%
2016	7.85%	5.49%	9.34%	17.51%	39.05%	18.59%	2.18%
2017	8.08%	4.78%	9.36%	17.45%	38.84%	18.68%	2.81%
2018	7.42%	4.64%	8.20%	17.62%	39.58%	19.62%	2.93%
2019	7.29%	4.11%	8.16%	17.00%	40.48%	20.05%	2.90%
2020	7.25%	4.32%	8.11%	18.09%	37.91%	21.83%	2.50%
2021	6.77%	4.09%	8.56%	17.97%	38.43%	21.50%	2.68%

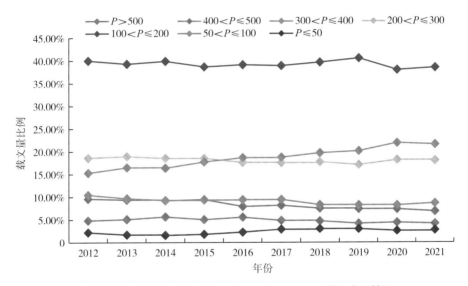

图 12-6 2012—2021 年中国科技核心期刊来源文献量变化情况

对 2021 年载文量分布区间的学科分类情况进行分析，如图 12-7 所示。由图 12-7 可知，在载文量 P ≤ 50 篇的区域内，理学领域期刊数量所占比例远高于其他 4 个学科，为 35.00%，与 2020 年度相比下降了 2.04 个百分点，说明载文量在 50 篇及以下的期刊数量在下降；根据图 12-7 可以看出，随着期刊载文量的增大，理学领域期刊所占比例持续下降，载文量大于 500 篇的区域中，理学领域期刊所占比例下降至 5.84%，相比上一年度上升 0.28 个百分比。

医学领域的期刊在 300 < 载文量 P ≤ 400 的区间期刊数量最多，不同于上一年度，2021 年医学领域的期刊在载文量 500 篇以上的区间内数量最多。2021 年，医学领域的期刊在 50 < 载文量 P ≤ 100 的区间内期刊数量占比最少，与 2020 年度保持一致。

工程技术领域的期刊 400 < 载文量 P ≤ 500 的区间期刊数量最多，不同于上一年度，2021 年，工程技术领域的期刊在 300 < 载文量 P ≤ 400 的区间期刊数量最多。2021 年工程技术领域的期刊载文量在 P ≤ 50 区域中的期刊数量最少，与 2020 年度保持一致。

农学领域期刊的载文量在 $P \leqslant 50$ 区间内数量最多，与 2020 年度保持一致；在 $400 < P \leqslant 500$ 区间内的期刊数最少，而 2020 年在 $P > 500$ 区间内数量最多。管理学科及自然科学综合在各个载文量区域内的期刊所占比例都较小。

根据以上分析一定程度上说明，医学及工程技术领域的期刊一般分布在载文量较大的范围内，理学、农学、管理和自然科学综合领域的期刊一般分布在载文量较小的范围内。

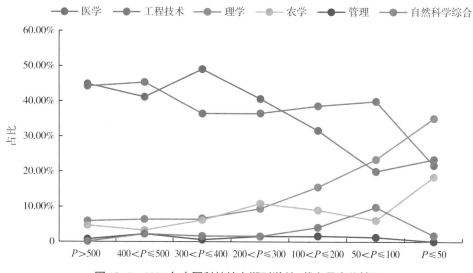

图 12-7　2021 年中国科技核心期刊学科-载文量变化情况

12.2.5　中国科技核心期刊的学科分析

从《2013 版中国科技期刊引证报告（核心版）》开始，与前面的版本相比，期刊的学科分类发生较大变化，这一版的期刊分类参照的是最新执行的国家标准《学科分类与代码》（GB/T 13745—2009），将中国科技核心期刊重新进行了学科认定（已修改），将原有的 61 个学科扩展为了 112 个学科类别。《2022 年版中国科技期刊引证报告（核心版）自然科学卷》根据每个期刊刊载论文的主要分布领域，将覆盖多学科和跨学科内容的期刊复分归入 2 个或 3 个学科分类类别。依据国家标准《学科分类与代码》（GB/T 13745—2009）和《中国图书资料分类法（第四版）》的学科分类原则，同时考虑到中国科技期刊的实际分布情况，《2022 年版中国科技期刊引证报告（核心版）自然科学卷》将来源期刊分别归类到 112 个学科类别。新的学科分类体系体现了科学研究学科之间的发展和演变，更加符合当前中国科学技术各方面的发展整体状况，以及中国科技期刊实际分布状况。

图 12-8 显示的是 2021 年 2126 种中国科技核心期刊各学科的期刊数量。由图 12-8 可见，工程技术大学学报、自然综合大学学报、医药大学学报数量占据期刊数量的前 3 位，期刊种数分别为 89 种、57 种、56 种；与上一年度相比，依然是这 3 个学科排在前 3 位，自然综合大学学报学科增加了 1 种期刊。

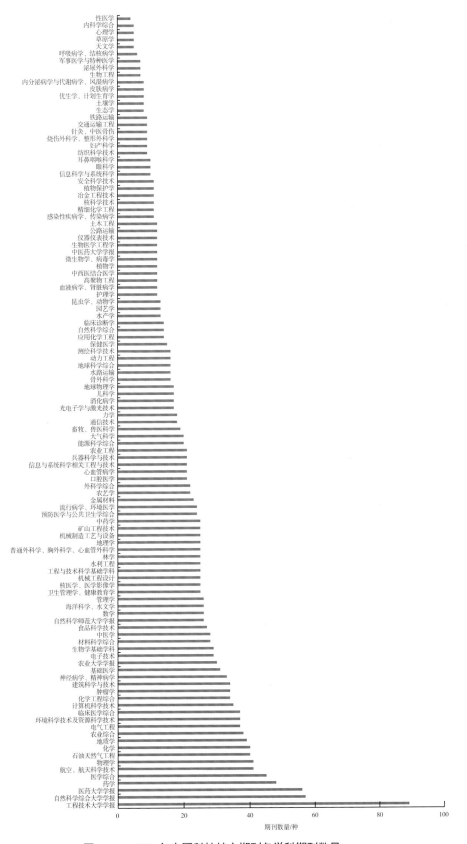

图 12-8　2021 年中国科技核心期刊各学科期刊数量

2021 年，中国科技核心期刊的核心影响因子平均值和核心总被引频次平均值分别为 0.973 和 1576，相比去年均有所增长。其中，高于核心影响因子平均值的学科有 55 个学科，有 49 个学科的核心影响因子高于 1，比去年增加了 18 个学科。学科核心影响因子居于前 3 位的是土壤学、电气工程与管理学，与上一年度相比略有不同（2020 年学科平均影响因子居于前 3 位的是土壤学、地理学和生态学）。2021 年，学科核心总被引频次居于前 3 位的是生态学、中药学和护理学，与 2020 年度保持一致。核心总被引频次及核心影响因子与学科领域的相关性很大，不同的学科其核心总被引频次及核心影响因子有很大的差异。

由于在学科内出现数值较大的差异性，因此 2021 年以学科中位数作为分析对象，各学科核心影响因子中位数及核心总被引频次中位数如图 12-9 所示。可以看出，各学科的核心总被引频次中位数、核心影响因子中位数存在差异。2021 年，112 个学科中核心总被引频次中位数超过 1000 次的学科有 60 个，相比去年增加 5 个学科，排名居前 3 位的学科为生态学、草原学和土壤学；2020 年，核心总被引频次中位数排名居前 3 位的是生态学、护理学和土壤学；核心影响因子中位数排名居前 3 位的是草原学、土壤学和电气工程，与核心影响因子平均值排名居前 3 位的学科存在差异。

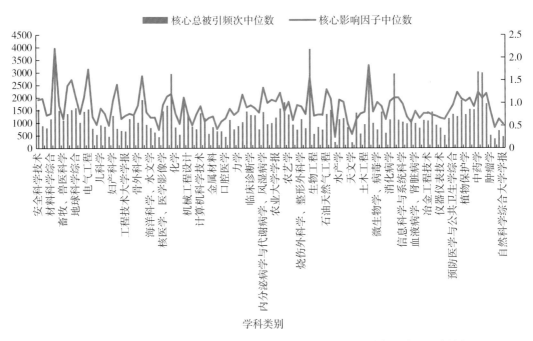

图 12-9   2021 年中国科技核心期刊各学科核心总被引频次与核心影响因子中位数

12.2.6   中国科技核心期刊的地区分析

地区分布数，指来源期刊登载论文作者所涉及的地区数，按全国 31 个省（自治区、直辖市）计算。一般说来，用一个期刊的地区分布数可以判定该期刊是否是一个地区覆盖面较广的期刊，其在全国的影响力究竟如何。

如表 12-5 所示，近 10 年间中国科技核心期刊中地区分布数大于或等于 30 个省（自治区、直辖市）的期刊数量总体呈增长态势，2012—2015 年保持增长，2016—2017 年有所下降，2018 年以后的连续 4 年稍有所上升，2021 年上升至 7.29%。

表 12-5 2012—2021 年中国科技核心期刊地区分布数统计情况

年份	地区省（自治区、直辖市）D				
	$D \geqslant 30$	$20 \leqslant D < 30$	$15 \leqslant D < 20$	$10 \leqslant D < 15$	$D < 10$
2012	4.61%	59.18%	21.21%	10.33%	4.66%
2013	5.03%	59.23%	19.71%	11.71%	4.32%
2014	5.68%	59.23%	20.11%	10.86%	3.82%
2015	6.05%	60.66%	18.39%	10.33%	4.57%
2016	5.03%	60.86%	20.17%	9.66%	4.28%
2017	5.72%	60.63%	19.27%	10.00%	4.44%
2018	6.00%	61.10%	18.25%	11.03%	3.61%
2019	7.10%	59.18%	20.05%	9.95%	3.72%
2020	7.20%	61.32%	18.91%	9.64%	2.93%
2021	7.29%	61.62%	19.52%	9.22%	3.10%

由图 12-10 可知，近 10 年间论文作者所属地区覆盖 20 个及以上省（市）的期刊总体呈现上升趋势，2012—2021 年间全国性科技期刊占期刊总量均在 60% 以上，2021 年有 68.91% 的科技核心期刊属于全国性科技期刊，相比上一年度增长 0.39 个百分点。地区分布数小于 10 的期刊数在近 10 年中整体呈现下降趋势，从 2012 年起近 10 年所占的比例小于 5.00%，2021 年相比上一年度增长 0.17 个百分点。2021 年，地区分布数小于 10 的期刊有 50 种，其中有 7 种英文期刊，大学学报类有 30 种，相比上一年度减少 4 种。

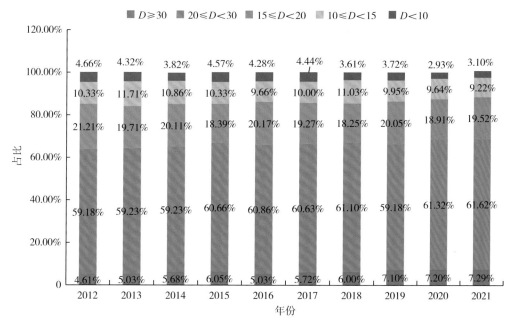

图 12-10 2012—2021 年中国科技核心期刊地区分布数变化情况

12.2.7 中国科技期刊的出版周期

由于论文发表时间是科学发现优先权的重要依据，因此一般而言，期刊的出版周期越短，吸引优秀稿件的能力越强，也更容易获得较高的影响因子。研究显示，近年来中国科技期刊的出版周期呈逐年缩短趋势。

对 2021 年的 2126 种中国科技核心期刊进行统计，期刊的出版周期逐步缩短，出版周期为月刊的期刊占比与上一年度基本保持一致，2021 年有 41.25% 的期刊出版周期为月刊，2020 年有 41.55% 的期刊为月刊；双月刊由 2007 年占总数的 52.49% 下降至 2021 年的 46.38%，2021 年与 2020 年双月刊的比例基本保持一致；季刊由 2008 年占总数的 13.22% 下降至 2021 年的 7.76%，与 2020 年相比上升 0.03 个百分点（图 12-11）。与 2020 年期刊的出版周期相比，月刊、双月刊、旬刊的比例稍有所下降，半月刊、季刊和周刊的比例稍有所上升。半年刊、周刊、旬刊的比例较少，分别有 1 种、3 种、10 种。

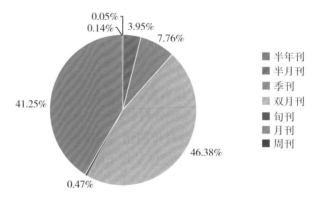

图 12-11　2021 年中国科技核心期刊出版周期情况

从学科分布来看，6 个学科领域中，除管理学和医学领域外其他 4 个领域均是双月刊的占比最高，自然科学综合领域双月刊高达 71.43%，其次为农学领域，占比为 52.87%。根据表 12-6 可以看出，农学领域的期刊大部分为双月刊和月刊，分别占比 52.87% 和 32.76%，相比上一年度双月刊和月刊的占比均有所上升。医学领域的大部分期刊的出版周期为月刊和双月刊，分别占比为 50.14% 和 37.96%，相比上一年度月刊的占比稍有所上升，双月刊的占比稍有所下降。理学领域一半的期刊为双月刊，占比 50.00%；其次为月刊，占比 30.52%，与上一年度相比，双月刊占比上升，月刊占比下降；季刊占比 18.18%，高于其他 5 个领域。工程技术领域的期刊同样是以双月刊和月刊为主，分别占比 48.71% 和 42.09%，与上一年度相比月刊的比例有所下降，双月刊的比例有所上升。自然科学综合领域的大部分期刊为双月刊，占比 71.43%。管理学领域的大部分期刊为月刊，占比 58.33%。

表 12-6　中国科技核心期刊各学科领域出版周期分布情况

出版周期	农学	医学	自然科学综合	理学	管理学	工程技术
半月刊	3.45%	6.02%	2.20%	1.30%	8.33%	3.31%
季刊	10.34%	4.62%	13.19%	18.18%	4.17%	5.52%
双月刊	52.87%	37.96%	71.43%	50.00%	29.17%	48.71%
旬刊	0.57%	0.84%	1.10%	0.00%	0.00%	0.25%
月刊	32.76%	50.14%	12.09%	30.52%	58.33%	42.09%
周刊	0.00%	0.42%	0.00%	0.00%	0.00%	0.00%
半年刊	0.00%	0.00%	0.00%	0.00%	0.00%	0.12%

图 12-12 显示的是 2023 年 1 月之前 SCIE 收录期刊的出版周期分布情况，共有 9511 种期刊，收录期刊有多种出版形式。由图可见，SCIE 收录的期刊中月刊占比最大，为 28.48%，相比上一年度增加 0.24 个百分点。其次为双月刊和季刊，占比分别为 27.35% 和 24.94%。与上一年度统计数据相比，月刊、双月刊和季刊的比例基本保持不变。SCI 收录的期刊中以月刊、双月刊和季刊为主，而中国科技核心期刊主要以月刊和双月刊为主。刊期较长的一年三期、半年刊和年刊期刊所占比例之和为 8.57%，相比上一年度稍有所下降。刊期较短的半月刊、双周刊、周刊的比例为 5.50%，与上一年度基本保持一致。SCIE 收录的期刊月刊的比例略高于双月刊，季刊比例低于双月刊和月刊（分别是 2.41 个百分点和 3.54 个百分点）。而中国科技核心期刊中，双月刊和月刊的比例远高于 SCIE 收录的期刊，季刊的比例远低于 SCIE 收录的期刊。中国科技核心期刊中没有一年三期、半年刊和年刊。

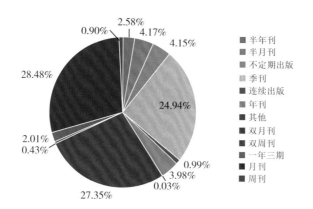

图 12-12　SCIE 收录的期刊的出版周期分布情况

图 12-13 显示的是 2021 年 SCIE 收录中国 235 种科技期刊的出版周期分布情况。与上一年度相比，期刊的数量有所增加，出版形式与上一年度保持一致，为 8 种。2021 年 SCIE 收录的中国期刊月刊占比 26.38%，相比 2020 年下降 0.29 个百分点；双月刊占比 30.64%，相比 2020 年下降 0.47 个百分点；季刊占比 32.77%，相比 2020 年下降 0.12 个百分点。与 2020 年度相比，2021 年中国被 SCIE 收录的期刊出版周期略有所增长。

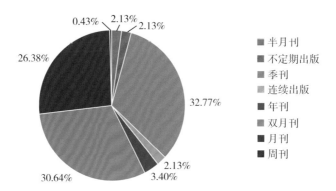

图 12-13   2021 年 SCIE 收录中国期刊的出版周期分布情况

12.2.8   中国科技期刊的世界比较

表 12-7 显示了 2012—2021 年中国科技核心期刊（中国科技论文统计源期刊）和 JCR 收录期刊的平均核心总被引频次、平均核心影响因子和平均核心即年指标的情况，由此可见，2012—2021 年 JCR 收录期刊的平均被引频次、平均影响因子除 2015 年有所下降外，其余年份均在增长；2012—2019 年平均即年指标均在增长，2020 年稍有所下降，2021 年上升至 1.044。但中国科技核心期刊的核心总被引频次、核心影响因子和核心即年指标的绝对数值与国际期刊相比不在一个等级，国际期刊远高于中国科技核心期刊。

表 12-7   中国科技核心期刊与 JCR 收录期刊主要计量指标平均值统计

年份	中国科技核心期刊			JCR		
	平均核心总被引频次	平均核心影响因子	平均核心即年指标	平均总被引频次	平均影响因子	平均即年指标
2012	1023	0.493	0.068	4717	2.099	0.434
2013	1182	0.523	0.072	5095	2.173	0.465
2014	1265	0.560	0.070	5728	2.220	0.490
2015	1327	0.594	0.084	5565	2.210	0.511
2016	1361	0.628	0.087	6132	2.430	0.560
2017	1381	0.648	0.091	6636	2.567	0.645
2018	1410	0.689	0.099	7096	2.737	0.726
2019	1429	0.740	0.113	7452	3.000	1.000
2020	1523	0.869	0.188	9171	3.631	0.988
2021	1574	0.972	0.163	11 084	4.284	1.044

2021 年，SCI 收录中国科技期刊 235 种（取得"国内统一连续出版物号"即 CN 号的期刊）。JCR 主要的评价指标有引文总数（Total Cites）、影响因子（Impact Factor）、即时指数（Immediacy Index）、当年论文数（Current Articles）和被引半衰期（Cited Half-Life）等，表 12-8、表 12-9 列出了 2021 年影响因子和总被引频次进入本学科 Q1 区的期刊名单。

表 12-8　2021 年影响因子位于本学科 Q1 区的中国科技期刊

序号	期刊名称	影响因子
1	Cell Research	46.297
2	Signal Transduction and Targeted Therapy	38.104
3	Military Medical Research	34.915
4	Electrochemical Energy Reviews	32.804
5	Fungal Diversity	24.902
6	International Journal of Oral Science	24.897
7	Infomat	24.798
8	Nano-Micro Letters	23.655
9	National Science Review	23.178
10	Cellular & Molecular Immunology	22.096
11	Molecular Plant	21.949
12	Carbon Energy	21.556
13	Science Bulletin	20.577
14	Light-Science & Applications	20.257
15	Bioactive Materials	16.874
16	Protein & Cell	15.328
17	Cancer Communications	15.283
18	Acta Pharmaceutica Sinica B	14.903
19	Journal of Pharmaceutical Analysis	14.026
20	Journal of Energy Chemistry	13.599
21	Advanced Photonics	13.582
22	Energy & Environmental Materials	13.443
23	Bone Research	13.362
24	Journal of Sport and Health Science	13.077
25	Chinese Journal of Catalysis	12.920
26	Engineering	12.834
27	Green Energy & Environment	12.781
28	Npj Computational Materials	12.256
29	Journal of Magnesium and Alloys	11.813
30	Journal of Advanced Ceramics	11.534
31	Biochar	11.452
32	Research	11.036
33	Infectious Diseases of Poverty	10.485
34	Science China-Life Sciences	10.372
35	Journal of Materials Science & Technology	10.319
36	Nano Research	10.269
37	Science China-Chemistry	10.138
38	International Journal of Extreme Manufacturing	10.036
39	Frontiers of Medicine	9.927
40	Stroke and Vascular Neurology	9.893

续表

序号	期刊名称	影响因子
41	Translational Neurodegeneration	9.883
42	Environmental Science and Ecotechnology	9.371
43	Asian Journal of Pharmaceutical Sciences	9.273
44	World Journal of Pediatrics	9.186
45	Journal of Integrative Plant Biology	9.106
46	Opto−Electronic Advances	8.933
47	Science China−Materials	8.640
48	Journal of Materiomics	8.589
49	Chinese Chemical Letters	8.455
50	Journal of Molecular Cell Biology	8.185
51	Food Science and Human Wellness	8.022
52	Microsystems & Nanoengineering	8.006
53	IEEE−CAA Journal of Automatica Sinica	7.847
54	International Journal of Mining Science and Technology	7.670
55	Geoscience Frontiers	7.483
56	International Soil and Water Conservation Research	7.481
57	Horticulture Research	7.291
58	Science China−Information Sciences	7.275
59	Photonics Research	7.254
60	Acta Pharmacologica Sinica	7.169
61	Zoological Research	6.975
62	Plant Phenomics	6.961
63	Journal of Environmental Sciences	6.796
64	Genomics Proteomics & Bioinformatics	6.409
65	Digital Communications and Networks	6.348
66	Rare Metals	6.318
67	Journal of Animal Science and Biotechnology	6.175
68	Chinese Medical Journal	6.133
69	Matter and Radiation at Extremes	6.089
70	Neural Regeneration Research	6.058
71	Csee Journal of Power and Energy Systems	6.014
72	High Power Laser Science and Engineering	5.943
73	Journal of Rock Mechanics and Geotechnical Engineering	5.915
74	Journal of Genetics and Genomics	5.723
75	Journal of Zhejiang University−Science B	5.552
76	Pedosphere	5.514
77	Science China−Earth Sciences	5.492
78	Underground Space	5.327
79	Animal Nutrition	5.285
80	Science China−Physics Mechanics & Astronomy	5.203

续表

序号	期刊名称	影响因子
81	Petroleum Exploration and Development	5.194
82	Frontiers of Physics	5.142
83	Marine Life Science & Technology	5.000
84	Ecosystem Health and Sustainability	4.971
85	High Voltage	4.967
86	Friction	4.924
87	Journal of Ocean Engineering and Science	4.803
88	Petroleum Science	4.757
89	Crop Journal	4.647
90	Journal of Rare Earths	4.632
91	International Journal of Digital Earth	4.606
92	International Journal of Disaster Risk Science	4.500
93	Eye and Vision	4.427
94	Rice Science	4.412
95	Journal of Integrative Agriculture	4.384
96	Forest Ecosystems	4.274
97	Horticultural Plant Journal	4.24
98	Computational Visual Media	4.127
99	Chinese Journal of Aeronautics	4.061
100	Phytopathology Research	3.955
101	Applied Mathematics and Mechanics – English Edition	3.918
102	International Journal of Minerals Metallurgy and Materials	3.850
103	Transactions of Nonferrous Metals Society of China	3.752
104	Insect Science	3.605
105	Journal of Palaeogeography – English	2.789
106	Current Zoology	2.734
107	Avian Research	2.043
108	Numerical Mathematics – Theory Methods and Applications	1.524

表 12-9　2021 年总被引频次位于本学科 Q1 区的中国科技期刊

序号	期刊名称	总被引频次
1	Nano Research	29 620
2	Cell Research	29 215
3	Journal of Materials Science & Technology	23 497
4	Journal of Environmental Sciences	21 468
5	Molecular Plant	20 242
6	Journal of Energy Chemistry	19 394
7	Light – Science & Applications	14 914
8	Acta Pharmacologica Sinica	14 909
9	Transactions of Nonferrous Metals Society of China	14 680

续表

序号	期刊名称	总被引频次
10	Chinese Journal of Catalysis	13 631
11	Chinese Medical Journal	12 643
12	Acta Petrologica Sinica	10 047
13	Journal of Integrative Agriculture	8608
14	Journal of Integrative Plant Biology	8456
15	Engineering	6776
16	Science China – Technological Sciences	6731
17	Petroleum Exploration and Development	6522
18	Fungal Diversity	6212
19	Science China – Information Sciences	5794
20	Asian Journal of andrology	5329
21	Applied Mathematics and Mechanics – English Edition	3825

中国科技期刊在国际上的认知度也经历了一个发展变化的过程。1987 年时，SCI 选用中国期刊仅 11 种，占世界的 0.30%，Ei 收录中国期刊仅 20 种。30 多年来，中国科技期刊规模不断壮大，在世界检索系统中的影响也越来越大。2021 年，各检索系统收录中国内地科技期刊情况如下：SCI-E 数据库收录 235 种，比 2020 年增加了 10 种；Ei 数据库收录中国科技期刊 274 种，比 2020 年增加了 45 种（表 12-10）；Medline 收录中国科技期刊 147 种；SSCI 收录中国期刊 2 种。

表 12-10 2005—2021 年 SCI-E 和 Ei 数据库收录中国科技期刊数量　　　　单位：种

年份	SCI-E	Ei
2005	78	141
2006	78	163
2007	104	174
2008	108	197
2009	115	217
2010	128	210
2011	134	211
2012	135	207
2013	139	216
2014	142	216
2015	148	216
2016	162	215
2017	173	221
2018	187	223
2019	208	223
2020	225	229
2021	235	274

12.2.9 中国科技期刊综合评分

中国科学技术信息研究所每年出版的《中国科技期刊引证报告（核心版）》定期公布 CSTPCD 收录的中国科技论文统计源期刊的各项科学计量指标。从 1999 年开始，以此指标为基础，研制了中国科技期刊综合评价指标体系。采用层次分析法，由专家打分确定了重要指标的权重，并分学科对每种期刊进行综合评定。2009—2022 年版的《中国科技期刊引证报告（核心版）》连续公布了期刊的综合评分，即采用中国科技期刊综合评价指标体系对期刊指标进行分类、分层次、赋予不同权重后，求出各指标加权得分后，定出期刊在本学内的排位。

根据综合评分的排序，结合各学科的期刊数量及学科细分后，自 2009 年起每年评选中国百种杰出学术期刊。

中国科技核心期刊（中国科技论文统计源期刊）实行动态调整机制，每年对期刊进行评价，通过定量及定性相结合的方式，评选出各学科较重要的、有代表性的、能反映本学科发展水平的科技期刊，评选过程中对连续两年公布的综合评分排在本学科末位的期刊进行淘汰。

对科技期刊的评价监测主要目的是引导，中国科技期刊评价指标体系中的各指标是从不同角度反映科技期刊的主要特征，涉及期刊多个不同的方面，为此要从整体上反映科技期刊的发展进程，必须对各个指标进行综合化处理，做出综合评价。期刊编辑、出版者也可以从这些指标上找到自己的特点和不足，从而制定期刊的发展方向。

由科技部推动的精品科技期刊战略就是通过对科技期刊的整体评价和监测，发扬中国科学研究的优势学科，对科技期刊存在的问题进行政策引导，采取切实可行的措施，推动科技期刊整体质量和水平的提高，从而促进中国科技自主创新工作，在中国优秀期刊服务于国内广大科技工作者的同时，鼓励一部分顶尖学术期刊冲击世界先进水平。

12.3 小结

① 2012—2021 年 10 年间，全国出版期刊的种数总体呈上升趋势，但平均期印数、总印数、总印张整体、定价总金额整体呈现下降趋势。中国科技核心期刊占全国自然科学、技术类期刊总数的比例连续 10 年保持在 50% 左右。

② 中国科技核心期刊中，工程技术领域期刊所占比例最高，其次为医学领域。

③ 中国科技期刊的核心总被引频次和核心影响因子在保持绝对数增长态势的同时，核心影响因子增速逐渐提升。

④ 2021 中国科技核心期刊的载文量较上一年度有所增加，载文量集中在 100～200 篇的期刊数量占总数的比例最高，为 38.43%；载文量超过 500 篇的期刊相比较 2020 年度有所下降，载文量小于 50 篇的期刊数量较 2020 年有微量增长。

⑤ 2021 年中国科技期刊的地区分布大于 20 个省（自治区、直辖市）的期刊数量与上一年度基本保持一致超过 60%，2021 年达到 68.91%；地区分布数小于 10 的期刊数量相比上一年度稍有所增长。

⑥ 中国科技期刊的出版周期逐年缩短，2021 年月刊占总数的比例从 2007 年的 28.73% 上升至 41.25%，相比上一年度下降 0.3 个百分点；月刊、双月刊、旬刊的比例稍有所下降，半月刊、季刊和周刊的比例稍有所上升，医学类期刊的出版周期最短。

⑦ 从 2021 年中国被 JCR 收录的科技期刊的核心影响因子和核心被引频次在各学科的位置发现，中国有 108 种期刊的影响因子处于本学科的 Q1 区，比上一年度增加 23 种；有 21 种期刊的总被引频次位于本学科的 Q1 区，相较 2020 年增加 3 种。

（执笔人：焦一丹）

参考文献

[1] 国家新闻出版署 . 2020 年全国新闻出版业基本情况 [EB／OL]. （2021－12－17）[2021－01－19]. http：／／www.cnfaxie.org／webfile／upload／2021／12－17／07－56－280973－924401286.pdf.

[2] 中国科学技术信息研究所 . 2021 年度中国科技论文统计与分析（年度研究报告）［M］. 北京：科学技术文献出版社，2021.

[3] 中国科学技术信息研究所 . 2022 年版中国科技核心期刊引证报告（核心版）自然科学卷［M］. 北京：科学技术文献出版社，2022.

13 CPCI-S 收录中国论文情况统计分析

Conference Proceedings Citation Index – Science（CPCI-S）数据库，即原来的 ISTP 数据库，涵盖了所有科技领域的会议录文献，其中包括：农业、生物化学、生物学、生物技术学、化学、计算机科学、工程学、环境科学、医学和物理学等领域。

本章利用统计分析方法对 2021 年 CPCI-S 收录的 26 805 篇第一作者单位为中国机构（不包含港澳台）的科技会议论文的地区、学科、会议举办地、参考文献数量、被引频次分布等进行简单的计量分析。

13.1 引言

CPCI-S 数据库 2021 年收录世界重要会议论文为 22.29 万篇（以最终出版年统计），比 2020 年减少 39.5%，共收录了中国作者论文 3.95 万篇，比 2020 年减少了 24.6%，占世界的 17.7%，排在世界第 2 位（图 13-1）。排在世界前 5 位的分别是美国、中国、印度、德国和英国。CPCI-S 数据库收录美国论文 5.43 万篇，占世界论文总数的 24.4%。

图 13-1 2012—2021 年中国国际科技会议论文数占世界论文总数比例的变化趋势

若不统计港澳台地区的论文，2021 年 CPCI-S 收录第一作者单位为中国机构的科技会议论文共计 2.68 万篇，以下统计分析都基于此数据。

13.2 2021 年 CPCI-S 收录中国论文的地区分布

表 13-1 是 2021 年 CPCI-S 收录的第一作者为中国的论文地区分布情况及其与 2020 年的比较。

表 13-1   2020—2021 年 CPCI-S 论文作者单位较多的前 10 个地区

2021 年			2020 年		
地区	论文篇数	论文数排序	地区	论文篇数	论文数排序
北京	6237	1	北京	7505	1
上海	2636	2	江苏	3048	2
广东	2447	3	上海	2959	3
江苏	2217	4	广东	2903	4
陕西	1669	5	陕西	2149	5
浙江	1328	6	湖北	1866	6
湖北	1278	7	四川	1752	7
四川	1265	8	浙江	1549	8
山东	959	9	山东	1466	9
天津	865	10	天津	1150	10

从表 13-1 可以看出，2021 年排名居前 3 位的地区为北京、上海和广东，分别产出论文 6237 篇、2636 篇和 2447 篇，分别占 CPCI-S 收录中国论文总数的 23.3%、9.8% 和 9.1%。2021 年排名居前 10 位的地区作者共发表 CPCI-S 收录论文 20 901 篇，占论文总数的 78.0%。

13.3   2021 年 CPCI-S 收录中国论文的学科分布

表 13-2 是 2021 年 CPCI-S 收录的第一作者为中国的论文学科分布情况及其与 2020 年的比较。

表 13-2   2020—2021 年 CPCI-S 收录论文数前 10 位学科

2021 年			2020 年		
排序	学科	论文篇数	排序	学科	论文篇数
1	计算技术	10 833	1	电子、通信与自动控制	8758
2	电子、通信与自动控制	6568	2	计算技术	7908
3	物理学	2988	3	临床医学	3716
4	能源科学技术	1160	4	能源科学技术	2916
5	临床医学	982	5	物理学	2410
6	工程与技术基础	527	6	机械工程	962
7	土木建筑	525	7	环境科学	858
8	基础医学	480	8	基础医学	651
9	动力与电气	464	9	材料科学	537
10	材料科学	385	10	动力电气	479

从表 13-2 可以看出，2021 年 CPCI-S 收录的中国论文数排名居前 3 位的学科为计算技术、电子、通信与自动控制和物理学。仅这 3 个学科的会议论文数就占了中国论文总数的 76.1%。

13.4　2021 年 CPCI-S 收录中国作者论文较多的会议

2021 年 CPCI-S 收录的第一作者为中国的论文发表在 1043 个会议上。表 13-3 为 2021 年收录中国论文数居前 10 位的会议。

表 13-3　2021 年收录中国论文数居前 10 位的会议

排名	会议名称	论文篇数
1	35th AAAI Conference on Artificial Intelligence / 33rd Conference on Innovative Applications of Artificial Intelligence / 11th Symposium on Educational Advances in Artificial Intelligence	678
2	IEEE/CVF Conference on Computer Vision and Pattern Recognition（CVPR）	624
3	International Joint Conference on Neural Networks（IJCNN）	527
4	IEEE International Conference on Acoustics, Speech and Signal Processing（ICASSP）	495
5	25th International Conference on Pattern Recognition（ICPR）	378
6	7th Symposium on Novel Photoelectronic Detection Technology and Applications	375
7	2nd International Conference on Artificial Intelligence and Information Systems（ICAIIS）	359
8	16th IEEE Conference on Industrial Electronics and Applications（ICIEA）	352
9	Asia Conference on Geological Research and Environmental Technology（GRET）	346
10	IEEE Global Communications Conference（GLOBECOM）	346

从表 13-3 可以看出，论文数量排在第一位的是由人工智能发展协会发起的第 35 届 AAAI 人工智能会议，会议形式是网络会议，本次会议共收录论文 678 篇。

13.5　CPCI-S 收录中国论文的语种分布

基于 2021 年 CPCI-S 收录第一作者单位为中国机构（不含港、澳、台地区）的 26 805 篇科技会议论文，以英语发表的文章共 26 804 篇，中文发表的论文仅 1 篇。

13.6　2021 年 CPCI-S 收录论文的参考文献数量和被引频次分布

13.6.1　2021 年 CPCI-S 收录论文的参考文献数量分布

表 13-4 列出了 2021 年 CPCI-S 收录中国论文的参考文献数量分布。除了 0 篇参考文献的论文外，排名居前 10 位的参考文献数量均在 5 篇以上，最多为 16 篇，这些论文（包含 0 篇参考文献）共占总论文数的 43.5%。

表 13-4 2021 年 CPCI-S 收录论文的参考文献分布（TOP10）

参考文献篇数	论文篇数	比例
0	1365	5.09%
10	1321	4.93%
15	1091	4.07%
12	1087	4.06%
11	1046	3.90%
13	991	3.70%
8	991	3.70%
14	967	3.61%
9	946	3.53%
16	939	3.50%
6	913	3.41%

13.6.2 2021 年 CPCI-S 收录论文的被引频次分布

2021 年 CPCI-S 收录论文的被引频次分布如表 13-5 所示。从表 13-5 可以看出，大部分会议论文的被引频次为 0，有 23 134 篇，占比 86.3%，略低于 2020 年。被引 1 次及以上的论文有 3671 篇，占比 13.7%；引用 5 次及以上的论文为 328 篇，比 2020 年 566 篇减少 42%。

表 13-5 2021 年 CPCI-S 收录论文的被引频次分布

频次	论文数量	比例
0	23 134	86.30%
1	2285	8.52%
2	638	2.38%
3	287	1.07%
4	133	0.50%
5	80	0.30%
6	60	0.22%
7	39	0.15%
8	26	0.10%
9	18	0.07%

13.7 小结

2021 年 CPCI-S 数据库共收录了中国作者论文 3.95 万篇，比 2020 年减少了 24.6%，占世界的 17.7%，排在世界第 2 位。

2021年CPCI-S收录中国（不包含港澳台地区）的会议论文，以英语发表的文章共26 805篇，中文发表的论文仅1篇。

2021年CPCI-S收录中国论文的参考文献数量排名前十的参考文献数量均在5篇以上，最多为16篇，这些论文（包含0篇参考文献）共占总论文数的43.5%。

2021年论文数量排在第一位的会议是由人工智能发展协会发起的第35届AAAI人工智能会议，会议形式是网络会议，共收录论文678篇。

2021年CPCI-S中国论文分布排名居前3位的学科为计算技术，电子、通信与自动控制和物理学，占了中国论文总数的76.1%。

（执笔人：盖双双）

14 Medline 收录中国论文情况统计分析

14.1 引言

Medline 是美国国立医学图书馆（The National Library of Medicine，NLM）开发的当今世界上最具权威性的文摘类医学文献数据库之一。《医学索引》（Index Medicus，IM）为其检索工具之一，收录了全球生物医学方面的期刊，是生物医学方面较常用的国际文献检索系统。

本章统计了中国科研人员被 Medline 2021 收录论文的机构分布情况、论文发表期刊的分布及期刊所属国家和语种分布情况，并在此基础上进行了分析。

14.2 研究分析与结论

14.2.1 Medline 收录论文的国际概况

Medline 2021 网络版共收录论文 1 612 536 篇（数据采集时间：2022 年 6 月 26 日），比 2020 年的 1 461 679 篇增加 10.32%，2016—2021 年 Medline 收录论文情况如图 14-1 所示。可以看出，除 2017 年 Medline 收录论文数有小幅减少外，2016—2021 年 Medline 收录论文数呈现逐年递增的趋势。

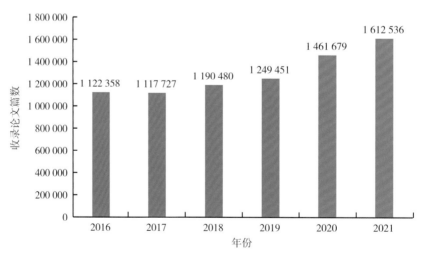

图 14-1　2016—2021 年 Medline 收录论文统计

14.2.2　Medline 收录中国论文的基本情况

Medline 2021 网络版共收录中国科研人员发表的论文 311 548 篇（数据采集时间：2022 年 6 月 26 日），比 2020 年增长 16.35%。2016—2021 年 Medline 收录中国论文情况如图 14-2 所示（附表 17）。

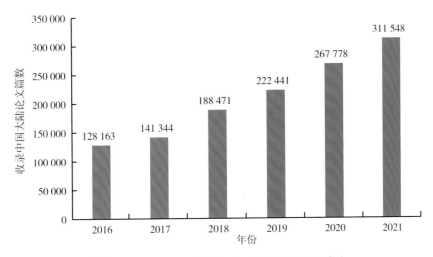

图 14-2　2016—2021 年 Medline 收录中国论文统计

14.2.3　Medline 收录中国论文的机构分布情况

被 Medline 2021 收录的中国论文，以第一作者单位的机构类型分类，其统计结果如图 14-3 所示。其中，高等院校所占比例最多，包括其所附属的医院等医疗机构在内，产出论文占总量的 83.34%。医疗机构中，高等院校所属医疗机构是非高等院校所属医疗机构产出论文数的 3.47 倍，二者之和在总量中所占比例为 35.48%。研究机构所占比例为 7.44%，与 2020 年相比有所提升。

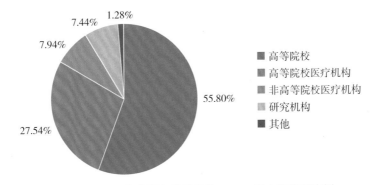

图 14-3　2021 年中国各类型机构 Medline 论文产出的比例

被 Medline 2021 收录的中国论文，以第一作者单位统计，高等院校、研究机构和医疗机构三类机构各自的居前 20 位单位分别如表 14-1 至表 14-3 所示。

从表 14–1 中可以看到，发表论文数较多的高等院校大多为综合类大学。

表 14–1　2021 年 Medline 收录中国论文数居前 20 位的高等院校

排名	高等院校	论文篇数
1	上海交通大学	7205
2	浙江大学	6986
3	四川大学	6764
4	北京大学	5971
5	中山大学	5948
6	复旦大学	5857
7	首都医科大学	5321
8	华中科技大学	4854
9	中南大学	4619
10	山东大学	3912
11	吉林大学	3505
12	南京医科大学	3285
13	武汉大学	3107
14	郑州大学	3061
15	苏州大学	2788
16	西安交通大学	2646
17	南方医科大学	2612
18	中国医科大学	2577
19	重庆医科大学	2279
20	同济大学	2204

注：高等院校数据包括其所属的医院等医疗机构在内。

从表 14–2 中可以看到，发表论文数较多的研究机构中，中国科学院所属机构较多，在前 20 位中占据了 13 席。

表 14–2　2021 年 Medline 收录中国论文数居前 20 位的研究机构

排名	研究机构	论文篇数
1	中国医学科学院肿瘤研究所	881
2	中国疾病预防控制中心	715
3	中国中医科学院	618
4	中国科学院生态环境研究中心	430
5	中国科学院深圳先进技术研究院	343
6	中国科学院化学研究所	314
7	中国水产科学研究院	312
8	中国科学院大连化学物理研究所	305
9	中国科学院长春应用化学研究所	297
10	中国科学院上海药物研究所	273
11	中国科学院昆明植物研究所	264

续表

排名	研究机构	论文篇数
12	中国农业科学院北京畜牧兽医研究所	253
13	中国科学院动物研究所	251
14	中国科学院海洋研究所	248
15	中国科学院微生物研究所	246
16	中国科学院合肥物质科学研究院	234
16	军事医学科学院	234
18	中国科学院地理科学与资源研究所	226
19	中国科学院水生生物研究所	220
20	广东省科学院	219

由 Medline 收录中国医疗机构发表的论文数分析（表 14-3），2021 年四川大学华西医院以发表论文 3742 篇高居榜首，其次为北京协和医院，发表论文 1817 篇，解放军总医院排在第 3 位，发表论文 1591 篇。在论文数居前 20 位的医疗机构中，除北京协和医院、解放军总医院外，其他全部是高等院校所属的医疗机构。

表 14-3　2021 年 Medline 收录中国论文数居前 20 位的医疗机构

排名	医疗机构	论文篇数
1	四川大学华西医院	3742
2	北京协和医院	1817
3	解放军总医院	1591
4	郑州大学第一附属医院	1478
5	华中科技大学同济医学院附属同济医院	1445
6	中南大学湘雅医院	1428
7	华中科技大学同济医学院附属协和医院	1275
8	浙江大学第一附属医院	1271
9	中南大学湘雅二医院	1217
10	浙江大学医学院附属第二医院	1050
11	复旦大学附属中山医院	1043
12	江苏省人民医院	1027
13	中国医科大学附属盛京医院	935
14	吉林大学白求恩第一医院	933
15	上海交通大学医学院附属瑞金医院	927
16	上海交通大学医学院附属第九人民医院	912
17	武汉大学人民医院	908
18	中国医科大学附属第一医院	896
19	南方医院	875
20	重庆医科大学附属第一医院	866

14.2.4　Medline 收录中国论文的学科分布情况

Medline 2021 年收录的中国论文共分布在 125 个学科（该学科分类由科睿唯安提供）中，其中，有 39 个学科的论文数在 1000 篇以上，论文数量最多的学科是生物化学与分子生物学，共有论文 24 547 篇，超过 100 篇的学科数量为 83，占论文总量的 60.98%。论文数量居前 10 位的学科如表 14-4 所示。

表 14-4　2021 年 Medline 收录中国论文数居前 10 位的学科

排名	学科	论文篇数	论文比例
1	生物化学与分子生物学	24 547	7.88%
2	细胞生物学	15 453	4.96%
3	药理学和药剂学	14 645	4.70%
4	老年病学和老年医学	12 414	3.98%
5	儿科学	8174	2.62%
6	肿瘤学	8003	2.57%
7	遗传学与遗传性	7320	2.35%
8	免疫学	5278	1.69%
9	神经科学和神经学	5188	1.67%
10	心血管系统与心脏病学	5020	1.61%

14.2.5　Medline 收录中国论文的期刊分布情况

Medline 2021 收录的中国论文，发表于 6167 种期刊上，期刊总数比 2020 年增长 7.55%。收录中国论文较多的期刊数量与收录的论文数均有所增加，其中，收录中国论文达到 100 篇及以上的期刊共有 605 种。

收录中国论文数居前 20 位的期刊如表 14-5 所示。可以看出，Medline 收录中国论文数居前 20 位的期刊全部是国外期刊。其中，收录论文数最多的期刊为瑞士出版的 *Frontiers in Oncology*，2021 年该刊共收录中国论文 3917 篇。

表 14-5　2021 年 Medline 收录中国论文数居前 20 位的期刊

期刊名称	期刊出版国	论文篇数
Frontiers in Oncology	瑞士	3917
Scientific Reports	英国	3595
Acs Applied Materials & Interfaces	美国	3519
The Science of the Total Environment	荷兰	3445
Medicine	美国	2718
Frontiers in Pharmacology	瑞士	2461
Frontiers in Cell and Developmental Biology	瑞士	2200
Environmental Science and Pollution Research International	德国	2156
Journal of Hazardous Materials	荷兰	2122
Frontiers in Immunology	瑞士	2018

续表

期刊名称	期刊出版国	论文篇数
Nature Communications	英国	2014
Frontiers in Psychology	瑞士	1972
International Journal of Environmental Research And public Health	瑞士	1954
Sensors（Basel，Switzerland）	瑞士	1939
Materials（Basel，Switzerland）	瑞士	1899
PLoS One	美国	1853
Frontiers in Microbiology	瑞士	1825
Frontiers in Genetics	瑞士	1767
Rsc Advances	英国	1756
Optics Express	美国	1742

按照期刊出版地所在的国家（地区）进行统计，发表中国论文数居前 10 位国家的情况如表 14-6 所示。

表 14-6　2021 年 Medline 收录的中国论文发表期刊所在国家相关情况统计

期刊出版地	期刊种数	论文篇数	论文比例
美国	2037	86 869	27.88%
英国	1656	77 435	24.85%
瑞士	291	51 302	16.47%
荷兰	522	24 837	7.97%
中国	193	24 253	7.78%
德国	369	16 523	5.30%
新西兰	64	4963	1.59%
澳大利亚	72	3208	1.03%
希腊	14	3154	1.01%
爱尔兰	36	2634	0.85%

中国 Medline 论文发表在 62 个国家（地区）出版的期刊上。其中，在美国的 2037 种期刊上发表 86 869 篇论文，英国的 1656 种期刊上发表 77 435 篇论文，中国的 193 种期刊共发表 24 253 篇论文。

14.2.6　Medline 收录中国论文的发表语种分布情况

Medline 2021 收录的中国论文，其发表语种情况如表 14-7 所示。可以看出，几乎全部的论文都是用英文和中文发表的，而英文是中国科技成果在国际发表的主要语种，在全部论文中所占比例达到 96.58%。

表 14-7　2021 年 Medline 收录中国论文发表语种情况统计

语种	论文篇数	论文比例
英文	300 882	96.58%
中文	10 607	3.40%
其他	59	0.02%

14.3　小结

Medline 2021 收录中国科研人员发表的论文共计 311 548 篇，发表于 6167 种期刊上，其中 96.58% 的论文用英文撰写。

根据学科统计数据，Medline 2021 收录的中国论文中，生物化学与分子生物学学科的论文数最多，其次是细胞生物学、药理学和药剂学、老年病学和老年医学等学科。

2021 年，Medline 收录中国论文数增长达到 16.35%，其中高等院校产出论文达到论文总数的 83.34%，Medline 2021 收录的中国论文发表的期刊数量持续增加。

（执笔人：潘尧）

参考文献

[1] 中国科学技术信息研究所 . 2020 年度中国科技论文统计与分析（年度研究报告）［M］. 北京：科学技术文献出版社，2022：168－174.

[2] 中国科学技术信息研究所 . 2019 年度中国科技论文统计与分析（年度研究报告）［M］. 北京：科学技术文献出版社，2021：163－169.

[3] 中国科学技术信息研究所 . 2018 年度中国科技论文统计与分析（年度研究报告）［M］. 北京：科学技术文献出版社，2020：162－168.

[4] 中国科学技术信息研究所 . 2017 年度中国科技论文统计与分析（年度研究报告）［M］. 北京：科学技术文献出版社，2019：163－169.

[5] 中国科学技术信息研究所 . 2016 年度中国科技论文统计与分析（年度研究报告）［M］. 北京：科学技术文献出版社，2018：161－167.

15 中国专利情况统计分析

发明专利的数量和质量是衡量创新活动的重要指标。本章基于美国专利商标局、欧洲专利局、三方专利数据，统计分析了近 10 年中国专利产出的发展趋势，并与部分国家进行比较。同时根据德温特创新平台（Derwent Innovation，DI）中 2021 年的专利数据，统计分析了中国授权发明专利的分布情况。

15.1 引言

创新是引领发展的第一动力，保护知识产权就是保护创新。党的十八大以来，以习近平同志为核心的党中央把知识产权保护工作摆在更加突出的位置。2021 年 3 月 21 日，《中华人民共和国国民经济和社会发展第十四个五年规划和 2035 年远景目标纲要》发布，提出健全知识产权保护运用体制。实施知识产权强国战略，实行严格的知识产权保护制度，完善知识产权相关法律法规，加快新领域新业态知识产权立法。优化专利资助奖励政策和考核评价机制，更好保护和激励高价值专利，培育专利密集型产业。"每万人口高价值发明专利拥有量"是中国"十四五"时期经济社会发展主要指标之一。

为此，本章从美国专利商标局、欧洲专利局、三方专利数据、DI 专利数据库等角度，采用定量评价的方法分析中国的专利数量和专利质量，以期总结成绩，查找不足，为中国未来高质量发展提供有力定量数据支撑。

15.2 数据和方法

①基于美国专利商标局分析 2012—2021 年 10 年中国专利产出的发展趋势及其与部分国家（地区）的比较。

②基于欧洲专利局的专利数据库分析 2012—2021 年 10 年中国专利产出的发展趋势及其与部分国家（地区）的比较。

③基于 OECD 官网 2022 年 11 月 14 日更新的三方专利数据库分析 2011—2020 年（专利的优先权时间）10 年中国专利产出的发展趋势及其与部分国家（地区）的比较。

④从 DI 数据库中按公开年检索出中国 2021 年获得授权的发明专利数据，进行机构翻译、机构代码标识和去除无效记录后，形成 2021 年中国授权发明专利数据库。按照德温特分类号统计出该数据库收录中国 2021 年获得授权发明专利数量最多的领域和机构分布情况。

15.3　研究分析与结论

15.3.1　中国专利产出的发展趋势及其与部分国家（地区）的比较

（1）中国在美国专利商标局申请和授权的发明专利数量情况

根据美国专利商标局统计数据，中国在美国专利商标局申请专利数从 2020 年的 54 378 件进一步增长到 2021 年的 63 632 件，名次同 2020 年保持一致，位列第 3 名，仅次于美国和日本（表 15-1 和图 15-1）。

表 15-1　2012—2021 年美国专利商标局专利申请数前 10 名国家（地区）

国家（地区）	年份									
	2012	2013	2014	2015	2016	2017	2018	2019	2020	2021
美国	268 782	287 831	285 096	288 335	318 701	316 718	310 416	316 076	302 251	295 278
日本	88 686	84 967	86 691	86 359	91 383	89 364	87 872	89 858	84 971	79 924
韩国	29 481	33 499	36 744	38 205	41 823	38 026	36 645	39 065	42 291	39 921
德国	29 195	30 551	30 193	30 016	33 254	32 771	32 734	32 967	31 410	30 692
中国大陆	13 273	15 093	18 040	21 386	27 935	32 127	37 788	44 285	54 378	63 632
中国台湾	20 270	21 262	20 201	19 471	20 875	19 911	20 258	21 024	21 692	20 925
英国	12 457	12 807	13 157	13 296	14 824	15 597	15 338	15 682	15 161	14 527
加拿大	13 560	13 675	12 963	13 201	14 328	14 167	14 086	14 473	13 625	13 995
法国	11 047	11 462	11 947	12 327	13 489	13 552	13 275	12 741	12 485	12 147
印度	5663	6600	7127	7976	7676	9115	9809	10 859	11 026	12 291

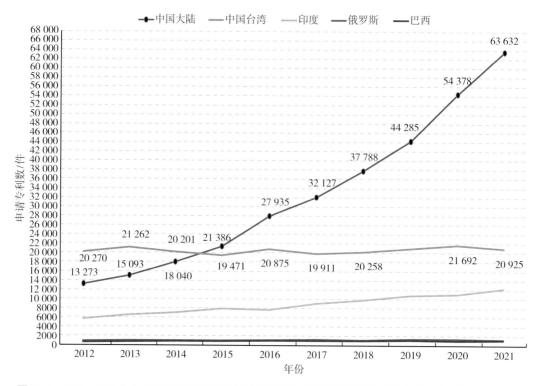

图 15-1　2012—2021 年中国在美国专利商标局申请的发明专利数情况及其与其他部分国家（地区）的比较

从表 15-1 和图 15-1 可以看出，日本在美国专利商标局申请的发明专利数仅次于美国本国申请的专利数，约是美国本国申请专利数的 27.07%。中国近几年在美国专利商标局的申请专利数也在不断增加，在 2018 年首次超过韩国和德国，居第 3 位，2019—2021 年继续保持增长，一直居第 3 位，2021 年中国在美国专利商标局的申请专利数约为美国本国申请专利数的 21.55%。相较于印度、俄罗斯、巴西、南非等其他 4 个金砖国家，中国在美国专利商标局申请的发明专利数具有显著优势，并且也远高于其他四者专利申请量的总和。

从表 15-2、表 15-3 和图 15-2 看，中国在美国专利局获得授权的专利数从 2019 年的 21 760 件增加到 2020 年的 25 229 件，之后又增加到 2021 年的 29 989 件，居第 3 位，位次与 2020 年持平，仅次于美国和日本。与印度、俄罗斯、巴西、南非等金砖国家相比，中国专利授权数已具有明显优势。

2021 年，美国的专利授权数较 2020 年有所下降，但依然居首位，其以总量 191 218 件，遥遥领先于其他国家。日本为 51 518 件，继续居第 2 位，相较于 2020 年，下降了 7.22%。

在金砖五国中，中国位列首位，之后则是印度、俄罗斯、巴西和南非，其中中国以 29 989 件遥遥领先于其他 4 个国家，甚至要远超过这 4 个国家的总授权数。

表 15-2 2012—2021 年美国专利商标局专利授权数排名居前 10 位的国家（地区）

国家（地区）	年份									
	2012	2013	2014	2015	2016	2017	2018	2019	2020	2021
美国	134 194	147 666	158 713	155 982	173 650	167 367	161 970	200 778	198 386	191 218
日本	52 773	54 170	56 005	54 422	53 046	51 743	50 020	57 362	55 526	51 518
韩国	14 168	15 745	18 161	20 201	21 865	22 687	22 059	24 701	24 854	24 916
德国	15 041	16 605	17 595	17 752	17 568	17 998	17 433	19 303	18 461	22 774
中国大陆	4637	5928	7236	9004	10 988	14 147	16 318	21 760	25 229	29 989
中国台湾	11 624	12 118	12 255	12 575	12 738	12 540	11 424	12 540	12 952	11 986
英国	5874	6551	7158	7167	7289	7633	7552	7063	6724	7920
意大利	2546	2930	3033	3090	3158	3212	3248	2964	2957	6796
法国	5857	6555	7103	7026	6907	7365	6988	7361	7031	8570
瑞士	2039	2466	2601	2841	2905	3022	4885	5501	5208	7835

表 15-3 2012—2021 年中国在美国专利商标局获得授权的专利数及名次变化情况

年度	2012	2013	2014	2015	2016	2017	2018	2019	2020	2021
专利授权数/件	4637	5928	7236	9004	10 988	14 147	16 318	21 760	25 229	29 989
比上一年增长	46.09%	27.84%	22.06%	24.43%	22.03%	28.75%	15.35%	33.35%	15.94%	18.87%
排名	9	8	6	6	6	5	5	4	3	3
占总数比例	1.83%	2.13%	2.41%	2.76%	2.91%	4.47%	4.81%	4.06%	6.46%	5.94%

2012—2021 年，中国的专利授权数保持逐年增长，同时占总数的比例也在逐年增长，从 2012 年的 1.83% 上升到 2017 年的 4.47%，再到 2020 年的 6.46%，2021 年略有下降，为 5.94%，且排名也由 2012 年的第 9 位上升到 2018 年的第 5 位，2020 年、2021 年连续两年排在第 3 位。

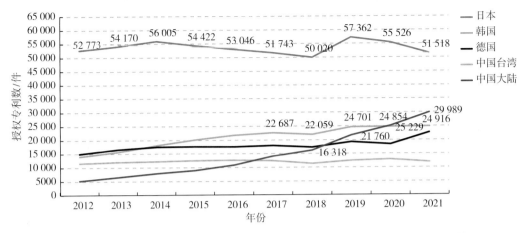

图 15-2　2012—2021 年部分国家（地区）在美国专利商标局获得授权专利数变化情况

（2）中国在欧洲专利商标局申请专利数量和授权发明专利数量的变化情况

2020 年中国在欧洲专利局申请专利数为 13 432 件，2021 年增长到了 16 665 件，增长了 24.07%，中国专利申请数在世界所处位次与 2019 年、2020 年一致，居第 4 位，所占份额也从 2019 年的 6.75% 上升到 2020 年的 7.45%，再到 2021 年的 8.84%。与美国、德国和日本这些发达国家相比，中国在欧洲专利局的申请数仍有较大差距（表 15-4、表 15-5、图 15-3、图 15-4）。

表 15-4　2012—2021 年在欧洲专利局申请专利数居前 10 位的国家

国家	年份										2021 年所占比例
	2012	2013	2014	2015	2016	2017	2018	2019	2020	2021	
美国	35 268	34 011	36 668	42 692	40 076	42 463	43 612	46 201	44 293	46 533	24.67%
德国	27 249	26 510	25 633	24 820	25 086	25 539	26 734	26 805	25 954	25 969	13.77%
日本	22 490	22 405	22 118	21 426	21 007	21 774	22 615	22 066	21 841	21 681	11.50%
中国	3751	4075	4680	5721	7150	8330	9401	12 247	13 432	16 665	8.84%
法国	9897	9835	10 614	10 781	10 486	10 559	10 468	10 163	10 554	10 537	5.59%
韩国	5067	5852	6874	7100	6889	7043	7140	8287	9106	9394	4.98%
瑞士	6746	6742	6910	7088	7293	7354	7927	8249	8112	8442	4.48%
荷兰	5067	5852	6874	7100	6889	7043	7142	6954	6375	6581	3.49%
英国	4716	4587	4764	5037	5142	5313	5736	6156	5715	5627	2.98%
意大利	3744	3706	3649	3979	4166	4352	4399	4456	4600	4919	2.61%

在 2021 年，美国、德国和日本依然是在欧洲专利局申请专利数居前 3 位的国家，其中美国和日本都是属于欧洲之外的国家。此外，前 5 位中，只有居第 2 位的德国和居第 5 位的法国属于欧洲国家。

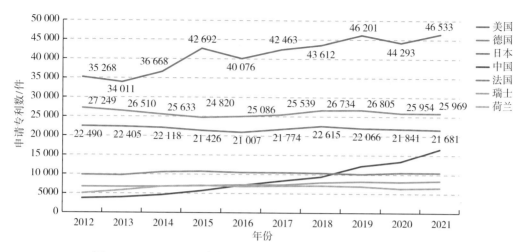

图 15-3 2012—2021 年部分国家在欧洲专利局申请专利数变化情况

表 15-5 2012—2021 年中国在欧洲专利局申请专利数变化情况

年度	2012	2013	2014	2015	2016	2017	2018	2019	2020	2021
申请专利数/件	3751	4075	4680	5721	7150	8330	9401	12 247	13 432	16 665
占总数的比例	2.51%	2.74%	3.06%	3.58%	4.57%	5.03%	5.39%	6.75%	7.45%	8.84%
比上一年增长	47.56%	8.64%	14.85%	22.24%	24.98%	16.50%	12.86%	30.27%	9.68%	24.07%
排名	10	9	9	8	6	5	5	4	4	4

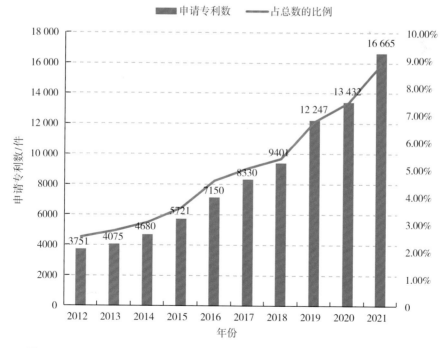

图 15-4 2012—2021 年中国在欧洲专利局申请专利数及占总数比例的变化情况

　　2021 年，中国在欧洲专利局获得授权的发明专利数为 6864 件，与 2020 年基本持平，中国专利授权数在世界所处位次由 2020 年的第 6 位上升到 2021 年的第 4 位，超过法国和韩国，其所占份额从 2020 年的 5.13% 上升到 2021 年的 6.31%。与美国、日本、德国等发达国家相比，中国在欧洲专利局获得授权的专利数还较少，不过已经开始超过传统强国，如法国、瑞士、英国、意大利等（表 15-6、表 15-7、图 15-5、图 15-6）。

表 15-6　2012—2021 年在欧洲专利局获得授权专利数居前 10 位的国家

国家	年份										2021 年占比
	2012	2013	2014	2015	2016	2017	2018	2019	2020	2021	
美国	14 703	14 877	14 384	14 950	21 939	24 960	31 136	34 614	34 162	27 424	25.21%
日本	12 856	12 133	11 120	10 585	15 395	17 660	21 343	22 423	20 230	15 395	14.15%
德国	13 315	13 425	13 086	14 122	18 728	18 813	20 804	21 198	20 056	16 507	15.17%
法国	4804	4910	4728	5433	7032	7325	8611	8800	8397	6794	6.24%
韩国	1785	1989	1891	1987	3210	4435	6262	7247	7049	5806	5.34%
中国	791	941	1186	1407	2513	3180	4831	6229	6863	6864	6.31%
瑞士	2597	2668	2794	3037	3910	3929	4452	4770	4899	3918	3.60%
英国	2020	2064	2072	2097	2931	3116	3827	4119	4004	3206	2.95%
荷兰	1711	1883	1703	1998	2784	3201	3782	4326	3962	2931	2.69%
意大利	2237	2353	2274	2476	3207	3111	3446	3713	3813	3199	2.94%

表 15-7　2012—2021 年中国在欧洲专利局获得授权专利数变化情况

年度	2012	2013	2014	2015	2016	2017	2018	2019	2020	2021
专利授权数	791	941	1186	1407	2513	3180	4831	6229	6863	6864
比上一年增长	54.19%	18.96%	26.04%	18.63%	78.61%	26.54%	51.92%	28.94%	10.18%	0.01%
排名	13	11	11	11	11	8	6	6	6	4
占总数的比例	1.20%	1.41%	1.84%	2.06%	2.62%	3.01%	3.79%	4.52%	5.13%	6.31%

图 15-5　2012—2021 年中国在欧洲专利局获得授权的专利数及占总数比例的变化情况

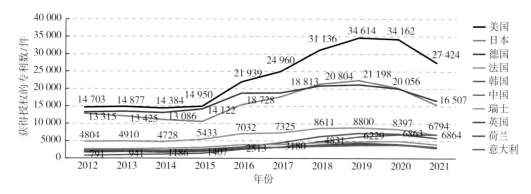

图 15-6 2012—2021 年部分国家在欧洲专利局获得授权的专利数变化情况

（3）中国三方专利情况

经济合作与发展组织（Organization for Economic Cooperation and Development，OECD）提出的"三方专利"指标通常是指向美国、日本及欧洲专利局都提出了申请并至少已在美国专利商标局获得发明专利权的同一项发明专利。通过三方专利，可以研究世界范围内最具市场价值和高技术含量的专利状况。一般认为，这个指标能很好地反映一个国家的科技实力。

据 OECD 在 2022 年 11 月 14 日的数据显示，2020 年中国发明人拥有的三方专利数为 5897 项，占世界的 10.24%，排在世界第 3 位，与去年持平，仅落后于日本和美国（表 15-8、图 15-7 和表 15-9）。

表 15-8 2011—2020 年三方专利排名居前 10 位的国家

国家	年份									
	2011	2012	2013	2014	2015	2016	2017	2018	2019	2020
日本	17 140	16 722	16 197	17 483	17 360	17 066	17 591	18 645	17 702	17 469
美国	13 012	13 709	14 211	14 688	14 886	15 219	12 021	12 753	12 881	13 040
中国	1545	1715	1897	2477	2889	3766	4215	5323	5597	5897
德国	5537	5561	5525	4520	4455	4583	4531	4772	4621	4381
韩国	2665	2866	3107	2683	2703	2671	2428	2160	2558	3244
法国	2555	2521	2466	2528	2578	2470	2315	2073	1857	1880
英国	1654	1693	1726	1793	1811	1740	1612	1714	1690	1708
瑞士	1108	1154	1195	1192	1207	1206	1155	1275	1225	1304
意大利	672	679	685	762	781	836	818	884	947	910
瑞典	616	662	589	676	731	780	810	886	867	864

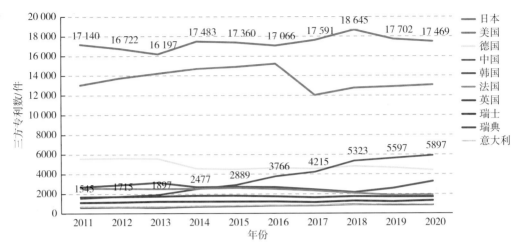

图 15-7 2011—2020 年部分国家三方专利数变化情况比较

表 15-9 2011—2020 年中国三方专利数变化情况

年度	2011	2012	2013	2014	2015	2016	2017	2018	2019	2020
三方专利数/件	1545	1715	1897	2477	2889	3766	4215	5323	5597	5897
比上一年增长	8.80%	11.00%	10.61%	30.57%	16.63%	30.36%	11.92%	26.29%	5.15%	5.37%
位次	7	6	6	6	4	4	4	3	3	3

（4）Derwent Innovation 收录中国发明专利授权数变化情况

Derwent Innovation（DI）是由科睿唯安集团提供的数据库，集全球最全面的国际专利与业内最强大的知识产权分析工具于一身，可提供全面、综合的内容，包括深度加工的德温特世界专利索引（Derwent World Patents Index，DWPI）、德温特专利引文索引（Derwent Patents Citation Index，DPCI）、欧美专利全文、英译的亚洲专利等。

此外，凭借强大的分析和可视化工具，DI 允许用户快速、轻松地识别与其研究相关的信息，提供有效信息来帮助用户在知识产权和业务战略方面做出更快、更准确的决策。

2021 年，中国公开的授权发明专利约 69.63 万件，较 2020 年增长 31.30%（表 15-10、图 15-8）。按第一专利权人（申请人）的国别看，中国机构（或个人）获得授权的发明专利数约为 57.81 万件，约占 83.02%。

从获得授权的发明专利的机构类型看，2021 年度，中国高等院校获得约 14.50 万件授权发明专利，占中国机构（或个人）获得授权发明专利数量的 25.08%；研究机构获得约 3.97 万件授权发明专利，占比为 6.87%；公司企业获得约 35.56 万件授权发明专利，占比为 63.24%。

表 15-10 2012—2021 年中国发明专利授权数变化情况

年度	2012	2013	2014	2015	2016	2017	2018	2019	2020	2021
专利授权数/件	143 951	150 152	229 685	333 195	418 775	420 307	432 311	452 971	530 330	696 321
比上一年增长	35.06%	4.31%	52.97%	45.07%	25.68%	0.37%	2.86%	4.78%	17.08%	31.30%

图 15-8　2012—2021 年 Derwent Innovation 收录中国发明专利授权数变化情况

15.3.2　中国获得授权的发明专利产出的领域分布情况

基于 Derwent Innovation 数据库，我们按照德温特专利分类号统计出该数据库收录中国 2021 年授权发明专利数居前 10 位的领域（表 15-11）。

表 15-11　2020 年和 2021 年中国获得授权专利居前 10 位的领域比较

排序		类别	2021 年专利授权数 / 件
2021 年	2020 年		
1	1	计算机	157 168
2	2	工程仪器	20 774
3	4	天然产物和聚合物	19 122
4	3	电话和数据传输系统	17 673
5	5	科学仪器	16 320
6	6	电子仪器	14 055
7	7	导体、电阻器、磁铁、电容器及开关等元件的电化学性能	12 605
8	8	造纸、唱片、清洁剂、食品和油井应用等其他类	11 634
9	9	电子应用	10 567
10	11	聚氯乙烯、聚四氟乙烯等取代单烯烃聚合物	9222

注：按德温特专利分类号分类。

2021 年，被 DI 数据库收录授权发明专利数最多的领域与 2020 年相比略有差异。其中，第 3 位由 2020 年的电话和数据传输系统变化为天然产物和聚合物，第 10 位由 2020 年的水、工业废物和污水的化学或生物处理变化为聚氯乙烯、聚四氟乙烯等取代单烯烃聚合物。其他位次的领域排名保持不变。

15.3.3　中国获得授权发明专利产出的机构分布情况

（1）2021 年中国获得授权发明专利产出的高等院校分布情况

基于 Derwent Innovation 数据库，我们统计出 2021 年中国获得授权专利数居前 10 位的高等院校，如表 15-12 所示。

表 15-12　2021 年中国获得授权专利居前 10 位的高等院校

排名	高等院校	专利授权数/件
1	浙江大学	2830
2	清华大学	2469
3	电子科技大学	2338
4	华南理工大学	2191
5	西安交通大学	2177
6	东南大学	2068
7	中南大学	2045
8	吉林大学	1908
9	北京航空航天大学	1849
10	哈尔滨工业大学	1830

从表 15-12 可以看出，2021 年位列前 2 位的高等院校，和 2020 年保持一致，依然是浙江大学和清华大学。电子科技大学、华南理工大学、东南大学 2021 年的排名相较于 2020 年有所上升，西安交通大学、北京航空航天大学的排名与 2020 年相比有所下滑。吉林大学、哈尔滨工业大学排名进入前 10 位。

（2）2021 年中国获得授权发明专利产出的科研院所分布情况

基于 Derwent Innovation 数据库，我们统计出 2021 年中国获得授权专利数居前 10 位的科研机构，如表 15-13 所示。

表 15-13　2021 年中国获得授权专利数居前 10 位的科研机构

排名	科研机构	专利授权数/件
1	中国科学院大连化学物理研究所	1088
2	中国移动通信有限公司研究院	569
3	中国科学院长春光学精密机械与物理研究所	540
4	中国科学院自动化研究所	375
5	中国科学院过程工程研究所	368
6	中国科学院宁波材料技术与工程研究所	357
7	中国科学院化学研究所	353
8	中国科学院合肥物质科学研究院	349
9	中国科学院金属研究所	343
10	中国水利水电科学研究院	331

从表 15-13 可以看出，2021 年被 DI 数据库收录的授权发明专利数排在前 10 位的研究机构，主要是中国科学院下属科研院所，包括中国科学院大连化学物理研究所、中国科学院长春光学精密机械与物理研究所、中国科学院自动化研究所、中国科学院过程工程研究所、中国科学院宁波材料技术与工程研究所、中国科学院化学研究所、中国科学院合肥物质科学研究院和中国科学院金属研究所。其中，居第 1 位的是专利授权量为 1088 件的中国科学院大连化学物理研究所，远超过其他机构，排名和 2020 年保持一致。

除了中国科学院下属的一些研究所以外，还有中国移动通信有限公司研究院和中国水利水电科学研究院居前 10 位。

（3）2021 年中国获得授权发明专利产出的企业分布情况

如表 15-14 所示，在 DI 数据库中，2021 年授权发明专利数排在前 3 位的企业是华为技术有限公司、腾讯科技（深圳）有限公司和 OPPO 广东移动通信有限公司。其中，华为技术有限公司的位次和 2020 年一致，腾讯科技（深圳）有限公司由 2020 年的第 4 位上升至第 2 位。

表 15-14　2021 年中国获得授权专利数居前 10 位的企业

排名	企业	专利授权数 / 件
1	华为技术有限公司	7642
2	腾讯科技（深圳）有限公司	4537
3	OPPO 广东移动通信有限公司	4196
4	中国石油化工股份有限公司	3609
5	京东方科技集团股份有限公司	3568
6	维沃移动通信有限公司	2917
7	珠海格力电器股份有限公司	2574
8	中兴通讯股份有限公司	1595
9	北京小米移动软件有限公司	1415
10	联想（北京）有限公司	1241

2021 年，专利授权量超过 2000 件的企业共有 7 家，分别是华为技术有限公司、腾讯科技（深圳）有限公司、OPPO 广东移动通信有限公司、中国石油化工股份有限公司、京东方科技集团股份有限公司、维沃移动通信有限公司和珠海格力电器股份有限公司。其中，除了维沃移动通信有限公司以外，其他 6 家企业在 2020 年的年授权量也都超过 2000 件。

15.4　小结

2021 年，中国的发明专利授权量继续快速增长，居全球首位。目前，中国早已经提前完成了"十三五"国家科技创新规划中提出的"本国人发明专利年度授权量进入世界前 5 位"的目标。

此外，从三方专利数和美国专利局及欧洲专利局数据看，中国专利质量的提升也较为明显。

① 中国近几年在美国专利商标局的申请专利数量在不断增加，继 2018 年首次超过韩国和德国，居第 3 位后，在 2021 年尽管位次保持不变，但是专利申请量继续增长，已经快占到美国本土专利申请数的 21.55%。

② 在 2021 年，中国在美国的专利授权数继续增长，继 2020 年首次超过韩国后，排名保持在第 3 位，仅落后美国本土和日本。

③ 在 2021 年，中国在欧洲专利局的专利申请量显著增长，位次与 2020 年一致，位列第 4 位，仅落后于美国、德国和日本。

④ 在 2021 年，中国在欧洲专利局的专利授权量与 2020 年基本持平，但位次由 2020 年的第 6 位上升到第 4 位，超过韩国、法国，仅落后于美国、日本、德国。

⑤ 最新的三方专利（2022 年 11 月 14 日）显示，2020 年中国发明人拥有的三方专利数为 5897 项，占世界的 10.24%，排在世界第 3 位，与去年持平，仅落后于日本和美国。

最后，从 Derwent Innovation 数据库 2021 年收录中国授权发明专利的分布情况可以看出，中国获得授权发明专利居前 10 位的领域分别为计算机，工程仪器，天然产物和聚合物，电话和数据传输系统，科学仪器，电子仪器，导体、电阻器、磁铁、电容器及开关等元件的电化学性能、造纸、唱片、清洁剂、食品和油井应用等其他类，电子应用，以及聚氯乙烯、聚四氟乙烯等取代单烯烃聚合物领域，其中计算机专利授权数连续多年遥遥领先于其他领域，聚氯乙烯、聚四氟乙烯等取代单烯烃聚合物专利授权数较 2020 年有很大的增长，居第 10 位。在获得授权的专利权人方面，企业中的华为技术有限公司、腾讯科技（深圳）有限公司、OPPO 广东移动通信有限公司、中国石油化工股份有限公司、京东方科技集团股份有限公司、维沃移动通信有限公司和珠海格力电器股份有限公司，相对于其他专利权人而言，有较大数量优势。

（执笔人：郑楚华）

16 SSCI 收录中国论文情况统计与分析

对 2021 年 SSCI（Social Science Citation Index）和 JCR（SSCI）数据库收录中国论文进行统计分析，以了解中国社会科学论文的地区、学科、机构分布及发表论文的国际期刊和论文被引用等方面情况。并利用 SSCI 2021 和 SSCI JCR 2021 对中国社会科学研究的学科优势及在国际学术界的地位等情况做出分析。

16.1 引言

2021 年，反映社会科学研究成果的大型综合检索系统《社会科学引文索引》（SSCI）已收录世界社会科学领域期刊 3568 种。SSCI 覆盖的领域涉及人类学、社会学、教育、经济、心理学、图书情报、语言学、法学、城市研究、管理、国际关系和健康等 58 个学科门类。通过对该系统所收录的中国论文的统计和分析研究，可以从一个侧面了解中国社会科学研究成果的国际影响和所处的国际地位。为了帮助广大社会科学工作者与国际同行交流与沟通，也为促进中国社会科学和与之交叉的学科的发展，从 2005 年开始，笔者就对 SSCI 收录的中国社会科学论文情况做出统计和简要分析。2021 年，继续对中国大陆的 SSCI 论文情况及在国际上的地位做一简要分析。

16.2 研究分析和结论

16.2.1 SSCI 2021 年收录的中国论文的简要统计

2021 年，SSCI 收录的世界文献数共计为 44.34 万篇，与 2020 年收录的 40.88 万篇相比，增加了 3.46 万篇。收录文献数居前 10 位的国家 SSCI 论文数所占份额如表 16-1 所示。中国（含港、澳地区，不含台湾地区）被收录的文献数为 49 812 篇，比上一年增加 9522 篇，增长 23.63%，按收录数排序，中国居世界第 2 位，相比 2020 年排名上升 1 位。居前 10 位的国家依次为：美国、中国、英国、澳大利亚、德国、加拿大、西班牙、意大利、荷兰和法国。2021 年，中国社会科学论文数量占比虽有所上升，但与自然科学论文数在国际上的排名相比仍然有所差距。

表 16-1 收录文献数居前 10 位的国家 SSCI 论文数所占份额情况

国家	论文篇数	比例	位次
美国	149 300	33.67%	1
中国	49 812	11.23%	2
英国	46 845	10.56%	3
澳大利亚	29 920	6.75%	4

续表

国家	论文篇数	比例	位次
德国	26 684	6.02%	5
加拿大	25 928	5.85%	6
西班牙	19 720	4.45%	7
意大利	17 638	3.98%	8
荷兰	16 309	3.68%	9
法国	12 581	2.84%	10

数据来源：SSCI 2021，截至 2023 年 1 月 11 日。

（1）第一作者论文的地区分布

若不计港、澳、台地区的论文，2021 年 SSCI 共收录中国机构为第一署名单位的论文为 38 757 篇，分布于 31 个省（自治区、直辖市）。论文数超过 500 篇的地区包括：北京、江苏、广东、上海、湖北、浙江、四川、山东、陕西、湖南、辽宁、重庆、福建、河南、天津、安徽、吉林和黑龙江。这 18 个地区的论文数为 36 091 篇，占中国机构为第一署名单位论文（不含港、澳、台地区）总数的 93.12%。各地区的 SSCI 论文详情如表 16-2 和图 16-1 所示。

表 16-2　中国第一作者论文的地区分布情况

地区	位次	论文篇数	比例	地区	位次	论文篇数	比例
北京	1	6727	17.36%	吉林	17	614	1.58%
江苏	2	3669	9.47%	黑龙江	18	568	1.47%
广东	3	3409	8.80%	江西	19	491	1.27%
上海	4	3405	8.79%	甘肃	20	374	0.96%
湖北	5	2521	6.50%	河北	21	322	0.83%
浙江	6	2439	6.29%	云南	22	291	0.75%
四川	7	2157	5.57%	广西	23	260	0.67%
山东	8	1796	4.63%	山西	24	227	0.59%
陕西	9	1716	4.43%	贵州	25	189	0.49%
湖南	10	1340	3.46%	海南	26	160	0.41%
辽宁	11	1057	2.73%	新疆	27	147	0.38%
重庆	12	1055	2.72%	内蒙古	28	137	0.35%
福建	13	971	2.51%	青海	29	34	0.09%
河南	14	890	2.30%	宁夏	30	25	0.06%
天津	15	887	2.29%	西藏	31	9	0.02%
安徽	16	870	2.24%				

数据来源：SSCI 2021。

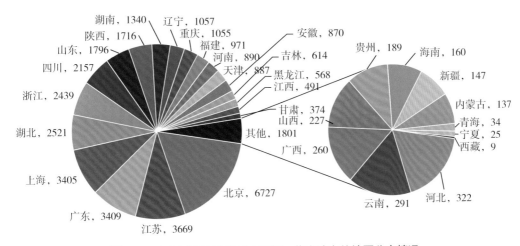

图 16-1 2021 年 SSCI 收录中国第一作者论文的地区分布情况

（2）第一作者的论文类型

2021 年，SSCI 收录的中国第一作者的 38 757 篇论文中：研究性论文（Article）34 380 篇、评述（Review）1706 篇、书评（Book Review）509 篇、编辑信息（Editorial Material）247 篇和信函（Letter）90 篇，如表 16-3 所示。

表 16-3 SSCI 收录的中国第一作者论文类型

论文类型	论文篇数	比例
研究性论文	34 380	88.71%
评述	1706	4.40%
书评	509	1.31%
编辑信息	247	0.64%
信函	90	0.23%
其他[①]	1825	4.71%

数据来源：SSCI 2021。

① 其他论文类型包括 Meeting Abstract、Correction 等。

（3）第一作者论文的机构分布

中国 SSCI 论文主要由高等院校的作者产生，共计 35 689 篇，占比 84.73%，如表 16-4 所示。其中，4.41% 的论文是研究机构作者所著。

表 16-4 中国 SSCI 论文的机构分布

机构类型	论文篇数	比例
高等院校	35 689	84.73%
研究机构	1710	4.41%
医疗机构[①]	3488	9.00%
公司企业	46	0.12%
其他	673	1.74%

数据来源：SSC I2021。

① 这里所指的医疗机构不含附属于高等院校的医院。

SSCI 2021 收录的中国第一作者论文分布于 1800 多家机构中。被收录 10 篇及以上的机构 502 个，其中高等院校 395 个[①]，研究机构 25 个，医疗机构 82 个。表 16-5 列出了论文篇数居前 20 位的机构名称，论文全部产自高等院校。

表 16-5　SSCI 所收录的中国论文篇数居前 20 位的机构

机构名称	论文篇数	机构名称	论文篇数
北京大学	846	西安交通大学	502
浙江大学	791	复旦大学	481
北京师范大学	744	山东大学	461
四川大学	697	同济大学	414
中山大学	641	东南大学	393
上海交通大学	636	中国人民大学	391
中南大学	629	西南财经大学	363
武汉大学	622	华东师范大学	356
华中科技大学	535	天津大学	350
清华大学	505	南京大学	349

数据来源：SSCI 2021。

① 这里所指高等院校含附属机构。

（4）第一作者论文当年被引用情况

发表当年就被引用的论文，一般来说研究内容都属于热点或研究者都较为关注的问题。2021 年，中国的 38 757 篇第一作者论文中，当年被引用的论文为 24 534 篇，占总数的 63.30%，比 2020 年增长了 33.18%。2021 年，第一机构为中国（不含港、澳、台地区）的论文中，最高被引次数为 98 次，该篇论文产自江苏大学的 *Nexus between energy efficiency and electricity reforms*：A DEA–*Based way forward for clean power development* 一文。

（5）中国 SSCI 论文的期刊分布

目前，SSCI 收录的国际期刊为 3568 种。2021 年，中国以第一作者发表的 38 757 篇论文，分布于 3483 种期刊中，比上一年发表论文的范围增加 103 种，发表 5 篇以上（含 5 篇）论文的社会科学的期刊为 1075 种，比 2020 年增加 140 种。

表 16-6 为 SSCI 收录中国作者论文数居前 15 位的社科期刊分布情况，数量最多的期刊是 *Sustainability*，为 2437 篇。

表 16-6　SSCI 收录中国作者论文数居前 15 位的社会科学期刊

论文篇数[①]	期刊名称
2437	Sustainability
1607	Frontiers in Psychology
1511	International Journal of Environmental Research and Public Health

续表

论文篇数[①]	期刊名称
1210	Psychiatria Danubina
679	Journal of Cleaner Production
630	Frontiers in Public Health
561	Frontiers in Psychiatry
493	Land
417	Environmental Science and Pollution Research
328	International Journal of Psychophysiology
309	Journal of Affective Disorders
289	PLoS One
269	Sage Open
248	Science of the Total Environment
241	Complexity

数据来源：SSCI 2021。

① 这里所指的论文不限文献类型。

（6）中国社会科学论文的学科分布

2021 年，中国机构作为第一作者单位的 SSCI 论文发文量居前 10 位的学科情况如表 16-7 所示。

表 16-7　SSCI 收录中国论文数居前 10 位的学科情况

排名	主题学科	论文篇数	排名	主题学科	论文篇数
1	经济	5638	6	管理学	365
2	教育	4473	7	图书、情报、文献	288
3	社会、民族	1600	8	法律	191
4	统计	814	9	政治	87
5	语言、文字	417	10	历史、考古	72

2021 年，在 16 个社科类学科分类中，中国在其中 14 个学科中均有论文发表。其中，论文数超过 100 篇的学科有 8 个；论文数超过 200 篇的分别是经济，教育，社会、民族，统计，语言、文字，管理学，图书、情报、文献，论文数最多的学科为经济，2021 年共发表论文 5638 篇。

16.2.2　中国社会科学论文的国际显示度分析

（1）国际高影响期刊中的中国社会科学论文

据 2021 SJCR 统计，2021 年社会科学国际期刊共有 3568 种。期刊影响因子居前 20 位的期刊如表 16-8 所示，这 20 种期刊发表论文共 2864 篇。若不计港、澳、台地区的论文，

2021年，中国作者在期刊影响因子居前20位社科期刊其中的13种期刊中发表96篇论文，与 2020 年的 77 篇（11 种期刊）相比，期刊数增加，论文数增加，其中影响因子居前 10 位的国际社会科学期刊中，论文发表单位如表 16-9 所示。

表 16-8　影响因子居前 20 位的 SSCI 期刊情况

排序	期刊名称	总被引次数	影响因子	即年指标	半衰期	期刊论文篇数	中国论文篇数
1	World Psychiatry	11 951	79.683	13.714	4.9	112	1
2	Lancet Psychiatry	21 986	77.056	21.437	2.3	330	4
3	Lancet Public Health	10 449	72.427	10.973	1.8	168	12
4	Lancet Global Health	22 156	38.927	10.908	3.2	424	8
5	Nature Climate Change	43 972	28.862	6.470	5.6	291	12
6	Annual Review of Psychology	30 374	27.782	13.667	12.9	28	0
7	Nature Sustainability	10 711	27.157	4.455	2.3	177	17
8	Jama Psychiatry	22 149	25.936	8.177	4.6	224	0
9	Psychotherapy and Psychosomatics	6813	25.617	3.500	6.9	38	3
10	Trends in Cognitive Sciences	36 688	24.482	4.963	10.4	134	3
11	Nature Human Behaviour	11 204	24.252	8.232	2.0	243	7
12	Psychological Bulletin	68 919	23.027	3.850	22.3	47	1
13	Annual Review of Clinical Psychology	9675	22.098	6.391	8.6	23	0
14	Annual Review of Public Health	11 349	21.870	5.346	8.5	28	0
15	Behavioral and Brain Sciences	12 872	21.357	10.857	16.0	177	1
16	American Journal of Psychiatry	48 014	19.248	6.788	15.2	167	2
17	Academy of Management Annals	8244	19.241	5.059	7.3	18	0
18	Quarterly Journal of Economics	41 001	19.013	2.754	18.9	48	0
19	International Journal of Information Management	17 621	18.958	7.545	3.2	161	25
20	Annual Review of Environment and Resources	6873	17.909	1.120	9.9	26	0

数据来源：SJCR 2021。

表 16-9　影响因子居前 10 位的 SSCI 期刊中中国机构发表论文情况

序号	发表期刊	论文类型	发表机构	论文题目	第一作者
1	World Psychiatry	Letter	华中科技大学同济医学院附属同济医院	Mental health problems among COVID-19 survivors in Wuhan, China	Mei, Qi

续表

序号	发表期刊	论文类型	发表机构	论文题目	第一作者
2	Lancet Psychiatry	Article	昆明医学院第一附属医院	Prevalence of depressive disorders and treatment in China: a cross-sectional epidemiological study	Lu, Jin
3		Editorial Material	山东大学	The social determinants of depressive disorders in China	Wang, Qing
4		Article	中山大学	Time-varying associations of pre-migration and post-migration stressors in refugees' mental health during resettlement: a longitudinal study in Australia	Wu, Shuxian
5		Letter	重庆医科大学附属第一医院	Treatment of depression in children and adolescents reply	Zhou, Xinyu
6		Editorial Material	浙江大学	China's public health system: time for improvement	Xu, Junfang
7		Editorial Material	北京大学	Falls prevention in China: time for action	Yao, Yao
8		Editorial Material	清华大学	Harnessing the opportunity to achieve health equity in China	Wang, Zhicheng
9		Editorial Material	北京大学	Digital health care in China and access for older people	Zhou, Xin-fa
10		Article	昆山杜克大学	Ending tuberculosis in China: health system challenges	Long, Qian
11		Review	中南大学湘雅二医院	Risk factors for suicide in prisons: a systematic review and meta-analysis	Zhong, Shaoling
12	Lancet Public Health	Article	首都医科大学宣武医院	Temporal trend and attributable risk factors of stroke burden in China, 1990—2019: an analysis for the Global Burden of Disease Study 2019	Ma, Qingfeng
13		Article	清华大学	The 2020 China report of the Lancet Countdown on health and climate change	Cai, Wenjia
14		Article	清华大学	The 2021 China report of the Lancet Countdown on health and climate change: seizing the window of opportunity	Cai, Wenjia
15		Review	上海市东方医院	The mental health of transgender and gender non-conforming people in China: a systematic review	Lin, Yezhe
16		Editorial Material	南京医科大学	Achieving malaria elimination in China	Cao, Jun
17		Article	中国医学科学院北京协和医学院	Disparities in stage at diagnosis for five common cancers in China: a multicentre, hospital-based, observational study	Zeng, Hongmei

续表

序号	发表期刊	论文类型	发表机构	论文题目	第一作者
18		Article	四川大学医学院附属华西妇产儿童医院	Preterm births in China between 2012 and 2018: an observational study of more than 9 million women	Deng, Kui
19		Editorial Material	上海交通大学医学院附属新华医院	The rising preterm birth rate in China: a cause for concern	Zhang, Jun
20		Article	山东大学齐鲁医院	Global trends in the prevalence of secondhand smoke exposure among adolescents aged 12−16 years from 1999 to 2018: an analysis of repeated cross−sectional	Ma, Chuanwei
21		Letter	中山大学	Impact of excluded studies on medical male circumcision and HIV risk compensation	Gao, Yanxiao
22	Lancet Global Health	Review	中山大学	Association between medical male circumcision and HIV risk compensation among heterosexual men: a systematic review and meta−analysis	Gao, Yanxiao
23		Review	复旦大学	Serological evidence of human infection with SARS−CoV−2: a systematic review and meta−analysis	Chen, Xinhua
24		Article	郑州大学第一附属医院	Ethnic differences in mortality and hospital admission rates between Maori, Pacific, and European New Zealanders with type 2 diabetes between 1994 and 2018: a retrospective, population−based, longitudinal cohort study	Yu, Dahai
25		Letter	中国医学科学院北京协和医学院	Estimating burden of syphilis among men who have sex with men	Jiang, Ting−Ting
26		Editorial Material	暨南大学	Labour reallocation as adaptation	Cui, Xiaomeng
27		Article	复旦大学	Differences in the temperature dependence of wetland CO_2 and CH_4 emissions vary with water table depth	Chen, Hongyang
28	Nature Climate Change	Article	清华大学	Trade−linked shipping CO_2 emissions	Wang, Xiao−Tong
29		Article	北京理工大学	A proposed global layout of carbon capture and storage in line with a 2 degrees C climate target	Wei, Yi−Ming
30		Article	清华大学	Health co−benefits of climate change mitigation depend on strategic power plant retirements and pollution controls	Tong, Dan

续表

序号	发表期刊	论文类型	发表机构	论文题目	第一作者
31	Nature Climate Change	Article	中国科学院青藏高原研究所	Atmospheric dynamic constraints on Tibetan Plateau freshwater under Paris climate targets	Wang, Tao
32		Article	中国科学院大气物理研究所	Anthropogenic emissions and urbanization increase risk of compound hot extremes in cities	Wang, Jun
33		Article	北京大学	Future impacts of climate change on inland Ramsar wetlands	Xi, Yi
34		Article	南京大学	Greater committed warming after accounting for the pattern effect	Zhou, Chen
35		Article	中国海洋大学	Opposite response of strong and moderate positive Indian Ocean Dipole to global warming	Cai, Wenju
36		Article	中国科学院海洋研究所	Enhanced North Pacific impact on El Nino/Southern Oscillation under greenhouse warming	Jia, Fan
37		Article	中国科学院新疆生态与地理研究所	Increasing risk of glacial lake outburst floods from future Third Pole deglaciation	Zheng, Guoxiong
38	Nature Sustain-Ability	Article	中国科学院苏州纳米技术与纳米仿生研究所	Selective photocatalytic oxidation of methane by quantum-sized bismuth vanadate	Fan, Yingying
39		Article	复旦大学	Air pollution reduction and climate co-benefits in China's industries	Qian, Haoqi
40		Article	中国农业大学	Long-term increased grain yield and soil fertility from intercropping	Li, Xiao-Fei
41		Article	上海师范大学	Selective recovery of precious metals through photocatalysis	Chen, Yao
42		Editorial Material	安徽农业大学	Alternative plastics	Yuan, Liang
43		Article	南京理工大学	$LiMnO_2$ cathode stabilized by interfacial orbital ordering for sustainable lithium-ion batteries	Zhu, Xiaohui
44		Article	复旦大学	Rebound in China's coastal wetlands following conservation and restoration	Wang, Xinxin
45		Article	南京理工大学	High performance polyester reverse osmosis desalination membrane with chlorine resistance	Yao, Yujian
46		Article	海南大学	Selective extraction of uranium from seawater with biofouling-resistant polymeric peptide	Yuan, Yihui

续表

序号	发表期刊	论文类型	发表机构	论文题目	第一作者
47	Nature Sustain-Ability	Article	中国科学院北京纳米能源与系统研究所	A highly efficient triboelectric negative air ion generator	Guo, Hengyu
48		Article	生态环境部环境工程评估中心	Effect of strengthened standards on Chinese ironmaking and steelmaking emissions	Bo, Xin
49		Article	同济大学	Impacts of transportation network companies on urban mobility	Diao, Mi
50		Article	上海财经大学	Economic footprint of California wildfires in 2018	Wang, Daoping
51		Article	南方科技大学	Upward expansion and acceleration of forest clearance in the mountains of Southeast Asia	Feng, Yu
52		Article	中国农业科学院蔬菜花卉研究所	Decoupling livestock and crop production at the household level in China	Jin, Shuqin
53		Article	上海交通大学	Embodied greenhouse gas emissions from building China's large-scale power transmission infrastructure	Wei, Wendong
54		Article	中国科学院遗传与发育生物学研究所	China's future food demand and its implications for trade and environment	Zhao, Hao
55	Psychothe-Rapy and Psychoso-Matics	Editorial Material	东南大学附属中大医院	A Bibliometric Analysis of the One Hundred Most Cited Studies in Psychosomatic Research	Shah, S.Mudasser
56		Article	首都医科大学宣武医院	Post-COVID-19 Epidemic：Allostatic Load among Medical and Nonmedical Workers in China	Peng, Mao
57		Review	广州中医药大学	Neonatal Withdrawal Syndrome following Late in utero Exposure to Selective Serotonin Reuptake Inhibitors：A Systematic Review and Meta-Analysis of Observational Studies	Wang, Jianjun
58	Trends In Cognitive Sciences	Editorial Material	北京脑科学与类脑研究中心	Convergent developmental principles between Caenorhabditis elegans and human connectomes tracts thermodynamic connectome	Zhang, Jinbo
59		Review	清华大学	Interface，interaction，and intelligence in generalized brain-computer interfaces	Gao, Xiaorong
60		Review	北京师范大学	Dual coding of knowledge in the human brain	Bi, Yanchao

（2）国际高被引期刊中的中国社会科学论文

总被引次数居前 20 位的国际社会科学期刊如表 16-10 所示，这 20 种期刊上共发表论文 47 580 篇。不计港、澳、台地区的论文，中国作者在其中的 18 种期刊共有 6235 篇论文发表，占这些期刊论文总数的 13.10%，相比 2020 年降低了 3.05 个百分点。这 6235 篇论文中，同时也是影响因子居前 20 位的论文共有 3 篇，这 3 篇论文的详细情况如表 16-11 所示。

表 16-10　总被引次数居前 20 位的 SSCI 期刊情况

序号	期刊名称	总被引次数	影响因子	即年指标	半衰期	期刊论文篇数	中国论文篇数
1	Sustainability	130 266	3.889	1.048	2.4	16 772	2437
2	International Journal of Environmental Research and Public Health	123 105	4.614	0.903	2.2	16 857	1511
3	Journal of Personality and Social Psychology	100 429	8.46	2.989	23	111	3
4	Frontiers In Psychology	85 507	4.232	0.714	4.1	8138	1607
5	American Economic Review	76 487	11.49	2.088	16.4	116	1
6	Energy Policy	70 489	7.576	2.456	8	514	135
7	Psychological Bulletin	68 919	23.027	3.85	22.3	16	1
8	Social Science & Medicine	62 797	5.379	1.589	10.3	692	38
9	Journal of Business Research	60 458	10.969	3.368	5.5	967	110
10	Journal of Affective Disorders	59 622	6.533	1.707	5.5	1274	309
11	Journal of Applied Psychology	59 528	11.802	2.312	17.5	107	3
12	Journal of Finance	56 397	7.87	1.881	19.1	74	0
13	American Journal of Public Health	54 927	11.576	2.976	10.3	469	2
14	Academy of Management Journal	54 177	10.979	4.072	15.9	51	4
15	Journal of Financial Economics	53 781	8.238	2.478	13.4	202	6
16	Computers in Human Behavior	53 712	8.957	2.583	5.7	366	31
17	Management Science	50 368	6.172	1.393	15.1	254	15
18	Journal of Business Ethics	50 131	6.331	1.74	8.7	370	20
19	Strategic Management Journal	48 810	7.815	1.579	15.4	102	0
20	American Journal of Psychiatry	48 014	19.248	6.788	15.2	128	2

数据来源：SJCR 2021。

表16-11   总被引频次和影响因子居前20位的 SSCI 期刊中中国机构发表论文情况

序号	发表期刊	论文类型	发表机构	论文题目	第一作者
1	Psychological Bulletin	Review	北京师范大学	Testing（Quizzing）Boosts Classroom Learning: a Systematic an Meta-Analytic Review	Yang, Chunliang
2	American Journal of Psychiatry	Article	北京大学	Functional Connectome Prediction of Anxiety Related to the COVID-19 Pandemic	He, Li
3		Article	四川大学华西医院	Diagnostic Classification for Human Autism and Obsessive-Compulsive Disorder Based on Machine Learning From a Primate Genetic Model	Zhan, Yafeng

数据来源：SJCR 2021、SSCI 2021。

16.3   小结

（1）增加社会科学论文数量，提高社会科学论文质量

中国科技和经济实力的发展速度已经引起世界瞩目，无论是自然科学论文还是社会科学论文数均呈逐年增长趋势。随着社会科学研究水平的提高，中国政府也进一步重视社会科学的发展。但与自然科学论文相比，无论是论文总数、国际数据库收录期刊数还是期刊论文的影响因子、被引次数，社会科学论文都有比较大的差距，且与中国目前的国际地位和影响力并不相符。

2021年，中国的社会科学论文被国际检索系统收录数较2020年有所增加，占2021年 SSCI 收录的世界文献总数的11.23%，排名居世界第2位，较2020年上升1位。而自然科学论文的该项值是24.50%，排在世界第1位。若不计港、澳、台地区的论文，在影响因子居前20位的社会科学期刊中，中国作者在其中13种期刊上发表96篇论文；在总被引频次居前20位的社科期刊中，中国作者在其中18种期刊上发表6235篇论文，占这些期刊论文总数的13.10%，中国社会科学论文的国际显示度有所提升。

（2）发展优势学科，加强支持力度

2021年，在16个社会科学类学科分类中，中国在其中14个学科中均有论文发表。其中，论文数超过100篇的学科有8个；论文数超过200篇的分别是经济，教育，社会、民族，统计，语言、文字，管理学，图书、情报、文献，论文数最多的学科为经济。2021年，共发表论文5638篇。需要考虑的是如何进一步巩固优势学科的发展，并带动目前影响力稍弱的学科，如可以对优势学科的期刊给予重点资助，培育更多该学科的精品期刊等方法。

（执笔人：冯家琪）

参考文献

[1] THOMSON SCIENTIFIC 2021. ISI Web of Knowledge：Web of Science[DB／OL]2022−04−22. http://portal.isiknowledge.com／web of science.

[2] THOMSON SCIENTIFIC 2021. ISI Web of Knowledge，journal citation reports 2021[DB／OL].2022−04−22. http://portal.isiknowledge.com／journal citation reports.

17 Scopus 收录中国论文情况统计分析

本章从 Scopus 收录论文的国家分布、中国论文的期刊分布、学科分布、高等院校与研究机构分布、被引情况等角度进行了统计分析。

17.1 引言

Scopus 由全球著名出版商爱思唯尔（Elsevier）研发，收录了来自全球 5000 余家出版社的 2.1 万余种出版物的约 5000 万项数据记录，是全球最大的文摘和引文数据库。这些出版物包括 2 万种同行评议的期刊（涉及 2800 种开放获取期刊）、365 种商业出版物、7 万余册书籍和 650 万篇会议论文等。

该数据库收录学科全面，涵盖四大门类 27 个学科领域，收录生命科学（农学、生物学、神经科学和药学等）、社会科学（人文与艺术、商业、历史和信息科学等）、自然科学（化学、工程学和数学等）和健康科学（医学综合、牙医学、护理学和兽医学等）。文献类型则包括研究性论文（Article）、待出版论文（Article-in-Press）、会议论文（Conference paper）、社论（Editorial）、勘误（Erratum）、信函（Letter）、笔记（Note）、评述（Review）、简短调查（Short survey）和丛书（Book series）等。

17.2 数据来源

本章以 Scopus 2021 年收录的中国科技论文进行统计分析。来源出版物类型选择 Journals，文献类型选择 Article 和 Review，出版阶段选择 Final，数据检索时间为 2023 年 2 月，最终共获得 710 088 篇文献。

17.3 研究分析与结论

17.3.1 Scopus 收录论文国家分布

2022 年 2 月，在 Scopus 数据库中检索到 2021 年收录的世界科技论文总数为 290.89 万篇，比 2020 年增加 9.56%。中国机构科技论文为 71.01 万篇（不含港、澳、台地区），超越美国（55.83 万篇），依然占据世界第 1 位，占世界论文总量的 24.41%，比 2020 年增加 0.63 个百分比。排在世界前 5 位的国家分别是：中国、美国、英国、印度和德国，与 2020 年比较，排在世界前 5 位的国家和排名均没有变化。排名居前 10 位的国家及论文篇数如表 17-1 所示。

表 17-1　2021 年排名居前 10 位的国家及论文篇数情况

排名	国家	论文篇数
1	中国	710 088
2	美国	558 262
3	英国	186 654
4	印度	159 968
5	德国	159 311
6	意大利	121 518
7	日本	116 260
8	加拿大	103 240
9	西班牙	102 906
10	法国	100 936

17.3.2　中国论文发表期刊分布

Scopus 收录中国论文较多的期刊为：*IEEE Access*、*Frontiers in Oncology* 和 *Science of the Total Environment*。收录论文数居前 10 位的期刊如表 17-2 所示。*Frontiers in Oncology* 和 *Remote Sensing* 均为 2021 年新进入 TOP10 的期刊，*IEEE Access* 仍排在第一位，论文篇数由 9960 篇降至 4317 篇。

表 17-2　2021 年收录中国论文数居前 10 位的期刊情况

排名	期刊名称	论文篇数
1	IEEE Access	4317
2	Frontiers in Oncology	3843
3	Science of the Total Environment	3566
4	Chemical Engineering Journal	3446
5	Acs Applied Materials and Interfaces	3348
6	Scientific Reports	3175
7	Sustainability Switzerland	2694
8	Journal of Alloys and Compounds	2627
9	Remote Sensing	2546
10	Journal of Cleaner Production	2463

17.3.3　中国论文的学科分布

Scopus 数据库的学科分类体系涵盖了 27 个学科。2021 年，Scopus 收录论文中工程学方面的论文最多，为 185 037 篇，总量有所上升，但占总论文数的比例略有下降，由 27.31% 降至 26.06%；医学论文数量上升至第二位，论文数量为 135 247 篇，占总论文数的 19.05%；之后是材料科学论文 127 667 篇，占总论文数的 17.98%；与 2020 年相比，医学论文的数量排名上升一位，材料科学论文数量排名下降一位。2021 年 Scopus 收录中国论文数居前 10 位的学科领域情况如表 17-3 所示。

表 17-3　2021 年 Scopus 收录中国论文数居前 10 位的学科领域情况

排名	学科领域	论文篇数	所占比例
1	工程学	185 037	26.06%
2	医学	135 247	19.05%
3	材料科学	127 667	17.98%
4	物理与天文学	105 637	14.88%
5	化学	104 938	14.78%
6	生物化学、遗传学和分子生物学	103 200	14.53%
7	环境科学	72 424	10.20%
8	计算机科学	71 811	10.11%
9	化学工程学	68 011	9.58%
10	农业和生物科学	61 482	8.66%

17.3.4　中国论文的机构分布

（1）Scopus 收录论文较多的高等院校

Scopus 收录论文数居前 3 位的高等院校与 2020 年相同，为中国科学院大学、浙江大学和清华大学，分别收录了 29 447 篇、16 507 篇和 15 133 篇（表 17-4）。排名居前 20 位的高等院校发表论文数均超过了 8500 篇。

表 17-4　2021 年 Scopus 收录中国论文数居前 20 位的高等院校

排名	高等院校	论文篇数	排名	高等院校	论文篇数
1	中国科学院大学	29 447	11	中国科学技术大学	10 434
2	浙江大学	16 507	12	西安交通大学	10 160
3	上海交通大学	15 133	13	山东大学	10 007
4	清华大学	14 743	14	天津大学	9493
5	华中科技大学	13 084	15	哈尔滨工业大学	9474
6	四川大学	13 012	16	郑州大学	9180
7	中山大学	12 280	17	北京协和医学院	9029
8	中南大学	12 226	18	武汉大学	8901
9	复旦大学	11 977	19	同济大学	8730
10	北京大学	11 695	20	东南大学	8655

注：该部分的高等院校论文数包含附属机构的论文数据。

（2）Scopus 收录论文较多的研究机构

Scopus 收录论文数居前 3 位的研究机构为中国科学院地理科学与资源研究所、中国工程物理研究院和中国科学院大连化学物理研究所，分别收录了 2106 篇、1950 篇和 1875 篇（表 17-5）。排名居前 10 位的研究机构中有 6 个单位为中国科学院下属研究机构。

表 17-5　2021 年 Scopus 收录中国论文数居前 10 位的研究机构

排名	研究机构	论文篇数
1	中国科学院地理科学与资源研究所	2106
2	中国工程物理研究院	1950
3	中国科学院大连化学物理研究所	1875
4	深圳先进技术研究院	1587
5	中国科学院高能物理研究所	1547
6	中国科学院生态环境研究中心	1540
7	中国林业科学研究院	1486
8	中国地质科学院地质研究所	1431
9	中国科学院物理研究所	1395
10	中国科学院化学研究所	1365

注：表中学科论文不区分跨学科论文。

17.3.5　被引情况分析

截至 2022 年 2 月，按照第一作者与第一单位，Scopus 2021 年收录中国科技论文被引次数居前 10 位的论文情况如表 17-6 所示。被引次数最多的是武汉市金银潭医院 Huang Chaolin 等人在 2021 年发表的题为 6-*month consequences of COVID-19 in patients discharged from hospital：a cohort study* 的论文，截至 2022 年 2 月其共被引 1883 次；排名第 2 位的是中国科学院武汉病毒研究所 Hu Ben 等在 2021 年发表的题为 *Characteristics of SARS-CoV-2 and COVID-19* 的论文，共被引 1775 次；排在第 3 位的是南方医科大学的 Wu Tianzhi 等人发表的题为 *Cluster Profiler* 4.0：*A universal enrichment tool for interpreting omics data* 的论文，共被引 1079 次。

表 17-6　2021 年 Scopus 收录中国论文被引次数居前 10 位的论文情况

被引次数	第一单位	来源
1883	武汉市金银潭医院	HUANG CHAOLIN, HUANG LIXUE, WANG YEMING, LI XIA, REN LILI, GU XIAOYING, KANG LIANG, GUO LI, LIU MIN, ZHOU XING, LUO JIANFENG, HUANG ZHENGHUI, TU SHENGJIN, ZHAO YUE, CHEN LI, XU DECUI, LI YANPING, LI CAIHONG, PENG LU, LI YONG, XIE WUXIANG, CUI DAN, SHANG LIANHAN, FAN GUOHUI, XU JIUYANG, WANG GENG, WANG YING, ZHONG JINGCHUAN, WANG CHEN, WANG JIANWEI, ZHANG DINGYU, CAO BIN. 6-month consequences of COVID-19 in patients discharged from hospital：a cohort study[J]. Lancet, 2021, 397（10270）: 220-232.
1775	中国科学院武汉病毒研究所	HU BEN, GUO HUA, ZHOU PENG, SHI ZHENG-LI. Characteristics of SARS-CoV-2 and COVID-19［J］. Nature reviews microbiology, 2020, 19（3）: 141-154.
1079	南方医科大学	WU TIANZHI, HU ERQIANG, XU SHUANGBIN, CHEN MEIJUN, GUO PINGFAN, DAI ZEHAN, FENG TINGZE, ZHOU LANG, TANG WENLI, ZHAN LI, FU XIAOCONG, LIU SHANSHAN, BO XIAOCHEN, YU GUANGCHUANG. ClusterProfiler 4.0：a universal enrichment tool for interpreting omics data［J］. Innovation, 2021, 2（3）: 100140.

续表

被引次数	第一单位	来源
1044	中国科学院计算技术研究所	ZHUANG FUZHEN, QI ZHIYUAN, DUAN KEYU, XI DONGBO, ZHU YONGCHUN, ZHU HENGSHU, XIONG HUI, HE QING. A comprehensive survey on transfer learning [J]. Proceedings of the IEEE, 2021, 109（1）: 43–76.
852	西安理工大学	WANG VEI, XU NAN, LIU JIN-CHENG, TANG GANG, GENG WEN-TONG. VASPKIT: A user-friendly interface facilitating high-throughput computing and analysis using VASP code [J]. Computer physics communications, 2021, 267: 108033.
752	浙江省疾病预防控制中心	ZHANG YANJUN, ZENG GANG, PAN HONGXING, LI CHANGGUI, HU YALING, CHU KAI, HAN WEIXIAO, CHEN ZHEN, TANG RONG, YIN WEIDONG, CHEN XIN, HU YUANSHENG, LIU XIAOYONG, JIANG CONGBING, LI JINGXIN, YANG MINNAN, SONG YAN, WANG XIANGXI, GAO QIANG, ZHU FENGCAI. Safety, tolerability, and immunogenicity of an inactivated SARS-CoV-2 vaccine in healthy adults aged 18–59 years: a randomised, double-blind, placebo-controlled, phase 1/2 clinical trial [J]. Lancet infectious diseases, 2020, 21（2）: 181–192.
720	北京航空航天大学	LI CHAO, ZHOU JIADONG, SONG JIALI, XU JINQIU, ZHANG HUOTIAN, ZHANG XUNING, GUO JING, ZHU LEI, WEI DONGHUI, HAN GUANGCHAO, MIN JIE, ZHANG YUAN, XIE ZENGQI, YI YUANPING, YAN HE, GAO FENG, LIU FENG, SUN YANMING. Non-fullerene acceptors with branched side chains and improved molecular packing to exceed 18% efficiency in organic solar cells [J]. Nature energy, 2021, 6（6）: 605–613.
711	微软研究院	WANG JINGDONG, SUN KE, CHENG TIANHENG, JIANG BORUI, DENG CHAORUI, ZHAO YANG, LIU DONG, MU YADONG, TAN MINGKUI, WANG XINGGANG, LIU WENYU, XIAO BIN. Deep high-resolution representation learning for visual recognition [J]. IEEE transactions on pattern analysis and machine intelligence, 2020, 43（10）: 3349–3364.
667	河南省疾病预防控制中心	XIA SHENGLI, ZHANG YUNTAO, WANG YANXIA, WANG HUI, YANG YUNKAI, GAO GEORGE FU, TAN WENJIE, WU GUIZHEN, XU MIAO, LOU ZHIYONG, HUANG WEIJIN, XU WENBO, HUANG BAOYING, WANG HUIJUAN, WANG WEI, ZHANG WEI, LI NA, XIE ZHIQIANG, DING LING, YOU WANGYANG, ZHAO YUXIU, YANG XUQIN, LIU YANG, WANG QIAN, HUANG LILI, YANG YONGLI, XU GUANGXUE, LUO BOJIAN, WANG WENLING, LIU PEIPEI, GUO WANSHEN, YANG XIAOMING. Safety and immunogenicity of an inactivated SARS-CoV-2 vaccine, BBIBP-CorV: a randomised, double-blind, placebo-controlled, phase 1/2 trial [J]. Lancet infectious diseases, 2020, 21（1）: 39–51.
594	中国科学院化学研究所	CUI YONG, XU YE, YAO HUIFENG, BI PENGQING, HONG LING, ZHANG JIANQI, ZU YUNFEI, ZHANG TAO, QIN JINZHAO, REN JUNZHEN, CHEN ZHIHAO, HE CHANG, HAO XIAOTAO, WEI ZHIXIANG, HOU JIANHUI. Single-junction organic photovoltaic cell with 19% efficiency [J]. Advanced materials, 2021, 33（41）: 2102420.

17.4 小结

本章从 Scopus 2021 年收录论文国家分布，以及中国论文的期刊分布、学科分布、机构分布及被引情况等方面进行了分析，可以得知：

① 从全球科学论文产出的角度而言，中国发表论文数居全球第 1 位，超越美国。

② 中国的优势学科为：工程学，医学和材料科学等。

③ Scopus 收录中国论文中，高等院校发表论文较多的有中国科学院大学、浙江大学和上海交通大学；研究机构中中国科学院所属研究所占据绝对主导地位，发表论文较多的有中国科学院地理科学与资源研究所、中国工程物理研究院和中国科学院大连化学物理研究所。

④ 2021 年 Scopus 收录中国论文中，被引次数最高的论文归属机构是武汉市金银潭医院。

（执笔人：刘亚丽）

参考文献

[1] 中国科学技术信息研究所. 2020 年度中国科技论文统计与分析（年度研究报告）［M］. 北京：科学技术文献出版社，2021.

18　中国台湾地区、香港特区和澳门特区科技论文情况分析

18.1　引言

中国台湾地区、香港特区及澳门特区的科技论文产出也是中国科技论文统计与分析关注和研究的重点内容之一。本章介绍了 SCI、Ei 和 CPCI-S 三系统收录 3 个地区的论文情况，为便于对比分析，还采用了 InCites 数据。通过学科、地区、机构分布情况和被引用情况等方面对 3 个地区进行统计和分析，以揭示台湾地区、香港特区及澳门特区的科研产出情况。

18.2　研究分析与结论

18.2.1　中国台湾地区、香港特区和澳门特区 SCI、Ei 和 CPCI-S 三系统科技论文产出情况

（1）SCI 收录 3 个地区科技论文情况分析

SCI（Science Citation Index）主要反映基础研究状况，2021 年收录的世界科技论文总数共计 2 498 341 篇，比 2020 年的 2 332 742 篇增加 165 599 篇，增长 7.10%。

2021 年，SCI 收录中国台湾地区科技论文 38 340 篇，比 2020 年的 33 815 篇增加 4525 篇，增长 13.38%。总数占 SCI 论文总数的 1.53%。

2021 年，SCI 收录中国香港特区科技论文 25 843 篇，比 2020 年的 21 999 篇增加 3844 篇，增长 17.47%，总数占 SCI 论文总数的 1.03%。

2021 年，SCI 收录中国澳门特区科技论文 4294 篇，比 2020 年的 3036 篇增加了 1258 篇，增长 41.44%。

图 18-1 是 2016—2021 年中国台湾地区和香港特区被 SCI 收录科技论文篇数的变化趋势。由图 18-1 可知，近 6 年来，香港特区被 SCI 收录论文篇数呈稳步上升趋势，中国台湾地区被 SCI 收录论文篇数在 2017 年有所下降，2018 年起呈上升势头。

（2）CPCI-S 收录三地区科技论文情况分析

科技会议文献是重要的学术文献之一，2021 年 CPCI-S（Conference Proceedings Citation Index-Science）共收录世界论文总数为 222 932 篇，比 2020 年的 368 393 篇减少 145 461 篇，下降 39.49%。

2021 年，CPCI-S 共收录中国台湾地区科技论文 2204 篇，比 2020 年的 3265 篇减少 1061 篇，下降 32.50%。

2021 年，CPCI-S 共收录香港特区科技论文 1977 篇，比 2020 年的 2040 篇减少 63 篇，下降 3.09%。

2021 年，CPCI-S 共收录澳门特区科技论文 244 篇，比 2020 年的 273 篇减少 29 篇，降低 10.62%。

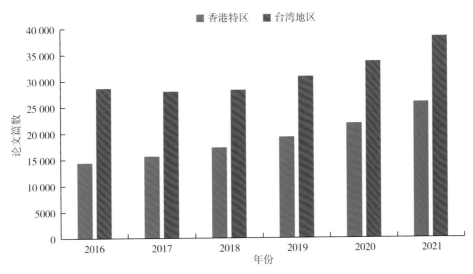

图 18-1 2016—2021 年台湾地区和香港特区被 SCI 收录科技论文篇数变化趋势

（3）Ei 收录三地区科技论文情况分析

反映工程科学研究的《工程索引》（Engineering Index，Ei）在 2021 年共收录世界科技论文 1 037 779 篇，比 2020 年 996 727 篇增加 41 052 篇，增长 4.12%。

2021 年，Ei 共收录中国台湾地区科技论文 15 508 篇，比 2020 年的 14 754 篇增加 754 篇，上升 5.11%；占被收录世界科技论文总数的 1.49%。

2021 年，Ei 共收录香港特区科技论文 13 569 篇，比 2020 年的 12 544 篇增加 1025 篇，上升 8.17%；占被收录世界科技论文总数的 1.31%。

2021 年，Ei 共收录澳门特区科技论文 2072 篇，比 2020 年 1814 篇增加 258 篇，上升 14.22%。

18.2.2 中国台湾地区、香港特区和澳门特区被 Web of Science 收录论文数及被引用情况分析

科睿唯安的 InCites 数据库中集合了近 30 年来 Web of Science 核心合集（包含 SCI、SSCI 和 CPCI-S 等）七大索引数据库的数据，拥有多元化的指标和丰富的可视化效果，可以辅助科研管理人员更高效地制定战略决策。通过 InCites，能够实时跟踪一个国家（地区）的研究产出和影响力；将该国家（地区）的研究绩效与其他国家（地区）及全球的平均水平进行对比。

如表 18-1 所示，在 InCites 数据库中，与 2020 年相比，2021 年台湾地区、香港特区和澳门特区的论文数与内地（大陆）论文数的差距更大。从论文被引频次情况看，三地区的论文被引频次都比 2020 年有不同程度的增加。从学科规范化的引文影响力看，香港特区论文的影响力最高，为 1.73，澳门特区论文的影响力其次，为 1.65，内地（大陆）论文的影响力为 1.15，台湾地区为 1.10，均低于 2020 年。从被引次数排名前 1% 的论文比例看，澳门特区和香港特区的比例最高，分别为 3.26% 和 3.17%，大陆和台湾地区的比例分别为 1.71% 和 1.50%。从高被引论文看，内地（大陆）数量为 9668 篇，比 2020 年的 7900 篇增加 1768 篇，增长 22.38%；香港特区和台湾地区高被引论文数分别为 674 篇和 513 篇；澳门特区最少，只有 92 篇，比 2020 年增加 18 篇。从热门论文比例看，香港特区的比例最高，为 0.16%；澳门特区和台湾地区为 0.09%；内地（大陆）为 0.08%。从国际合作论文数看，内地（大陆）的国际合作论文数最多，为 171351 篇，中国台湾地区为 18840 篇，香港特区和澳门特区的国际合作论文数分别为 12890 和 1104 篇；从相对于全球平均水平的影响力看，澳门特区和香港特区的该指标最高，分别为 2.11 和 1.93，内地（大陆）和台湾地区则分别为 1.50 和 1.17。

表 18-1 2020—2021 年 Web of Science 收录内地（大陆）、台湾地区、
香港特区和澳门特区论文及被引用情况

项目	内地（大陆）		香港特区		台湾地区		澳门特区	
	2020 年	2021 年	2020 年	2021 年	2020 年	2021 年	2020 年	2021 年
Web of Science 论文篇数	646289	712771	28456	30536	40978	43939	2830	3192
学科规范化的引文影响力	1.19	1.15	2.02	1.73	1.17	1.10	2.38	1.65
被引频次	4037944	5895664	301666	324725	201816	282987	34583	37029
论文被引比例	74.71%	83.22%	76.63%	82.56%	69.98%	78.10%	79.79%	86.40%
平均比例	45.14%	49.09%	52.49%	55.19%	41.87%	44.18%	53.19%	56.47%
被引次数排名前 1% 的论文比例	1.63%	1.71%	3.34%	3.17%	1.46%	1.50%	3.11%	3.26%
被引次数排名前 10% 的论文比例	12.29%	13.43%	19.51%	20.21%	10.52%	10.70%	18.30%	19.83%
高被引论文篇数	7900	9668	655	674	422	513	74	92
高被引论文比例	1.22%	1.36%	2.30%	2.21%	1.03%	1.17%	2.61%	2.88%
热门论文比例	0.11%	0.08%	0.41%	0.16%	0.16%	0.09%	0.32%	0.09%
国际合作论文篇数	164741	171351	11947	12890	17333	18840	1041	1104
相对于全球平均水平的影响力	1.60	1.50	2.71	1.93	1.26	1.17	3.13	2.11

注：以上 2020 年和 2021 年论文和被引用情况按出版年计算；数据来源：2020 年和 2021 年 InCites 数据。

18.2.3 SCI 收录中国台湾地区、香港特区和澳门特区论文分析

SCI 中涉及的文献类型有 Article、Review、Letter、News、Meeting Abstracts、Correction、Editorial Material、Book Review 和 Biographical-Item 等，遵从一些专家的意见和经过研究决定，将 Article 和 Review 这 2 类文献作为各论文统计的依据。以下所述 SCI 收录论文的机构、学科和期刊分析都基于此，不再另注。

(1) SCI 收录中国台湾地区科技论文情况及被引用情况分析

2021 年，第一作者为中国台湾地区发表的论文共计 24 399 篇，占中国台湾地区发表论文总数的 71.02%。图 18-2 是 2021 年 SCI 收录的中国台湾地区论文中，第一作者为非中国台湾地区论文的主要国家（地区）分布情况。其中，第一作者为中国大陆和美国的论文数最多，分别为 2993 篇和 1220 篇，共占非台湾地区第一作者论文总数的 42.32%。其次为印度（810 篇）、日本（569 篇）、巴基斯坦（446 篇）、伊朗（290 篇）、韩国（250 篇）、越南（241 篇）、澳大利亚（226 篇）、英国（213 篇），其他国家和地区论文数均不足 200 篇。

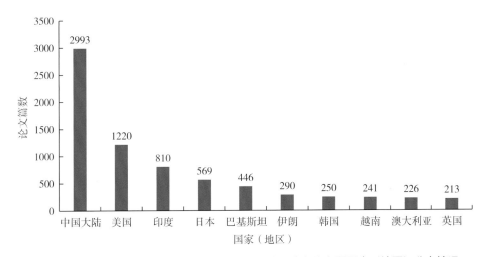

图 18-2 2021 年 SCI 收录的第一作者为非台湾地区论文的主要国家（地区）分布情况

2021 年，中国台湾地区 Article 和 Review 论文的学科规范化的引文影响力、被引次数排名前 10% 的论文百分比、热门论文比例、国际合作论文比例等指标均低于 2020 年，但是被引频次、论文被引比例、引文影响力、国际合作论文篇数、高被引论文篇数等 5 个指标高于 2020 年（表 18-2）。

表 18-2 2020—2021 年被 SCI 收录的中国台湾地区 Article 和 Review 论文篇数及被引用情况

年份	学科规范化的引文影响力	被引频次	论文被引比例	引文影响力	国际合作论文篇数	被引次数排名前 10% 的论文比例	高被引论文篇数	热门论文比例	国际合作论文比例
2020	0.81	103314	75.54%	4.06	6357	7.16%	113	0.04%	25.00%
2021	0.78	147564	83.87%	5.32	6908	6.96%	126	0.01%	24.93%

2021年，SCI收录中国台湾地区论文数居前10位的高等院校与2020年大部分一致，高等院校排名略有不同。SCI收录台湾地区论文较多的前10所高等院校共发表论文9504篇，占第一作者为台湾地区论文总数的38.95%（表18-3）。

表18-3　2021年SCI收录中国台湾地区论文前10位的高等院校情况

高等院校	论文篇数	排名
台湾大学	2178	1
台湾成功大学	1594	2
台北医学大学	849	3
台湾清华大学	820	3
台湾阳明交通大学	753	5
台湾科技大学	742	6
长庚大学	730	7
台湾中兴大学	638	8
台北科技大学	620	9
高雄医学大学	580	10

2021年，SCI收录中国台湾地区论文数较多的研究机构如表18-4所示，台湾"中央研究院"论文数最多，为650篇，其次是台湾防御医学中心、台湾卫生研究院、台湾同步辐射研究中心、台湾核能研究所。

表18-4　2021年SCI收录中国台湾地区论文数居前5位的研究机构情况

研究机构名称	论文篇数	排名
台湾"中央研究院"	650	1
台湾防御医学中心	182	2
台湾卫生研究院	102	3
台湾同步辐射研究中心	39	4
台湾核能研究所	36	5

表18-5为2021年SCI收录中国台湾地区论文数居前10位的医疗机构，长庚纪念医院以608篇位居第一，台北荣民总医院和台大医院分别位居第二和第三。

表18-5　2021年SCI收录中国台湾地区论文数居前10位的医疗机构情况

医疗机构名称	论文篇数	排名
长庚纪念医院	608	1
台北荣民总医院	487	2
台大医院	484	3
高雄长庚纪念医院	312	4
台中荣民总医院	223	5
三军总医院	188	6
高雄荣民总医院	180	7

续表

医疗机构名称	论文篇数	排名
台湾马偕纪念医院	174	8
台湾中国医药大学附设医院	171	9
台湾奇美医学中心	139	10

按中国学科分类标准 40 个学科分类，2021 年 SCI 收录的第一作者为中国台湾地区的论文所在学科较多是临床医学，生物学，化学，预防医学与卫生学及电子、通信与自动控制。图 18-3 是 2021 年 SCI 收录中国台湾地区论文较多的学科分布情况。

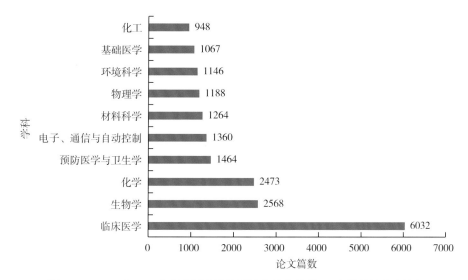

图 18-3　2021 年 SCI 收录中国台湾地区论文较多的前 10 个学科的分布情况

2021 年，SCI 收录第一作者为中国台湾地区的论文分布在 3717 种期刊上，收录论文数居前 10 位的期刊如表 18-6 所示，共收录论文 3671 篇，占第一作者为台湾地区论文总数的 15.05%。

表 18-6　2021 年 SCI 收录中国台湾地区论文数居前 10 位的期刊

期刊名称	论文篇数	排名
Scientific Reports	564	1
International Journal of Environmental Research and Public Health	508	2
International Journal of Molecular Sciences	493	3
Applied Sciences-Basel	426	4
Sustainability	371	5
IEEE Access	320	6
Journal of the Formosan Medical Association	280	7
Sensors	246	8
PLoS One	244	9
Medicine	219	10

（2）SCI 收录香港特区科技论文情况分析

2021 年，SCI 收录香港特区论文 22 922 篇，其中第一作者为香港特区的论文共计 8640 篇，占总数的 37.69%。图 18-4 是 SCI 收录的香港特区论文中，第一作者为非香港特区论文的主要国家（地区）分布情况。排在第 1 位的仍是中国内地，共计 10 139 篇，占香港特区论文总数的 44.23%。

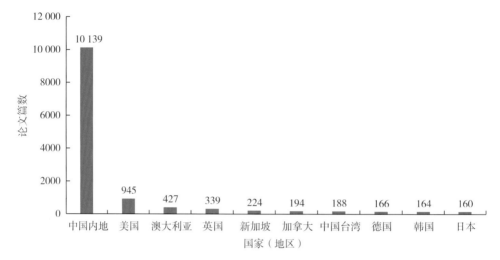

图 18-4　2021 年论文的为非香港特区第一作者主要国家（地区）分布情况

2021 年，香港特区被 SCI 收录的 Article 和 Review 论文被引频次为 135 388；学科规范化的引文影响力为 1.46；论文被引比例为 88.60%；引文影响力为 10.44；国际合作论文 3967 篇；被引次数排名前 10% 的论文比例为 18.86%；高被引论文为 236 篇；热门论文比例 0.08%；国际合作论文比例为 30.59%。与 2020 年相比，香港特区 2021 年学科规范化的引文影响力、高被引论文篇数、热门论文比例 3 项指标均有下降（表 18-7）。

表 18-7　2020—2021 年香港特区被 SCI 收录论文篇数及被引用情况

年度	学科规范化的引文影响力	被引频次	论文被引比例	引文影响力	国际合作论文篇数	被引次数排名前 10% 的论文比例	高被引论文篇数	热门论文比例	国际合作论文比例
2020	1.64	113670	80.67%	8.87	3906	17.47%	248	0.33%	30.48%
2021	1.46	135388	88.60%	10.44	3967	18.86%	236	0.08%	30.59%

2021 年，SCI 收录香港特区论文较多的前 6 所高等院校共发表论文 7981 篇，占第一作者为香港特区论文总数的 96.94%，前 6 所高等院校与 2020 年一致。表 18-8 为 2021 年 SCI 收录香港特区论文数居前 6 名的高等院校，表 18-9 为 2021 年 SCI 收录香港特区论文数居前 6 名的医疗机构。

表 18-8 2021 年 SCI 收录香港特区论文数居前 6 名高等院校

高等院校	论文篇数	排名	高等院校	论文篇数	排名
香港大学	2083	1	香港城市大学	1338	4
香港理工大学	1653	2	香港科技大学	1007	5
香港中文大学	1636	3	香港浸会大学	264	6

表 18-9 2021 年 SCI 收录香港特区论文数居前 6 名医疗机构

医疗机构	论文篇数	排名	医疗机构	论文篇数	排名
玛丽医院	41	1	屯门医院	18	4
伊利沙伯医院	28	2	广华医院	14	5
威尔斯亲王医院	25	3	香港儿童医院	13	6

按中国学科分类标准 40 个学科分类，2021 年 SCI 收录第一作者为香港特区的论文所属学科最多的是临床医学类，共计 1719 篇，占第一作者为香港特区论文总数的 19.9%。其次是化学和生物学。图 18-5 是 2021 年 SCI 收录香港特区论文数较多的前 10 个学科的分布情况。

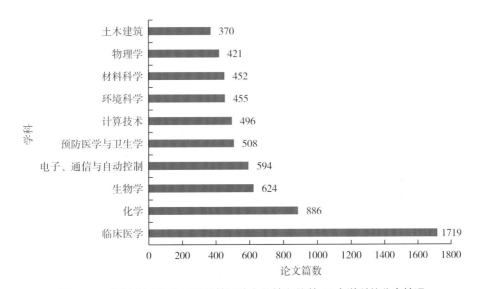

图 18-5 2021 年 SCI 收录香港特区论文数较多的前 10 个学科的分布情况

2021 年，SCI 收录的第一作者为香港特区的论文共分布在 2426 种期刊上，收录论文数居前 10 位的期刊及论文情况如表 18-10 所示。

表 18-10 2021 年 SCI 收录香港特区论文数居前 10 位的期刊情况

期刊名称	论文篇数	排名
International Journal of Environmental Research and Public Health	141	1
Scientific Reports	84	2
Science of the Total Environment	70	3

期刊名称	论文篇数	排名
Nature Communications	70	4
Sustainability	55	5
International Journal of Molecular Sciences	55	5
Advanced Functional Materials	55	7
Ieee Robotics and Automation Letters	52	8
Acs Applied Materials & Interfaces	51	8
Building and Environment	49	10

（3）SCI 收录澳门特区科技论文情况分析

2021 年，SCI 收录澳门特区论文 4012 篇，其中第一作者为澳门特区的论文共计 1025 篇，占总数的 25.55%。

第一作者为非澳门特区作者的论文中，论文数最多的国家（地区）是中国内地（2551 篇），其次为香港特区（156 篇），美国（50 篇）。

第一作者为澳门特区的论文中，学科前 5 名为：计算技术，化学，电子、通信与自动控制，生物学、药学，论文数分别为：127 篇、122 篇、119 篇、92 篇和 90 篇。发表论文数最多的单位是澳门大学和澳门科技大学，分别为 613 篇和 328 篇。

18.2.4 CPCI-S 收录中国台湾地区、香港特区和澳门特区论文分析

CPCI-S 的论文分析限定于第一作者的 Proceedings Paper 类型的文献。

（1）CPCI-S 收录中国台湾地区科技论文情况

2021 年，中国台湾地区以第一作者发表的 Proceedings Paper 论文共计 1671 篇。

2021 年，CPCI-S 收录第一作者为中国台湾地区的论文出自 350 个会议录。表 18-11 为收录台湾地区论文数居前 10 位的会议，共收录论文 479 篇。

表 18-11 2021 年 CPCI-S 收录中国台湾地区论文数居前 10 位的会议

会议名称	会议地点	论文篇数	排名
International Symposium on Computer，Consumer and Control（IS3C）	中国台湾地区	124	1
IEEE International Symposium on Radio-Frequency Integration Technology（RFIT）	中国台湾地区	66	2
IEEE 71st Electronic Components and Technology Conference（ECTC）	美国	51	3
Asia-Pacific-Signal-and-Information-Processing-Association Annual Summit and Conference（APSIPA ASC）	日本	47	4
IEEE International Symposium on Circuits and Systems（IEEE ISCAS）	韩国	43	5
International Symposium on VLSI Technology，Systems and Applications（VLSI-TSA）	中国台湾地区	35	6
International Symposium on VLSI Design，Automation and Test（VLSI-DAT）	中国台湾地区	31	7

续表

会议名称	会议地点	论文篇数	排名
22nd IEEE/ACIS International Conference on Software Engineering, Artificial Intelligence, Networking and Parallel/Distributed Computing (SNPD–Fall)	中国台湾地区	29	8
IEEE/CVF Conference on Computer Vision and Pattern Recognition (CVPR)	美国	27	9
4th International Conference on Innovative Technologies and Learning (ICITL)	美国	26	10

2021 年，CPCI–S 收录中国台湾地区论文数居前 10 位的高等院校和前 3 位的研究机构名称分别如表 18–12 和表 18–13 所示。其中，收录论文数最多的高等院校是台湾大学，共计 255 篇。前 10 位的高等院校论文数共计 995 篇，占第一作者为中国台湾地区论文总数的 59.55%。被 CPCI–S 收录论文数较多的研究机构为台湾"中央研究院"、台湾工业技术研究院、台湾仪器科技研究院。

表 18–12 2021 年 CPCI–S 收录中国台湾地区论文数居前 10 位的高等院校

高等院校	论文篇数	排名
台湾大学	255	1
台湾清华大学	168	2
台湾阳明交通大学	129	3
台湾成功大学	103	4
台湾交通大学	90	5
台湾科技大学	64	6
台湾"中央大学"	59	7
台湾中正大学	51	8
台湾中山大学	39	9
台湾云林科技大学	37	10

表 18–13 2021 年 CPCI–S 收录中国台湾地区论文数居前 3 位的研究机构

研究机构名称	论文篇数	排名
台湾"中央研究院"	59	1
台湾工业技术研究院	19	2
台湾仪器科技研究院	5	3

2021 年，CPCI–S 收录中国台湾地区论文数居前 10 位的学科如图 18–6 所示。收录论文数最多的学科是计算技术，共 847 篇。

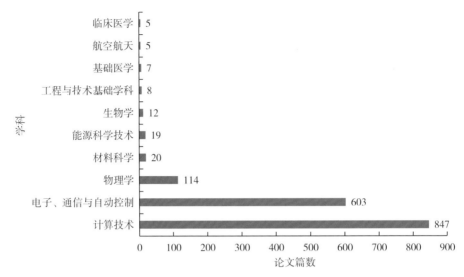

图 18-6　2021 年 CPCI-S 收录中国台湾地区论文数居前 10 位的学科分布情况

（2）CPCI-S 收录香港特区科技论文情况分析

2021 年，第一作者为香港特区发表的 Proceedings Paper 论文共计 884 篇。

2021 年，CPCI-S 收录香港特区的论文出自 233 个会议录。表 18-14 为 2021 年 CPCI-S 收录香港特区论文数居前 10 位的会议，共收录论文 314 篇。

表 18-14　2021 年 CPCI-S 收录香港特区论文数居前 10 位的会议

会议名称	会议地点	论文篇数	排名
IEEE/CVF Conference on Computer Vision and Pattern Recognition（CVPR）	线上会议	99	1
35th AAAI Conference on Artificial Intelligence / 33rd Conference on Innovative Applications of Artificial Intelligence / 11th Symposium on Educational Advances in Artificial Intelligence	线上会议	38	2
IEEE International Conference on Robotics and Automation（ICRA）	中国西安	36	3
IEEE International Conference on Acoustics，Speech and Signal Processing（ICASSP）	线上会议	23	4
37th IEEE International Conference on Data Engineering（IEEE ICDE）	线上会议	22	5
IEEE/RSJ International Conference on Intelligent Robots and Systems（IROS）	线上会议	22	5
Joint Conference of 59th Annual Meeting of the Association-for-Computational-Linguistics（ACL） / 11th International Joint Conference on Natural Language Processing（IJCNLP） / 6th Workshop on Representation Learning for NLP（RepL4NLP）	线上会议	20	7
International Conference on Machine Learning（ICML）	线上会议	18	8
International Conference on Medical Image Computing and Computer Assisted Intervention（MICCAI）	线上会议	18	8
ACM SIGMOD International Conference on Management of Data（SIGMOD）	线上会议	18	8

2021年，CPCI-S收录香港特区论文数居前6位的单位如表18-15所示，都为高等院校。论文篇数最多的是香港中文大学，共计267篇，占第一作者为香港特区论文总数的30.20%。

表18-15　2021年CPCI-S收录香港特区论文数居前6位的单位

单位名称	论文篇数	排名
香港中文大学	267	1
香港科技大学	170	2
香港城市大学	116	3
香港理工大学	103	4
香港大学	81	5
香港浸会大学	32	6

2021年，CPCI-S收录香港特区论文数居前10位的学科如图18-7所示。其中，收录论文数最多的学科是计算技术，多达593篇，领先于其他学科，其次是电子、通信与自动控制等学科。

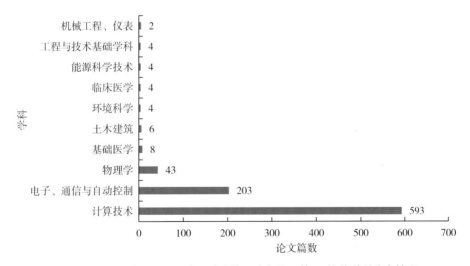

图18-7　2021年CPCI-S收录香港特区论文数居前10位的学科分布情况

（3）CPCI-S收录澳门特区科技论文情况分析

2021年，第一作者为澳门特区的Proceedings Paper论文共计99篇。其中，45篇是计算技术类，40篇是电子、通信与自动控制类，其他学科论文均不足10篇。澳门大学发表被CPCI-S收录论文62篇，澳门科技大学发表被CPCI-S收录论文19篇。

18.2.5 Ei 收录中国台湾地区、香港特区和澳门特区论文分析

（1）Ei 收录中国台湾地区科技论文情况分析

2021 年，Ei 收录台湾地区为第一作者的论文共计 10 396 篇。

表 18-16 为 Ei 收录中国台湾地区论文数居前 10 位的高等院校，共发表论文 5378 篇，占第一作者为台湾地区论文总数的 51.73%，排在第 1 位的是台湾大学，共收录 1162 篇。

表 18-16　2021 年 Ei 收录中国台湾地区论文数居前 10 位的高等院校

高等院校	论文篇数	排名
台湾大学	1162	1
台湾成功大学	872	2
台湾清华大学	600	3
台湾科技大学	582	4
台北科技大学	481	5
台湾"中央大学"	395	6
台湾阳明交通大学	356	7
台湾交通大学	341	8
台湾中山大学	303	9
台湾中兴大学	286	10

图 18-8 为 2021 年 Ei 收录的第一作者为台湾地区论文数居前 10 位的学科分布情况。这 10 个学科共发表论文 7408 篇，占总数的 71.26%。排在第 1 位的是生物学；其次是地学，电子、通信与自动控制，材料科学等学科。

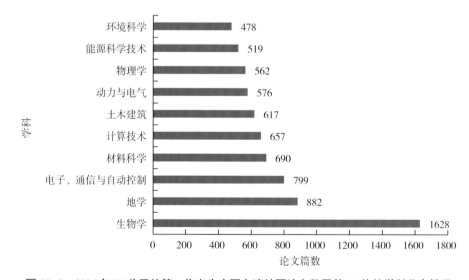

图 18-8　2021 年 Ei 收录的第一作者为中国台湾地区论文数居前 10 位的学科分布情况

Ei 收录的第一作者为台湾地区的论文分布在 1541 种期刊上。表 18–17 为 2021 年 Ei 收录台湾地区论文数居前 10 位的期刊。

表 18–17 2021 年 Ei 收录台湾地区论文数居前 10 位的期刊

期刊名称	论文篇数	排名
IEEE Access	370	1
Polymers	207	2
Sensors	206	3
Sustainable Environment Research	160	4
Energies	139	5
Materials	122	6
ACS Applied Materials and Interfaces	117	7
Journal of the Taiwan Institute of Chemical Engineers	100	8
Sensors and Materials	87	9
Chemical Engineering Journal	83	10

（2）Ei 收录香港特区科技论文情况分析

2021 年，Ei 收录香港特区以第一作者发表的论文共计 5001 篇。

表 18–18 为 Ei 收录香港特区论文数居前 6 位的高等院校，共发表论文 4670 篇，占 Ei 收录香港特区以第一作者发表论文总数的 93.38%。排在第 1 位是香港理工大学，共发表论文 1211 篇。

表 18–18 2021 年 Ei 收录香港特区论文数居前 6 位的高等院校

高等院校	论文篇数	排名
香港理工大学	1211	1
香港城市大学	1045	2
香港大学	836	3
香港科技大学	813	4
香港中文大学	643	5
香港浸会大学	122	6

图 18–9 为 2021 年 Ei 收录的第一作者为香港特区的论文数居前 10 位的学科情况。在这 10 个学科领域共发表论文 3470 篇，占总数的 69.39%。排在第 1 位的是生物学，共计 639 篇。

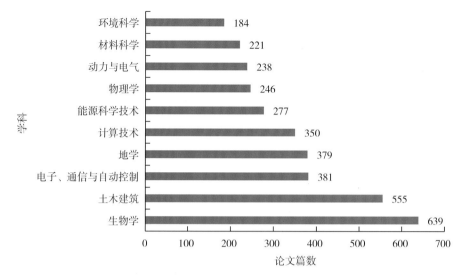

图 18-9　2021 年 Ei 收录的第一作者为香港特区的论文数居前 10 位的学科分布情况

Ei 收录的第一作者为香港特区论文分布在 1113 种期刊上。表 18-19 为 2021 年 Ei
收录香港特区论文数居前 10 位的期刊。

表 18-19　2021 年 Ei 收录香港特区论文数居前 10 位的期刊

期刊名称	论文篇数	排名
Science of the Total Environment	60	1
IEEE Robotics and Automation Letters	55	2
Building and Environment	46	3
Advanced Functional Materials	45	4
IEEE Access	44	5
ACS Applied Materials and Interfaces	44	5
Construction Management and Economics	38	7
IEEE Transactions on Antennas and Propagation	37	8
Advanced Materials	36	9
IEEE Internet of Things Journal	35	10

（3）Ei 收录澳门特区科技论文情况分析

2021 年，Ei 收录第一作者为澳门特区的论文共计 619 篇。其中，收录澳门大学发表
论文 411 篇，澳门科技大学发表 163 篇；从学科来看，生物学的论文数较多（图 18-10）。

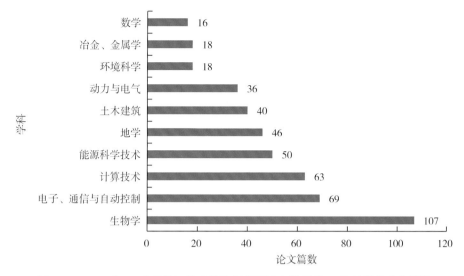

图 18-10 2021 年 Ei 收录第一作者为澳门特区论文数居前 10 位的学科分布情况

18.3 小结

2021 年，SCI 收录的中国台湾地区、香港特区和澳门特区的论文数均比 2020 年有不同程度的增长；Ei 收录中国台湾地区、香港特区和澳门特区的论文数均比 2020 年也有不同程度的增加；CPCI-S 收录的中国台湾地区、香港特区和澳门特区论文数比 2020 年有所减少。在 InCites 数据库中，与 2020 年相比，2021 年中国台湾地区、香港特区和澳门特区的论文数与内地（大陆）论文数的差距更加拉大；从论文被引频次情况看，三地区的论文被引频次都比 2020 年有不同程度的增加；从学科规范化的引文影响力、被引次数排名前 10% 的论文比例看，香港特区论文的这 2 项指标最高，澳门特区的这 2 项指标次之，台湾地区的这 2 项指标在三地区中最低；从高被引论文看，香港特区高被引论文数最多，台湾地区次之，澳门特区最少；从国际合作论文数看，台湾地区的国际合作论文数较多。从相对于全球平均水平的影响力看，澳门特区最高，其次是香港特区，台湾地区的该指标稍低，但三地区的该指标均大于 1。

以 2 类文献即 Article、Review 作为各论文统计的依据看，2021 年 SCI 收录的第一作者为台湾地区发表的论文共计 24 399 篇，占总数的 71.02%。在第一作者为非台湾地区论文的主要国家（地区）中，第一作者为中国内地和美国的论文数最多，共占第一作者为非台湾地区论文总数的 42.32%；2021 年，SCI 收录第一作者为香港特区的论文共计 8640 篇，占总数的 37.69%。第一作者为非香港特区论文的主要国家（地区）中，中国内地的论文数仍是最多的，共计 10 139 篇，占论文总数的 44.23%。

从论文的机构分布看，台湾地区、香港特区和澳门特区的论文均主要产自高等院校。香港特区发表论文的单位主要集中于 6 家高等院校；台湾地区除高等院校外，发表论文较多的还有台湾"中央研究院"等研究机构；澳门特区的论文则主要出自澳门大学。

从学科分布看，按中国学科分类标准 40 个学科分类，2021 年，SCI 收录台湾地区论文数居前 3 位的学科是临床医学、生物学、化学；SCI 收录香港特区论文数居前 3 位的学科是临床医学、化学、生物学；2021 年，SCI 收录澳门特区论文数居前 3 位的学科是计算技术，化学，电子、通信与自动控制。

（执笔人：李静）

参考文献

[1] 中国科学技术信息研究所 . 2020 年度中国科技论文统计与分析（年度研究报告）［M］. 北京：科学技术文献出版社，2022

[2] 中国科学技术信息研究所 . 2019 年度中国科技论文统计与分析（年度研究报告）［M］. 北京：科学技术文献出版社，2021

19 研究机构创新发展分析

19.1 引言

《中共中央关于制定国民经济和社会发展第十四个五年规划和 2035 年远景目标的建议》提出，强化国家战略科技力量。制定科技强国行动纲要，健全社会主义市场经济条件下新型举国体制，打好关键核心技术攻坚战，提高创新链整体效能。加强基础研究、注重原始创新，优化学科布局和研发布局，推进学科交叉融合，完善共性基础技术供给体系。制定实施战略性科学计划和科学工程，推进科研院所、高等院校、企业科研力量优化配置和资源共享。推进国家实验室建设，重组国家重点实验室体系。布局建设综合性国家科学中心和区域性创新高地。

研究机构作为科学研究的重要阵地，是国家创新体系的重要组成部分，增强自主创新能力，对于中国加速科技创新，建设创新型国家具有重要意义。为了进一步推动研究机构的创新能力和学科发展，提高其科研水平，中国科学技术信息研究所分别以高等院校、医疗机构作为研究对象，以其发表的论文和发明的专利数据为基础，从科研成果转化、学科发展布局、学科交叉融合、国际合作、医工结合到科教协同融合等多个维度进行深入分析、全景扫描和国际对比，以期对中国研究机构提升创新能力起到推动和引导作用。

19.2 中国高校产学共创排行榜

19.2.1 数据与方法

高等院校科研活动与产业需求的密切联系，有利于促进创新主体将科研成果转化为实际应用的产品与服务，创造丰富的社会经济价值。"中国高校产学共创排行榜"评价关注高等院校与企业科研活动协作的全流程，设置指标表征高等院校和企业合作创新过程中 3 个阶段的表现：从基础研究阶段开始，经过企业需求导向的应用研究阶段，再到成果转化形成产品阶段。"中国高校产学共创排行榜"评价采用 10 项指标：

① 校企合作发表论文数量。基于 2019—2021 年中国科技论文与引文数据库收录的中国高等院校论文统计高等院校和企业共同合作发表的论文数量。

② 校企合作发表论文占比。基于 2019—2021 年中国科技论文与引文数据库收录的中国高等院校论文统计高等院校和企业共同合作发表的论文数量与高等院校发表总论文数量的比值。

③ 校企合作发表论文总被引频次。基于 2019—2021 年中国科技论文与引文数据库收录的中国高等院校论文统计高等院校和企业共同合作发表的论文总被引频次。

④ 企业资助项目产出的高等院校论文数量。基于 2019—2021 年中国科技论文与引文数据库统计高等院校论文中获得企业资助的论文数量。

⑤ 高等院校与国内上市公司企业关联强度。基于 2019—2021 年中国上市公司年报数据库统计，从上市公司年报中所报道的人员任职、重大项目、重要事项等内容中，利用文本分析方法测度高等院校与企业联系的范围和强度。

⑥ 校企合作发明专利数量。基于 2019—2021 年德温特世界专利索引和专利引文索引收录的中国高等院校专利，统计高等院校和企业合作的发明专利数量。

⑦ 校企合作专利占比。基于 2019—2021 年德温特世界专利索引和专利引文索引收录的中国高等院校专利，统计高等院校和企业合作的发明专利数量与高等院校发明专利总量的比值。

⑧ 有海外同族的合作专利数量。基于 2019—2021 年德温特世界专利索引和专利引文索引收录的中国高等院校专利，统计高等院校和企业合作的发明专利内容同时在海外申请的专利数量。

⑨ 校企合作专利施引专利数量。基于 2019—2021 年德温特世界专利索引和专利引文索引收录的中国高等院校专利，统计高等院校和企业合作的发明专利施引专利数量。

⑩ 校企合作专利总被引频次。基于 2019—2021 年德温特世界专利索引和专利引文索引收录的中国高等院校专利，统计高等院校和企业合作的发明专利总被引频次，用于测度专利学术传播能力。

19.2.2 研究分析与结论

统计中国高等院校上述 10 项指标，经过标准化转换后计算得出了十维坐标的矢量长度数值，用于测度各个高等院校的产学共创水平。如表 19-1 所示，为根据上述指标统计出的 2021 年中国高校产学共创排行榜（前 20 名）。

表 19-1　2021 年中国高校产学共创排行榜（前 20 名）

排序	高校名称	计分
1	清华大学	243.46
2	华北电力大学	194.99
3	中国石油大学	163.19
4	浙江大学	110.45
5	西南石油大学	100.88
6	西南交通大学	83.72
7	西安交通大学	79.01
8	上海交通大学	77.31
9	中国地质大学	76.67
10	北京大学	76.00
11	中国矿业大学	69.28
12	东南大学	67.05
13	北京交通大学	62.48
14	武汉大学	61.26
15	天津大学	59.34

排序	高校名称	计分
16	北京航空航天大学	58.57
17	哈尔滨工业大学	58.33
18	重庆大学	57.10
19	北京科技大学	56.43
20	华中科技大学	56.28

19.3 中国高等院校学科发展矩阵分析报告——论文

19.3.1 数据与方法

高等院校的论文发表和引用情况是测度高等院校科研水平和影响力的重要指标。以中国主要高等院为研究对象,采用各高等院校在 2017—2021 年发表论文数量和 2012—2016 年、2017—2021 年期间引文总量作为源数据,根据波士顿矩阵方法,分析各个高等院校学科发展布局情况,构建学科发展矩阵。

按照波士顿矩阵方法的思路,我们以 2017—2021 年各个高等院校在某一学科论文产出占全球论文的份额作为科研成果产出占比的测度指标;以各个高等院校从 2012—2016 年到 2017—2021 年在某一学科领域论文被引用总量的增长率作为科研影响增长的测度指标。

根据高等院校各个学科的占比和增长情况,划分了 4 个学科发展矩阵空间,如图 19-1 所示。

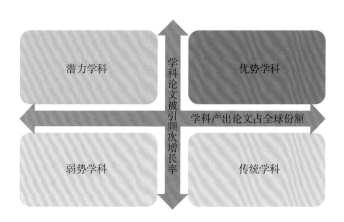

图 19-1　中国高等院校论文产出 4 个学科发展矩阵空间

第一区:优势学科(高占比高增长):该区学科论文份额及引文增长率都处于较高水平,可明确产业发展引导的路径。

第二区:传统学科(高占比低增长):该区学科论文所占份额较高,引文增长率较低,可完善管理机制以引导发展。

第三区：潜力学科（低占比高增长）：该区学科论文所占份额较低，引文增长率较高，可采用加大科研投入的方式进行引导。

第四区：弱势学科（低占比低增长）：该区学科论文占份额及引文增长率都处较低水平，可考虑加强基础研究。

19.3.2 研究分析与结论

表19-2统计了中国"双一流"建设高校论文产出的学科发展矩阵，即学科发展布局情况，按高校名称拼音排序。

表 19-2 中国"双一流"建设高校学科发展布局情况

高校名称	优势学科数	传统学科数	潜力学科数	弱势学科数
安徽大学	1	0	87	35
北京大学	36	46	53	41
北京工业大学	10	0	86	41
北京航空航天大学	37	5	72	32
北京化工大学	6	1	72	44
北京交通大学	11	0	68	43
北京科技大学	12	3	79	24
北京理工大学	31	1	69	35
北京林业大学	6	3	71	42
北京师范大学	8	7	65	76
北京体育大学	0	0	21	16
北京外国语大学	0	0	11	6
北京协和医学院	28	10	60	45
北京邮电大学	5	3	52	22
北京中医药大学	1	0	57	48
长安大学	10	0	82	14
成都理工大学	7	0	68	27
成都中医药大学	1	0	62	21
重庆大学	35	0	77	44
大连海事大学	5	0	77	19
大连理工大学	39	2	60	51
电子科技大学	26	2	84	31
东北大学	24	1	81	22
东北林业大学	2	1	84	37
东北农业大学	5	0	85	22
东北师范大学	1	0	68	64
东华大学	5	0	74	43
东南大学	30	3	80	50
对外经济贸易大学	0	0	40	17

高校名称	优势学科数	传统学科数	潜力学科数	弱势学科数
福州大学	1	2	99	32
复旦大学	28	28	67	49
广西大学	3	0	103	32
广州医科大学	7	1	81	26
广州中医药大学	2	0	79	25
贵州大学	3	0	96	19
国防科技大学	12	4	44	54
哈尔滨工程大学	9	1	71	23
哈尔滨工业大学	44	9	52	38
海军军医大学	2	4	45	71
海南大学	0	0	95	25
合肥工业大学	2	1	105	25
河北工业大学	1	0	88	15
河海大学	15	0	87	20
河南大学	1	0	114	27
湖南大学	19	3	73	32
湖南师范大学	2	0	108	33
华北电力大学	5	0	70	28
华东理工大学	5	3	64	68
华东师范大学	2	2	100	57
华南理工大学	39	3	80	43
华南农业大学	11	0	85	29
华南师范大学	1	1	102	42
华中科技大学	60	8	62	40
华中农业大学	12	4	83	35
华中师范大学	1	2	56	65
吉林大学	29	13	92	35
暨南大学	5	2	121	40
江南大学	7	2	102	44
空军军医大学	0	1	40	84
兰州大学	3	6	90	65
辽宁大学	1	0	68	30
南昌大学	4	0	118	41
南方科技大学	2	0	105	1
南京大学	18	19	66	70
南京航空航天大学	24	0	55	32
南京理工大学	13	0	79	32
南京林业大学	5	0	100	8
南京农业大学	9	9	71	37
南京师范大学	5	0	90	51

续表

高校名称	优势学科数	传统学科数	潜力学科数	弱势学科数
南京信息工程大学	9	0	78	28
南京医科大学	17	9	69	33
南京邮电大学	6	0	64	21
南京中医药大学	1	2	69	43
南开大学	6	6	82	65
内蒙古大学	1	0	76	35
宁波大学	3	0	120	35
宁夏大学	1	0	71	27
青海大学	0	0	92	25
清华大学	45	25	63	36
山东大学	31	17	73	54
山西大学	2	2	87	40
陕西师范大学	1	0	98	50
上海财经大学	0	0	35	29
上海大学	8	1	91	52
上海海洋大学	4	0	75	38
上海交通大学	67	43	37	27
上海科技大学	0	0	81	4
上海体育学院	0	0	31	20
上海外国语大学	0	0	16	7
上海中医药大学	2	0	59	37
石河子大学	1	0	77	53
首都师范大学	1	1	67	60
四川大学	35	16	84	37
四川农业大学	4	2	80	26
苏州大学	0	0	22	22
太原理工大学	2	0	84	32
天津大学	46	3	76	30
天津医科大学	5	1	61	64
天津中医药大学	1	0	47	44
同济大学	35	5	73	57
外交学院	0	0	0	1
武汉大学	36	3	91	44
武汉理工大学	16	0	83	24
西安电子科技大学	16	2	62	34
西安交通大学	40	9	87	35
西北大学	3	2	87	50
西北工业大学	36	1	73	20
西北农林科技大学	13	5	71	49
西南财经大学	0	0	42	16

续表

高校名称	优势学科数	传统学科数	潜力学科数	弱势学科数
西南大学	7	1	100	44
西南交通大学	10	0	82	33
西南石油大学	4	0	71	17
西藏大学	0	0	48	43
厦门大学	3	5	93	67
湘潭大学	1	0	64	31
新疆大学	1	0	81	35
延边大学	1	0	65	50
云南大学	1	1	88	47
浙江大学	74	38	35	29
郑州大学	21	1	116	25
中国传媒大学	0	0	19	15
中国地质大学	15	4	77	28
中国海洋大学	7	2	77	51
中国科学院大学	93	12	56	7
中国矿业大学	24	0	75	24
中国美术学院	0	0	0	7
中国农业大学	15	5	74	49
中国人民大学	1	0	65	64
中国人民公安大学	0	0	20	17
中国石油大学	18	0	64	31
中国药科大学	1	4	63	48
中国音乐学院	0	0	0	1
中国政法大学	0	0	18	9
中南财经政法大学	0	0	40	13
中南大学	56	5	83	28
中山大学	52	26	66	31
中央财经大学	0	0	37	32
中央民族大学	0	0	49	51

参照哈佛大学和麻省理工学院等国际一流高等院校的学科分布情况，并结合中国主要高等院校的学科发展分布状态，为中国高等院校设定了 4 类学科发展目标。

① 世界一流大学：优势学科数与传统学科数之和在 50 个以上，整体呈现繁荣状态。以世界一流大学为发展目标，"夯实科技基础，在重要科技领域跻身世界领先行列。" 目前，浙江大学、上海交通大学与中国科学院大学优势学科与传统学科数量之和达 105 以上，位居各高校之首；北京大学、中山大学、清华大学、华中科技大学、中南大学与复旦大学继续稳定保持；哈尔滨工业大学和四川大学初显端倪。

② 中国领先大学：优势学科数与传统学科数之和在 25 个以上，潜力学科数量在 50 个以上。以中国领先大学为目标，致力专业发展，跟上甚至引领世界科技发展新方向。

③ 区域核心大学：以区域核心大学为目标，以基础研究为主，力争在基础科技领域做出大的创新、在关键核心技术领域取得大的突破。

④ 学科特色大学：该类高等院校的传统学科和潜力学科都集中在该校的特有专业中。该类大学可加大科研投入，发展潜力学科，形成专业特色。

19.4 中国高等院校学科发展矩阵分析报告——专利

19.4.1 数据与方法

发明专利情况是测度高等院校知识创新与发展的一项重要指标。对高等院校专利发明情况的分析可以有效地帮助高等院校了解其在各领域的创新能力和发展情况，针对不同情况作出不同的发展决策。中国科学技术信息研究所从 2016 年开始依据高等院校专利发明和引用情况对高等院校不同专业发展布局情况进行分析和评价。采用各高等院校近 5 年在 21 个德温特分类的发明专利数量和前后 5 年期间的专利引用总量作为源数据构建中国高等院校专利产出矩阵。

同样按照波士顿矩阵方法的思路，我们以 2017—2021 年各个高等院校在某一分类的专利产出数量作为科研成果产出的测度指标，以各个高等院校从 2012—2016 年到 2017—2021 年在某一分类专利被引用总量的增长率作为科研影响增长的测度指标。并以专利数量 1000 和增长率 100% 作为分界点，将坐标图划分为四个象限，依次是"优势专业""传统专业""潜力专业""弱势专业"（图 19-2）。

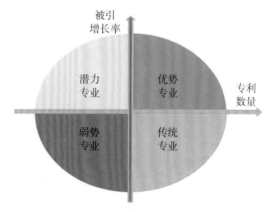

图 19-2　中国高等院校专利产出矩阵

19.4.2 研究分析与结论

表 19-3 列出了中国"双一流"建设高校专利发明和引用的德温特学科类别发展布局情况，按高校名称拼音排序。

表 19-3　中国"双一流"建设高校在德温特 21 个学科类别的发展布局情况

高校名称	优势专业数	传统专业数	潜力专业数	弱势专业数
安徽大学	5	0	15	1
北京大学	13	0	8	0
北京工业大学	10	0	11	0
北京航空航天大学	11	0	10	0
北京化工大学	9	0	12	0
北京交通大学	5	0	15	1
北京科技大学	10	0	11	0
北京理工大学	12	0	9	0
北京林业大学	5	0	16	0
北京师范大学	3	0	18	0
北京体育大学	0	0	9	13
北京外国语大学	0	0	0	21
北京协和医学院	7	0	13	1
北京邮电大学	2	0	18	1
北京中医药大学	13	0	8	0
长安大学	8	0	13	0
成都理工大学	6	0	15	0
成都中医药大学	2	0	15	4
重庆大学	13	0	8	0
大连海事大学	3	0	18	0
大连理工大学	15	0	6	1
电子科技大学	11	0	10	0
东北大学	7	0	14	0
东北林业大学	7	0	14	0
东北农业大学	5	0	16	0
东北师范大学	0	0	21	0
东华大学	8	0	13	0
东南大学	15	0	6	0
福州大学	14	0	7	0
复旦大学	14	0	7	0
广西大学	5	0	16	0
广州医科大学	2	0	14	5
广州中医药大学	1	0	14	6
贵州大学	11	0	10	0
国防科技大学	6	0	15	0
哈尔滨工程大学	9	0	12	1
哈尔滨工业大学	15	0	6	0
海军军医大学	2	0	18	1
海南大学	7	0	14	0
合肥工业大学	13	0	8	0

续表

高校名称	优势专业数	传统专业数	潜力专业数	弱势专业数
河北工业大学	11	0	10	0
河海大学	9	0	12	0
河南大学	5	0	15	1
湖南大学	10	0	11	0
湖南师范大学	1	0	19	1
华北电力大学	8	0	13	0
华东理工大学	8	0	13	1
华东师范大学	6	0	15	0
华南理工大学	19	0	2	1
华南农业大学	7	0	14	0
华南师范大学	7	0	13	1
华中科技大学	15	0	6	0
华中农业大学	6	0	15	0
华中师范大学	1	0	20	0
吉林大学	16	0	5	0
暨南大学	6	0	15	0
江南大学	14	0	7	0
空军军医大学	2	0	18	1
兰州大学	8	0	13	0
辽宁大学	3	0	18	0
南昌大学	11	0	10	0
南方科技大学	5	0	16	0
南京大学	11	0	10	0
南京航空航天大学	10	0	11	0
南京理工大学	12	0	9	0
南京林业大学	13	0	8	0
南京农业大学	6	0	14	1
南京师范大学	4	0	17	0
南京信息工程大学	8	0	13	0
南京医科大学	5	0	15	2
南京邮电大学	11	0	10	0
南京中医药大学	1	0	16	4
南开大学	7	0	14	0
内蒙古大学	0	0	21	0
宁波大学	9	0	12	0
宁夏大学	2	0	19	0
青海大学	0	0	21	0
清华大学	17	0	4	0
山东大学	16	0	5	0
山西大学	7	0	14	0

续表

高校名称	优势专业数	传统专业数	潜力专业数	弱势专业数
陕西师范大学	4	0	17	0
上海财经大学	0	0	4	17
上海大学	11	0	10	0
上海海洋大学	6	0	15	0
上海交通大学	16	0	5	0
上海科技大学	1	0	18	2
上海体育学院	0	0	6	15
上海音乐学院	0	0	4	17
上海中医药大学	1	0	10	10
石河子大学	4	0	17	0
首都师范大学	1	0	19	1
四川大学	0	16	0	6
四川农业大学	7	0	14	0
苏州大学	17	0	4	0
太原理工大学	0	13	0	9
天津大学	16	0	5	0
天津工业大学	5	0	16	0
天津医科大学	1	0	17	3
天津中医药大学	1	0	12	8
同济大学	13	0	8	0
武汉大学	13	0	8	0
武汉理工大学	4	0	17	0
西安电子科技大学	5	0	16	0
西安交通大学	15	0	6	0
西北大学	0	1	20	0
西北工业大学	12	0	9	0
西北农林科技大学	8	0	13	0
西南大学	6	0	15	0
西南交通大学	10	0	11	0
西南石油大学	9	0	12	0
西藏大学	0	0	12	9
厦门大学	14	0	7	0
湘潭大学	9	0	12	0
新疆大学	1	0	19	1
延边大学	0	0	20	1
云南大学	2	0	19	0
浙江大学	17	0	4	0
郑州大学	15	0	6	0
中国传媒大学	0	0	11	10
中国地质大学	9	0	12	0

高校名称	优势专业数	传统专业数	潜力专业数	弱势专业数
中国海洋大学	7	0	14	0
中国科学技术大学	11	0	10	0
中国科学院大学	2	0	19	0
中国矿业大学	12	0	9	0
中国农业大学	7	0	13	1
中国人民大学	0	0	21	0
中国人民公安大学	0	0	9	12
中国石油大学	12	0	9	0
中国药科大学	3	0	18	0
中国政法大学	0	0	7	14
中南财经政法大学	0	0	6	15
中南大学	14	0	7	0
中山大学	14	0	7	0
中央财经大学	0	0	3	18
中央美术学院	0	0	0	21
中央民族大学	0	0	17	4
中央戏剧学院	0	0	1	20

19.5　中国高等院校学科融合指数

多学科交叉融合是高等院校学科发展的必然趋势，也是产生创新性成果的重要途径。高等院校作为知识创新的重要阵地，多学科交叉融合是提高学科建设水平，提升高等院校创新能力的有力支撑。对高等院校学科交叉融合的分析可以帮助高等院校结合实际调整学科结构，促进多学科交叉融合。

学科融合指数的计算方法如下：根据 Scopus 数据中论文的学科分类体系，重新构建了一个高度 h=6 的学科树。学科树中每个节点代表一个学科，任意两个节点间的距离表示其代表的两个学科研究内容的相关性。距离越大表示学科相关性越弱，学科跨越程度越大。对一篇论文，根据其所属不同学科，在学科树中可以找到对应的节点并计算出该论文的学科跨越距离。统计各高等院校统计年度所有论文的学科跨越距离之和，定义为各高等院校的学科融合指数。

19.6　医疗机构医工结合排行榜

19.6.1　数据与方法

医学与工程学科交叉是现代医学发展的必然趋势。"医工结合"倡导学科间打破壁垒，围绕医学实际需求交叉融合、协同创新。医工结合不仅强调医学与医学以外的理工科的学科交叉，也包括医工与产业界的融合。从 2017 年开始，中国科学技术信息研究所开始评价和发布"中国医疗机构医工结合排行榜"。"中国医疗机构医工结合排行榜"设置5项指标表征"医工结合"创新过程中3个阶段的表现：从基础研究阶段开始，经过企业需求导向的应用研究阶段，再到成果转化形成产品阶段。5项指标如下：

① 发表Ei论文数。基于2019—2021年Ei收录的医疗机构论文数。

② 发表工程技术类论文数。基于2019—2021年中国科技论文与引文数据库收录的医疗机构发表工程技术类的论文数。

③ 企业资助项目产出的论文数。基于2019—2021年中国科技论文与引文数据库统计医疗机构论文中获得企业资助的论文数。

④ 发明专利数。基于2019—2021年德温特世界专利索引收录的医疗机构专利数。

⑤ 与上市公司关联强度。基于2019—2021年中国上市公司年报数据库统计，从上市公司年报中所报道的人员任职、重大项目、重要事项等内容中，利用文本分析方法测度医疗机构与企业联系的范围和强度。

19.6.2 研究分析与结论

统计各医疗机构上述5项指标，经过标准化转换后计算得出了五维坐标的矢量长度数值，用于测度各医疗机构的医工结合水平。表19-4为根据上述指标统计出的2021年医疗机构医工结合排行榜。

表19-4 2021年医疗机构医工结合排行榜（前20位）

排序	医疗机构名称	计分
1	四川大学华西医院	171.18
2	解放军总医院	123.54
3	北京协和医院	118.9
4	青岛大学附属医院	110.35
5	华中科技大学同济医学院附属同济医院	109.58
6	中国医学科学院肿瘤研究所	100.31
7	南方医院	95.19
8	上海交通大学医学院附属第九人民医院	64.34
9	吉林大学白求恩第一医院	58.66
10	上海交通大学医学院附属瑞金医院	55.88
11	华中科技大学同济医学院附属协和医院	54.35
12	郑州大学第一附属医院	51.36
13	中南大学湘雅医院	51.25
14	西安交通大学医学院第一附属医院	49.19
15	上海市第六人民医院	46.65
16	复旦大学附属中山医院	45.95
17	四川大学华西口腔医院	42.18
18	武汉大学人民医院	41.95
19	南京鼓楼医院	41.74
20	浙江大学医学院附属第二医院	38.76

19.7　中国高等院校国际合作地图

19.7.1　数据与方法

科学研究的国际合作是国家科技发展战略中的重要组成部分。通过加强国际合作，可以达到有效整合创新资源、提高创新效率的作用。因此，国际合作在建设世界一流高等院校和一流学科中具有非常重要的积极作用。对高等院校国际合作情况的分析从一定程度上可以反映出高等院校理论研究的能力、科研合作的管理能力和吸引外部合作的主导能力。

"中国高等院校国际合作地图"以中国高等院校与国外机构合作的论文数量作为合作强度的评价指标。同时，评价方法强调合作关系中的主导作用。中国高等院校主导的国际合作论文的判断标准为：①国际合作论文的作者中第一作者的第一单位所属国家为中国；②论文完成单位至少有一个国外单位。某高等院校主导的国际合作论文数越高，说明该高等院校科研创新能力，以及国际合作强度越高。

19.7.2　研究分析与结论

"中国高等院校国际合作地图"基于2021年SCI收录的论文数据，从学科领域的角度展示以中国高等院校为主导的论文国际合作情况。分别选取了中国的综合类院校北京大学、浙江大学、中山大学，工科类院校清华大学、上海交通大学、哈尔滨工业大学，以及农科类院校中国农业大学、西北农林科技大学来进行对比分析。表19-5分别列出了各高等院校国际合作论文篇数排名居前3位的学科领域及在相应学科领域中国际合作论文篇数排名居前3位的国家。

表 19-5　基于学科领域的中国高等院校国际合作情况

高等院校	排序	国际合作论文篇数排名居前3位的学科领域	在相应学科领域中国际合作论文篇数排名居前3位的国家
北京大学	1	临床医学（419）	美国（190），英国（44），澳大利亚（29）
	2	生物学（246）	美国（101），英国（24），德国（16）
	3	天文学（214）	美国（50），德国（38），日本（16）
浙江大学	1	生物学（426）	美国（159），英国（35），澳大利亚（25）
	2	临床医学（302）	美国（143），英国（28），加拿大（23）
	3	环境科学（264）	美国（91），澳大利亚（25），巴基斯坦（24）
中山大学	1	临床医学（389）	美国（159），澳大利亚（42），英国（40）
	2	生物学（279）	美国（102），英国（20），加拿大（18）
	3	地学（205）	美国（57），澳大利亚（26），德国（17）
清华大学	1	电子、通信与自动控制（239）	美国（92），英国（39），加拿大（17）
	2	化学（204）	美国（74），德国（22），英国（15）
	3	环境科学（195）	美国（73），澳大利亚（14），英国（14）

高等院校	排序	国际合作论文篇数排名居前 3 位的学科领域	在相应学科领域中国际合作论文篇数排名居前 3 位的国家
上海交通大学	1	临床医学（564）	美国（209），澳大利亚（43），加拿大（30）
	2	生物学（255）	美国（113），澳大利亚（19），巴基斯坦（18）
	3	材料科学（240）	美国（64），澳大利亚（27），英国（26）
哈尔滨工业大学	1	电子、通信与自动控制（200）	加拿大（30），美国（26），英国（19）
	2	计算技术（137）	美国（36），澳大利亚（9），英国（8）
	3	材料科学（126）	美国（33），德国（14），英国（13）
中国农业大学	1	生物学（229）	美国（86），加拿大（13），德国（11）
	2	农学（172）	美国（60），德国（16），英国（15）
	3	环境科学（134）	美国（28），德国（23），澳大利亚（13）
西北农林科技大学	1	生物学（236）	美国（71），巴基斯坦（24），加拿大（21）
	2	农学（181）	美国（43），澳大利亚（32），加拿大（22）
	3	环境科学（142）	美国（28），巴基斯坦（15），澳大利亚（14）

19.8　中国高校科教协同融合指数

19.8.1　数据与方法

2018 年 6 月 11 日，科技部、教育部召开科教协同工作会议，研究推动高等院校科技创新工作，加强新时代科教协同融合。中国高等院校作为科学研究和人才培养的重要阵地，是国家创新体系的重要组成部分。构建科学合理的高等院校科技创新能力评价体系是新时代科教协同融合的"指挥棒"，对提高高等院校科技创新能力，提升高等院校科研水平具有重要的推动和引导作用。从 2018 年开始，中国科学技术信息研究所开始评价和发布"中国高校科教协同融合指数"。"中国高校科教协同融合指数"在中国高等院校科技创新能力评价体系中融入科学研究和人才培养的要素，从学科领域层面基于创新投入、创新产出、学术影响力和人才培养 4 个方面设置 10 项指标。其中，创新投入用获批项目数和获批项目经费来表征，创新产出用发表论文数、发明专利数和获得国家自然科学奖及技术发明奖折合数来表征，学术影响力用论文被引频次和专利被引频次来表征，人才培养用活跃 R&D 人员数、国际合作强度和国际合作广度来表征。具体指标说明如下：

① 获批项目数。基于 2021 年度国家自然科学基金项目数据统计中国高等院校获批的项目数量，包括：面上项目、重点项目、重大项目、重大研究计划项目、国际（地区）合作与交流项目、青年科学基金项目、优秀青年科学基金项目、国家杰出青年科学基金项目、创新研究群体项目、地区科学基金项目、联合基金项目、国家重大科研仪器研制项目、数学天元基金。

② 获批项目经费。基于 2021 年度中国高等院校获批的国家自然科学基金项目数据统计中国高等院校获批项目总经费。

③ 发表论文篇数。基于 2021 年 SCI 收录的论文数据，统计中国高等院校发表的论文篇数。

④ 发明专利数。基于 2021 年德温特世界专利索引和专利引文索引收录的中国高等院校专利，统计高等院校的发明专利数量。

⑤ 获得国家自然科学奖及技术发明奖折合数。基于 2021 年中国高等院校获得的国家自然科学奖及技术发明奖数据，统计中国高等院校获得的不同层次奖项折合数。

⑥ 论文被引频次。基于 2021 年 SCI 收录的论文数据，统计中国高等院校发表的论文被引频次。

⑦ 专利被引频次。基于 2021 年德温特世界专利索引和专利引文索引收录的中国高等院校专利，统计高等院校发明专利的总被引频次，用于测度专利学术传播能力。

⑧ 活跃 R&D 人员数。基于 2021 年 SCI 收录的论文数据，统计中国高等院校发表 SCI 收录论文的作者数量。

⑨ 国际合作强度。基于 2021 年 SCI 收录的论文数据，统计中国高等院校主导的国际合作论文篇数。

⑩ 国际合作广度。基于 2021 年 SCI 收录的论文数据，统计中国高等院校主导的国际合作涉及的国家数量。

19.8.2 研究分析与结论

统计各个高等院校上述 10 项指标，经过标准化转换后计算得出高等院校在创新投入、创新产出、学术影响力和人才培养 4 个方面的得分，求和得到各个高等院校的科教协同融合指数。如表 19-6 为根据上述指标统计出的 2021 年中国高校科教协同融合指数排行榜。

表 19-6　2021 年中国高校科教协同融合指数排行榜（前 20 名）

排序	高校名称	科教协同总分
1	浙江大学	95.29
2	上海交通大学	86.01
3	华中科技大学	70.14
4	北京大学	67.03
5	清华大学	62.25
6	四川大学	62.14
7	中山大学	61.11
8	天津大学	59.20
9	哈尔滨工业大学	58.91
10	中南大学	57.80
11	西安交通大学	56.27
12	复旦大学	52.45
13	山东大学	51.35
14	武汉大学	45.89

排序	高校名称	科教协同总分
15	东南大学	44.00
16	吉林大学	42.92
17	同济大学	42.49
18	电子科技大学	41.68
19	北京理工大学	39.45
20	华南理工大学	39.39

19.9　中国医疗机构科教协同融合指数

19.9.1　数据与方法

医院的可持续发展需要人才的培养与技术创新，创建研究型医院是中国医院可持续发展的成功模式，也是提高医院核心竞争力的重要途径，更是建设国际一流医院的必由之路。从 2018 年开始，中国科学技术信息研究所开始评价和发布"中国医疗机构科教协同融合指数"。"中国医疗机构科教协同融合指数"在科技创新能力评价体系中融入科学研究和人才培养的要素，从学科领域层面基于创新投入、创新产出、学术影响力和人才培养 4 个方面设置 10 项指标。其中，创新投入用获批项目数和获批项目经费来表征，创新产出用发表论文篇数、发明专利数和获得国家自然科学奖及技术发明奖折合数来表征，学术影响力用论文被引频次和专利被引频次来表征，人才培养用活跃 R&D 人员数、国际合作强度和国际合作广度来表征。具体指标说明如下：

① 获批项目数。基于 2021 年度国家自然科学基金项目数据统计医疗机构获批项目数量，包括：面上项目、重点项目、重大项目、重大研究计划项目、国际（地区）合作与交流项目、青年科学基金项目、优秀青年科学基金项目、国家杰出青年科学基金项目、创新研究群体项目、地区科学基金项目、联合基金项目、国家重大科研仪器研制项目、数学天元基金。

② 获批项目经费。基于 2021 年度中国医疗机构获批的国家自然科学基金项目数据统计中国医疗机构获批的项目总经费。

③ 发表论文篇数。基于 2021 年 SCI 收录的论文数据，统计中国医疗机构发表的论文数量。

④ 发明专利数。基于 2021 年德温特世界专利索引和专利引文索引收录的中国医疗机构专利，统计医疗机构发明专利数量。

⑤ 获得国家自然科学奖及技术发明奖折合数。基于 2021 年中国医疗机构获得的国家自然科学奖及技术发明奖数据，统计中国医疗机构获得的不同层次奖项折合数。

⑥ 论文被引频次。基于 2021 年 SCI 收录的论文数据，统计中国医疗机构发表的论文被引频次。

⑦ 专利被引频次。基于 2021 年德温特世界专利索引和专利引文索引收录的中国医疗机构专利，统计医疗机构的发明专利总被引频次，用于测度专利学术传播能力。

⑧ 活跃 R&D 人员数。基于 2021 年 SCI 收录的论文数据，统计中国医疗机构发表 SCI 收录论文的作者数量。

⑨ 国际合作强度。基于 2021 年 SCI 收录的论文数据，统计中国医疗机构主导的国际合作论文篇数。

⑩ 国际合作广度。基于 2021 年 SCI 收录的论文数据，统计中国医疗机构主导的国际合作涉及的国家数量。

19.9.2　研究分析与结论

统计各个医疗机构上述 10 项指标，经过标准化转换后计算得出医疗机构在创新投入、创新产出、学术影响力和人才培养 4 个方面的得分，求和得到各个医疗机构的科教协同融合指数。表 19-7 为根据上述指标统计出的 2021 年中国医疗机构科教协同融合指数排行榜。

表 19-7　2021 年中国医疗机构科教协同融合指数排行榜（前 20 名）

排名	医疗机构名称	科教协同总分
1	四川大学华西医院	75.00
2	解放军总医院	53.65
3	青岛大学附属医院	35.48
4	郑州大学第一附属医院	29.16
5	华中科技大学同济医学院附属同济医院	29.03
6	中南大学湘雅医院	28.92
7	华中科技大学同济医学院附属协和医院	25.13
8	上海交通大学医学院附属第九人民医院	24.03
9	浙江大学附属第一医院	23.98
10	上海交通大学医学院附属瑞金医院	23.90
11	广东省人民医院	23.89
12	中南大学湘雅二医院	22.20
13	北京大学第一医院	20.33
14	浙江大学医学院附属第二医院	20.30
15	西安交通大学医学院第一附属医院	19.39
16	复旦大学附属中山医院	18.86
17	吉林大学白求恩第一医院	18.23
18	中山大学附属第一医院	17.76
19	武汉大学人民医院	17.22
20	重庆医科大学附属第一医院	16.89

19.10　中国高校国际创新资源利用指数

随着科学技术的不断进步，科学研究的范围逐渐扩大，科学研究的难度逐渐加大。高等院校的国际科技合作对于充分利用全球科技资源，提高自主创新能力有积极的作用。高等院校在探索和开展科技合作工作时会面临 2 个重要问题：①如何选择最理想的合作资源？②现有的合作资源是不是最好的？从 2019 年开始，中国科学技术信息研究所开始评价和发布"中国高校国际创新资源利用指数"，用来反映高等院校对国际创新资源的布局和利用能力，引导高等院校积极精准开展国际科技合作，提高科技创新效率和创新水平。

"中国高校国际创新资源利用指数"用高等院校已开展国际合作的研究机构和学科领域内高等院校理想国际合作机构交集个数标准化后的数值来表示。其中，高等院校理想国际合作机构通过对全球研究机构的研究水平和合作可能性 2 个维度进行测度和筛选而得出。研究机构的研究水平用该机构在 2017—2021 年 5 年内发表的高被引论文总数来表征，研究机构的合作可能性用该机构在 2017—2021 年与中国合著发表论文数来表征。指数的数值越高，说明高校在该学科领域对国际创新资源的利用能力越高。

19.11　基于代表作评价的高校学科实力评估

为贯彻落实中共中央办公厅、国务院办公厅《关于深化项目评审、人才评价、机构评估改革的意见》《关于进一步弘扬科学家精神加强作风和学风建设的意见》要求，改进科技评价体系，破除科技评价中过度看重论文数量多少、影响因子高低、忽视标志性成果的质量、贡献和影响等不良导向，中国科学技术信息研究所从 2020 年起开展"基于代表作评价的高校学科实力评估"研究。本研究主要是从学科领域的角度，给予一个评价代表作的参考标尺。

评估过程分为 3 个步骤。首先，在学科领域内遴选高等院校代表作。遴选方式为：在某高等院校同时作为第一作者和通讯作者单位发表的论著（Article）集合中，分年度选择被引频次最高的 3 篇论著，作为该校标志性成果。然后以 ESI 学科基准值作为标尺，根据代表作的被引频次确定其位于标尺中的位置，根据赋值表对代表作赋予得分。最后，对高等院校各年度各论著的得分进行求和，作为评价高校学科实力的指数。图 19-3 中以农学为例，列出了对高等院校在农学学科的实力评估流程。

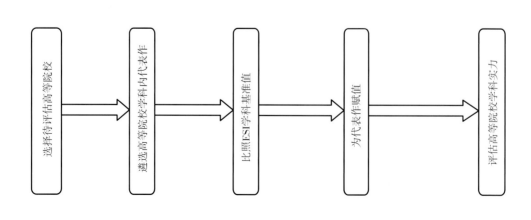

分年度遴选学术影响力最高的论著

	2010	2011	2012	2013	2014	2015	2016	2017	2018	2019
农学	TOP 3	TOP 3	TOP 3	TOP 3	TOP 3	TOP 3	TOP 3	TOP 3	TOP 3	TOP 3

学科基准值表

农学	2010	2011	2012	2013	2014	2015	2016	2017	2018	2019
0.01%	872	652	575	587	381	396	294	204	119	58
0.10%	404	347	267	244	197	164	122	98	66	30
1.00%	152	124	112	99	86	75	60	44	30	14
10.00%	47	43	39	35	32	28	22	17	12	5
20.00%	29	27	25	23	21	18	15	11	8	3
50.00%	11	10	9	9	8	7	6	4	3	1

代表作赋值表

学科	年份	被引频次	得分
农学	2010	$C \geq 872$	100
农学	2010	$404 \leq C < 872$	50
农学	2010	$152 \leq C < 404$	20
农学	2010	$47 \leq C < 152$	10
农学	2010	$29 \leq C < 47$	5
农学	2010	$11 \leq C < 29$	2

选择待评估高等院校 → 遴选高等院校学科内代表作 → 比照 ESI 学科基准值 → 为代表作赋值 → 评估高等院校学科实力

图 19-3　高等院校在农学学科的实力评估流程

表 19-8 列出了在材料科学学科领域中，学科实力排名居前 3 位的高等院校。

表 19-8　材料科学学科领域学科实力排名居前 3 位的高等院校

学科领域	高等院校		
	学科实力排名第一	学科实力排名第二	学科实力排名第三
生物材料科学	西安交通大学	中国科学院大学	苏州大学
陶瓷材料科学	西北工业大学	中国科学院大学	华中科技大学
材料科学，表征与试验	中国矿业大学	上海交通大学	重庆大学
材料科学，涂料与薄膜	武汉理工大学	重庆大学	大连理工大学
材料科学，复合材料	西北工业大学	浙江大学	上海交通大学
材料科学，多学科	中国科学院大学	武汉理工大学	清华大学
材料科学，纸张与木材	南京林业大学	华南理工大学	东华大学
材料科学，纺织品	南京林业大学	华南理工大学	东华大学

19.12　小结

本章以中国研究机构作为研究对象，从中国高校科研成果转化、中国高校学科发展布局、中国高校学科交叉融合、中国高校国际合作地图、中国医疗机构医工结合、中国高校科教协同融合指数、中国医疗机构科教协同融合指数、中国高校国际创新资源利用指数、基于代表作评价的高校学科实力评估等多个角度进行了统计和分析，可以得知：

① 产学共创能力排名居前 3 位的高等院校是清华大学、华北电力大学和中国石油大学。

② 科教协同指数排名居前 3 位的高等院校是浙江大学、上海交通大学和华中科技大学。

③ 科教协同指数排名居前 3 位的医疗机构是四川大学华西医学院、中国人民解放军总医院和青岛大学附属医院。

④ 医工结合排名居前 3 位的医疗机构是四川大学华西医学院、中国人民解放军总医院和北京协和医院。

（执笔人：许晓阳）

参考文献

[1] 中国科学技术信息研究所 .2018 年度科技论文与统计分析（年度研究报告）［M］.北京：科学技术文献出版社，2020：230-259.

[2] 王璐，马峥，潘云涛 .基于论文产出的学科交叉测度方法 [J].情报科学，2019，37（4）：5.

[3] 王璐，马峥 .学术实体合作关系测度模型研究 [J].情报科学，2019（2）：5.

[4] 王璐，马峥，许晓阳，等 .中国医工结合发展现状与对策研究报告（2019 年版）[J].实用临床医药杂志，2019，23（5）：6.

20　保持稳定的基础研究才会产生稳定的论文影响和质量

20.1　引言

国家对基础研究的重视已达到一个新的高度。国家领导人多次组织会议研究商讨中国基础研究工作，给予基础研究以较多较大的支持。

在 2023 年 2 月 24 日的国新办新闻发布会上，科技部部长王志刚说，2022 年全社会研发经费支出首破 3 万亿元，研发投入强度首次突破 2.5%，基础研究投入比重连续 4 年超过 6%。……中国科技创新指数排名从 2012 年的第 31 位升到 2022 年的第 11 位。

"如果一个社会将自己的科研投入仅仅局限于技术转化，那么，经过一段时间，由于缺乏旨在发现新的知识和新的现象的基础研究，也就没有什么可以转化的成果了。"技术的发展生根于基础研究中。"这是 2006 年 9 月 16 日诺贝尔奖获得者丁肇中在中国科协学术年会上的一段话，这段话说明了基础研究的重要性，而基础研究的主要产出是科技论文，所以，我们还需对学术论文以一定的重视。

2021 年 2 月 26 日，科技部部长王志刚在国新办的谈话中也谈道："在研究阶段，有新的发展，有新的规律总结的时候，当然要发表论文，把科研成果固化下来并且和同行进行交流。高水平的科学家应该提供高水平的论文，但论文一定是自己科研活动的结晶。年轻人刚开始搞科研的时候，能够写论文就是好事。"

一篇好的论文应是引领世界科学的发展，传播力大，具有时效性、影响力要持久等特点，据此，什么样的论文才具影响力？什么样的论文才能算作高质量的论文？为作比较，以下仍按我们曾提出的几个学术指标来研判中国已产出的论文的影响力和质量。

2021 年，中国 SCI 论文产出达 612 263 篇，比 2020 年的 552 549 篇增加 59 714 篇，增长 18.81%，增幅较大。论文数量增长的同时，中国科技论文质量和国际影响力也有了一定的提升。中国国际论文被引用次数排名上升，高被引数增加，国际合著论文占比超过 1/4，参与国际大科学和大科学工程产出的论文数持续增加。其保障因素之一是中国的研发人员规模已居世界第 1 位，已形成了规模庞大、学科齐备、结构完善的科技人才体系，科技人员能力与素质显著提升，为科技和经济发展奠定了坚实的基础。人才是科学技术研究最关键的因素。"十二五"以来，中国研发人员已由 2010 年的 255.4 万人增加到 2014 年的 371.1 万人；"十二五"前 4 年，中国累计培养博士研究生 20.9 万人，年度海外学成归国人员由 2010 年的 13.5 万人迅速提高到 2014 年的 36.5 万人。再一重大保障是中国 2013 年 R&D 经费支出已居世界第 2 位。

就科技论文方面，中国近年来已有不俗的表现：自然科学基金委杨卫主任曾在《光明日报》发文指出，中国学科发展的全面加速出人意料。材料科学、化学、工程科学 3 个学科发展进入总量并行阶段，发表的论文数量均居世界第 1 位，学术影响力超过或接近美国。由数学、物理学、天文学、信息等学科组成的数理科学群虽尚不及美国，但亮点纷呈。例如，在几何与代数交叉、量子信息学、暗物质、超导、人工智能等方面成果突出。大生命科学高速发展。宏观生命科学领域，如农业科学、药学、生物学等发展接近于世界前列。中国高影响力研究工作占世界份额达到甚至超过总学术产出占世界的份额。中国各学科领域加权的影响力指数接近世界均值。

国家财政对研发经费的大力投入、中国科研人员的增加及科研的积累和研究环境的宽松，是科技论文质量和学术影响力提升的保证。反映基础研究成果的 SCI 论文数已连续多年排名居世界第 2 位，仅落后于美国。在此情况下，我们不仅要发表论文，关键的是要发表高质高影响的论文，要对民生、对国家的发展起到推动作用。

20.2 中国具国际影响力的各类论文简要统计与分析

20.2.1 中国在国际合作的大科学和大科学工程项目中产生的论文

大科学研究一般来说是具有投资强度大、多学科交叉、实验设备庞大复杂、研究目标宏大等特点的研究活动，大科学工程是科学技术高度发展的综合体现，是显示各国科技实力的重要标志，中国经过多年的努力和科技力量的积蓄，已与美国、欧洲、日本等当前科技实力强的国家和地区开展平等合作，为参与制定国际标准，在解决全球性重大问题上做出了应有的贡献。

"大科学"（Big Science；Megascience；Large Science）是国际科技界近年来提出的新概念。从运行模式来看，大科学研究国际合作主要分为 3 个层次：科学家个人之间的合作、研究机构或大学之间的对等合作（一般有协议书）、政府间的合作［有国家级协议，如国际热核聚变实验研究 ITER、欧洲核子研究中心的大型强子对撞机（LHC）等］。

就其研究特点来看，主要表现为：投资强度大、多学科交叉、需要昂贵且复杂的实验设备、研究目标宏大等。根据大型装置和项目目标的特点，大科学研究可分为如下两类。

第一类是需要巨额投资建造、运行和维护大型研究设施的"工程式"的大科学研究，又称"大科学工程"，其中包括预研、设计、建设、运行、维护等一系列研究开发活动，如国际空间站计划、欧洲核子研究中心的大型强子对撞机（LHC）计划、Cassini 卫星探测计划、Gemini 望远镜计划等，这些大型设备是许多学科领域开展创新研究不可缺少的技术和手段支撑，同时，大科学工程本身又是科学技术高度发展的综合体现，是各国科技实力的重要标志。

第二类是需要跨学科合作的大规模、大尺度的前沿性科学研究项目，通常是围绕一个总体研究目标，由众多科学家有组织、有分工、有协作、相对分散开展研究，如人类基因图谱研究、全球变化研究等即属于这类"分布式"的大科学研究。

多年来，中国科技工作者已参与了各项国际大科学计划项目，和国际同行们合作发表了多篇论文。2021 年，中国参与的作者数大于 1000、机构数大于 50 的国际大科学论文为 204 篇，比上一年的 220 篇减少 16 篇。涉及的学科还是高能物理、天文和天体物理、大型仪器和生命科学。2021 年，国际合作研究产生的 204 篇论文中，参加国家（地区）为 137 个，比上一年增加 24 个，其发表论文篇数如表 20-1 所示。在中国参与的单位中，除高等院校、研究机构外，也有比较多的医疗单位参与了大科学合作研究项目。参加的高等院校、研究机构和医疗机构分别如表 20-2 至表 20-4 所示。作者数大于 100、机构数大于 50 的论文共计 532 篇，比上一年的 485 篇增加 47 篇，涉及的学科主要为高能物理仪器、仪表，生命科学；在 532 篇论文中，以中国大陆单位为牵头的论文数由上一年的 47 篇增加到 75 篇，增加 28 篇。参与合作研究的国家（地区）为 36 个，比上一年减少 23 个，如表 20-5 所示，涉及的学科为高能物理、核物理和生命科学。作者数大于 100、机构数大于 50 的国际合作论文中，第一作者为中国作者的论文共 75 篇，其第一作者单位共 7 个，比上一年减少 2 个，如表 20-6 所示。

表 20-1　2021 年大科学国际合作国家（地区）及论文篇数

国家（地区）	论文篇数	国家（地区）	论文篇数	国家（地区）	论文篇数
阿尔巴尼亚	4	多米尼加	8	哈萨克斯坦	11
阿尔及利亚	6	厄瓜多尔	144	肯尼亚	4
安哥拉	2	埃及	500	科威特	47
阿根廷	285	英格兰	2317	吉尔吉斯斯坦	4
亚美尼亚	123	爱沙尼亚	82	拉脱维亚	78
澳大利亚	562	埃塞俄比亚	7	黎巴嫩	3
奥地利	368	斐济	1	利比亚	13
阿塞拜疆	110	芬兰	337	立陶宛	84
孟加拉国	10	法国	1825	卢森堡	9
巴巴多斯	4	加蓬	2	马达加斯加	2
白俄罗斯	220	格鲁吉亚	302	马拉维	4
比利时	517	德国	2609	马来西亚	149
贝宁	2	加纳	5	马耳他	5
波黑	2	希腊	829	毛里求斯	2
巴西	1132	危地马拉	11	墨西哥	598
文莱	3	海地	2	摩尔多瓦	1
保加利亚	207	洪都拉斯	1	摩纳哥	20
喀麦隆	9	匈牙利	602	黑山	54
加拿大	1011	冰岛	7	摩洛哥	449
佛得角	2	印度	1902	莫桑比克	3
智利	321	印尼	39	缅甸	10
哥伦比亚	365	伊朗	391	尼泊尔	14
哥斯达黎加	6	伊拉克	5	荷兰	611
科特迪瓦	2	爱尔兰	125	新西兰	157
克罗地亚	311	以色列	331	尼日尔	3
古巴	31	意大利	7803	尼日利亚	26
塞浦路斯	80	牙买加	9	北爱尔兰	13
捷克	488	日本	2198	朝鲜	1
丹麦	183	约旦	20	北马其顿	3

续表

国家（地区）	论文篇数	国家（地区）	论文篇数	国家（地区）	论文篇数
挪威	316	塞尔维亚	290	泰国	101
阿曼	3	塞舌尔	3	汤加	1
巴基斯坦	138	新加坡	44	突尼斯	9
巴勒斯坦	50	斯洛伐克	262	土耳其	2527
巴拿马	17	斯洛文尼亚	154	土库曼斯坦	1
巴拉圭	4	所罗门群岛	4	阿联酋	57
中国大陆	2375	南非	463	乌干达	4
秘鲁	75	韩国	1212	乌克兰	181
菲律宾	55	西班牙	1467	乌拉圭	7
波兰	782	斯里兰卡	156	美国	9715
葡萄牙	799	斯达	2	乌兹别克斯坦	27
卡塔尔	74	苏丹	5	委内瑞拉	9
罗马尼亚	528	瑞典	493	越南	22
俄罗斯	2582	瑞士	902	威尔士	42
沙特阿拉伯	83	中国台湾	450	也门	6
苏格兰	272	塔吉克斯坦	1	津巴布韦	4
塞内加尔	1	坦桑尼亚	4		

2021 年，参与国际大科学合作的中国单位共计 197 个（包含香港、澳门的几所高等院校），高等院校 89 所（仅计校园本部），研究机构 37 个，医疗机构 68 个，其他机构 3 个，分别如表 20-2 至表 20-4 所示。

表 20-2　2021 年参与国际合作研究发表论文 2 篇及以上的中国高等院校

高等院校	论文篇数	高等院校	论文篇数	高等院校	论文篇数
香港中文大学	21	华中农业大学	8	香港理工大学	4
上海交通大学	18	山东大学	8	广州医科大学	3
浙江大学	17	武汉大学	7	华南师范大学	3
苏州大学	14	北京协和医学院	5	南京师范大学	3
中国科学技术大学	12	深圳大学	5	南开大学	3
中国科学院大学	12	华中师范大学	4	首都医科大学	3
香港科技大学	11	暨南大学	4	四川大学	3
香港大学	10	空军医科大学	4	中国药科大学	3
北京大学	9	南京大学	4	澳门大学	2
复旦大学	9	南京农业大学	4	东南大学	2
清华大学	9	温州医科大学	4		
中山大学	9	香港浸会大学	4		

表 20-3 2021 年参与国际合作研究发表 2 篇及以上论文的中国研究机构

研究机构	论文篇数	研究机构	论文篇数
中国科学院高能物理所	4	中国科学院上海营养与健康研究所	2
中国科学院国家天文台北京	3	中国科学院上海有机化学所	2
中国科学院昆明动物所	3	中国科学院生物物理所	2
江苏省疾控中心	2	中国农科院	2
量子物质科学协同创新中心	2	中国医科院	2

表 20-4 2021 年参与国际合作研究发表 2 篇以上（含 2 篇）的中国医疗机构

医疗机构	论文篇数	医疗机构	论文篇数	医疗机构	论文篇数
浙江大学附属第一医院	5	浙江大学附属第二医院	3	南方医科大学深圳医院	2
吉林大学第一医院	4	浙江大学邵逸夫医院	3	南京医科大学附属第一医院	2
空军医科大学西京医院	4	浙江省人民医院	3	上海交通大学附属第六人民医院	2
陆军军医大学西南医院	4	中南大学湘雅二医院	3	上海交通大学瑞金医院	2
北京大学第一医院	3	广州市第十二人民医院	2	温州医科大学育英儿童医院	2
解放军总医院	3	广州医科大学附属第二医院	2	西安交通大学附属第一医院	2
四川大学华西医院	3	杭州师范大学附属医院	2	香港威尔士亲王医院	2
武汉大学口腔医院	3	开滦总医院	2	浙江大学妇产医院	2
香港大学玛丽医院	3	空军医科大学唐都医院	2	中山大学孙逸仙医院	2

表 20-5 2021 年参与中国牵头的国际合作研究的国家（地区）

国家（地区）	国家（地区）	国家（地区）	国家（地区）
澳大利亚	芬兰	荷兰	西班牙
奥地利	法国	巴基斯坦	瑞典
巴西	德国	中国大陆	瑞士
加拿大	印度	波兰	中国台湾
智利	爱尔兰	俄罗斯	泰国
塞浦路斯	以色列	沙特阿拉伯	土耳其
捷克	意大利	斯洛文尼亚	美国
丹麦	日本	南非	越南
英格兰	蒙古	韩国	威尔士

表 20-6 2021 年国际合作论文中国牵头的第一作者单位及论文篇数

单位名称	论文篇数	单位名称	论文篇数
中国科学院高能物理研究所	63	四川大学	1
复旦大学	6	中国科学院国家天文台	1
北京航空航天大学	2	中国科学院北京基因所	1
广州医科大学附属第一医院	1		

　　2016 年 9 月 25 日，有着"超级天眼"之称的 500 米口径球面射电望远镜已在中国贵州省黔南布依族苗族自治州平塘县的喀斯特洼坑中落成启用，吸引着世界目光。400 多年后，代表中国科技高度的大射电望远镜，将首批观测目标锁定在直径 10 万光年的银河系边缘，探究恒星起源的秘密，也将在世界天文史上镌刻下新的刻度。这个里程碑的大科学事件是中国为世界做出的极大贡献，是一个极其重要的大科学工程。"天眼"由中国科学院国家天文台主持建设，从概念到选址再到建成，耗时 22 年，是具有中国自主知识产权、世界最大单口径、最灵敏的射电望远镜。据悉，目前国际上有 10 项诺贝尔奖是基于天文观测成果的，其中 6 项出自射电望远镜。同时，自 2021 年起，中国"天眼"已向全世界科学家开放使用。中国"天眼"自 2016 年启用到现在，已经发现了 59 颗优质的脉冲星，其中被确认为新发现的有 44 颗，这是多么了不起的成就，它的宇宙信号搜索能力让世界震惊。

　　随着中国科技实力的增强，参与国际大科学的研究人员和研究机构将会不断增多。特别是会在以我方为主的大科学项目的研究中，将产生大量高质、高影响的论文。

　　科技部部长王志刚介绍："目前，中国已与 160 个国家建立科技合作关系，签署政府间合作协议 114 项，人才交流协议 346 项，参加国际组织和多边机制超过 200 个，积极参与了国际热核聚变等一系列国际大科学计划和工程。2018 年累计发放外国人才工作许可证 33.6 万份，目前在中国境内工作的外国人超过 95 万人。"可以说，中国已开始具备主持大科学工程项目研究的条件了。

20.2.2　被引数居世界各学科前 0.1% 的论文数有所减少

　　2021 年，中国作者发表的论文中，被引数进入各学科前 0.1% 的论文数为 799 篇，中国为第一作者的论文数仅为 623 篇，比上一年的 1626 篇减少 1003 篇，降低 61.7%。进入被引数所示居世界前 0.1% 的学科数仍保持在 32 个。没有学科的论文数能达到 100 篇，如表 20-7 和图 20-1 所示。天文学、安全科学技术，测绘科学技术，水产学，冶金金属学，轻工、纺织暂无此类论文。

表 20-7　2021 年被引数居前 0.1% 的中国各学科论文篇数及占比情况

学科	论文篇数	占比	学科	论文篇数	占比
材料科学	83	13.32%	临床医学	18	2.90%
环境科学	68	10.92%	物理学	17	2.73%
化学	67	10.75%	地学	14	2.23%
信息、系统科学	60	9.63%	预防医学与卫生学	11	1.77%
数学	44	7.06%	化工	10	1.60%
生物学	42	6.74%	土木建筑	9	1.44%
计算技术	37	5.94%	农学	8	1.28%
电子、通信与自动控制	31	4.98%	药物学	5	0.80%
基础医学	28	4.49%	交通运输	5	0.80%
能源科学技术	26	4.17%	管理学	5	0.80%
力学	18	2.90%	中医学	4	0.64%

续表

学科	论文篇数	占比	学科	论文篇数	占比
军事医学与特种医学	3	0.48%	矿山工程技术	1	0.16%
社科	2	0.16%	动力与电气	1	0.16%
林学	1	0.16%	食品	1	0.16%
畜牧、兽医	1	0.16%	水利	1	0.16%
工程与技术基础	1	0.16%	航空航天	1	0.16%

注：社科论文含经济、教育、文化和体育等类，下同。

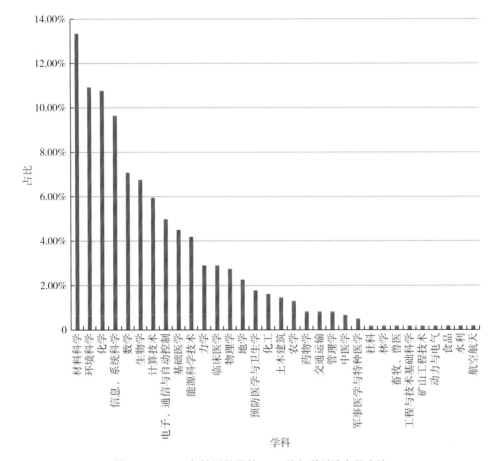

图 20-1　2021 年被引数居前 0.1% 的各学科论文数占比

623 篇中国大陆第一作者论文中，共有 265 个单位发表。中国高等院校（仅计校园本部，不含附属机构）184 所，共发表论文 521 篇，占全部发表论文的 83.6%；研究机构 44 个发表论文 55 篇，占 8.8%；医疗机构 32 个发表论文 43 篇，占 6.9%。发表论文10 篇以上的高等院校由上一年的 25 个减为 8 个，如表 20-8 所示；发表 3 篇以上的研究机构仅为 2 个，如表 20-9 所示；发表 2 篇以上的医疗机构只有 6 个，如表 20-10 所示。另有 4 个公司共发表论文 4 篇。

与上一年相比，中国论文的被引数进入各学科前 0.1% 的论文数有所减少，但也有些学科的论文被引数进入了世界前 0.01%。

按 2021 年 SCIE 统计，中国有多个学科的论文被引数进入世界前 0.01% 行列，下面列出被引数进入各学科前 0.01% 的单位及被引数[1]。

① 化学：上海交通大学（266 次）、华中师范大学（255 次）、湖北师范学院（181 次）、电子科技大学（178 次）、中国科学院新疆理化技术所（140 次）、清华大学（140 次）；

② 计算技术：杭州电子科技大学（460 次）、中山大学（247 次）、微软亚洲研究院（242 次）、南开大学（390 次）、渤海大学（193 次）、中国科学院自动化所（175 次）；

③临床医学：武汉市金银潭医院（1014 次）、浙江省疾控中心（458 次）、天津医科大学肿瘤医院（442 次）；

④数学学科：西安理工大学（254 次）、渤海大学（133 次）、渤海大学（106 次）；

⑤农学：华南农业大学（774 次）、西南大学（84 次）。

表 20-8　2021 年中国大陆发表论文被引数居前 0.1% 有 5 篇及以上的高等院校

高等院校	论文篇数	高等院校	论文篇数	高等院校	论文篇数
哈尔滨工业大学	17	西安交通大学	8	深圳大学	6
电子科技大学	14	北京航空航天大学	7	西安建筑科技大学	6
清华大学	13	北京科技大学	7	浙江大学	6
西北工业大学	12	东北大学	7	北京理工大学	5
中南大学	12	南京航空航天大学	7	北京邮电大学	5
青岛大学	11	天津大学	7	杭州电子科技大学	5
郑州大学	11	重庆大学	7	南京理工大学	5
渤海大学	10	北京交通大学	6	青岛理工大学	5
湖南大学	9	大连理工大学	6	山东大学	5
江苏大学	9	杭州师范大学	6	武汉理工大学	5
北京大学	8	聊城大学	6	西安电子科技大学	5
广东工业大学	8	山东科技大学	6		
绍兴文理学院	8	上海大学	6		

表 20-9　2021 年发表论文被引数居前 0.1% 有 2 篇及以上的研究机构

研究机构	论文篇数
中国科学院化学研究所	4
中国科学院遗传与发育生物学研究所	4
中国科学院分子植物科学卓越创新中心	3
中国科学院北京纳米能源与系统研究所	2
中国科学院宁波材料技术与工程研究所	2
中国科学院生态环境研究中心	2

[1]　注：括号中数字为被引次数。

表 20-10　2021 年发表论文被引数居前 0.1% 有 2 篇及以上的医疗机构

医疗机构	论文篇数	医疗机构	论文篇数
四川大学华西医院	5	华中科技大学附属协和医院	2
武汉大学人民医院	3	武汉大学中南医院	2
广州医科大学第三医院	2	浙江大学医学院附属第一医院	2

20.2.3　中国在各学科影响因子首位期刊发表论文数稍减

2021 年，在 JCR 涵盖的 177 个学科中，期刊的影响因子排在首位的国家大多是科技发达的欧美国家，编辑出版的都是些世界著名的大出版公司。我们不以发表论文期刊的影响因子高低作为评价论文的学术水平，但美国学者 Bornmann 和 Williams 的最新研究表明：在一定程度上，期刊影响因子可以用于评价青年学者。在缺乏有效的同行评议的学术环境中，期刊影响因子等定量指标除了承担学术评价的功能，还承担着维持公平的功能。在这类期刊中发表论文由于"马太效应"，发表以后会产生较大的影响。由于期刊的学科交叉，一种期刊可能交叉出现在多个学科中，因此，177 个学科影响因子首位的期刊在 2021 年实际只有 155 种。2021 年，中国在其中的 121 种期刊上有论文发表。由于国家对科技期刊的连续支持和鼓励，中国影响因子学科首位的期刊有了较多增加，从上一年的 4 种增加到了 12 种，发表论文数总计 1544 篇，占全部论文数（8951 篇）的 17.2%，如表 20-11 所示。

表 20-11　2021 年学科影响因子首位的中国期刊

期刊名称	论文篇数
Biochar	34
Electrochemical Energy Reviews	21
Engineering	155
Horticulture Research	196
Infectious Diseases of Poverty	90
International Journal of Mining Science and Technology	69
International Journal of Oral science	39
Journal of Advanced Ceramics	93
Journal of Energy Chemistry	639
Journal of Magnesium and Alloys	92
Journal of Ocean Engineering and Science	5
Petroleum Expl Oration and Development	111

2021 年，中国大陆作者在 SCI 收录的各主题学科影响因子首位期刊发表论文 8951 篇，比上一年的 10 131 篇减少 1180 篇，分布于我们划分的 38 个自然学科（含 1 个社科）中，比上一年增加了 7 个学科。大于 100 篇的学科有 15 个，大于 1000 篇的学科有 2 个（物理学和能源科学技术），如表 20-12 和图 20-2 所示。另外，期刊影响因子首位没有论文发表的仅有林业科学和测绘科技 2 个学科。

表 20-12 2021 年影响因子居首位期刊的学科论文

学科	论文篇数	占比	学科	论文篇数	占比
物理学	2020	22.57%	环境科学	38	0.42%
能源科学技术	1733	19.36%	药物学	29	0.32%
化工	751	8.39%	动力与电气	27	0.30%
生物学	679	7.59%	军事医学与特种医学	22	0.25%
地学	429	4.79%	水产学	22	0.25%
电子、通信与自动控制	408	4.56%	预防医学与卫生学	20	0.22%
化学	378	4.22%	交通运输	16	0.18%
数学	353	3.94%	食品	15	0.17%
轻工、纺织	348	3.89%	管理学	14	0.16%
中医学	266	2.97%	信息、系统科学	12	0.13%
材料科学	259	2.89%	航空航天	8	0.09%
临床医学	248	2.77%	社科	7	0.08%
基础医学	212	2.37%	水利	4	0.04%
农学	199	2.22%	核科学技术	3	0.03%
工程与技术基础	141	1.58%	力学	2	0.02%
冶金、金属学	85	0.95%	天文学	2	0.02%
计算技术	76	0.85%	其他	2	0.02%
矿山工程技术	67	0.75%	畜牧、兽医	1	0.01%
土木建筑	54	0.60%	机械、仪表	1	0.01%

数据来源：SCIE 2021。

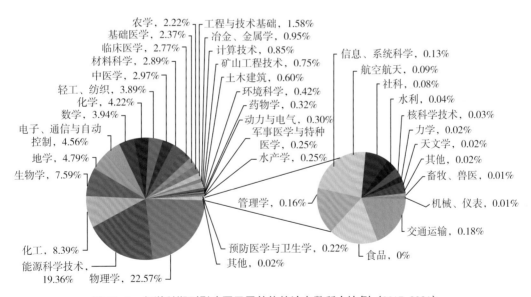

图 20-2 各学科期刊影响因子居首位的论文数所占比例（SCIE 2021）

2021 年，影响因子居首位的 155 种国际期刊中，中国大陆作者只在其中的 121 种期刊（比上一年又减少 1 种）上发表论文。发表论文数大于 1000 篇的期刊 1 种，仍为 *Applied Surface Science*，但数量由 2021 年的 1874 篇减少到 1739 篇，减少 135 篇。发表论文数大于 100 篇的期刊由 2020 年的 25 种减少到 20 种，如表 20-13 所示。

表 20-13   2021 年各学科影响因子居学科首位的期刊中中国大陆作者发表论文数大于 100 篇的期刊

期刊名称	论文篇数
Applied Surface Science	1739
Bioresource Technology	912
Journal of Energy Chemistry	607
International Journal of Energy Research	451
Briefings in Bioinformatics	417
Ieee Transactions on Cybernetics	407
Chaos Solitons & Fractals	346
Cellulose	321
Phytomedicine	266
Renewable & Sustainable Energy Reviews	262
Coordination Chemistry Reviews	206
Engineering Geology	205
Ultrasonics Sonochemistry	201
Horticulture Research	189
Energy & Environmental Science	159
Engineering	137
Additive Manufacturing	117
Isprs Journal of Photogrammetry and Remote Sensing	115
Petroleum Exploration and Development	111
Nature	105

数据来源：SCIE 2021。

2021 年，中国作者发表于期刊影响因子学科首位刊中的论文为 8951 篇，比上一年的 10 131 篇减少 1180 篇，分布于中国大陆 963 个机构，其中高等院校（只计校园本部）516 所，比上一年减少 7 所，发表论文 7660 篇，占比 85.6%；研究机构 258 个，发表论文 831 篇，占比 9.37%；医疗机构 139 个，发表 388 篇，占比 4.3%；另有公司企业发表论文 71 篇，占比 0.7%（图 20-3）。发表论文 50 篇及以上的高等院校 49 个，其中发

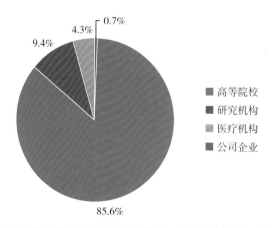

图 20-3   2021 年影响因子居学科首位的期刊中中国大陆各类机构的论文数占比

表 100 篇以上的高等院校 10 个，清华大学发表 166 篇，2021 年排在高等院校首位，如表 20-14 所示；在 258 个研究机构中，发表论文 10 篇及以上的研究机构有 18 个，中国科学院大连化学物理研究所发表 44 篇，排在研究所首位，如表 20-15 所示；发表论文 5 篇及以上的医疗机构为 22 个，四川大学华西医院发表 29 篇，居医疗机构首位，如表 20-16 所示。

表 20-14　2021 年各学科影响因子居首位的期刊中论文篇数 50 篇及以上的高等院校

高等院校	论文篇数	高等院校	论文篇数	高等院校	论文篇数
清华大学	166	武汉大学	80	北京科技大学	62
浙江大学	151	武汉理工大学	77	电子科技大学	62
哈尔滨工业大学	146	中山大学	77	复旦大学	62
天津大学	133	北京理工大学	76	南开大学	61
江苏大学	127	东南大学	76	南京理工大学	60
华中科技大学	122	重庆大学	76	陕西科技大学	58
中南大学	114	吉林大学	73	北京航空航天大学	56
上海交通大学	110	北京工业大学	71	北京化工大学	56
西安交通大学	108	郑州大学	71	西北农林科技大学	54
华南理工大学	106	东北大学	70	南京大学	53
西北工业大学	94	深圳大学	70	青岛大学	53
山东大学	91	西南大学	70	南京农业大学	52
大连理工大学	88	江南大学	67	昆明理工大学	50
湖南大学	88	中国科学技术大学	67	中国地质大学（武汉）	50
同济大学	86	中国农业大学	64	中国石油大学（华东）	50
北京大学	84	南京林业大学	63		
四川大学	81	厦门大学	63		

表 20-15　2021 年影响因子居首位的期刊中论文篇数 10 篇及以上的研究机构

研究机构	论文篇数
中国科学院大连化学物理研究所	44
中国疾病预防控制中心	27
中国石油勘探开发研究院	26
中国科学院地质与地球物理研究所	19
中国工程物理研究院	16
中国科学院福建物质结构研究所	15
中国科学院金属研究所	14
中国科学院上海硅酸盐研究所	14
中国科学院上海应用物理研究所	14
中国科学院长春应用化学研究所	14
中国林业科学研究院	14
中国科学院宁波材料技术与工程研究所	13
中国科学院深圳先进技术研究院	13

续表

研究机构	论文篇数
中国科学院广州能源研究所	12
中国科学院生态环境研究中心	12
中国科学院植物研究所	12
中国科学院合肥物质科学研究院	10
中国科学院青岛生物能源与过程研究所	10

表20-16　2021年影响因子居首位的期刊中论文篇数5篇及以上的医疗机构

医疗机构	论文篇数	医疗机构	论文篇数
四川大学华西医院	29	郑州大学第一附属医院	6
四川大学华西口腔医院	20	重庆医科大学附属第一医院	6
华中科技大学附属同济医院	15	安徽省立医院	5
中山大学附属第一医院	12	河南省人民医院	5
北京协和医院	9	解放军总医院	5
复旦大学附属中山医院	8	南京医科大学第一附属医院	5
浙江大学医学院附属第一医院	8	上海中医药大学附属龙华医院	5
中南大学湘雅二医院	7	首都医科大学附属宣武医院	5
华中科技大学附属协和医院	6	武汉大学人民医院	5
上海交通大学医学院附属仁济医院	6	中国医学科学院肿瘤医院	5
首都医科大学附属北京同仁医院	6	中南大学湘雅医院	5

20.2.4　发表于高影响区期刊中的论文数增加

期刊的影响因子反映的是期刊论文的平均影响力，受期刊每年发表文献数的变化、发表评述性文献量的多少等因素制约，各年间的影响因子值会有较大的波动，甚至会产生大的跳跃，一些刚创刊不久的期刊，会因发表文献数少但已有文献被引用，从而出现较高的影响因子，但实际的影响力和影响面都还不算大。而期刊的总被引频次会因期刊的规模、刊期的长短，创刊时间等因素而有较大的差别，有些期刊因发文量大、被引机会多从而被引数高，但篇均被引数并不高，总体影响力也不大。因此，影响因子和总被引数同居学科前列的期刊，而且发表的论文数已达到一定的规模才能算是真正影响大的期刊。

我们认为，高影响论文是发表在影响因子和总被引数同居各学科前10%，且期刊论文（Article、Review）的年发表数大于50篇的论文。2021年，国际有这类自然科学期刊371种，比上一年的401种减少30种，主要由美国、英国、荷兰、德国、瑞士、丹麦、法国、意大利等国家编辑出版。

2021年，371种期刊中，第一作者来自中国发表的论文数为73 955篇，比上一年的70 477篇增加3478篇，增幅4.9%。

73 955篇论文，分布于中国大陆全部的31个省（自治区、直辖市），有8个省份发文数占比都在5%以上，比上一年增加1个，这8个省份的占比总计达65.343%，如表 20-17 所示。

表 20-17　2021 年影响因子和总被引频次都居前 10% 的中国各地区论文篇数及占比

地区	论文篇数	占比	地区	论文篇数	占比	地区	论文篇数	占比
北京	10 863	14.689%	湖南	2468	3.337%	云南	612	0.828%
江苏	8095	10.946%	安徽	1940	2.623%	山西	515	0.696%
广东	6479	8.761%	黑龙江	1840	2.488%	贵州	323	0.437%
上海	6066	8.202%	福建	1813	2.451%	新疆	297	0.402%
湖北	4387	5.932%	河南	1599	2.162%	海南	218	0.295%
陕西	4331	5.856%	重庆	1577	2.132%	内蒙古	197	0.266%
山东	4219	5.705%	吉林	1208	1.633%	宁夏	62	0.084%
浙江	3884	5.252%	甘肃	854	1.155%	青海	34	0.046%
四川	2877	3.890%	江西	737	0.997%	西藏	4	0.005%
辽宁	2598	3.513%	河北	644	0.871%			
天津	2595	3.509%	广西	619	0.837%			

73 955 篇论文分布于 40 个学科，大于 1 万篇的学科仅有化学，其论文数由 2020 年的 15 583 篇增到 16 221 篇，增加 638 篇，增长 4.1%，占全部论文的 21.93%，另有 16 个（比上一年增 1 个）学科的论文数超 1000 篇，如表 20-18、图 20-4 所示。

表 20-18　2021 年影响因子和总被引数都居前 10% 的各学科论文篇数和占比

学科	论文篇数	占比	学科	论文篇数	占比
化学	16 221	21.934%	基础医学	819	1.107%
环境科学	9181	12.414%	动力与电气	760	1.028%
生物学	5497	7.433%	水利	645	0.872%
计算技术	4579	6.192%	信息、系统科学	593	0.802%
地学	3645	4.929%	航空航天	455	0.615%
能源科学技术	3360	4.543%	轻工、纺织	325	0.439%
材料科学	3114	4.211%	交通运输	322	0.435%
土木建筑	2784	3.764%	预防医学与卫生学	303	0.4105%
化工	2560	3.462%	管理学	288	0.389%
物理学	2531	3.422%	林学	240	0.325%
药物学	2460	3.326%	矿山工程技术	177	0.239%
数学	2325	3.144%	核科学技术	155	0.210%
力学	1944	2.629%	畜牧、兽医	73	0.099%
食品	1820	2.461%	军事医学与特种医学	58	0.0785%
农学	1791	2.422%	社科	45	0.061%
电子、通信与自动控制	1574	2.128%	中医学	15	0.020%
临床医学	1383	1.870%	天文学	4	0.005%
水产学	966	1.306%	工程与技术基础	4	0.005%
机械、仪表	938	1.268%	测绘科学技术	1	0.001%

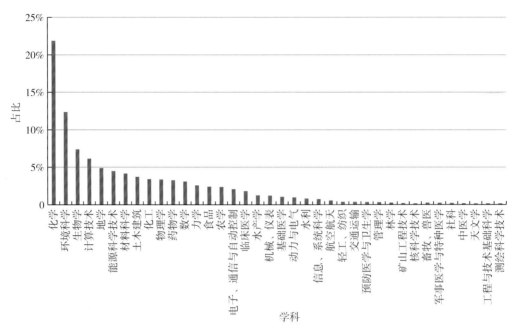

图 20-4 2021 年影响因子和总被引频次都居前 10% 的各学科论文占比

73 955 篇论文产生于中国大陆的 2000 多个单位，其中，高等院校贡献 64 169 篇（比上一年增加 4347 篇），占全部这类论文的 86.77%（比上一年增加 3.31 个百分点）；研究机构贡献 7945 篇（比上一年增加 1113 篇），占 10.7%（比上一年增加 1 个百分点）；医疗机构贡献 2428 篇（比上一年增加 1721 篇），占比 3.3%；公司等部门贡献 413 篇，占比 0.6%。各类机构发文数前 10 位如表 20-19 至表 20-21 所示。

表 20-19 2021 年发表论文数排名居前 10 位的高等院校

高等院校	论文篇数
浙江大学	1536
清华大学	1458
上海交通大学	1269
哈尔滨工业大学	1159
天津大学	1038
华中科技大学	995
西安交通大学	879
北京大学	877
华南理工大学	876
大连理工大学	833

表 20-20 2021 年发表论文数排名居前 10 位的研究机构

研究机构	论文篇数
中国科学院生态环境研究中心	252
中国科学院地理科学与资源研究所	190

研究机构	论文篇数
中国科学院大连化学物理研究所	186
中国科学院化学研究所	156
中国科学院长春应用化学研究所	144
中国科学院海西研究院	123
中国科学院海洋研究所	117
中国科学院金属研究所	109
中国科学院宁波材料技术与工程研究所	104
中国科学院南京土壤研究所	103

表 20-21　2021 年发表论文数排名居前 10 位的医疗机构

医疗机构	论文篇数
四川大学华西医院	195
上海交通大学附属仁济医院	60
浙江大学附属第一医院	59
中山大学肿瘤防治中心	54
浙江大学附属第二医院	53
华中科技大学附属同济医院	50
华中科技大学附属协和医院	50
复旦大学附属肿瘤医院	45
南方医科大学附属南方医院	41
上海交通大学附属第九人民医院	41

20.2.5　在世界有影响的生命科学系列期刊中的发文量连年增加

《自然出版指数》是以国际知名学术出版机构英国自然出版集团（Nature Publishing Group）的《自然》系列期刊在前一年所发表的论文为基础，衡量不同国家和研究机构的科研实力，并与往年的数据进行比较。该指数为评估科研质量提供了新渠道。

2021 年，《自然》系列期刊达到 54 种，周刊 1 种，其余都是月刊，其中 20 种为评述期刊。以国际知名学术出版机构英国自然出版集团（Nature Publishing Group）的《自然》系列期刊中所发表的论文为基础，每年发布《自然出版指数》，它可衡量不同国家和研究机构在生命科学领域所取得的成果和科研实力，以此数据做比较，还可显示各国在生命科学研究领域的国际地位。

2021 年，中国大陆作者在 48 种（比上一年增加 2 种）《自然》系列期刊中发表论文（Article、Review）1888 篇，比上一年的 1553 篇增加 335 篇，增长 21.6%。中国作者发表在《自然》系列刊物中的论文数占全部论文数（13 069 篇）的 14.4%。中国作者发表论文的《自然》系列期刊共 48 种，比上一年增加 2 种，但仍有 6 种刊中无论文发表。发文量最大的期刊仍是 *Nature Communications*，2021 年其发文量高达 6938 篇，2021 年中国大陆作者在此刊中发表了 1302 篇论文，比上一年增加了 240 篇，增长 22.6%，仅就在此刊中的中国大陆作者发文量就占全部《自然》系列期刊中国大陆作者发文量的 69.0%。在《自然》系列发表的期刊中，中国发文量占期刊全部发文量的比例高于 5% 的期刊数由 2020 年的 35 种增到 38 种，比上一年增加 3 种，发文量 10 篇及以上的期刊为 26 种，也比上一年增加 1 种。中国作者发表论文的期刊中，发表论文数占全部论文的比例高于 10% 的期刊达到 21 种，如表 20-22（按中国论文数由高到低顺序排列）所示。

表 20-22　中国作者在《自然》系列刊中的发文情况

期刊名称	总被引数	影响因子	论文篇数	中国论文篇数	占比
Nature Communications	604 735	17.694	6938	1302	18.766%
Nature	1 008 544	69.504	1017	86	8.456%
Nature Catalysis	15 757	40.706	100	35	35.000%
Nature Nanotechnology	79 609	40.523	164	32	19.512%
Nature Plants	13 007	17.352	144	32	22.222%
Nature Methods	108 143	47.990	147	21	14.286%
Nature Materials	119 078	47.656	185	19	10.270%
Nature Chemistry	43 897	24.274	142	18	12.676%
Nature Photonics	55 866	39.728	106	18	16.981%
Nature Protocols	56 523	17.021	187	18	9.626%
Nature Cell Biology	55 078	28.213	103	17	16.505%
Nature Astronomy	7318	15.647	125	16	12.800%
Nature Biomedical Engineering	10 605	29.234	115	16	13.913%
Nature Electronics	8248	33.255	87	16	18.391%
Nature Sustainability	10 711	27.157	110	16	14.545%
Nature Chemical Biology	31 125	16.174	152	14	9.211%
Nature Food	2043	20.430	99	14	14.141%
Nature Geoscience	36 682	21.531	138	14	10.145%
Nature Metabolism	4636	19.865	116	13	11.207%
Nature Physics	48 349	19.684	179	13	7.263%
Nature Ecology & Evolution	15 584	19.100	145	12	8.276%
Nature Energy	37 355	67.439	116	12	10.345%
Nature Genetics	120 884	41.307	155	12	7.742%
Nature Biotechnology	91 927	68.164	136	11	8.088%
Nature Climate Change	43 970	28.660	134	11	8.209%
Nature Structural & Molecular Biology	33 999	18.361	95	11	11.579%
Nature Immunology	61 399	31.250	126	8	6.349%
Nature Neuroscience	82 161	28.771	145	8	5.517%
Nature Reviews Earth & Environment	1942	37.214	53	8	15.094%
Nature Medicine	141 857	87.241	214	7	3.271%
Nature Microbiology	22 473	30.964	129	7	5.426%
Nature Human Behaviour	11 204	24.252	138	6	4.348%
Nature Machine Intelligence	4060	25.898	102	6	5.882%
Nature Reviews Materials	27 820	76.679	55	6	10.909%
Nature Reviews Physics	3539	36.273	51	5	9.804%

续表

期刊名称	总被引数	影响因子	论文篇数	中国论文篇数	占比
Nature Reviews Chemistry	8091	34.571	49	4	8.163%
Nature Reviews Microbiology	51 100	78.297	53	4	7.547%
Nature Cancer	2315	23.177	90	3	3.333%
Nature Conservation-Bulgaria Nature Reviews	664	2.431	24	3	12.500%
Gastroenterology & Hepatology	21 962	73.082	50	3	6.000%
Nature Reviews Cardiology	15 496	49.421	48	2	4.167%
Nature Reviews Clinical Oncology	22 751	65.011	46	2	4.348%
Nature Reviews Drug Discovery	47 615	112.288	38	2	5.263%
Nature Reviews Genetics	46 474	59.581	47	1	2.128%
Nature Reviews Immunology	67 751	108.555	66	1	1.515%
Nature Reviews Molecular Cell Biology	66 072	113.915	45	1	2.222%
Nature Reviews Nephrology	13 479	42.439	45	1	2.222%
Nature Reviews Urology	6129	16.430	44	1	2.273%
Nature Reviews Cancer	66 699	69.800	47	0	0.000%
Nature Reviews Disease Primers	21 565	65.038	40	0	0.000%
Nature Reviews Endocrinology	18 734	47.564	48	0	0.000%
Nature Reviews Neurology	18 852	44.711	46	0	0.000%
Nature Reviews Neuroscience	54 312	38.755	49	0	0.000%
Nature Reviews Rheumatology	14 425	32.286%	46	0	0.000%

数据来源：SCIE 2021。

2021 年，中国作者发表在《自然》系列刊中 Article、Review 的论文为 1888 篇，比上一年的 1553 篇增加 335 篇。发文机构数为 351 个，其中，中国高等院校为 167 所，比上一年的 144 所增加 23 所（仅计校园本部），共发表论文 1047 篇，增加 268 篇，占 55.46%；105 个研究机构发表论文 392 篇，比上一年增加 55 篇，占 20.8%；75 个医疗机构发表论文 174 篇，占 9.2%。发表 10 篇及以上的单位 37 个，与上一年相比，高等院校、研究机构和医疗机构发文量都有所增加。发文量 10 篇及以上的高等院校 28 个，如表 20-23 所示；发文量 5 篇及以上的研究机构 14 个，如表 20-24 所示；发文量 2 篇及以上的医疗机构 18 个，如表 20-25 所示。

表 20-23 2021 年发文量 10 篇以上的高等院校

高等院校	论文篇数	高等院校	论文篇数
北京大学	105	厦门大学	32
清华大学	97	华中科技大学	30
中国科学技术大学	66	中山大学	30
复旦大学	64	南开大学	28
浙江大学	63	上海交通大学	26
南京大学	57	武汉大学	24
南方科技大学	42	四川大学	20

高等院校	论文篇数	高等院校	论文篇数
苏州大学	20	中国农业大学	15
天津大学	18	北京理工大学	14
西安交通大学	17	华南理工大学	14
北京航空航天大学	16	深圳大学	14
山东大学	16	西北工业大学	13
上海科技大学	16	电子科技大学	11
华东理工大学	15	东南大学	11

表20-24 2021年发文量5篇以上的研究机构

研究机构	论文篇数
中国科学院分子植物科学卓越创新中心	37
中国科学院生物物理研究所	19
中国科学院大连化学物理研究所	18
中国科学院上海有机化学研究所	16
中国科学院物理研究所	16
中国科学院国家纳米科学中心	15
中国科学院上海药物研究所	15
中国科学院遗传与发育生物学研究所	15
中国科学院化学研究所	14
中国科学院地质与地球物理研究所	11
中国科学院微生物研究所	8
中国科学院脑科学与智能技术卓越创新中心	7
中国科学院上海营养与健康研究所	7
中国科学院金属研究所	6

表20-25 2021年发文量2篇以上的医疗机构

医疗机构	论文篇数
上海交通大学附属仁济医院	13
复旦大学附属肿瘤医院	10
中山大学肿瘤防治中心	10
北京协和医院	7
四川大学华西医院	7
浙江大学附属第一医院	7
华中科技大学附属同济医院	6
中国科学技术大学附属第一医院	5
中山大学孙逸仙纪念医院	5
复旦大学附属中山医院	4
暨南大学附属第一医院	4
上海交通大学附属瑞金医院	4
中国医学科学院肿瘤医院	4
上海交通大学附属上海儿童医学中心	3

医疗机构	论文篇数
浙江大学附属邵逸夫医院	3
中南大学湘雅二医院	3
中山大学附属第一医院	3
中山大学中山眼科中心	3

20.2.6 在极高影响国际期刊中的发文数仍高于其他金砖国家

所谓世界极高影响的期刊是指一年中总被引数大于 10 万次、影响因子超过 30 的国际期刊。2021 年，这类期刊数已有 18 种，比上一年增加 3 种，如表 20-26 所示，这 18 种极高影响的期刊，与上一年相比，其总被引次数和影响因子都有大幅提升，世界影响进一步扩大。能在此类期刊中发表的论文，被引用次数都比较高，影响也较大。2021 年，18 种这类期刊的世界发表论文（Article、Review）总计为 7531 篇，其中第一作者来自中国的论文 1374 篇，占 18.2%，比上一年的 17.3% 提高近 1 个百分点。1347 篇论文分布于 277 个机构。高等院校（仅计校园本部）152 所，1018 篇，占 75.6%；研究机构 77 个，238 篇，占 17.7%；医疗机构 44 个，85 篇，占 6.3%，公司等部门发表 6 篇，占 0.4%。发文量 20 篇及以上的高等院校 15 所，发文量 5 篇及以上的研究机构 14 个，发文量 2 篇及以上的医疗机构 20 个，如表 20-27 至表 20-29 所示。

表 20-26 2021 年 18 种顶级期刊的主要文献计量指标情况

期刊名称	总被引频次	影响因子	被引半衰期	引用半衰期	论文篇数	中国论文篇数	占比
Advanced Materials	361 407	32.086	4.6	4.7	1624	714	43.966%
Chemical Society Reviews	187 107	60.615	6.8	5.9	402	144	35.821%
Energy & Environmental Science	113 198	39.714	5.7	4.0	428	153	35.748%
Nature Methods	108 143	47.990	7.5	5.0	147	21	14.286%
Chemical Reviews	243 908	72.087	7.6	7.8	289	31	10.727%
Nature Materials	119 078	47.656	8	6.2	185	19	10.270%
Cell	362 236	66.850	8.4	5.9	372	36	9.677%
Science	883 834	63.714	11	6.4	815	70	8.589%
Nature	1 008 544	69.504	10.2	6.2	1017	86	8.456%
Nature Genetics	120 884	41.307	9.1	5.9	155	12	7.742%
Circulation	202 844	39.918	11.1	6.2	298	16	5.369%
Gastroenterology	104 728	33.883	8.5	5.8	274	9	3.285%
Nature Medicine	141 857	87.241	6.4	3.9	214	7	3.271%
Journal of Clinical Oncology	195 709	50.717	8	5.5	321	9	2.804%
Lancet	403 221	202.731	6.4	3.8	256	7	2.734%
Jama-Journal of the American Medical Association	242 479	157.335	7.1	4.7	206	5	2.427%

续表

期刊名称	总被引频次	影响因子	被引半衰期	引用半衰期	论文篇数	中国论文篇数	占比
Bmj – British Medical Journal	183 681	93.333	9.1	3.1	183	4	2.186%
New England Journal of Medicine	506 069	176.079	6.9	4.2	345	4	1.159%

注：比例为中国大陆论文数占全部论文数的比例，论文数仅计 Article、Review。

数据来源：JCR 2021。

表 20-27　2021 年在 18 种顶级期刊上发表论文 20 篇及以上的高等院校

高等院校	论文篇数	高等院校	论文篇数
清华大学	56	上海交通大学	29
浙江大学	42	天津大学	29
中国科学技术大学	42	哈尔滨工业大学	26
苏州大学	39	南方科技大学	26
北京大学	38	北京理工大学	21
厦门大学	35	深圳大学	21
华中科技大学	32	南开大学	20
复旦大学	29		

数据来源：SCI 2021，下同。

表 20-28　2021 年在 18 种顶级期刊上发表论文数 5 篇及以上的研究机构

研究机构	论文篇数
中国科学院化学研究所	25
中国科学院长春应用化学研究所	14
中国科学院大连化学物理研究所	12
中国科学院福建物质结构研究所	12
中国科学院上海硅酸盐研究所	11
中国科学院北京纳米能源与系统研究所	8
中国科学院分子植物科学卓越创新中心	8
中国科学院理化技术研究所	8
中国科学院上海药物研究所	8
国家纳米科学中心	6
中国科学院宁波材料技术与工程研究所	6
中国科学院深圳先进技术研究院	6
中国科学院物理研究所	6
中国科学院遗传与发育生物学研究所	5

表 20-29　2021 年在 18 种顶级期刊上发表论文数 2 篇及以上的医疗机构

医疗机构	论文篇数
上海交通大学医学院附属仁济医院	8
四川大学华西医院	8
中山大学附属肿瘤医院	6
北京大学第三医院	4

续表

医疗机构	论文篇数
浙江大学医学院附属邵逸夫医院	4
浙江大学医学院附属第一医院	3
北京大学肿瘤医院	2
复旦大学附属中山医院	2
复旦大学附属肿瘤医院	2
陆军军医大学第二附属医院	2
南京大学附属鼓楼医院	2
上海交通大学医学院附属第九人民医院	2
上海交通大学医学院附属第六人民医院	2
深圳市第二人民医院	2
首都医科大学附属北京天坛医院	2
同济大学附属第十人民医院	2
郑州大学第一附属医院	2
中国医学科学院阜外心血管病医院	2
中国医学科学院肿瘤医院	2
中山大学附属第一医院	2

2021年，从在金砖五国的发文量看，中国在18种顶级期刊各刊的发文量都是最高的，如果从基础研究的主要产出科技论文看，中国的重大基础研究产出量是高于其他金砖四国的，如表20-30所示。但与美国相比，18种顶级期刊的发文数，美国高出中国较多。

表20-30　2021年金砖各国和美国在18种顶级期的发文情况

	美国	中国	印度	巴西	南非	俄罗斯
18种顶级期刊发文总篇数	5620	2045	172	179	170	126

注：以上各国论文数（Article、Review）含非第一作者数，中国各刊数中含港澳台地区数据。

20.2.7　中国作者的国际论文吸收外部信息的能力继续增强

论文的引文数，即参考文献数，是论文吸收外部信息量大小的标示，也是评价论文翔实情况的指标，对外部信息了解愈多、吸收外部信息能力愈强，才能正确评价自己的论文在同学科中的位置。参考文献事关出版伦理和学术道德，表现科学研究的水平、严谨性和延续性，参考文献还事关作者的写作素养和写作态度。因此，重视参考文献的数量和将其列入文献中是很重要的事情。

2021年，中国作者发表国际论文的引文总数已达2500多万篇，从对中国科技人员2017—2021年所发表国际论文的引文数进行统计，得出如下结果。

① 篇均引文数呈逐年增长之势。以中国国际论文中的Article统计，2017—2021年篇均参考文献数分别为37.4篇、39.0篇、40.3篇、41.6篇和43.7篇。以中国国际论文中的Review统计，篇均引用参考文献分别为90.1篇、92.3篇、97.0篇、101.2篇和108.6篇。

② 引用的国际期刊的学科分布与中国发表论文数居前的学科一致，中国论文引用期刊数居前 5 位的学科仍是化学、材料科学、生物学、医学和物理学。

③ 中国论文引用次数超过 10 万次的国际期刊数量，2017—2021 年分别是 7 种、9 种、11 种、13 种和 14 种，呈逐年上升趋势。

④ 被中国论文引用次数居前 300 种的国际期刊，主要由各人国际出版企业出版，这些大出版公司包括 Elsevier、Amer Chemical Soc、Springer、Nature、Wiley 等。由于中国出版的英文期刊还普遍存在发文数量低、创刊时间短等情况，因此，中国作者引用中国出版的期刊的次数相对较少，各年度均仅有少量几种中国期刊能进入 300 种国际期刊的范围。

⑤ 中国论文对国际著名期刊 *Nature*、*Science*、*Cell* 的引用数逐年增加。中国作者引用这类高影响期刊论文数逐年增加的同时，在这类期刊上的发文量也同期增长，显示出中国的高水平的科学研究是与世界同步发展的。

2021 年，中国大陆作者发表论文 536 774 篇，其中，Article 504 957 篇，篇均引文数为 43.4 篇，与上一年发表的论文相比，Article 的篇均引文数增加了 1.8 篇；Review 31 817 篇，篇均引文数达 108.6 篇，与上一年发表的论文相比，Review 的篇均引文数增加 7.4 篇。就 2012—2021 年看，Article 的篇均引文数分别为 31.3 篇、32.4 篇、33.6 篇、35.0 篇、36.2 篇、37.4 篇、39.0 篇、40.3 篇、41.6 篇和 43.4 篇；Review 的均引文数分别为 80.4 篇、82.8 篇、86.5 篇、87.7 篇、87.4 篇、90.1 篇、92.3 篇、97.0 篇、101.2 篇和 108.6 篇，如图 20-5 所示。Article、Review 的篇均引文数都呈直线上升。按中国科学技术信息研究所对自然科学科技论文划分的 40 个学科来看，2021 年发表的 Article 论文中，除社科外，所有学科的篇均引文数都已超过 30 篇，如表 20-31 所示。2021 年发表的 Review 论文中，篇均引文数超 100 篇的学科由上一年的 23 个增到 28 个，如表 20-32 所示不管是 Article 还是 Review，显示出中国作者 SCI 论文吸收外部信息的能力持续增高，可读水平不断提升。

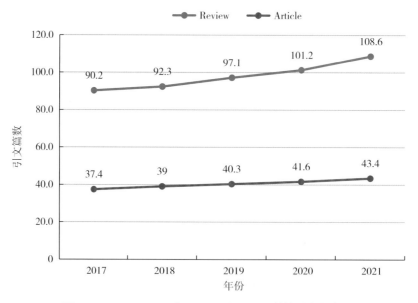

图 20-5　2017—2021 年 Article 和 Review 篇均引文数变化

表 20-31　2021 年各学科 Article 类论文篇均引文数

学科	篇均引文数	学科	篇均引文数
天文学	60.88	中医学	41.76
林学	57.65	药物学	41.57
地学	55.82	交通运输	41.34
环境科学	54.02	预防医学与卫生学	40.725
水产学	53.15	基础医学	40.405
农学	50.32	轻工、纺织	40.115
化工	48.17	动力与电气	40.035
生物学	48.10	物理学	39.55
化学	47.99	信息、系统科学	37.92
管理学	47.73	航空航天	36.24
安全科学技术	46.52	冶金、金属学	36.17
能源科学技术	45.76	临床医学	35.84
矿山工程技术	45.50	机械、仪表	35.75
水利	45.44	电子、通信与自动控制	34.93
测绘科学技术	44.00	军事医学与特种医学	34.84
食品	43.58	工程与技术基础	34.76
力学	43.40	核科学技术	32.80
畜牧、兽医	43.38	数学	31.35
材料科学	43.11	其他	30.77
土木建筑	42.25	社科	28.86
计算技术	42.07		

数据来源：SCIE 2021，下同。

表 20-32　2021 年各学科 Review 类论文篇均引文数

学科	篇均引文数	学科	篇均引文数
材料科学	149.06	机械、仪表	117.43
化工	145.33	土木建筑	117.22
化学	141.75	电子、通信与自动控制	113.75
信息、系统科学	139.80	药物学	113.32
航空航天	139.77	天文学	112.39
能源科学技术	137.45	林学	109.58
物理学	134.46	计算技术	109.14
水利	133.75	畜牧、兽医	104.76
环境科学	131.48	矿山工程技术	103.65
水产学	130.69	管理学	102.92
动力与电气	130.35	基础医学	102.70
力学	126.31	冶金、金属学	101.34
食品	125.83	安全科学技术	95.00
农学	125.15	轻工、纺织	88.92
生物学	124.28	中医学	86.81
地学	119.25	工程与技术基础	86.71

续表

学科	篇均引文数	学科	篇均引文数
核科学技术	86.32	数学	62.37
交通运输	79.20	社科	60.15
临床医学	67.49	其他	59.82
预防医学与卫生学	66.68	军事医学与特种医学	52.76

20.2.8　以我为主的国际合作论文数稍有增加

国际合作是完成国际重大科技项目和计划必然要采取的方式，中国作为科技发展中国家，经多年的努力，已取得国际瞩目的成就，但还需通过国际合作来提升国家的科学技术水平和提高科技的国际地位。而在合作研究中，最能反映一个国家研究实力和水平的还是以我为主的研究，经多年的努力工作，随着中国科技实力的增强、中国在国际的影响力的提高，以我为主，参与中国的合作研究项目增多，中国科技工作者已发表了相当数量的以我为主的合作论文。

2021 年，中国产生的国际合作论文数（只计 Article、Review 两类文献）为 147 487 篇，其中，以我为主的合作论文数是 100 189 篇，占中国产生的国际全部合作论文的 67.9%，比上一年下降 2.5 个百分点。合作论文数比上一年的 137 551 篇增加 9936 篇，增长 7.2%，以我为主的论文数由 2020 年的 96 868 篇增到 100 189 篇，增加 3321 篇，增长 3.4%。这些论文分布在全国的 31 个省（自治区、直辖市），如表 20-33 所示。合作论文数多的地区仍是科技相对发达、科技人员较多、高等院校和科研机构较为集中的地区，超 10 000 篇的地区还是北京和江苏省两地，两地的合作论文数 26 967 篇，占全国 31 个省（自治区、直辖市）合作论文总数（100 189 篇）的 26.9%。临近香港的广东省，具有便利的地区优势，与海外机构合作研究机会也多，产生的这类论文数进入全国前 3 位，合作论文数达 8804 篇。全国 31 个省（自治区、直辖市）都有以我为主的国际合作论文发表。也就是说，各地区都有自己特有的学科优势来吸引海外人士参与合作研究。

表 20-33　2021 年以我为主的国际合作论文的地区分布

地区	论文篇数	地区	论文篇数	地区	论文篇数
北京	15 607	天津	2743	山西	806
江苏	11 360	福建	2453	河北	782
广东	8804	安徽	2367	贵州	477
上海	8404	河南	2066	新疆	354
湖北	5956	重庆	2050	海南	294
浙江	5775	黑龙江	2048	内蒙古	242
陕西	5635	吉林	1743	宁夏	117
山东	4901	甘肃	1043	青海	85
四川	4622	云南	976	西藏	10
湖南	3370	江西	919		
辽宁	3065	广西	868		

数据来源：SCIE 2021，下同。

2021 年，从以我为主的国际合作论文的学科分布看，SCI 收录论文数多的学科合作论文数也多，合作论文数排在前 10 位的学科名称与上一年相比是一致的，就是位次稍有变化。生物学代替化学达到 10 000 篇以上。生物学、化学、临床医学、电子通信和自动控制，地学和材料科学居前 6 位，前 6 个学科以我为主的合作论文数总计达 48 214 篇，占国际合作论文总数（100 189 篇）的 48.1%。除所划分的自然科学学科中都有此类论文发表外，自然科学与社科教育学和经济学等学科也发表了该类论文 209 篇。除发文量超 10 000 篇的生物学外，发文量 1000 篇以上的学科由上一年的 20 个降到 19 个，如表 20-34 和图 20-6 所示。

表 20-34　2021 年以我为主的国际合作论文的学科分布

学科	论文篇数	学科	论文篇数
生物学	10 133	信息、系统科学	581
化学	9912	管理学	568
临床医学	7424	交通运输	559
电子、通信与自动控制	7355	畜牧、兽医	497
地学	6726	工程与技术基础	497
材料科学	6664	水利	489
环境科学	6607	林学	458
计算技术	6603	核科学技术	388
物理学	5979	水产学	305
基础医学	3830	动力与电气	285
能源科学技术	3409	军事医学与特种医学	271
数学	2877	中医学	230
化工	2738	冶金、金属学	223
预防医学与卫生学	2185	航空航天	223
药物学	2128	社科	209
土木建筑	2091	矿山工程技术	199
农学	2014	轻工、纺织	191
食品	1478	安全科学技术	146
机械、仪表	1441	其他	9
力学	1274	测绘科学技术	1
天文学	992		

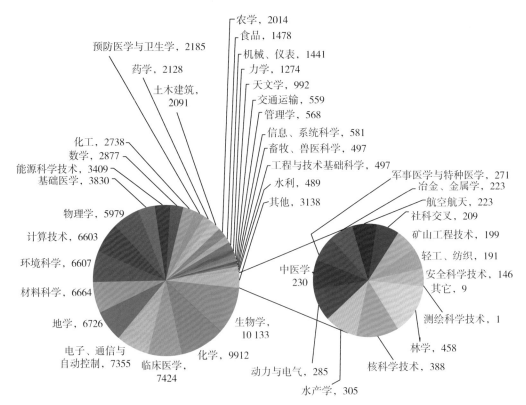

图 20-6　2021 年以我为主的国际合作论文的学科分布

2021 年，发表以我为主国际合作论文 100 189 篇，比上一年增加 3323 篇，发表论文的单位近 2200 个，其中，发表论文的高等院校近 1100 所（仅计校园本部，不含附属机构），共发表 80 629 篇，占全部的 80.5%；研究机构近 600 个，共发表 9364 篇，占比达 9.3%；医疗机构近 400 个，论文 9455 篇，占比达 9.4%，另外还有近 100 个公司及其他等部门也发表了以我为主的国际合作论文 741 篇。

以我为主发表论文的高等院校国际合作论文 80 629 篇，比 2020 年的 77 414 篇增加 3215 篇。发表 1000 篇以上的高等院校由上一年的 11 个增加到 12 个，大于 500 篇的高等院校数与上一年的一致，是 46 个，如表 20-35 所示。

表 20-35　2021 年以我为主的国际合作论文数大于 500 篇的高等院校

高等院校	论文篇数	高等院校	论文篇数	高等院校	论文篇数
浙江大学	1871	华中科技大学	1078	中南大学	1037
清华大学	1599	东南大学	1077	山东大学	971
上海交通大学	1575	电子科技大学	1038	武汉大学	928
西安交通大学	1333	江南大学	650	同济大学	884
北京大学	1188	西北农林科技大学	650	大连理工大学	878
天津大学	1133	南京信息工程大学	638	深圳大学	877
哈尔滨工业大学	1095	河海大学	615	西北工业大学	865
中山大学	1087	东北大学	608	中国科学技术大学	854

续表

高等院校	论文篇数	高等院校	论文篇数	高等院校	论文篇数
复旦大学	842	重庆大学	773	中国地质大学武汉	671
四川大学	797	北京航空航天大学	763	北京科技大学	658
江苏大学	774	北京理工大学	758	湖南大学	652
上海大学	595	华南理工大学	747	武汉理工大学	551
北京师范大学	571	南京大学	733	中国海洋大学	523
华中农业大学	566	中国农业大学	726	苏州大学	505
郑州大学	555	吉林大学	725		
南京航空航天大学	554	厦门大学	711		

以我为主国际合作研究产生论文的研究单位近600个,共发表国际合作论文9364篇,比上一年的10310减少946篇,占全部国际合作论文的9.3%,论文数达100篇的研究单位有13个,比上一年的20个减少7个,达100篇的都是中科院所属机构。中国科学院地理科学与资源研究所发文量为218篇,居第1位,如表20-36所示。

表20-36 2021年以我为主国际合作论文数大于100篇的研究机构

研究机构	论文篇数
中国科学院地理科学与资源研究所	218
中国科学院地质与地球物理研究所	212
中国科学院生态环境研究中心	173
中国科学院深圳先进技术研究院	162
中国科学院大气物理研究所	130
中国科学院物理研究所	126
中国科学院高能物理研究所	124
中国科学院海洋研究所	120
中国科学院北京纳米能源与系统研究所	118
中国科学院遥感与数字地球研究所	106
中国科学院昆明植物研究所	105
中国科学院宁波材料技术与工程研究所	103
中国科学院城市环境研究所	101

发表以我为主合作论文的医疗机构400多个,共发表国际合作论文9455篇,占比9.4%,论文数由8651篇增到9455篇,增加804篇,论文数大于50篇的医院由49个增至55个,如表20-37所示。四川大学华西医院发文量由318篇增到502篇,增加184篇,保持医疗机构第1位。

表 20-37　2021 年以我为主国际合作论文数高于 50 篇的医疗机构

医疗机构	论文篇数	医疗机构	论文篇数
四川大学华西医院	502	首都医科大学附属北京同仁医院	79
北京协和医院	193	中国医科大学附属第一医院	77
华中科技大学附属同济医院	175	南京医科大学第一附属医院	74
中南大学湘雅医院	173	武汉大学人民医院	74
中南大学湘雅二医院	169	四川大学华西口腔医院	73
华中科技大学附属协和医院	162	北京大学第三医院	72
浙江大学医学院附属第二医院	147	中山大学附属第三医院	72
浙江大学医学院附属第一医院	145	北京大学人民医院	71
上海交通大学附属瑞金医院	130	温州医科大学第一附属医院	71
解放军总医院	119	山东大学齐鲁医院	70
郑州大学第一附属医院	118	上海交通大学附属新华医院	70
南方医科大学附属南方医院	117	上海交通大学附属第六人民医院	67
重庆医科大学附属第一医院	110	首都医科大学附属北京安贞医院	66
吉林大学白求恩第一医院	105	同济大学附属第十人民医院	66
首都医科大学宣武医院	101	复旦大学附属肿瘤医院	64
复旦大学附属中山医院	100	中南大学湘雅三医院	64
上海交通大学附属仁济医院	102	南京大学医学院附属鼓楼医院	63
西安交通大学第一附属医院	97	安徽省立医院	62
广东省人民医院	95	广州医科大学附属第一医院	61
北京大学第一医院	93	温州医科大学第二附属医院	61
武汉大学中南医院	90	青岛大学医学院附属医院	60
中国医学科学院肿瘤医院	89	苏州大学第一附属医院	56
中山大学附属第一医院	89	上海交通大学上海胸科医院	56
首都医科大学附属北京天坛医院	87	同济大学附属东方医院	55
浙江大学医学院附属邵逸夫医院	86	中国医学科学院阜外心血管病医院	55
复旦大学附属华山医院	83	首都医科大学附属北京友谊医院	53
上海交通大学医学院附属第九人民医院	83	温州医科大学眼科医院	51

20.2.9　中国作者在国际更多的期刊中发表了热点论文

2021 年，中国大陆作者发表论文（仅计 Article、Review 两类论文）536 774 篇，比上一年 479 333 篇增加 57 441 篇，增长 12.0%，当年即得到引用的论文 257 390 篇，比上一年减少 60 517 篇，降低 19.0%。2021 年论文被引比例仅为 48.0%。论文当年发表后即被引用，一般来说都是当前大家关注的研究热点。

期刊论文当年发表当年即被引用的次数与期刊全部论文之比计量学名词称为即年指标（IMM），即篇均被引次数。论文发表快速被人们引用，应该说这类论文反映的是研究热点或是当前大家较为关注的研究，也显示论文的实际影响。如果发表论文的当年被引数超过期刊论文的篇均被引次数，说明这是活跃的热点论文。2021 年，中国大陆即年得到引用的论文 322 562 篇中，有 257 390 篇论文的被引次数超过期刊的篇均被引次数，占比达 79.8%，比上一年的 84.9% 下降了 5.1%。

2021 年，中国作者发表的论文中，被引次数高于 IMM 的期刊有 7078 种，比上一年 7165 种减少 87 种。发文量大于 100 篇的期刊有 550 种，其中大于 1000 篇的期刊有 18 种，大于 500 篇的期刊有 63 种，与上一年相比，都有少量减少。中国论文被引次数高于 IMM 期发文量大于 1000 篇的 18 种期刊中，占全部期刊论文数的比例达 30% 的有 8 种，最多的是 *Frontiers In Oncology*，该数值达 35.23%（表 20–38），说明中国作者发表于该类期刊的论文具有较高的影响，可以说，中国此类论文的发表为该类期刊影响因子的提升作出一定的贡献。

表 20–38　2021 年中国作者热点论文数大于 1000 篇的期刊

期刊名称	全部论文数	中国论文数	占比
Science of the Total Environment	9349	2008	21.48%
Frontiers in Oncology	5691	2005	35.23%
ACS Applied Materials & Interfaces	6156	1999	32.47%
Chemical Engineering Journal	6441	1975	30.66%
IEEE Access	12 388	1902	15.35%
Journal of Alloys and Compounds	5990	1744	29.12%
Remote Sensing	5119	1555	30.38%
Scientific Reports	23 363	1504	6.44%
Frontiers in Pharmacology	3824	1226	32.06%
Frontiers in Cell and Developmental Biology	3701	1200	32.42%
Journal of Hazardous Materials	4374	1175	26.86%
Applied Surface Science	3988	1148	28.79%
Construction and Building Materials	4611	1145	24.83%
Ceramics International	4281	1064	24.85%
Optics Express	3451	1060	30.72%
Journal of Cleaner Production	5361	1019	19.01%
Angewandte Chemie – International Edition	3261	1005	30.82%
Environmental Science and Pollution Research	5794	1005	17.35%

2021 年，中国大陆作者的论文即年被引数高于期刊 IMM 的论文分布在中国科技技术信息研究所划分的 40 个自然学科中，论文数超 10 000 篇的学科为由 9 个增到 10 个。论文数居多的学科与上一年基本一致，化学、生物学、临床医学、材料科学和物理学仍处于前 5 位。超 1000 篇的学科有 24 个，如表 20–39 所示。

表 20-39　2021 年热点论文的学科分布

学科	论文篇数	学科	论文篇数
化学	34 843	中医学	1264
临床医学	25 701	天文学	1106
生物学	25 313	水产学	1029
材料科学	20 803	工程与技术基础	989
物理学	16 535	冶金、金属学	986
电子、通信与自动控制	15 128	水利	952
基础医学	13 967	核科学技术	920
环境科学	12 959	军事医学与特种医学	918
地学	11 629	管理学	897
计算技术	10 638	信息、系统科学	848
药物学	8149	交通运输	827
化工	8051	轻工、纺织	823
能源科学技术	7863	林学	800
数学	4996	动力与电气	711
土木建筑	4669	航空航天	674
预防医学与卫生学	4591	矿山工程技术	550
农学	4469	社科	247
食品	4417	安全科学技术	238
机械、仪表	4042	其他	41
力学	2472	测绘科学技术	3
畜牧、兽医	1332		

20.2.10　各类实验室论文影响力提高

2021 年，中国 SCI 收录论文（仅计 Article、Review 两类文献）共计 536 774 篇，中国各类实验室发表的论文数为 171 897 篇，占 32.0%。全部 SCI 收录论文被引 1 次以上的论文数为 322 562 篇，被引率为 60.1%。中国各类实验室发表论文 171 897 篇，被引次数 1 次以上的论文 114 482 篇，被引率为 66.6%，实验室论文的被引率高于全国 6.5 个百分点。

从发表论文的地区分布看，全国 31 个省（自治区、直辖市）都有实验室论文产出。高等院校、研究机构多拥有实验室数量高的地区论文产出数大。实验室论文数超 10 000 篇的仍为北京、江苏、上海、广东和湖北。论文的地区分布仍十分不均，这是由于资源配置、人才不均等情况差别大，近期还会维持这种状况，如表 20-40 所示。

每个学科基本都有论文发表，从发文量看，化学、生物、材料科学和物理学实验室的发文量保持在 10 000 篇以上，另外，发文量超过 1000 篇的学科有 17 个，这种格局与上一年完全相同。说明中国实验室的研究工作和产出是比较稳定的，如表 20-41 所示。

表 20-40 2021 年中国各类实验室论文的地区分布

地区	论文篇数	占比	地区	论文篇数	占比	地区	论文篇数	占比
北京	28 925	16.83%	安徽	4864	2.83%	云南	1650	0.96%
江苏	17 378	10.11%	湖南	4809	2.80%	山西	1283	0.75%
上海	13 013	7.57%	重庆	4126	2.40%	贵州	1099	0.64%
广东	12 921	7.52%	吉林	4069	2.37%	新疆	1098	0.64%
湖北	10 688	6.22%	福建	3899	2.27%	海南	794	0.46%
陕西	9680	5.63%	黑龙江	3884	2.26%	内蒙古	513	0.30%
浙江	7839	4.56%	甘肃	3063	1.78%	宁夏	301	0.18%
山东	7607	4.43%	河南	2661	1.55%	青海	271	0.16%
四川	7490	4.36%	广西	1997	1.16%	西藏	17	0.01%
天津	6857	3.99%	江西	1821	1.06%			
辽宁	5472	3.18%	河北	1808	1.05%			

表 20-41 2021 年中国各类实验室论文的学科分布

学科	论文篇数	占比	学科	论文篇数	占比
化学	31 910	18.56%	水产学	1123	0.65%
生物学	20 905	12.16%	水利	846	0.49%
材料科学	17 121	9.96%	数学	774	0.45%
物理学	13 899	8.09%	冶金、金属学	689	0.40%
地学	9909	5.76%	林学	671	0.39%
环境科学	9686	5.64%	天文学	644	0.38%
电子、通信与自动控制	7909	4.60%	轻工、纺织	626	0.36%
临床医学	7040	4.10%	核科学技术	611	0.36%
化工	6903	4.02%	中医学	507	0.30%
基础医学	6736	3.92%	动力与电气	468	0.27%
能源科学技术	5667	3.30%	工程与技术基础	465	0.27%
药物学	4670	2.72%	交通运输	447	0.26%
计算技术	3940	2.29%	航空航天	411	0.24%
农学	3584	2.09%	矿山工程技术	342	0.20%
食品	2728	1.59%	信息、系统科学	279	0.16%
机械、仪表	2596	1.51%	军事医学与特种医学	176	0.10%
土木建筑	2533	1.47%	管理学	110	0.06%
力学	1843	1.07%	安全科学	73	0.04%
预防医学与卫生学	1804	1.05%	社科交叉	39	0.02%
畜牧、兽医	1198	0.70%	其他	15	0.01%

中国的各类实验室数量已十分庞大，仅就 2021 年发表论文的数量看，大约有 2 万多个各类大小实验室发表论文，发表论文数大于 300 篇的实验室由上一年的 25 个增到 42 个，如表 20-42 所示。在大于 300 篇的 42 个实验室中，发表论文数最多的是 State Key Lab Food Sci & Technol，与上一年相同，而论文数比上一年增加 460 篇。篇均被引次数高的是 State Key Lab Urban Water Resource & Environm 和 State Key Lab Adv Technol

Mat Synth & Proc，论文篇均被引数达 6 次；发表论文平均影响因子最高的实验室是 State Key Lab Phys Chem Solid Surfaces，为 37.354；即年指标最高的实验室是 State Key Lab Pollut Control & Resource Reuse，为 2.74；篇均引文数最高的实验室是 State Key Lab Geol Proc & Mineral Resources，为 93.8。2021 年，全国论文平均被引数为 2.53 次、发表论文期刊平均影响因子为 11.92，而在中国的 2 万多个实验室中，平均被引数为 3.06 次，平均影响因子为 14.642。实验室这两项指标都高于全国均值。

表 20-42　2021 年中国发表论文 300 篇以上的实验室各类指标

实验室名称	论文篇数	篇均被引次数	影响因子	即年指标	篇均参考文献数
State Key Lab Food Sci & Technol	1109	3	13.91	1.65	51.9
State Key Lab Fine Chem	673	4	18.57	2.03	57.3
State Key Lab Chem Engn	614	3	18.53	1.88	53.6
State Key Lab Oncol South China	601	3	15.49	2.25	39.0
Hefei Natl Lab Phys Sci Microscale	594	4	21.20	2.22	53.5
State Key Lab Polymer Mat Engn	547	4	18.27	1.78	54.0
State Key Lab Oral Dis	544	3	11.75	1.28	67.8
State Key Lab Pollut Control & Resource Reuse	541	5	22.05	2.74	58.6
State Key Lab Heavy Oil Proc	505	4	18.32	2.17	57.3
Wuhan Natl Lab Optoelect	500	4	21.45	1.87	45.6
State Key Lab Solidificat Proc	491	4	17.45	1.72	46.3
State Key Lab Urban Water Resource & Environm	456	6	24.00	2.73	58.2
State Key Lab Oil & Gas Reservoir Geol & Exploita	448	2	9.93	1.24	53.4
State Key Lab Chem Resource Engn	444	4	17.40	1.81	55.5
State Key Lab Mat Oriented Chem Engn	425	4	18.36	1.98	55.8
State Key Lab Adv Technol Mat Synth & Proc	395	6	27.37	2.43	57.2
State Key Lab Petr Resources & Prospecting	389	2	8.68	1.11	54.2
State Key Lab Modificat Chem Fibers & Polymer Mat	385	5	24.53	2.21	53.6
State Key Lab Phys Chem Solid Surfaces	383	5	37.35	2.68	57.3
State Key Lab Elect Insulat & Power Equipment	370	2	10.40	1.23	38.3
Natl Lab Solid State Microstruct	366	3	16.17	1.74	54.8
State Key Lab Mech Behav Mat	366	4	22.04	2.04	51.8
State Key Lab Crystal Mat	361	4	23.40	1.93	52.9
State Key Lab Multiphase Flow Power Engn	360	3	13.95	1.63	45.9
State Key Lab Ophthalmol	351	2	10.14	1.44	42.8
State Key Lab Powder Metallury	344	4	19.05	1.78	52.3
State Key Lab Biotherapy	338	4	17.76	2.16	67.0
State Key Lab Integrated Optoelect	335	3	16.85	1.43	45.4
State Key Lab Anim Nutr	327	2	11.23	1.12	62.3
Beijing Natl Lab Condensed Matter Phys	326	3	15.21	1.60	51.7
State Key Lab Geol Proc & Mineral Resources	322	3	7.13	1.13	93.8
State Key Lab Met Matrix Composites	322	3	21.67	1.95	54.8
State Key Lab Mfg Syst Engn	317	2	11.90	1.27	38.6

续表

实验室名称	论文篇数	篇均被引次数	影响因子	即年指标	篇均参考文献数
State Key Lab Nat Med	312	3	15.00	1.83	58.4
State Key Lab Ocean Engn	309	3	12.20	1.21	48.4
State Key Lab Fluid Power & Mechatron Syst	308	3	12.92	1.35	42.4
State Key Lab Water Resources & Hydropower Engn S	306	3	12.38	1.25	54.3
State Key Lab Alternate Elect Power Syst Renewabl	305	2	10.10	1.36	36.7
State Key Lab Mech & Control Mech Struct	305	2	10.66	1.17	38.1
State Key Lab Coal Combust	303	5	19.92	2.22	50.0
State Key Lab Adv Design & Mfg Vehicle Body	302	5	15.40	1.58	46.8
State Key Lab Elect Thin Films & Integrated Devic	302	4	17.98	1.53	44.6

20.2.11　中国中医药论文的学术水平普遍高于其他医药论文

中国是一个文明而古老的国家，中国医药学流传已有悠久的历史，李时珍的《本草纲目》也在世上流传近 500 年，在世界有着很大的影响。目前，中国中医药学的研究和临床实践的产出在国际上处于何种地位？为了了解中国中医药学的研究产出情况，并与国内其他类医学情况做一比较，现仅就 2021 年 SCIE 收录的第一作者为中国大陆学者的文献为依据，做简要统计和分析，包括地区分布、单位分布、发表期刊分布、被引情况、国际合作产出等。

2021 年，中国大陆作者共发表中医药论文 2995 篇，分布于全国 31 个省（自治区、直辖市），由于科研水平、经济实力、人才队伍等的不平衡，各省份所发表的论文数量有较多的差距，但每个省份都有发表。发表 100 篇及以上的省份有 8 个，发文量总计 2016 篇，占全国总数的 67.3%，发表数少的地区都是正在发展的地区（表 20-43）。

表 20-43　2021 年中医药论文的地区分布

地区	论文篇数	占比	地区	论文篇数	占比	地区	论文篇数	占比
北京	466	15.559%	吉林	73	2.437%	贵州	26	0.868%
广东	330	11.018%	江西	63	2.104%	甘肃	24	0.801%
上海	265	8.848%	黑龙江	55	1.836%	新疆	24	0.801%
江苏	261	8.715%	河南	54	1.803%	山西	23	0.768%
浙江	227	7.579%	陕西	54	1.803%	内蒙古	15	0.501%
四川	224	7.479%	河北	51	1.703%	海南	15	0.501%
山东	131	4.374%	安徽	51	1.703%	宁夏	11	0.367%
湖北	112	3.740%	福建	46	1.536%	青海	5	0.167%
天津	98	3.272%	云南	42	1.402%	西藏	2	0.067%
湖南	98	3.272%	广西	36	1.202%			
辽宁	79	2.638%	重庆	34	1.135%			

2021 年，在 JCR 的 *Integrative & Complementory Medicine* 学科分类（中医药方面的研究成果基本划分到此类）中，有 29 种刊共发表论文 173 095 篇，中国作者在其中的 28 种刊物上共发表论文 2783 篇，占总数的 1.6%。发表论文 1000 篇的期刊两种，分别是 *Evidence-Based Complementary and Alternative Medicine*、*Journal of Ethnopharmacology*，中国论义比达 50% 以上的期刊有 10 种，其中有 4 种是中国编辑出版的。*Homeopathy* 上 2021 年无中国论文发表，如表 20-44 所示。

表 20-44　在国际中医药类期刊中中国的发文情况

期刊名称	总被引次数	影响因子	被引半衰期	引用半衰期	中国论文篇数	全部论文篇数	中国论文占比
Evidence-Based Complementary and Alternative Medicine	27 462	2.650	6.4	6.1	1043	1405	74.24%
Journal of Ethnopharmacology	53 915	5.195	8.7	7.7	606	1382	43.85%
Phytomedicine	18 290	6.656	5.9	5.9	266	468	56.84%
Chinese Journal of Integrative Medicine	3160	2.626	5.1	7.3	112	146	76.71%
Chinese Medicine	2725	4.546	3.8	5.7	108	139	77.70%
Journal of Traditional Chinese Medicine	2484	2.547	6.3	8.0	100	118	84.75%
Chinese Journal of Natural Medicines	3284	3.887	5.6	6.5	91	97	93.81%
Bmc Complementary Medicine and Therapies	1282	2.838	1.4	7.7	82	293	27.99%
American Journal of Chinese Medicine	5403	6.005	6.5	6.0	60	95	63.16%
Acupuncture In Medicine	1424	1.976	6.7	7.9	49	59	83.05%
Journal of Integrative Medicine-Jim	1407	3.951	3.6	6.8	36	62	58.07%
Complementary Therapies in Clinical Practice	3013	3.577	3.8	7.5	33	203	16.26%
Acupuncture & Electro-Therapeutics Research	251	0.684	13	7.9	32	47	68.09%
Integrative Cancer Therapies	3064	3.077	5	6.9	24	90	26.67%
European Journal of Integrative Medicine	1720	1.813	4.6	7.2	23	87	26.44%
Journal of Ginseng Research	3740	5.735	4.2	7.9	22	78	28.21%
Alternative Therapies In Health and Medicine	1365	1.804	10.1	9.1	22	88	25.00%
Complementary Therapies in Medicine	5420	3.335	4.4	7.1	20	172	11.63%
Integrative Medicine Research	1270	4.473	4.1	7.2	15	86	17.44%
Planta Medica	16 196	3.007	13.8	8.6	12	144	8.33%
Journal of Alternative and Complementary Medicine	5987	2.381	9.5	7.4	7	108	6.48%
Complementary Medicine Research	260	1.449	2.5	8.9	6	58	10.35%
Explore-The Journal of Science and Healing	1317	2.358	6.2	9.5	5	80	6.25%
Journal of Herbal Medicine	1103	2.542	3.4	9.4	4	111	3.60%
Boletin Latinoamericano Y Del Caribe De Plantas Medicinales Y Aromaticas	493	0.812	7.4	9.9	2	48	4.17%
Journal of Manipulative and Physiological Therapeutics	3622	1.300	11.6	10.2	1	51	1.96%
Journal of Traditional and Complementary Medicine	1866	4.221	4.3	9.0	1	69	1.45%
Holistic Nursing Practice	974	1.226	8.1	7.5	1	46	2.17%
Homeopathy	598	1.818	6.3	8.1	0	54	0.00%

2021 年发表中医药论文的中国大陆单位近 700 个，共发表论文 2995 篇。高等院校（仅计校园本部）256 所，发表论文 1827 篇，占比 61.0%；研究机构 55 个，发表论文 144 篇，占比 4.8%；医疗机构近 370 个，发表论文 1017 篇，占比 34.0%。发表论文 20 篇及以上的高等院校 20 所，发表论文 5 篇及以上的研究机构 9 个，发表论文 10 篇及以上的医疗机构 15 个，如表 20-45 至表 20-47 所示。从事中医药研究的中医科学院仅发表论文 110 篇，占比 3.7%。

表 20-45　2021 年发表中医药论文 20 篇及以上的高等院校

高等院校	论文篇数	高等院校	论文篇数
北京中医药大学	149	湖南中医药大学	36
成都中医药大学	132	江西中医学院	35
广州中医药大学	106	湖北中医药大学	31
天津中医药大学	73	南方医科大学	29
上海中医药大学	70	河南中医药大学	28
浙江中医药大学	65	沈阳药科大学	27
南京中医药大学	58	安徽中医药大学	26
中国药科大学	55	福建中医药大学	26
山东中医药大学	39	长春中医药大学	21
黑龙江中医药大学	37	暨南大学	20

表 20-46　2021 年发表中医药论文 5 篇及以上的研究机构

研究机构	论文篇数
中国中医科学院中药研究所	21
中国医学科学院药用植物研究所	9
中国中医科学院中医临床基础医学研究所	8
中国科学院上海药物研究所	6
中国医学科学院	6
中国医学科学院药物研究所	6
中国中医科学院针灸研究所	6
中国科学院昆明植物研究所	5
重庆市中药研究院	5

表 20-47　2021 年发表中医药论文 10 篇及以上的医疗机构

医疗机构	论文篇数
上海中医药大学附属龙华医院	36
江苏省中医院	32
北京中医药大学附属东直门医院	29
中国中医科学院广安门医院	30
中国中医科学院西苑医院	29
上海中医药大学附属曙光医院	25
广东省中医院	21

续表

医疗机构	论文篇数
四川大学华西医院	21
成都中医药大学附属医院	20
浙江省中医院	20
解放军总医院	19
上海中医药大学岳阳中西医结合医院	19
华中科技大学附属同济医院	15
首都医科大学附属北京中医医院	14
广州中医药大学第一附属医院	14

2021 年，中国大陆发表医药论文 135 476 篇（按 Article、Review 文献计共 120 817 篇），中医药论文 2995 篇（按 Article、Review 文献计共 2941 篇）。表 20-48 为医药学论文与中医药论文的各项指标值，可以看出，卓越论文数、极高影响期刊中的论文数、影响因子和总被引数共居前 1/10 期刊的论文数，中医药论文稍高于医药论文，但国际合作论文比中医药论文稍低，其他指标值相差不大。

表 20-48　2021 年中国大陆医药论文和中医药论文的几种学术指标

学术指标	全部医学论文篇数	中医药论文篇数	B1	B2
卓越科技论文数	39 891	1046	0.330	0.357
论文被引率	0.533	0.528		
学科前 0.1% 的论文数	63	4	0.001	0.001
极高影响期刊中的论文数	58	2	0.0005	0.0006
影响因子和总被引数共居前 1/10 期刊的论文数	636	260	0.005	0.089
篇均论文被引数	1.711	1.636		
自然系列刊发表的论文数	442	12	0.004	0.004
国际合作论文数	14 848	223	0.123	0.076
论文平均参考文献数	43.96	48.56		
发表论文的期刊平均影响因子	8.659	9.819		

注：B1 为各指标值与医药学类论文的比例；B2 为各指标值与中医药论文的比例。

20.3　小结

虽受世界疫情的影响，2021 年中国论文产出还是有所增加，只是与上一年相比，增长放缓。从论文的多个学术指标反映出的学术影响力看，中国论文的学术影响力在曲折中前进。

20.3.1　已有19个单位在5个学科领域的论文被引次数进入世界前万分之一

2021年，中国论文被引数进入学科前千分之一的数量有所减少，但已在5个学科19个单位的论文被引数进入世界前万分之一，它们是化学、数学、计算技术、临床医学和农学。

发表论文的期刊影响因子居学科首位的数量也有所减少，但比2020年多了7个学科有论文发表。说明中国的各学科研究产出质量都在提升。今后，我们需要通过努力使更多的这类论文出现。

20.3.2　《自然出版指数》中国发文量排位仅次于美国，位居世界第二

《自然出版指数》是以国际知名学术出版机构英国自然出版集团（Nature Publishing Group）的《自然》系列期刊在前一年所发表的论文为基础，衡量不同国家和研究机构的科研实力，并对往年的数据进行比较。该指数为评估科研质量提供了新渠道。2021年，中国大陆作者在NATURE系列48种（比上一年增加2种）刊中发表Article、Review论文1888篇，比上一年增加335篇，增长21.6%。中国作者发表在自然系列刊物中的论文数占全部论文数（13 069篇）的14.4%，比上一年也增加近2个百分点。自然指数的增加，表明中国的生命科学研究成果增多。

20.3.3　世界高影响期刊中的发文量和占比都有所增加

一年中被引超10万次，同时影响因子大于30的科技期刊我们定为世界高影响期刊。

2021年在这类18种期刊中，中国作者发文1374篇，占总发文量（7531篇）的18.2%，比2020年的1158篇增加216篇，占比提高近1个百分点。能在世界高影响期刊上发文，对论文的世界影响的提升是有好处的，还应多发表这类论文。

20.3.4　加大和继续发挥科学实验室和科学工程研究中心的作用

重点实验室是国家科技创新体系的重要组成部分，是国家组织高水平基础研究和应用基础研究、聚集和培养优秀科技人才、开展高水平学术交流、科研装备先进的重要基地，也是产生高质论文的重要基地。实验室主要任务是针对学科发展前沿和国民经济、社会发展及国家安全的重要科技领域和方向，开展创新性研究，国家还会根据需要建立更多的国家级实验室，为此，我们要继续加大和发挥各类实验室在基础研究中的作用。当前，国家正在加快组建国家实验室、重组国家重点实验室体系，发挥高等院校和研究机构国家队作用，培育更多创新型领军企业。到2021年末，正在运行的国家重点实验室533个，纳入新序列管理的国家工程研究中心191个，国家企业技术中心1636家，大众创业、

万众创新示范基地 212 家，这些机构将是中国的基础研究大量出高质量成果的保证。国家也鼓励重点实验室开展国际合作，以提升中国实验室的研究水平，从 2021 年的统计结果看，论文产出前 3 位的重点实验室，其以我为主的国际合作研究论文已占到全部论文的 20% 以上。

20.3.5 提高中国特色医药学论文在国际的学术地位

中国是一个古老而文明的国家，中国医药学流传已有悠久的历史，李时珍的《本草纲目》也在世上流传近 500 年，对世界有着很大的影响。目前，中国的中医药学的研究和临床实践的产出在国际上还不是特别多，被引指标还不是很高，国际影响还有待提高。国家现正加大加强对中医药事业发展的支持，一定会振兴中国中医药在世界的地位。

20.3.6 需要更多更好的论文发表在中国的期刊中，提高中国期刊的世界影响

在国家各方面的大力支持下，中国编辑出版的科技期刊已有较好的发展，世界影响也不断加大。2021 年，已有 12 种科技期刊的影响因子排在学科首位，比上一年增加 8 种，科学指标的提升需要好的论文支持，应大力鼓励科技人员将论文发表在祖国创办的科技期刊中。

20.3.7 鼓励企业与高等院校、研究机构开展合作研究，发表高质量科研论文

多年来，中国发表论文的主体基本是高等院校，研究机构和一些医疗机构、公司部门发文量较少。应着力鼓励企业参与基础研究，提升企业原始创新能力。基础研究是企业提升技术源头供给能力、培育形成竞争优势的战略选择，要大力支持企业成立实验室和高水平研究院，鼓励企业承担国家级、省级和市级的重大科技项目，面向企业需求，在政府层面探索与行业龙头企业设立基础研究联合基金或计划，引导有条件、有能力的企业开展基础研究、加大基础研究投入。面向企业开放基础研究计划，鼓励企业与高等院校、研究机构开展合作研究新生态。

20.3.8 要增加中国论文的被引数，还应多发表评论性文献

2021 年，中国作者发表的 SCI 收录论文中，评论性论文有 31 817 篇，总被引数为 152 871 次，篇均被引频次为 4.81 次，一般论文有 1 201 665 篇，总被引数为 1 201 665 次，篇均被引频次为 2.38 次。评论性论文是各行业专家撰写的为广大学科人员通常采用的论文，深得学科人员的关注，会得到较多的引用。

20.3.9 持久稳定地进行基础研究，在提高科学产出的质量上下力气

与 2020 年相比，2021 年中国发表的国际论文数的增长率降低，由 29.76% 下降到 10.81%，增长放缓。这是正常的情况，我们一定要在增加数量的同时，更多的是在提高质量和国际影响上下力气。

基础科学是创新的基础，只有基础打好了，创新才有动力和来源。但基础研究工作要取得成效不可能一蹴而就，需长久稳定的工作。SCI 收录论文就是基础科学研究成果的表现。我们的论文的影响力提高了，论文的质量提高了，基础科学研究水平也提高了。在国家加大基础研发经费投入的环境下，我们应在国际上发表更有影响力和学术水平更高的科技论文。这也是提高我国的国际威望的一种方式。

（执笔人：张玉华）

参考文献

[1] 中国科学技术信息研究所 2020 年度中国科技论文统计与分析（年度研究报告）［M］. 北京：科学技术文献出版社，2022.

[2] 中国已与 160 个国家建立科技合作关系［N］. 科技日报，2019 − 01 − 27.

[3] 2011—2017 年中国基础科学研究经费投入［N］. 科普时报，2019 − 03 − 08.

[4] 中国高质量科研对世界总体贡献居全球第二位 [N]. 光明日报，2016 − 01 − 15.

[5] 我国科技人力资源总量突破 8000 万 [N]. 科技日报，2016 − 04 − 21.

[6] 2016 自然指数排行榜：中国高质量科研产出呈现两位数增长［N］. 科技日报，2016 − 04 − 21.

[7] "中国天眼"将对全球科技界开放 [N]. 科普时报，2021 − 01 − 18.

[8] 朱大明. 参考文献的主要作用与学术论文的创新性评审 [J]. 编辑学报，2014（2）：91 − 92.

[9] Thomson Scientific 2021.ISI Web of Knowledge：Web of Science[DB / OL]. [2023 − 04 − 15]. http：// portal.isiknowledge.com / web of science.

[10] THOMSON SCIENTIFIC 2021.ISI Web of Knowledge，journal citation reports 2021[DB / OL]. [http：// portal.isiknowledge.com / journal citation reports.

[11] 2021 年度国际十大科技新闻"中国天眼"FAST 正式对全球科学界开放 [N]. 科普时报，2022 − 01 − 08.

[12] 我国基础科学研究环境有待进一步优化［N］. 科普时报，2022-03-04.

[13] 中华人民共和国 2021 国民经济和社会发展统计公报：十. 科学技术和教育 [N]. 人民日报，2022 − 03 − 01.

附　录

附录 1　2021 年 SCI 收录的中国科技期刊（共 235 种）

ACTA BIOCHIMICA ET BIOPHYSICA SINICA

ACTA CHIMICA SINICA

ACTA GEOLOGICA SINICA–ENGLISH EDITION

ACTA MATHEMATICA SCIENTIA

ACTA MATHEMATICA SINICA–ENGLISH SERIES

ACTA MATHEMATICAE APPLICATAE SINICA–ENGLISH SERIES

ACTA MECHANICA SINICA

ACTA MECHANICA SOLIDA SINICA

ACTA METALLURGICA SINICA

ACTA METALLURGICA SINICA–ENGLISH LETTERS

ACTA OCEANOLOGICA SINICA

ACTA PETROLOGICA SINICA

ACTA PHARMACEUTICA SINICA B

ACTA PHARMACOLOGICA SINICA

ACTA PHYSICA SINICA

ACTA PHYSICO–CHIMICA SINICA

ACTA POLYMERICA SINICA

ADVANCED PHOTONICS

ADVANCES IN ATMOSPHERIC SCIENCES

ADVANCES IN CLIMATE CHANGE RESEARCH

ADVANCES IN MANUFACTURING

ALGEBRA COLLOQUIUM

ANIMAL NUTRITION

APPLIED GEOPHYSICS

APPLIED MATHEMATICS AND MECHANICS–ENGLISH EDITION

APPLIED MATHEMATICS–A JOURNAL OF CHINESE UNIVERSITIES SERIES B

ASIA PACIFIC JOURNAL OF CLINICAL NUTRITION

ASIAN HERPETOLOGICAL RESEARCH

ASIAN JOURNAL OF ANDROLOGY

ASIAN JOURNAL OF PHARMACEUTICAL SCIENCES

AVIAN RESEARCH

BIOACTIVE MATERIALS

BIOCHAR

BIO–DESIGN AND MANUFACTURING

BIOMEDICAL AND ENVIRONMENTAL SCIENCES

BONE RESEARCH

BUILDING SIMULATION

CANCER BIOLOGY & MEDICINE

CANCER COMMUNICATIONS

CARBON ENERGY

CELL RESEARCH

CELLULAR & MOLECULAR IMMUNOLOGY

CHEMICAL JOURNAL OF CHINESE UNIVERSITIES–CHINESE

CHEMICAL RESEARCH IN CHINESE UNIVERSITIES

CHINA COMMUNICATIONS

CHINA FOUNDRY

CHINA OCEAN ENGINEERING

CHINA PETROLEUM PROCESSING & PETROCHEMICAL TECHNOLOGY

CHINESE ANNALS OF MATHEMATICS SERIES B

CHINESE CHEMICAL LETTERS

CHINESE GEOGRAPHICAL SCIENCE

CHINESE JOURNAL OF AERONAUTICS

CHINESE JOURNAL OF ANALYTICAL CHEMISTRY

CHINESE JOURNAL OF CANCER RESEARCH

CHINESE JOURNAL OF CATALYSIS

CHINESE JOURNAL OF CHEMICAL ENGINEERING

CHINESE JOURNAL OF CHEMICAL PHYSICS

CHINESE JOURNAL OF CHEMISTRY

CHINESE JOURNAL OF ELECTRONICS

CHINESE JOURNAL OF GEOPHYSICS–CHINESE EDITION

续

CHINESE JOURNAL OF INORGANIC CHEMISTRY

CHINESE JOURNAL OF INTEGRATIVE MEDICINE

CHINESE JOURNAL OF MECHANICAL ENGINEERING

CHINESE JOURNAL OF NATURAL MEDICINES

CHINESE JOURNAL OF ORGANIC CHEMISTRY

CHINESE JOURNAL OF POLYMER SCIENCE

CHINESE JOURNAL OF STRUCTURAL CHEMISTRY

CHINESE MEDICAL JOURNAL

CHINESE OPTICS LETTERS

CHINESE PHYSICS B

CHINESE PHYSICS C

CHINESE PHYSICS LETTERS

COMMUNICATIONS IN MATHEMATICS AND STATISTICS

COMMUNICATIONS IN THEORETICAL PHYSICS

COMPUTATIONAL VISUAL MEDIA

CROP JOURNAL

CSEE JOURNAL OF POWER AND ENERGY SYSTEMS

CURRENT MEDICAL SCIENCE

CURRENT ZOOLOGY

DEFENCE TECHNOLOGY

DIGITAL COMMUNICATIONS AND NETWORKS

EARTHQUAKE ENGINEERING AND ENGINEERING VIBRATION

ECOLOGICAL PROCESSES

ECOSYSTEM HEALTH AND SUSTAINABILITY

ELECTROCHEMICAL ENERGY REVIEWS

ENERGY & ENVIRONMENTAL MATERIALS ENGINEERING

ENVIRONMENTAL SCIENCE AND ECOTECHNOLOGY

EYE AND VISION

FOOD QUALITY AND SAFETY

FOOD SCIENCE AND HUMAN WELLNESS

FOREST ECOSYSTEMS

FRICTION

FRONTIERS IN ENERGY

FRONTIERS OF CHEMICAL SCIENCE AND ENGINEERING

FRONTIERS OF COMPUTER SCIENCE

FRONTIERS OF EARTH SCIENCE

FRONTIERS OF ENVIRONMENTAL SCIENCE & ENGINEERING

FRONTIERS OF INFORMATION TECHNOLOGY & ELECTRONIC ENGINEERING

FRONTIERS OF MATERIALS SCIENCE

FRONTIERS OF MATHEMATICS IN CHINA

FRONTIERS OF MECHANICAL ENGINEERING

FRONTIERS OF MEDICINE

FRONTIERS OF PHYSICS

FRONTIERS OF STRUCTURAL AND CIVIL ENGINEERING

FUNGAL DIVERSITY

GASTROENTEROLOGY REPORT

GENOMICS PROTEOMICS & BIOINFORMATICS

GEOSCIENCE FRONTIERS

GEO-SPATIAL INFORMATION SCIENCE

GREEN ENERGY & ENVIRONMENT

HEPATOBILIARY & PANCREATIC DISEASES INTERNATIONAL

HIGH POWER LASER SCIENCE AND ENGINEERING

HIGH VOLTAGE

HORTICULTURAL PLANT JOURNAL

HORTICULTURE RESEARCH

IEEE-CAA JOURNAL OF AUTOMATICA SINICA

INFECTIOUS DISEASES OF POVERTY

INFOMAT

INSECT SCIENCE

INTEGRATIVE ZOOLOGY

INTERNATIONAL JOURNAL OF DIGITAL EARTH

INTERNATIONAL JOURNAL OF DISASTER RISK SCIENCE

INTERNATIONAL JOURNAL OF EXTREME MANUFACTURING

INTERNATIONAL JOURNAL OF MINERALS METALLURGY AND MATERIALS

续

INTERNATIONAL JOURNAL OF MINING SCIENCE AND TECHNOLOGY

INTERNATIONAL JOURNAL OF ORAL SCIENCE

INTERNATIONAL JOURNAL OF SEDIMENT RESEARCH

INTERNATIONAL SOIL AND WATER CONSERVATION RESEARCH

JOURNAL OF ADVANCED CERAMICS

JOURNAL OF ANIMAL SCIENCE AND BIOTECHNOLOGY

JOURNAL OF ARID LAND

JOURNAL OF BIONIC ENGINEERING

JOURNAL OF CENTRAL SOUTH UNIVERSITY

JOURNAL OF COMPUTATIONAL MATHEMATICS

JOURNAL OF COMPUTER SCIENCE AND TECHNOLOGY

JOURNAL OF DIGESTIVE DISEASES

JOURNAL OF EARTH SCIENCE

JOURNAL OF ENERGY CHEMISTRY

JOURNAL OF ENVIRONMENTAL SCIENCES

JOURNAL OF FORESTRY RESEARCH

JOURNAL OF GENETICS AND GENOMICS

JOURNAL OF GEOGRAPHICAL SCIENCES

JOURNAL OF GERIATRIC CARDIOLOGY

JOURNAL OF HYDRODYNAMICS

JOURNAL OF INFRARED AND MILLIMETER WAVES

JOURNAL OF INNOVATIVE OPTICAL HEALTH SCIENCES

JOURNAL OF INORGANIC MATERIALS

JOURNAL OF INTEGRATIVE AGRICULTURE

JOURNAL OF INTEGRATIVE MEDICINE-JIM

JOURNAL OF INTEGRATIVE PLANT BIOLOGY

JOURNAL OF IRON AND STEEL RESEARCH INTERNATIONAL

JOURNAL OF MAGNESIUM AND ALLOYS

JOURNAL OF MATERIALS SCIENCE & TECHNOLOGY

JOURNAL OF MATERIOMICS

JOURNAL OF METEOROLOGICAL RESEARCH

JOURNAL OF MODERN POWER SYSTEMS AND CLEAN ENERGY

JOURNAL OF MOLECULAR CELL BIOLOGY

JOURNAL OF MOUNTAIN SCIENCE

JOURNAL OF OCEAN ENGINEERING AND SCIENCE

JOURNAL OF OCEAN UNIVERSITY OF CHINA

JOURNAL OF OCEANOLOGY AND LIMNOLOGY

JOURNAL OF PALAEOGEOGRAPHY-ENGLISH

JOURNAL OF PHARMACEUTICAL ANALYSIS

JOURNAL OF PLANT ECOLOGY

JOURNAL OF RARE EARTHS

JOURNAL OF ROCK MECHANICS AND GEOTECHNICAL ENGINEERING

JOURNAL OF SPORT AND HEALTH SCIENCE

JOURNAL OF SYSTEMATICS AND EVOLUTION

JOURNAL OF SYSTEMS ENGINEERING AND ELECTRONICS

JOURNAL OF SYSTEMS SCIENCE & COMPLEXITY

JOURNAL OF SYSTEMS SCIENCE AND SYSTEMS ENGINEERING

JOURNAL OF THERMAL SCIENCE

JOURNAL OF TRADITIONAL CHINESE MEDICINE

JOURNAL OF TROPICAL METEOROLOGY

JOURNAL OF WUHAN UNIVERSITY OF TECHNOLOGY-MATERIALS SCIENCE EDITION

JOURNAL OF ZHEJIANG UNIVERSITY-SCIENCE A

JOURNAL OF ZHEJIANG UNIVERSITY-SCIENCE B

LIGHT-SCIENCE & APPLICATIONS

MARINE LIFE SCIENCE & TECHNOLOGY

MATTER AND RADIATION AT EXTREMES

MICROSYSTEMS & NANOENGINEERING

MILITARY MEDICAL RESEARCH

MOLECULAR PLANT

NANO RESEARCH

NANO-MICRO LETTERS

续

NATIONAL SCIENCE REVIEW	RESEARCH
NEURAL REGENERATION RESEARCH	RESEARCH IN ASTRONOMY AND ASTROPHYSICS
NEUROSCIENCE BULLETIN	
NEW CARBON MATERIALS	RICE SCIENCE
NPJ COMPUTATIONAL MATERIALS	SCIENCE BULLETIN
NUCLEAR SCIENCE AND TECHNIQUES	SCIENCE CHINA–CHEMISTRY
NUMERICAL MATHEMATICS–THEORY METHODS AND APPLICATIONS	SCIENCE CHINA–EARTH SCIENCES
	SCIENCE CHINA–INFORMATION SCIENCES
OPTO–ELECTRONIC ADVANCES	SCIENCE CHINA–LIFE SCIENCES
PARTICUOLOGY	SCIENCE CHINA–MATERIALS
PEDOSPHERE	SCIENCE CHINA–MATHEMATICS
PETROLEUM EXPLORATION AND DEVELOPMENT	SCIENCE CHINA–PHYSICS MECHANICS & ASTRONOMY
PETROLEUM SCIENCE	SCIENCE CHINA–TECHNOLOGICAL SCIENCES
PHOTONIC SENSORS	
PHOTONICS RESEARCH	SIGNAL TRANSDUCTION AND TARGETED THERAPY
PHYTOPATHOLOGY RESEARCH	
PLANT DIVERSITY	SPECTROSCOPY AND SPECTRAL ANALYSIS
PLANT PHENOMICS	STROKE AND VASCULAR NEUROLOGY
PLASMA SCIENCE & TECHNOLOGY	SYNTHETIC AND SYSTEMS BIOTECHNOLOGY
PROGRESS IN BIOCHEMISTRY AND BIOPHYSICS	TRANSACTIONS OF NONFERROUS METALS SOCIETY OF CHINA
PROGRESS IN CHEMISTRY	TRANSLATIONAL NEURODEGENERATION
PROGRESS IN NATURAL SCIENCE–MATERIALS INTERNATIONAL	TSINGHUA SCIENCE AND TECHNOLOGY
	UNDERGROUND SPACE
PROTEIN & CELL	VIROLOGICA SINICA
RARE METAL MATERIALS AND ENGINEERING	WORLD JOURNAL OF EMERGENCY MEDICINE
RARE METALS	WORLD JOURNAL OF PEDIATRICS
REGENERATIVE BIOMATERIALS	ZOOLOGICAL RESEARCH

附录 2　2021 年 Inspec 收录的中国期刊（共 137 种）

ACTA OPTICA SINICA	BATTERY BIMONTHLY
ACTA PHOTONICA SINICA	BUILDING ENERGY EFFICIENCY
ACTA PHYSICA SINICA	CHINA MECHANICAL ENGINEERING
ACTA PHYSICO–CHIMICA SINICA	CHINA RAILWAY SCIENCE
ACTA SCIENTIARUM NATURALIUM UNIVERSITATIS PEKINENSIS	CHINA SURFACTANT DETERGENT & COSMETICS
ADVANCED TECHNOLOGY OF ELECTRICAL ENGINEERING AND ENERGY	CHINESE JOURNAL OF ELECTRON DEVICES
	CHINESE JOURNAL OF LASERS
APPLIED MATHEMATICS AND MECHANICS （CHINESE EDITION）	CHINESE JOURNAL OF LIQUID CRYSTALS AND DISPLAYS

续

CHINESE JOURNAL OF NONFERROUS METALS

CHINESE JOURNAL OF SENSORS AND ACTUATORS

CHINESE OPTICS LETTERS

COMPUTATIONAL ECOLOGY AND SOFTWARE

COMPUTER AIDED ENGINEERING

COMPUTER ENGINEERING

COMPUTER ENGINEERING AND APPLICATIONS

COMPUTER ENGINEERING AND SCIENCE

COMPUTER INTEGRATED MANUFACTURING SYSTEMS

CONTROL THEORY & APPLICATIONS

CORROSION SCIENCE AND PROTECTION TECHNOLOGY

EARTH SCIENCE

ELECTRIC MACHINES AND CONTROL

ELECTRIC POWER AUTOMATION EQUIPMENT

ELECTRIC POWER CONSTRUCTION

ELECTRIC POWER INFORMATION AND COMMUNICATION TECHNOLOGY

ELECTRIC POWER SCIENCE AND ENGINEERING

ELECTRIC WELDING MACHINE

ELECTRICAL MEASUREMENT AND INSTRUMENTATION

ELECTRONIC COMPONENTS AND MATERIALS

ELECTRONIC SCIENCE AND TECHNOLOGY

ELECTRONICS OPTICS & CONTROL

ENGINEERING JOURNAL OF WUHAN UNIVERSITY

ENGINEERING LETTERS

GEOMATICS AND INFORMATION SCIENCE OF WUHAN UNIVERSITY

HIGH POWER LASER AND PARTICLE BEAMS

HIGH VOLTAGE APPARATUS

IAENG INTERNATIONAL JOURNAL OF APPLIED MATHEMATICS

IAENG INTERNATIONAL JOURNAL OF COMPUTER SCIENCE

IMAGING SCIENCE AND PHOTOCHEMISTRY

INDUSTRIAL ENGINEERING AND MANAGEMENT

INDUSTRIAL ENGINEERING JOURNAL

INFRARED AND LASER ENGINEERING

INSTRUMENT TECHNIQUE AND SENSOR

INSULATING MATERIALS

INTERNATIONAL JOURNAL OF AGRICULTURAL AND BIOLOGICAL ENGINEERING

JOURNAL OF ACADEMY OF ARMORED FORCE ENGINEERING

JOURNAL OF AERONAUTICAL MATERIALS

JOURNAL OF AEROSPACE POWER

JOURNAL OF APPLIED OPTICS

JOURNAL OF APPLIED SCIENCES – ELECTRONICS AND INFORMATION ENGINEERING

JOURNAL OF BEIJING INSTITUTE OF TECHNOLOGY

JOURNAL OF BEIJING NORMAL UNIVERSITY （NATURAL SCIENCE）

JOURNAL OF BEIJING UNIVERSITY OF AERONAUTICS AND ASTRONAUTICS

JOURNAL OF BEIJING UNIVERSITY OF TECHNOLOGY

JOURNAL OF CENTRAL SOUTH UNIVERSITY （SCIENCE AND TECHNOLOGY）

JOURNAL OF CHINA THREE GORGES UNIVERSITY（NATURAL SCIENCES）

JOURNAL OF CHINA UNIVERSITY OF PETRO-LEUM（NATURAL SCIENCE EDITION）

JOURNAL OF CHINESE SOCIETY FOR CORROSION AND PROTECTION

JOURNAL OF CHONGQING UNIVERSITY （ENGLISH EDITION）

JOURNAL OF COMPUTATIONAL MATHEMATICS

JOURNAL OF COMPUTER APPLICATIONS

JOURNAL OF DALIAN UNIVERSITY OF TECHNOLOGY

JOURNAL OF DATA ACQUISITION AND PROCESSING

JOURNAL OF DETECTION & CONTROL

JOURNAL OF DONGHUA UNIVERSITY （ENGLISH EDITION）

续

JOURNAL OF EAST CHINA UNIVERSITY OF SCIENCE AND TECHNOLOGY（NATURAL SCIENCE EDITION）

JOURNAL OF ELECTRONIC SCIENCE AND TECHNOLOGY

JOURNAL OF FOOD SCIENCE AND TECHNOLOGY

JOURNAL OF FRONTIERS OF COMPUTER SCIENCE AND TECHNOLOGY

JOURNAL OF GUANGDONG UNIVERSITY OF TECHNOLOGY

JOURNAL OF HEBEI UNIVERSITY OF SCIENCE AND TECHNOLOGY

JOURNAL OF HEBEI UNIVERSITY OF TECHNOLOGY

JOURNAL OF HENAN UNIVERSITY OF SCIENCE & TECHNOLOGY（NATURAL SCIENCE）

JOURNAL OF HUAZHONG UNIVERSITY OF SCIENCE AND TECHNOLOGY（NATURAL SCIENCE EDITION）

JOURNAL OF HUNAN UNIVERSITY（NATURAL SCIENCES）

JOURNAL OF JILIN UNIVERSITY（SCIENCE EDITION）

JOURNAL OF LANZHOU UNIVERSITY OF TECHNOLOGY

JOURNAL OF MECHANICAL ENGINEERING

JOURNAL OF NANJING UNIVERSITY OF AERONAUTICS & ASTRONAUTICS

JOURNAL OF NANJING UNIVERSITY OF POSTS AND TELECOMMUNICATIONS（NATURAL SCIENCE EDITION）

JOURNAL OF NANJING UNIVERSITY OF SCIENCE AND TECHNOLOGY

JOURNAL OF NATIONAL UNIVERSITY OF DEFENSE TECHNOLOGY

JOURNAL OF NAVAL UNIVERSITY OF ENGINEERING

JOURNAL OF NORTHEASTERN UNIVERSITY（NATURAL SCIENCE）

JOURNAL OF PROJECTILES, ROCKETS, MISSILES AND GUIDANCE

JOURNAL OF QINGDAO UNIVERSITY OF SCIENCE AND TECHNOLOGY（NATURAL SCIENCE EDITION）

JOURNAL OF QINGDAO UNIVERSITY OF TECHNOLOGY

JOURNAL OF SHANGHAI JIAO TONG UNIVERSITY

JOURNAL OF SHENZHEN UNIVERSITY SCIENCE AND ENGINEERING

JOURNAL OF SOFTWARE

JOURNAL OF SOLID ROCKET TECHNOLOGY

JOURNAL OF SOUTH CHINA UNIVERSITY OF TECHNOLOGY（NATURAL SCIENCE EDITION）

JOURNAL OF SOUTHEAST UNIVERSITY（ENGLISH EDITION）

JOURNAL OF SOUTHEAST UNIVERSITY（NATURAL SCIENCE EDITION）

JOURNAL OF SYSTEM SIMULATION

JOURNAL OF TEST AND MEASUREMENT TECHNOLOGY

JOURNAL OF THE CHINA SOCIETY FOR SCIENTIFIC AND TECHNICAL INFORMATION

JOURNAL OF TIANJIN UNIVERSITY（SCIENCE AND TECHNOLOGY）

JOURNAL OF TRAFFIC AND TRANSPORTATION ENGINEERING

JOURNAL OF VIBRATION ENGINEERING

JOURNAL OF WUHAN UNIVERSITY（NATURAL SCIENCE EDITION）

JOURNAL OF XIAMEN UNIVERSITY（NATURAL SCIENCE）

JOURNAL OF XI' AN JIAOTONG UNIVERSITY

JOURNAL OF XI' AN UNIVERSITY OF TECHNOLOGY

JOURNAL OF XIDIAN UNIVERSITY

JOURNAL OF YANGZHOU UNIVERSITY（NATURAL SCIENCE EDITION）

JOURNAL OF ZHEJIANG UNIVERSITY（ENGINEERING SCIENCE）

JOURNAL OF ZHEJIANG UNIVERSITY（SCIENCE EDITION）

续

JOURNAL OF ZHEJIANG UNIVERSITY OF TECHNOLOGY	SHANGHAI METALS
	SPACECRAFT ENGINEERING
JOURNAL OF ZHENGZHOU UNIVERSITY （ENGINEERING SCIENCE）	SPECIAL CASTING & NONFERROUS ALLOYS
	SPECIAL OIL & GAS RESERVOIRS
LASER & OPTOELECTRONICS PROGRESS	SYSTEMS ENGINEERING AND ELECTRONICS
LASER TECHNOLOGY	TECHNICAL ACOUSTICS
MICROMOTORS	TELECOMMUNICATION ENGINEERING
MICRONANOELECTRONIC TECHNOLOGY	TOBACCO SCIENCE & TECHNOLOGY
OPTICS AND PRECISION ENGINEERING	TRANSACTIONS OF BEIJING INSTITUTE OF TECHNOLOGY
ORDNANCE INDUSTRY AUTOMATION	
PHOTONICS RESEARCH	TRANSACTIONS OF NANJING UNIVERSITY OF AERONAUTICS & ASTRONAUTICS
PROCESS AUTOMATION INSTRUMENTATION	
SCIENCE & TECHNOLOGY REVIEW	WATER RESOURCES AND POWER
SEMICONDUCTOR TECHNOLOGY	

附录 3　2021 年 Medline 收录的中国科技期刊（共 147 种）

ACTA BIOCHIMICA ET BIOPHYSICA SINICA	CHINESE GEOGRAPHICAL SCIENCE
ACTA MATHEMATICAE APPLICATAE SINICA （ENGLISH SERIES）	CHINESE HERBAL MEDICINES
	CHINESE JOURNAL OF CANCER RESEARCH = CHUNG–KUO YEN CHENG YEN CHIU
ACTA MECHANICA SINICA = LI XUE XUE BAO	
ACTA PHARMACOLOGICA SINICA	CHINESE JOURNAL OF CHEMICAL ENGINEERING
ANIMAL MODELS AND EXPERIMENTAL MEDICINE	
	CHINESE JOURNAL OF INTEGRATIVE MEDICINE
ANIMAL NUTRITION（ZHONGGUO XU MU SHOU YI XUE HUI）	
	CHINESE JOURNAL OF NATURAL MEDICINES
ASIAN JOURNAL OF ANDROLOGY	CHINESE JOURNAL OF TRAUMATOLOGY = ZHONGHUA CHUANG SHANG ZA ZHI
BEIJING DA XUE XUE BAO. YI XUE BAN = JOURNAL OF PEKING UNIVERSITY. HEALTH SCIENCES	
	CHINESE MEDICAL JOURNAL
	CHINESE MEDICAL SCIENCES JOURNAL = CHUNG–KUO I HSUEH K'O HSUEH TSA CHIH
BIO–DESIGN AND MANUFACTURING	
BIOMEDICAL AND ENVIRONMENTAL SCIENCES：BES	
	CHINESE NEUROSURGICAL JOURNAL
BONE RESEARCH	CHRONIC DISEASES AND TRANSLATIONAL MEDICINE
BUILDING SIMULATION	
CANCER BIOLOGY & MEDICINE	COMMUNICATIONS IN NONLINEAR SCIENCE & NUMERICAL SIMULATION
CELL RESEARCH	
CELLULAR & MOLECULAR IMMUNOLOGY	COMPUTATIONAL VISUAL MEDIA
CHEMICAL RESEARCH IN CHINESE UNIVERSITIES	CURRENT MEDICAL SCIENCE
	CURRENT ZOOLOGY
CHINA CDC WEEKLY	ENGINEERING（BEIJING, CHINA）
CHINESE CHEMICAL LETTERS = ZHONGGUO HUA XUE KUAI BAO	FA YI XUE ZA ZHI
	FORENSIC SCIENCES RESEARCH

续

FRONTIERS OF CHEMICAL SCIENCE AND ENGINEERING

FRONTIERS OF COMPUTER SCIENCE

FRONTIERS OF ENVIRONMENTAL SCIENCE & ENGINEERING

FRONTIERS OF MATERIALS SCIENCE

FRONTIERS OF MATHEMATICS IN CHINA: SELECTED PAPERS FROM CHINESE UNIVERSITIES

FRONTIERS OF MEDICINE

GENOMICS, PROTEOMICS & BIOINFORMATICS

HORTICULTURE RESEARCH

HUA XI KOU QIANG YI XUE ZA ZHI = HUAXI KOUQIANG YIXUE ZAZHI = WEST CHINA JOURNAL OF STOMATOLOGY

HUAN JING KE XUE= HUANJING KEXUE

INFECTIOUS DISEASES OF POVERTY

INSECT SCIENCE

INTERNATIONAL JOURNAL OF COAL SCIENCE & TECHNOLOGY

INTERNATIONAL JOURNAL OF MINING SCIENCE AND TECHNOLOGY

INTERNATIONAL JOURNAL OF NURSING SCIENCES

INTERNATIONAL JOURNAL OF OPHTHALMOLOGY

INTERNATIONAL JOURNAL OF ORAL SCIENCE

JOURNAL OF ANALYSIS AND TESTING

JOURNAL OF ANIMAL SCIENCE AND BIOTECHNOLOGY

JOURNAL OF ARID LAND

JOURNAL OF BIOMEDICAL RESEARCH

JOURNAL OF BIONIC ENGINEERING

JOURNAL OF ENERGY CHEMISTRY

JOURNAL OF ENVIRONMENTAL SCIENCES (CHINA)

JOURNAL OF GENETICS AND GENOMICS = YI CHUAN XUE BAO

JOURNAL OF GERIATRIC CARDIOLOGY: JGC

JOURNAL OF INTEGRATIVE MEDICINE

JOURNAL OF INTEGRATIVE PLANT BIOLOGY

JOURNAL OF MATERIALS SCIENCE & TECHNOLOGY

JOURNAL OF MOLECULAR CELL BIOLOGY

JOURNAL OF MOUNTAIN SCIENCE

JOURNAL OF OTOLOGY

JOURNAL OF SPORT AND HEALTH SCIENCE

JOURNAL OF SYSTEMS SCIENCE AND COMPLEXITY

JOURNAL OF ZHEJIANG UNIVERSITY. SCIENCE B

LIGHT, SCIENCE & APPLICATIONS

LIN CHUANG ER BI YAN HOU TOU JING WAI KE ZA ZHI = JOURNAL OF CLINICAL OTORHINOLARYNGOLOGY, HEAD, AND NECK SURGERY

LIVER RESEARCH

MICROSYSTEMS & NANOENGINEERING

MILITARY MEDICAL RESEARCH

MOLECULAR PLANT

NAN FANG YI KE DA XUE XUE BAO = JOURNAL OF SOUTHERN MEDICAL UNIVERSITY

NANO RESEARCH

NATIONAL SCIENCE REVIEW

NEURAL REGENERATION RESEARCH

NEUROSCIENCE BULLETIN

OPTOELECTRONICS LETTERS

PEDIATRIC INVESTIGATION

PLANT DIVERSITY

PRECISION CLINICAL MEDICINE

PROTEIN & CELL

QUANTITATIVE BIOLOGY (BEIJING, CHINA)

RARE METALS

SCIENCE BULLETIN

SCIENCE CHINA MATERIALS

SCIENCE CHINA. CHEMISTRY

SCIENCE CHINA. LIFE SCIENCES

SE PU = CHINESE JOURNAL OF CHROMATOGRAPHY

SHANGHAI KOU QIANG YI XUE = SHANGHAI JOURNAL OF STOMATOLOGY

SHENG LI XUE BAO：[ACTA PHYSIOLOGICA SINICA]

SHENG WU GONG CHENG XUE BAO = CHINESE JOURNAL OF BIOTECHNOLOGY

SHENG WU YI XUE GONG CHENG XUE ZA ZHI = JOURNAL OF BIOMEDICAL ENGINEERING = SHENGWU YIXUE GONGCHENGXUE ZAZHI

SICHUAN DA XUE XUE BAO. YI XUE BAN = JOURNAL OF SICHUAN UNIVERSITY. MEDICAL SCIENCE EDITION

SIGNAL TRANSDUCTION AND TARGETED THERAPY

STROKE AND VASCULAR NEUROLOGY

VIROLOGICA SINICA

WEI SHENG YAN JIU = JOURNAL OF HYGIENE RESEARCH

WORLD JOURNAL OF EMERGENCY MEDICINE

WORLD JOURNAL OF GASTROENTEROLOGY

WORLD JOURNAL OF OTORHINOLARYNGOLOGY – HEAD AND NECK SURGERY

XI BAO YU FEN ZI MIAN YI XUE ZA ZHI = CHINESE JOURNAL OF CELLULAR AND MOLECULAR IMMUNOLOGY

YI CHUAN = HEREDITAS

YING YONG SHENG TAI XUE BAO = THE JOURNAL OF APPLIED ECOLOGY

ZHEJIANG DA XUE XUE BAO. YI XUE BAN = JOURNAL OF ZHEJIANG UNIVERSITY. MEDICAL SCIENCES

ZHEN CI YAN JIU = ACUPUNCTURE RESEARCH

ZHONG NAN DA XUE XUE BAO. YI XUE BAN = JOURNAL OF CENTRAL SOUTH UNIVERSITY. MEDICAL SCIENCES

ZHONGGUO DANG DAI ER KE ZA ZHI = CHINESE JOURNAL OF CONTEMPORARY PEDIATRICS

ZHONGGUO FEI AI ZA ZHI = CHINESE JOURNAL OF LUNG CANCER

ZHONGGUO GU SHANG = CHINA JOURNAL OF ORTHOPAEDICS AND TRAUMATOLOGY

ZHONGGUO SHI YAN XUE YE XUE ZA ZHI

ZHONGGUO XIU FU CHONG JIAN WAI KE ZA ZHI = ZHONGGUO XIUFU CHONGJIAN WAIKE ZAZHI = CHINESE JOURNAL OF REPARATIVE AND RECONSTRUCTIVE SURGERY

ZHONGGUO XUE XI CHONG BING FANG ZHI ZA ZHI = CHINESE JOURNAL OF SCHISTOSOMIASIS CONTROL

ZHONGGUO YI LIAO QI XIE ZA ZHI = CHINESE JOURNAL OF MEDICAL INSTRUMENTATION

ZHONGGUO YI XUE KE XUE YUAN XUE BAO. ACTA ACADEMIAE MEDICINAE SINICAE

ZHONGGUO YING YONG SHENG LI XUE ZA ZHI = ZHONGGUO YINGYONG SHENGLIXUE ZAZHI = CHINESE JOURNAL OF APPLIED PHYSIOLOGY

ZHONGGUO ZHEN JIU = CHINESE ACUPUNCTURE & MOXIBUSTION

ZHONGGUO ZHONG YAO ZA ZHI = ZHONGGUO ZHONGYAO ZAZHI = CHINA JOURNAL OF CHINESE MATERIA MEDICA

ZHONGHUA BING LI XUE ZA ZHI = CHINESE JOURNAL OF PATHOLOGY

ZHONGHUA ER BI YAN HOU TOU JING WAI KE ZA ZHI = CHINESE JOURNAL OF OTORHINOLARYNGOLOGY HEAD AND NECK SURGERY

ZHONGHUA ER KE ZA ZHI = CHINESE JOURNAL OF PEDIATRICS

ZHONGHUA FU CHAN KE ZA ZHI

ZHONGHUA GAN ZANG BING ZA ZHI = ZHONGHUA GANZANGBING ZAZHI = CHINESE JOURNAL OF HEPATOLOGY

ZHONGHUA JIE HE HE HU XI ZA ZHI = ZHONGHUA JIEHE HE HUXI ZAZHI = CHINESE JOURNAL OF TUBERCULOSIS AND RESPIRATORY DISEASES

ZHONGHUA KOU QIANG YI XUE ZA ZHI = ZHONGHUA KOUQIANG YIXUE ZAZHI = CHINESE JOURNAL OF STOMATOLOGY

续

ZHONGHUA LAO DONG WEI SHENG ZHI YE BING ZA ZHI = ZHONGHUA LAODONG WEISHENG ZHIYEBING ZAZHI = CHINESE JOURNAL OF INDUSTRIAL HYGIENE AND OCCUPATIONAL DISEASES	ZHONGHUA WEI ZHONG BING JI JIU YI XUE
	ZHONGHUA XIN XUE GUAN BING ZA ZHI
	ZHONGHUA XUE YE XUE ZA ZHI = ZHONGHUA XUEYEXUE ZAZHI
ZHONGHUA LIU XING BING XUE ZA ZHI = ZHONGHUA LIUXINGBINGXUE ZAZHI	ZHONGHUA YAN KE ZA ZHI] CHINESE JOURNAL OF OPHTHALMOLOGY
ZHONGHUA NAN KE XUE = NATIONAL JOURNAL OF ANDROLOGY	ZHONGHUA YI SHI ZA ZHI（BEIJING, CHINA，1980）
ZHONGHUA NEI KE ZA ZHI	ZHONGHUA YI XUE YI CHUAN XUE ZA ZHI = ZHONGHUA YIXUE YICHUANXUE ZAZHI = CHINESE JOURNAL OF MEDICAL GENETICS
ZHONGHUA SHAO SHANG ZA ZHI = ZHONGHUA SHAOSHANG ZAZHI = CHINESE JOURNAL OF BURNS	
	ZHONGHUA YI XUE ZA ZHI
ZHONGHUA WAI KE ZA ZHI [CHINESE JOURNAL OF SURGERY]	ZHONGHUA YU FANG YI XUE ZA ZHI [CHINESE JOURNAL OF PREVENTIVE MEDICINE]
ZHONGHUA WEI CHANG WAI KE ZA ZHI = CHINESE JOURNAL OF GASTROINTESTINAL SURGERY	ZHONGHUA ZHONG LIU ZA ZHI [CHINESE JOURNAL OF ONCOLOGY]
	ZOOLOGICAL RESEARCH

附录 4　2021 年 CA plus 核心期刊（Core Journal）收录的中国期刊（共 63 种）

ACTA PHARMACOLOGICA SINICA	GAODENG XUEXIAO HUAXUE XUEBAO
BONE RESEARCH	GAOFENZI CAILIAO KEXUE YU GONGCHENG
BOPUXUE ZAZHI	GAOFENZI XUEBAO
CAILIAO RECHULI XUEBAO	GAOXIAO HUAXUE GONGCHENG XUEBAO
CHEMICA SINICA	GONGNENG GAOFENZI XUEBAO
CHEMICAL RESEARCH IN CHINESE UNIVERSITIES	GUIJINSHU
	GUISUANYAN XUEBAO
CHINESE CHEMICAL LETTERS	GUOCHENG GONGCHENG XUEBAO
CHINESE JOURNAL OF CHEMICAL ENGINEERING	HECHENG XIANGJIAO GONGYE
	HUADONG LIGONG DAXUE XUEBAO, ZIRAN KEXUEBAN
CHINESE JOURNAL OF CHEMICAL PHYSICS	
CHINESE JOURNAL OF CHEMISTRY	HUAGONG XUEBAO（CHINESE EDITION）
CHINESE JOURNAL OF GEOCHEMISTRY	HUANJING HUAXUE
CHINESE JOURNAL OF POLYMER SCIENCE	HUANJING KEXUE XUEBAO
CHINESE JOURNAL OF STRUCTURAL CHEMISTRY	HUAXUE
	HUAXUE FANYING GONGCHENG YU GONGYI
CHINESE PHYSICS C	HUAXUE SHIJI
CUIHUA XUEBAO	HUAXUE TONGBAO
DIANHUAXUE	HUAXUE XUEBAO
DIQIU HUAXUE	JINSHU XUEBAO
FENXI HUAXUE	JISUANJI YU YINGYONG HUAXUE
FENZI CUIHUA	JOURNAL OF ADVANCED CERAMICS

续

JOURNAL OF MAGNESIUM AND ALLOYS	SHIYOU HUAGONG
JOURNAL OF SUSTAINABLE CEMENT-BASED MATERIALS	SHIYOU XUEBAO, SHIYOU JIAGONG
	SHUICHULI JISHU
JOURNAL OF THE CHINESE ADVANCED MATERIALS SOCIETY	WUJI HUAXUE XUEBAO
	WULI HUAXUE XUEBAO
JOURNAL OF THE CHINESE CHEMICAL SOCIETY（WEINHEIM, GERMANY）	WULI XUEBAO
	YINGXIANG KEXUE YU GUANG HUAXUE
LINCHAN HUAXUE YU GONGYE	YINGYONG HUAXUE
MOLECULAR PLANT	YOUJI HUAXUE
PHARMACIA SINICA	ZHIPU XUEBAO
RANLIAO HUAXUE XUEBAO	ZHONGGUO SHENGWU HUAXUE YU FENZI SHENGWU XUEBAO
RARE METALS（BEIJING, CHINA）	
RENGONG JINGTI XUEBAO	ZHONGGUO WUJI FENXI HUAXUE
SCIENCE CHINA: CHEMISTRY	

附录 5　2021 年 Ei 收录的中国科技期刊（共 274 种）

ACTA ACUSTICA	ADVANCED ENGINEERING SCIENCE
ACTA AERONAUTICA ET ASTRONAUTICA SINICA	ADVANCED FIBER MATERIALS
ACTA ARMAMENTARII	ADVANCED INDUSTRIAL AND ENGINEERING POLYMER RESEARCH
ACTA AUTOMATICA SINICA	
ACTA ELECTRONICA SINICA	ADVANCES IN MANUFACTURING
ACTA ENERGIAE SOLARIS SINICA	ADVANCES IN MECHANICS
ACTA GEOCHIMICA	ADVANCES IN WATER SCIENCE
ACTA GEODAETICA ET CARTOGRAPHICA SINICA	APPLIED MATHEMATICS AND MECHANICS（ENGLISH EDITION）
ACTA GEOGRAPHICA SINICA	ATOMIC ENERGY SCIENCE AND TECHNOLOGY
ACTA GEOLOGICA SINICA	
ACTA MATERIAE COMPOSITAE SINICA	AUTOMATION OF ELECTRIC POWER SYSTEMS
ACTA MECHANICA SINICA	
ACTA MECHANICA SOLIDA SINICA	AUTOMOTIVE ENGINEERING
ACTA METALLURGICA SINICA	AUTOMOTIVE INNOVATION
ACTA METALLURGICA SINICA（ENGLISH LETTERS）	BIG DATA MINING AND ANALYTICS
	BIO-DESIGN AND MANUFACTURING
ACTA OPTICA SINICA	BRIDGE CONSTRUCTION
ACTA PETROLEI SINICA	BUILDING SIMULATION
ACTA PETROLEI SINICA（PETROLEUM PROCESSING SECTION）	CARBON RESOURCES CONVERSION
	CHEMICAL INDUSTRY AND ENGINEERING PROGRESS
ACTA PETROLOGICA SINICA	
ACTA PHOTONICA SINICA	CHEMICAL JOURNAL OF CHINESE UNIVERSITIES
ACTA PHYSICA SINICA	
ACTA SCIENTIARUM NATURALIUM UNIVERSITATIS PEKINENSIS	CHINA CIVIL ENGINEERING JOURNAL
	CHINA ENVIRONMENTAL SCIENCE

续

CHINA JOURNAL OF HIGHWAY AND TRANSPORT

CHINA MECHANICAL ENGINEERING

CHINA OCEAN ENGINEERING

CHINA RAILWAY SCIENCE

CHINA SURFACE ENGINEERING

CHINESE JOURNAL OF AERONAUTICS

CHINESE JOURNAL OF ANALYSIS LABORATORY

CHINESE JOURNAL OF ANALYTICAL CHEMISTRY

CHINESE JOURNAL OF CATALYSIS

CHINESE JOURNAL OF CHEMICAL ENGINEERING

CHINESE JOURNAL OF COMPUTERS

CHINESE JOURNAL OF ELECTRONICS

CHINESE JOURNAL OF ENERGETIC MATERIALS

CHINESE JOURNAL OF ENGINEERING

CHINESE JOURNAL OF EXPLOSIVES AND PROPELLANTS

CHINESE JOURNAL OF GEOPHYSICS（ACTA GEOPHYSICA SINICA）

CHINESE JOURNAL OF GEOTECHNICAL ENGINEERING

CHINESE JOURNAL OF LASERS

CHINESE JOURNAL OF LUMINESCENCE

CHINESE JOURNAL OF MATERIALS RESEARCH

CHINESE JOURNAL OF MECHANICAL ENGINEERING（ENGLISH EDITION）

CHINESE JOURNAL OF NONFERROUS METALS

CHINESE JOURNAL OF POLYMER SCIENCE（ENGLISH EDITION）

CHINESE JOURNAL OF RARE METALS

CHINESE JOURNAL OF ROCK MECHANICS AND ENGINEERING

CHINESE JOURNAL OF SCIENTIFIC INSTRUMENT

CHINESE JOURNAL OF THEORETICAL AND APPLIED MECHANICS

CHINESE OPTICS

CHINESE OPTICS LETTERS

CHINESE PHYSICS B

CHINESE SCIENCE BULLETIN

CIESC JOURNAL

COAL GEOLOGY AND EXPLORATION

COAL SCIENCE AND TECHNOLOGY（PEKING）

COMPUTATIONAL VISUAL MEDIA

COMPUTER INTEGRATED MANUFACTURING SYSTEMS, CIMS

COMPUTER RESEARCH AND DEVELOPMENT

CONTROL AND DECISION

CONTROL THEORY AND APPLICATIONS

CONTROL THEORY AND TECHNOLOGY

CPSS TRANSACTIONS ON POWER ELECTRONICS AND APPLICATIONS

CSEE JOURNAL OF POWER AND ENERGY SYSTEMS

DATA SCIENCE AND ENGINEERING

DEFENCE TECHNOLOGY

EARTH AND PLANETARY PHYSICS

EARTH SCIENCE JOURNAL OF CHINA UNIVERSITY OF GEOSCIENCES

EARTH SCIENCE FRONTIERS

EARTHQUAKE ENGINEERING AND ENGINEERING VIBRATION

ELECTRIC MACHINES AND CONTROL

ELECTRIC POWER AUTOMATION EQUIPMENT

ENGINEERING MECHANICS

ENVIRONMENTAL SCIENCE

EXPERIMENTAL AND COMPUTATIONAL MULTIPHASE FLOW

EXPLOSION AND SHOCK WAVES

FINE CHEMICALS

FOOD SCIENCE

FRICTION

FRONTIERS OF CHEMICAL SCIENCE AND ENGINEERING

FRONTIERS OF COMPUTER SCIENCE

FRONTIERS OF ENVIRONMENTAL SCIENCE AND ENGINEERING

FRONTIERS OF INFORMATION TECHNOLOGY & ELECTRONIC ENGINEERING

续

FRONTIERS OF OPTOELECTRONICS

FRONTIERS OF STRUCTURAL AND CIVIL ENGINEERING

GEODESY AND GEODYNAMICS

GEOMATICS AND INFORMATION SCIENCE OF WUHAN UNIVERSITY

GEOTECTONICA ET METALLOGENIA

GLOBAL ENERGY INTERCONNECTION

GREEN ENERGY AND ENVIRONMENT

HIGH TECHNOLOGY LETTERS

HIGH VOLTAGE ENGINEERING

INFORMATION PROCESSING IN AGRICULTURE

INFRARED AND LASER ENGINEERING

INTERNATIONAL JOURNAL OF AUTOMATION AND COMPUTING

INTERNATIONAL JOURNAL OF INTELLIGENT COMPUTING AND CYBERNETICS

INTERNATIONAL JOURNAL OF LIGHTWEIGHT MATERIALS AND MANUFACTURE

INTERNATIONAL JOURNAL OF MINERALS, METALLURGY AND MATERIALS

INTERNATIONAL JOURNAL OF MINING SCIENCE AND TECHNOLOGY

JOURNAL OF ADVANCED CERAMICS

JOURNAL OF AEROSPACE POWER

JOURNAL OF ANALYSIS AND TESTING

JOURNAL OF ASTRONAUTICS

JOURNAL OF BASIC SCIENCE AND ENGINEERING

JOURNAL OF BEIJING INSTITUTE OF TECHNOLOGY（ENGLISH EDITION）

JOURNAL OF BEIJING UNIVERSITY OF AERONAUTICS AND ASTRONAUTICS

JOURNAL OF BEIJING UNIVERSITY OF POSTS AND TELECOMMUNICATIONS

JOURNAL OF BIOMEDICAL ENGINEERING

JOURNAL OF BIONIC ENGINEERING

JOURNAL OF BIORESOURCES AND BIOPRODUCTS

JOURNAL OF BUILDING MATERIALS

JOURNAL OF BUILDING STRUCTURES

JOURNAL OF CENTRAL SOUTH UNIVERSITY（ENGLISH EDITION）

JOURNAL OF CENTRAL SOUTH UNIVERSITY（SCIENCE AND TECHNOLOGY）

JOURNAL OF CHEMICAL ENGINEERING OF CHINESE UNIVERSITIES

JOURNAL OF CHINA UNIVERSITIES OF POSTS AND TELECOMMUNICATIONS

JOURNAL OF CHINA UNIVERSITY OF MINING AND TECHNOLOGY

JOURNAL OF CHINA UNIVERSITY OF PETROLEUM（EDITION OF NATURAL SCIENCE）

JOURNAL OF CHINESE INERTIAL TECHNOLOGY

JOURNAL OF CHINESE INSTITUTE OF FOOD SCIENCE AND TECHNOLOGY

JOURNAL OF CHINESE MASS SPECTROMETRY SOCIETY

JOURNAL OF COMMUNICATIONS AND INFORMATION NETWORKS

JOURNAL OF COMPUTER SCIENCE AND TECHNOLOGY

JOURNAL OF COMPUTERAIDED DESIGN AND COMPUTER GRAPHICS

JOURNAL OF ELECTRONICS AND INFORMATION TECHNOLOGY

JOURNAL OF ENERGY CHEMISTRY

JOURNAL OF ENGINEERING THERMOPHYSICS

JOURNAL OF ENVIRONMENTAL SCIENCES（CHINA）

JOURNAL OF FOOD SCIENCE AND TECHNOLOGY（CHINA）

JOURNAL OF FUEL CHEMISTRY AND TECHNOLOGY

JOURNAL OF GEO–INFORMATION SCIENCE

JOURNAL OF HARBIN ENGINEERING UNIVERSITY

JOURNAL OF HARBIN INSTITUTE OF TECHNOLOGY

续

JOURNAL OF HUAZHONG UNIVERSITY OF SCIENCE AND TECHNOLOGY（NATURAL SCIENCE EDITION）

JOURNAL OF HUNAN UNIVERSITY NATURAL SCIENCES

JOURNAL OF HYDRAULIC ENGINEERING

JOURNAL OF HYDRODYNAMICS

JOURNAL OF INFRARED AND MILLIMETER WAVES

JOURNAL OF INORGANIC MATERIALS

JOURNAL OF IRON AND STEEL RESEARCH INTERNATIONAL

JOURNAL OF JILIN UNIVERSITY（ENGINEERING AND TECHNOLOGY EDITION）

JOURNAL OF LAKE SCIENCES

JOURNAL OF MAGNESIUM AND ALLOYS

JOURNAL OF MATERIALS ENGINEERING

JOURNAL OF MATERIALS SCIENCE AND TECHNOLOGY

JOURNAL OF MECHANICAL ENGINEERING

JOURNAL OF MINING AND SAFETY ENGINEERING

JOURNAL OF MODERN POWER SYSTEMS AND CLEAN ENERGY

JOURNAL OF NATIONAL UNIVERSITY OF DEFENSE TECHNOLOGY

JOURNAL OF NORTHEASTERN UNIVERSITY

JOURNAL OF NORTHWESTERN POLYTECHNICAL UNIVERSITY

JOURNAL OF PROPULSION TECHNOLOGY

JOURNAL OF RADARS

JOURNAL OF RAILWAY ENGINEERING SOCIETY

JOURNAL OF RAILWAY SCIENCE AND ENGINEERING

JOURNAL OF RARE EARTHS

JOURNAL OF REMOTE SENSING

JOURNAL OF SEMICONDUCTORS

JOURNAL OF SHANGHAI JIAOTONG UNIVERSITY

JOURNAL OF SHANGHAI JIAOTONG UNIVERSITY（SCIENCE）

JOURNAL OF SHIP MECHANICS

JOURNAL OF SOFTWARE

JOURNAL OF SOUTH CHINA UNIVERSITY OF TECHNOLOGY（NATURAL SCIENCE）

JOURNAL OF SOUTHEAST UNIVERSITY（ENGLISH EDITION）

JOURNAL OF SOUTHEAST UNIVERSITY（NATURAL SCIENCE EDITION）

JOURNAL OF SOUTHWEST JIAOTONG UNIVERSITY

JOURNAL OF SYSTEMS ENGINEERING AND ELECTRONICS

JOURNAL OF SYSTEMS SCIENCE AND COMPLEXITY

JOURNAL OF SYSTEMS SCIENCE AND SYSTEMS ENGINEERING

JOURNAL OF TEXTILE RESEARCH

JOURNAL OF THE CHINA COAL SOCIETY

JOURNAL OF THE CHINA RAILWAY SOCIETY

JOURNAL OF THE CHINESE CERAMIC SOCIETY

JOURNAL OF THE CHINESE RARE EARTH SOCIETY

JOURNAL OF THE OPERATIONS RESEARCH SOCIETY OF CHINA

JOURNAL OF THE UNIVERSITY OF ELECTRONIC SCIENCE AND TECHNOLOGY OF CHINA

JOURNAL OF THERMAL SCIENCE

JOURNAL OF TIANJIN UNIVERSITY SCIENCE AND TECHNOLOGY

JOURNAL OF TONGJI UNIVERSITY

JOURNAL OF TRAFFIC AND TRANSPORTATION ENGINEERING

JOURNAL OF TRAFFIC AND TRANSPORTATION ENGINEERING（ENGLISH EDITION）

JOURNAL OF TRANSPORTATION SYSTEMS ENGINEERING AND INFORMATION TECHNOLOGY

JOURNAL OF TSINGHUA UNIVERSITY（SCIENCE AND TECHNOLOGY）

续

JOURNAL OF VIBRATION AND SHOCK	PLASMA SCIENCE AND TECHNOLOGY
JOURNAL OF VIBRATION ENGINEERING	POLYMERIC MATERIALS SCIENCE AND ENGINEERING
JOURNAL OF VIBRATION, MEASUREMENT AND DIAGNOSIS	POWER SYSTEM PROTECTION AND CONTROL
JOURNAL OF XI'AN JIAOTONG UNIVERSITY	POWER SYSTEM TECHNOLOGY
JOURNAL OF XIDIAN UNIVERSITY	PROCEEDINGS OF THE CHINESE SOCIETY OF ELECTRICAL ENGINEERING
JOURNAL OF ZHEJIANG UNIVERSITY （ENGINEERING SCIENCE）	RARE METAL MATERIALS AND ENGINEERING
JOURNAL OF ZHEJIANG UNIVERSITY: SCIENCE A（APPLIED PHYSICS & ENGINEERING）	RARE METALS
	ROBOT
JOURNAL ON COMMUNICATIONS	ROCK AND SOIL MECHANICS
JOURNAL WUHAN UNIVERSITY OF TECHNOLOGY, MATERIALS SCIENCE EDITION	SCIENCE BULLETIN
	SCIENCE CHINA CHEMISTRY
LIGHT: SCIENCE & APPLICATIONS	SCIENCE CHINA EARTH SCIENCES
MACHINE INTELLIGENCE RESEARCH	SCIENCE CHINA INFORMATION SCIENCES
MATERIALS REVIEW	SCIENCE CHINA MATERIALS
MATTER AND RADIATION AT EXTREMES	SCIENCE CHINA TECHNOLOGICAL SCIENCES
NANO MATERIALS SCIENCE	SCIENCE CHINA: PHYSICS, MECHANICS AND ASTRONOMY
NANO RESEARCH	
NANO-MICRO LETTERS	SCIENTIA SILVAE SINICAE
NANOTECHNOLOGY AND PRECISION ENGINEERING	SCIENTIA SINICA TECHNOLOGICA
	SEISMOLOGY AND GEOLOGY
NATURAL GAS INDUSTRY	SHIP BUILDING OF CHINA
NEW CARBON MATERIALS	SPECTROSCOPY AND SPECTRAL ANALYSIS
NUCLEAR POWER ENGINEERING	SURFACE TECHNOLOGY
OIL AND GAS GEOLOGY	SYSTEM ENGINEERING THEORY AND PRACTICE
OIL GEOPHYSICAL PROSPECTING	
OPTICS AND PRECISION ENGINEERING	SYSTEMS ENGINEERING AND ELECTRONICS
OPTO-ELECTRONIC ADVANCES	TRANSACTION OF BEIJING INSTITUTE OF TECHNOLOGY
OPTOELECTRONICS LETTERS	
PARTICUOLOGY	TRANSACTIONS OF CHINA ELECTROTECHNICAL SOCIETY
PATTERN RECOGNITION AND ARTIFICIAL INTELLIGENCE	TRANSACTIONS OF CSICE（CHINESE SOCIETY FOR INTERNAL COMBUSTION ENGINES）
PETROLEUM	
PETROLEUM EXPLORATION AND DEVELOPMENT	TRANSACTIONS OF NANJING UNIVERSITY OF AERONAUTICS AND ASTRONAUTICS
PHOTONIC SENSORS	TRANSACTIONS OF NONFERROUS METALS SOCIETY OF CHINA（ENGLISH EDITION）
PHOTONIX	

续

TRANSACTIONS OF THE CHINA WELDING INSTITUTION	TSINGHUA SCIENCE AND TECHNOLOGY
	TUNGSTEN
TRANSACTIONS OF THE CHINESE SOCIETY FOR AGRICULTURAL MACHINERY	VIRTUAL REALITY AND INTELLIGENT HARDWARE
TRANSACTIONS OF THE CHINESE SOCIETY OF AGRICULTURAL ENGINEERING	WASTE DISPOSAL AND SUSTAINABLE ENERGY
TRANSACTIONS OF TIANJIN UNIVERSITY	WATER RESOURCES PROTECTION
TRIBOLOGY	WATER SCIENCE AND ENGINEERING

附录 6　2021 年中国内地第一作者在 *Nature*、*Science* 和 *Cell* 期刊上发表的论文（共 192 篇）

题目	第一作者	所属机构	来源期刊	被引次数
Coupling of N7-methyltransferase and 3'-5' exori-bonuclease with SARS-CoV-2 polymerase reveals mechanisms for capping and proofreading	Yan, Liming	清华大学	Cell	19
African lungfish genome sheds light on the vertebrate water-to-land transition	Wang, Kun	西北工业大学	Cell	25
Human population history at the crossroads of East and Southeast Asia since 11 000 years ago	Wang, Tianyi	中国科学院古脊椎动物与古人类研究所	Cell	14
Structural basis of assembly and torque transmission of the bacterial flagellar motor	Tan, Jiaxing	浙江大学医学院附属邵逸夫医院	Cell	7
Binding and molecular basis of the bat coronavirus RaTG13 virus to ACE2 in humans and other species	Liu, Kefang	中国科学院微生物研究所	Cell	18
Iterative tomography with digital adaptive optics permits hour-long intravital observation of 3D subcellular dynamics at millisecond scale	Wu, Jiamin	清华大学	Cell	14
Cryo-EM Structure of an Extended SARS-CoV-2 Replication and Transcription Complex Reveals an Intermediate State in Cap Synthesis	Yan, Liming	清华大学	Cell	64
Single-cell landscape of the ecosystem in early-relapse hepatocellular carcinoma	Sun, Yunfan	复旦大学附属中山医院	Cell	53
COVID-19 immune features revealed by a large-scale single-cell transcriptome atlas	Ren, Xianwen	北京大学	Cell	125
The deep population history of northern East Asia from the Late Pleistocene to the Holocene	Mao, Xiaowei	中国科学院古脊椎动物与古人类研究所	Cell	16
Multi-organ proteomic landscape of COVID-19 autopsies	Nie, Xiu	华中科技大学同济医学院附属协和医院	Cell	80
Tracing the genetic footprints of vertebrate landing in non-teleost ray-finned fishes	Bi, Xupeng	中国科学院水生生物研究所	Cell	15
Mouse totipotent stem cells captured and maintained through spliceosomal repression	Shen, Hui	北京大学	Cell	15

续

题目	第一作者	所属机构	来源期刊	被引次数
Ligand recognition and allosteric regulation of DRD1-Gs signaling complexes	Xiao, Peng	四川大学华西医院	Cell	16
A pan-cancer single-cell transcriptional atlas of tumor infiltrating myeloid cells	Cheng, Sijin	北京大学	Cell	60
Structural insights into the human D1 and D2 dopamine receptor signaling complexes	Zhuang, Youwen	中国科学院上海药物研究所	Cell	22
3D Genome of macaque fetal brain reveals evolutionary innovations during primate corticogenesis	Luo, Xin	中国科学院昆明动物研究所	Cell	8
SARS-CoV-2 501Y.V2 variants lack higher infectivity but do have immune escape	Li, Qianqian	国家疾病控制预防中心	Cell	124
Ca^{2+} sensor-mediated ROS scavenging suppresses rice immunity and is exploited by a fungal effector	Gao, Mingjun	中国科学院分子植物科学卓越创新中心	Cell	6
Antivirals with common targets against highly pathogenic viruses	Lu, Lu	复旦大学	Cell	15
A phosphate starvation response-centered network regulates mycorrhizal symbiosis	Shi, Jincai	中国科学院分子植物科学卓越创新中心	Cell	21
A route to de novo domestication of wild allotetraploid rice	Yu, Hong	中国科学院遗传与发育生物学研究所	Cell	62
Pan-genome analysis of 33 genetically diverse rice accessions reveals hidden genomic variations	Qin, Peng	四川农业大学	Cell	30
The ZAR1 resistosome is a calcium-permeable channel triggering plant immune signaling	Bi, Guozhi	中国科学院遗传与发育生物学研究所	Cell	54
Structural basis of gamma-secretase inhibition and modulation by small molecule drugs	Yang, Guanghui	清华大学	Cell	19
Genome engineering for crop improvement and future agriculture	Gao, Caixia	中国科学院遗传与发育生物学研究所	Cell	68
In vivo structural characterization of the SARS-CoV-2 RNA genome identifies host proteins vulnerable to repurposed drugs	Sun, Lei	清华大学	Cell	40
Glycogen accumulation and phase separation drives liver tumor initiation	Liu, Qingxu	厦门大学	Cell	12
Mitocytosis, a migrasome-mediated mitochondrial quality-control process	Jiao, Haifeng	清华大学	Cell	22
Identification of novel bat coronaviruses sheds light on the evolutionary origins of SARS-CoV-2 and related viruses	Zhou, Hong	山东省医学科学院	Cell	62
RNA polymerase Ⅲ is required for the repair of DNA double-strand breaks by homologous recombination	Liu, Sijie	北京大学	Cell	30

续

题目	第一作者	所属机构	来源期刊	被引次数
Genome design of hybrid potato	Zhang, Chunzhi	中国农业科学院	Cell	11
Whitefly hijacks a plant detoxification gene that neutralizes plant toxins	Xia, Jixing	中国农业科学院蔬菜花卉研究所	Cell	35
Structural basis of human monocarboxylate transporter 1 inhibition by anti-cancer drug candidates	Wang, Nan	清华大学	Cell	23
Chimeric contribution of human extended pluripotent stem cells to monkey embryos ex vivo	Tan, Tao	昆明理工大学	Cell	25
Ancient and modem genomes unravel the evolutionary history of the rhinoceros family	Liu, Shanlin	中国农业大学	Cell	5
An SHR-SCR module specifies legume cortical cell fate to enable nodulation	Dong, Wentao	中国科学院分子植物科学卓越创新中心	Nature	23
Platypus and echidna genomes reveal mammalian biology and evolution	Zhou, Yang	深圳华大基因	Nature	20
Genomic basis of geographical adaptation to soil nitrogen in rice	Liu, Yongqiang	中国科学院遗传与发育生物学研究所	Nature	55
An integrated space-to-ground quantum communication network over 4,600 kilometres	Chen, Yu-Ao	中国科学技术大学	Nature	81
Structures of the glucocorticoid-bound adhesion receptor GPR97-G(o) complex	Ping, Yu-Qi	中国科学院上海药物研究所	Nature	26
Bulk-disclination correspondence in topological crystalline insulators	Liu, Yang	苏州大学	Nature	34
A stable low-temperature H_2-production catalyst by crowding Pt on α-MoC	Zhang, Xiao	北京大学	Nature	67
Systematic analysis of binding of transcription factors to noncoding variants	Yan, Jian	西北大学	Nature	18
METTL3 regulates heterochromatin in mouse embryonic stem cells	Xu, Wenqi	复旦大学	Nature	40
A monotreme-like auditory apparatus in a Middle Jurassic haramiyidan	Wang, Junyou	云南大学	Nature	8
Cell competition constitutes a barrier for interspecies chimerism	Zheng, Canbin	中山大学附属第一医院	Nature	13
Affinity-coupled CCL22 promotes positive selection in germinal centres	Liu, Bo	清华大学	Nature	6
High-resolution X-ray luminescence extension imaging	Ou, Xiangyu	福州大学	Nature	68
Genomic insights into the formation of human populations in East Asia	Wang, Chuan-Chao	厦门大学	Nature	58
Experimental demonstration of the mechanism of steady-state microbunching	Deng, Xiujie	清华大学	Nature	14

续

题目	第一作者	所属机构	来源期刊	被引次数
The TOR–EIN2 axis mediates nuclear signalling to modulate plant growth	Fu, Liwen	中国科学院分子植物科学卓越创新中心	Nature	15
MAP3K2–regulated intestinal stromal cells define a distinct stem cell niche	Wu, Ningbo	上海交通大学	Nature	11
Climate–driven flyway changes and memory–based long–distance migration	Gu, Zhongru	中国科学院动物研究所	Nature	10
The RNA m^6A reader YTHDC1 silences retrotransposons and guards ES cell identity	Liu, Jiadong	中国科学院广州生物医药与健康研究院	Nature	40
Self–powered soft robot in the Mariana Trench	Li, Guorui	浙江大学	Nature	71
Promises and prospects of two–dimensional transistors	Liu, Yuan	湖南大学	Nature	80
Pattern–recognition receptors are required for NLR–mediated plant immunity	Yuan, Minhang	中国科学院分子植物科学卓越创新中心	Nature	113
Large–area display textiles integrated with functional systems	Shi, Xiang	复旦大学	Nature	115
Thermal–expansion offset for high–performance fuel cell cathodes	Zhang, Yuan	南京工业大学	Nature	65
Structural and biochemical mechanisms of NLRP1 inhibition by DPP9	Huang, Menghang	清华大学	Nature	15
High–order superlattices by rolling up van der Waals heterostructures	Zhao, Bei	湖南大学	Nature	33
Structural insights into the lipid and ligand regulation of serotonin receptors	Xu, Peiyu	浙江大学	Nature	23
REV–ERB in GABAergic neurons controls diurnal hepatic insulin sensitivity	Ding, Guolian	复旦大学附属妇产科医院	Nature	6
Fertilized egg cells secrete endopeptidases to avoid polytubey	Yu, Xiaobo	武汉大学	Nature	5
Fossoriality and evolutionary development in two Cretaceous mammaliamorphs	Mao, Fangyuan	中国科学院古脊椎动物与古人类研究所	Nature	2
A single–molecule van der Waals compass	Shen, Boyuan	清华大学	Nature	15
A highly stable and flexible zeolite electrolyte solid–state Li–air battery	Chi, Xiwen	吉林大学	Nature	51
Evolutionary and biomedical insights from a marmoset diploid genome assembly	Yang, Chentao	深圳华大基因	Nature	3
Structural basis of GABA$_B$ receptor–G$_i$ protein coupling	Shen, Cangsong	华中科技大学	Nature	11
Expanded diversity of Asgard archaea and their relationships with eukaryotes	Liu, Yang	深圳大学	Nature	24
Direct observation of chemical short–range order in a medium–entropy alloy	Chen, Xuefei	中国科学院力学研究所	Nature	46

续

题目	第一作者	所属机构	来源期刊	被引次数
Plume-driven recratonization of deep continental lithospheric mantle	Liu, Jingao	中国地质大学	Nature	13
Global miRNA dosage control of embryonic germ layer specification	Cui, Yingzi	北京大学	Nature	6
Rashba valleys and quantum Hall states in few-layer black arsenic	Sheng, Feng	浙江大学	Nature	3
Ultrahigh-energy photons up to 1.4 petaelectronvolts from 12 γray Galactic sources	Cao, Zhen	中国科学院高能物理研究所	Nature	63
Mesozoic cupules and the origin of the angiosperm second integument	Shi, Gongle	中国科学院南京地质古生物研究所	Nature	8
Heralded entanglement distribution between two absorptive quantum memories	Liu, Xiao	中国科学技术大学	Nature	14
Structures of G_i-bound metabotropic glutamate receptors mGlu2 and mGlu4	Lin, Shuling	中国科学院上海药物研究所	Nature	12
Structures of human mGlu2 and mGlu7 homo- and heterodimers	Du, Juan	中国科学院上海药物研究所	Nature	12
Structure of a mammalian sperm cation channel complex	Lin, Shiyi	西湖大学	Nature	10
Optical manipulation of electronic dimensionality in a quantum material	Duan, Shaofeng	上海交通大学	Nature	12
Designing the next generation of proton-exchange membrane fuel cells	Jiao, Kui	天津大学	Nature	67
Cleaving arene rings for acyclic alkenylnitrile synthesis	Qiu, Xu	北京大学	Nature	4
SAR1B senses leucine levels to regulate mTORC1 signalling	Chen, Jie	北京大学	Nature	14
EGFR activation limits the response of liver cancer to lenvatinib	Jin, Haojie	上海交通大学医学院附属仁济医院	Nature	22
Free-electron lasing at 27 nanometres based on a laser wakefield accelerator	Wang, Wentao	中国科学院上海光学精密机械研究所	Nature	20
Orthogonal-array dynamic molecular sieving of propylene/propane mixtures	Zeng, Heng	暨南大学	Nature	23
Structural basis of ketamine action on human NMDA receptors	Zhang, Youyi	中国科学院脑科学与智能技术卓越创新中心	Nature	8
Cryo-EM structures of full-length Tetrahymena ribozyme at 3.1 angstrom resolution	Su, Zhaoming	四川大学华西医院	Nature	10
Evidence for an atomic chiral superfluid with topological excitations	Wang, Xiao-Qiong	南方科技大学	Nature	1
Direct imaging of single-molecule electrochemical reactions in solution	Dong, Jinrun	浙江大学	Nature	19

续

题目	第一作者	所属机构	来源期刊	被引次数
Ghost hyperbolic surface polaritons in bulk anisotropic crystals	Ma, Weiliang	华中科技大学	Nature	9
Lenghu on the Tibetan Plateau as an astronomical observing site	Deng, Licai	中国科学院国家天文台	Nature	6
Mobility gradients yield rubbery surfaces on top of polymer glasses	Hao, Zhiwei	浙江理工大学	Nature	9
A body map of somatic mutagenesis in morphologically normal human tissues	Li, Ruoyan	北京大学	Nature	8
Scalable production of high-performing woven lithium-ion fibre batteries	He, Jiqing	复旦大学	Nature	25
Kainate receptor modulation by NETO2	He, Lingli	中国科学院生物物理研究所	Nature	3
Structures of full-length glycoprotein hormone receptor signalling complexes	Duan, Jia	中国科学院上海药物研究所	Nature	2
Roton pair density wave in a strong-coupling kagome superconductor	Chen, Hui	北京凝聚态物理国家研究中心	Nature	35
Non-Hermitian topological whispering gallery	Hu, Bolun	南京大学	Nature	3
Morphological diversity of single neurons in molecularly defined cell types	Xie, Peng	东南大学	Nature	16
Mastering the surface strain of platinum catalysts for efficient electrocatalysis	He, Tianou	西安交通大学	Nature	13
Structure of Venezuelan equine encephalitis virus with its receptor LDLRAD3	Ma, Bingting	清华大学	Nature	2
A bimodal burst energy distribution of a repeating fast radio burst source	Li, D.	中国科学院	Nature	26
A dry lunar mantle reservoir for young mare basalts of Chang'e-5	Hu, Sen	中国科学院	Nature	15
Two-billion-year-old volcanism on the Moon from Chang'e-5 basalts	Li, Qiu-Li	中国科学院地质与地球物理研究所	Nature	25
Non-KREEP origin for Chang'e-5 basalts in the Procellarum KREEP Terrane	Tian, Heng-Ci	中国科学院地质与地球物理研究所	Nature	18
Shigella evades pyroptosis by arginine ADP-riboxanation of caspase-11	Li, Zilin	中国医学科学院北京协和医学院	Nature	11
Fossil evidence unveils an early Cambrian origin for Bryozoa	Zhang, Zhiliang	西北大学	Nature	7
TMK-based cell-surface auxin signalling activates cell-wall acidification	Lin, Wenwei	福建农林大学	Nature	7
The genomic origins of the Bronze Age Tarim Basin mummies	Zhang, Fan	吉林大学	Nature	6
Transition metal-catalysed molecular n-doping of organic semiconductors	Guo, Han	南方科技大学	Nature	15

续

题目	第一作者	所属机构	来源期刊	被引次数
In situ formation of ZnO_x species for efficient propane dehydrogenation	Zhao, Dan	中国石油大学	Nature	3
Structure, function and pharmacology of human itch receptor complexes	Yang, Fan	北京大学	Nature	5
Measuring phonon dispersion at an interface	Qi, Ruishi	北京大学	Nature	3
IL–27 signalling promotes adipocyte thermogenesis and energy expenditure	Wang, Qian	暨南大学	Nature	2
Ultrahard bulk amorphous carbon from collapsed fullerene	Shang, Yuchen	吉林大学	Nature	5
Synthesis of paracrystalline diamond	Tang, Hu	高压科学与技术实验室	Nature	3
In situ Raman spectroscopy reveals the structure and dissociation of interfacial water	Wang, Yao–Hui	厦门大学	Nature	8
The emergence, genomic diversity and global spread of SARS–CoV–2	Li, Juan	山东省医学科学院	Nature	18
High–entropy polymer produces a giant electrocaloric effect at low fields	Qian, Xiaoshi	上海交通大学	Nature	4
Mechanism of spliceosome remodeling by the ATPase/helicase Prp2 and its coactivator Spp2	Bai, Rui	西湖大学	Science	6
Iridium–catalyzed Z–retentive asymmetric allylic substitution reactions	Jiang, Ru	中国科学院上海有机化学研究所	Science	32
Clock genes and environmental cues coordinate Anopheles pheromone synthesis, swarming, and mating	Wang, Guandong	中国科学院分子植物科学卓越创新中心	Science	5
In situ manipulation of the active Au–TiO_2 interface with atomic precision during CO oxidation	Yuan, Wentao	浙江大学	Science	38
A hydrophobic FeMn@Si catalyst increases olefins from syngas by suppressing C1 by-products	Xu, Yanfei	武汉大学	Science	31
Orogenic quiescence in Earth's middle age	Tang, Ming	北京大学	Science	15
Determining structural and chemical heterogeneities of surface species at the single–bond limit	Xu, Jiayu	中国科学技术大学	Science	18
High–entropy–stabilized chalcogenides with high thermoelectric performance	Jiang, Binbin	南方科技大学	Science	118
Proliferation tracing reveals regional hepatocyte generation in liver homeostasis and repair	He, Lingjuan	中国科学院分子细胞科学卓越创新中心	Science	30
Quantum interference between spin–orbit split partial waves in the F + HD → HF + D reaction	Chen, Wentao	中国科学技术大学	Science	6
A structure of human Scap bound to Insig–2 suggests how their interaction is regulated by sterols	Yan, Renhong	西湖大学	Science	10

续

题目	第一作者	所属机构	来源期刊	被引次数
Toroidal polar topology in strained ferroelectric polymer	Guo, Mengfan	清华大学	Science	22
Structure of the activated human minor spliceosome	Bai, Rui	西湖大学	Science	2
Sequential C–F bond functionalizations of trifluoroacetamides and acetates via spin–center shifts	Yu, You–Jie	中国科学技术大学	Science	44
Liver type 1 innate lymphoid cells develop locally via an interferon–gamma–dependent loop	Bai, Lu	中国科学技术大学	Science	21
Stabilizing black–phase formamidinium perovskite formation at room temperature and high humidity	Hui, Wei	南京工业大学	Science	132
Enhanced optical asymmetry in supramolecular chiroplasmonic assemblies with long–range order	Lu, Jun	吉林大学	Science	57
SARS–CoV–2 M^{pro} inhibitors with antiviral activity in a transgenic mouse model	Qiao, Jingxin	四川大学华西医院	Science	94
Nonlinear tuning of PT symmetry and non–Hermitian topological states	Xia, Shiqi	南开大学	Science	32
Isolated boron in zeolite for oxidative dehydrogenation of propane	Zhou, Hang	浙江大学	Science	23
Pollen PCP–B peptides unlock a stigma peptide–receptor kinase gating mechanism for pollination	Liu, Chen	华东师范大学	Science	26
Seeded 2D epitaxy of large–area single–crystal films of the van der Waals semiconductor 2H $MoTe_2$	Xu, Xiaolong	北京大学	Science	31
Realization of an ideal Weyl semimetal band in a quantum gas with 3D spin–orbit coupling	Wang, Zong–Yao	中国科学技术大学	Science	25
Assessing China's efforts to pursue the 1.5 degrees C warming limit	Duan, Hongbo	中国科学院大学	Science	44
Structural insights into preinitiation complex assembly on core promoters	Chen, Xizi	复旦大学附属肿瘤医院	Science	24
Toxin–antitoxin RNA pairs safeguard CRISPR–Cas systems	Li, Ming	中国科学院微生物研究所	Science	9
A widespread pathway for substitution of adenine by diaminopurine in phage genomes	Zhou, Yan	天津大学	Science	18
Reversible fusion and fission of graphene oxide–based fibers	Chang, Dan	浙江大学	Science	15
Electric field control of superconductivity at the $LaAlO_3/KTaO_3$（111）interface	Chen, Zheng	浙江大学	Science	10
Experience replay is associated with efficient nonlocal learning	Liu, Yunzhe	北京师范大学	Science	14

续

题目	第一作者	所属机构	来源期刊	被引次数
Material–structure–performance integrated laser–metal additive manufacturing	Gu, Dongdong	南京航空航天大学	Science	67
Quantum walks on a programmable two–dimensional 62–qubit superconducting processor	Gong, Ming	中国科学技术大学	Science	37
Structures of the human Mediator and Mediator–bound preinitiation complex	Chen, Xizi	复旦大学附属肿瘤医院	Science	14
Echolocation in soft–furred tree mice	He, Kai	中国科学院昆明动物研究所	Science	3
Lead halide–templated crystallization of methylamine–free perovskite for efficient photovoltaic modules	Bu, Tongle	武汉理工大学	Science	67
The lysosomal Rag–Ragulator complex licenses RIPK1–and caspase–8–mediated pyroptosis by Yersinia	Zheng, Zengzhang	广州市妇女儿童医疗中心	Science	8
Pressure–driven fusion of amorphous particles into integrated monoliths	Mu, Zhao	浙江大学	Science	3
Elastic ice microfibers	Xu, Peizhen	浙江大学	Science	6
Self–assembled iron–containing mordenite monolith for carbon dioxide sieving	Zhou, Yu	南京工业大学	Science	17
Peta–electron volt gamma–ray emission from the Crab Nebula The LHAASO Collaboration	Cao, Zhen	粒子与天体物理研究所	Science	11
lncRNA SLERT controls phase separation of FC/DFCs to facilitate Pol I transcription	Wu, Man	中国科学院分子细胞科学卓越创新中心	Science	12
Power generation and thermoelectric cooling enabled by momentum and energy multiband alignments	Qin, Bingchao	北京航空航天大学	Science	54
Liquid medium annealing for fabricating durable perovskite solar cells with improved reproducibility	Li, Nengxu	北京理工大学	Science	24
Suppressing atomic diffusion with the Schwarz crystal structure in supersaturated Al–Mg alloys	Xu, W.	中国科学院金属研究所	Science	5
Hierarchical–morphology metafabric for scalable passive daytime radiative cooling	Zeng, Shaoning	华中科技大学	Science	45
Hierarchical crack buffering triples ductility in eutectic herringbone high–entropy alloys	Shi, Peijian	上海大学	Science	23
Rare variant MX1 alleles increase human susceptibility to zoonotic H7N9 influenza virus	Chen, Yongkun	中山大学	Science	3
RNA editing restricts hyperactive ciliary kinases	Li, Dongdong	清华大学	Science	0
2D materials–based homogeneous transistor–memory architecture for neuromorphic hardware	Tong, Lei	华中科技大学	Science	20

续

题目	第一作者	所属机构	来源期刊	被引次数
Observation of a superradiant quantum phase transition in an intracavity degenerate Fermi gas	Zhang, Xiaotian	华东师范大学	Science	2
Structural insight into the SAM-mediated assembly of the mitochondrial TOM core complex	Wang, Qiang	华中农业大学	Science	2
Cell-free chemoenzymatic starch synthesis from carbon dioxide	Cai, Tao	中国科学院天津工业生物技术研究所	Science	21
Insights into human history from the first decade of ancient human genomics	Liu, Yichen	中国科学院古脊椎动物与古人类研究所	Science	2
Light-induced mobile factors from shoots regulate rhizobium-triggered soybean root nodulation	Wang, Tao	河南大学	Science	8
Iron-catalyzed arene C—H hydroxylation	Cheng, Lu	南京师范大学	Science	4
High-strength scalable MXene films through bridging-induced densification	Wan, Sijie	北京航空航天大学	Science	22
Ultrahigh energy storage in superparaelectric relaxor ferroelectrics	Pan, Hao	清华大学	Science	11
Sulfur-anchoring synthesis of platinum intermetallic nanoparticle catalysts for fuel cells	Yang, Cheng-Long	中国科学技术大学	Science	20
NIN-like protein transcription factors regulate leghemoglobin genes in legume nodules	Jiang, Suyu	中国科学院分子植物科学卓越创新中心	Science	7
Abating ammonia is more cost-effective than nitrogen oxides for mitigating PM2.5 air pollution	Gu, Baojing	浙江大学	Science	14
Age and composition of young basalts on the Moon, measured from samples returned by Chang'e-5	Che, Xiaochao	中国地质科学院地质研究所	Science	21
Gradient cell-structured high-entropy alloy with exceptional strength and ductility	Pan, Qingsong	中国科学院金属研究所	Science	18
Mechanism of siRNA production by a plant Dicer-RNA complex in dicing-competent conformation	Wang, Qian	南方科技大学	Science	6
Mouse and human share conserved transcriptional programs for interneuron development	Shi, Yingchao	中国科学院生物物理研究所	Science	2
Sabatier principle of metal-support interaction for design of ultrastable metal nanocatalysts	Hu, Sulei	中国科学技术大学	Science	11
Discovery of segmented Fermi surface induced by Cooper pair momentum	Zhu, Zhen	上海交通大学	Science	1
Elemental electrical switch enabling phase segregation-free operation	Shen, Jiabin	中国科学院上海微系统与信息技术研究所	Science	10
Pan-cancer single cell landscape of tumor-infiltrating T cells	Zheng, Liangtao	北京大学	Science	4

续

题目	第一作者	所属机构	来源期刊	被引次数
Pol IV and RDR2: A two-RNA-polymerase machine that produces double-stranded RNA	Huang, Kun	中国科学院分子植物科学卓越创新中心	Science	5
A stable aluminosilicate zeolite with intersecting three-dimensional extra-large pores	Lin, Qing-Fang	蚌埠医学院	Science	0

附录7 2021年《美国数学评论》收录的中国科技期刊

ACTA SCIENTIARUM NATURALIUM UNIVERSITATIS SUNYATSENI. ZHONGSHAN DAXUE XUEBAO. ZIRAN KEXUE BAN.(ZHENG YING WEN)

ANHUI DAXUE XUEBAO. ZIRAN KEXUE BAN

BEIJING UNIVERSITY. JOURNAL. NATURAL SCIENCES EDITION

CHINESE JOURNAL OF ENGINEERING MATHEMATICS

FUZHOU DAXUE XUEBAO ZIRAN KEXUE BAN

GAODENG XUEXIAO JISUAN SHUXUE XUEBAO

HEFEI GONGYE DAXUE XUEBAO ZIRAN KEXUE BAN

HUADONG SHIFAN DAXUE XUEBAO ZIRAN KEXUE BAN

HUAZHONG KEJI DAXUE XUEBAO ZIRAN KEXUE BAN

HUNAN SHIFAN DAXUE ZIRAN KEXUE BAN

J. BEIJING NORMAL UNIV.（NATUR. SCI.）

J. XIAMEN UNIV. NATUR. SCI.

J. XI'AN JIAOTONG UNIV.

JILIN DAXUE XUEBAO LIXUE BAN

JISUAN SHUXUE

NANJING SHIDA XUEBAO ZIRAN KEXUE BAN

NANJING UNIV. J. MATH. BIQUARTERLY

REPORTS OF THE INSTITUTE OF MATHEMATICS

SHANGHAI DAXUE XUEBAO ZIRAN KEXUE BAN

SHUXUE JIKAN

SHUXUE JINZHAN

SHUXUE NIANKAN A JI

SHUXUE NIANKAN B JI

SHUXUE WULI XUEBAO

SHUXUE XUEBAO

SHUXUE YANJIU

WUHAN DAXUE XUEBAO LIXUE BAN

YINGYONG FANHANFENXI XUEBAO

YINGYONG GAILU TONGJI

YINGYONG SHUXUE XUEBAO

YUNCHOUXUE XUEBAO

YUNNAN DAXUE XUEBAO ZIRAN KEXUE BAN

ZHENGZHOU DAXUE XUEBAO ZIRAN KEXUE BAN

ZHONGSHAN DAXUE XUEBAO ZIRAN KEXUE BAN

附录8 2021年SCIE收录中国论文数居前100位的期刊

排名	期刊名称	论文篇数
1	Ieee Access	4530
2	Frontiers in Oncology	3909
3	Science of the Total Environment	3653
4	Acs Applied Materials & Interfaces	3508
5	Chemical Engineering Journal	3428
6	Scientific Reports	3310
7	Sustainability	2764
8	Journal of Alloys and Compounds	2751

续

排名	期刊名称	论文篇数
9	Medicine	2689
10	Remote Sensing	2626
11	Journal of Cleaner Production	2520
12	Applied Sciences-Basel	2383
13	Frontiers in Pharmacology	2358
14	Ceramics International	2237
15	Journal of Hazardous Materials	2126
16	Environmental Science and Pollution Research	2115
17	Frontiers in Cell and Developmental Biology	2094
18	Construction and Building Materials	2077
19	Optics Express	1922
20	Sensors	1914
21	Frontiers in Immunology	1897
21	Nature Communications	1897
23	Materials	1846
24	International Journal of Environmental Research and Public Health	1843
25	Rsc Advances	1831
26	PLoS One	1828
27	Applied Surface Science	1814
28	Mathematical Problems in Engineering	1684
29	Frontiers in Microbiology	1678
30	Angewandte Chemie-International Edition	1668
31	Chemosphere	1645
32	Frontiers in Genetics	1636
33	Journal of Materials Chemistry A	1550
34	Annals of Translational Medicine	1486
35	International Journal of Molecular Sciences	1481
36	ACS Omega	1430
37	International Journal of Hydrogen Energy	1403
38	Advanced Functional Materials	1402
39	American Journal of Translational Research	1390
40	Fuel	1384
41	Frontiers in Plant Science	1365
42	Energies	1362
43	Food Chemistry	1358
44	Chemical Communications	1328
45	International Journal of Biological Macromolecules	1324
46	Neurocomputing	1318
47	Ieee Sensors Journal	1310
48	Environmental Pollution	1281

续

排名	期刊名称	论文篇数
49	Aging-US	1272
50	Energy	1271
51	Molecules	1252
52	Frontiers in Medicine	1238
53	Ecotoxicology and Environmental Safety	1229
54	Psychiatria Danubina	1223
55	Complexity	1219
56	Annals of Palliative Medicine	1210
57	New Journal of Chemistry	1191
58	Physical Review B	1188
59	Separation and Purification Technology	1158
60	Journal of Colloid and Interface Science	1113
61	Mitochondrial dna Part B-Resources	1112
61	Sensors and Actuators B-Chemical	1112
63	Advances in Civil Engineering	1107
64	Colloids and Surfaces A-Physicochemical and Engineering Aspects	1104
65	Biomed Research International	1072
66	Evidence-Based Complementary and Alternative Medicine	1071
67	Chinese Physics B	1067
68	Nanoscale	1058
69	Ieee Transactions on Instrumentation and Measurement	1057
70	Experimental and Therapeutic Medicine	1049
71	Journal of Intelligent & Fuzzy Systems	1024
72	Frontiers in Cardiovascular Medicine	1023
73	Analytical Chemistry	1015
74	Bioresource Technology	1000
75	Journal of Agricultural And Food Chemistry	996
75	Journal of Materials Chemistry C	996
77	World Journal of Clinical Cases	989
78	Bioengineered	973
79	Water	969
80	Organic Letters	966
81	Journal of Physical Chemistry C	946
82	Journal of Materials Science-Materials In Electronics	943
83	Materials Letters	942
84	Acta Physica Sinica	938
85	Nanomaterials	937
86	Materials Science and Engineering A-Structural Materials Properties Microstructure and Processing	926
87	Wireless Communications & Mobile Computing	916

续

排名	期刊名称	论文篇数
88	Journal of Molecular Liquids	908
88	Lwt–Food Science and Technology	908
90	Advanced Materials	899
90	Information Sciences	899
92	Ocean Engineering	895
92	Shock and Vibration	895
94	Measurement	887
95	Applied Physics Letters	880
96	Fresenius Environmental Bulletin	875
97	Small	871
98	Applied Optics	855
99	Journal of Clinical Oncology	848
100	Journal of Environmental Chemical Engineering	842

注：含非第一作者的所有文献。

附录 9 2021 年 Ei 收录的中国论文数居前 100 位的期刊

期刊名称	论文篇数	期刊名称	论文篇数
IEEE Access	5859	Journal of Materials Chemistry A	1392
Chemical Engineering Journal	3836	Sensors	1376
Science of the Total Environment	3423	Chinese Journal of Polymer Science（English Edition）	1359
ACS Applied Materials and Interfaces	3050	Food Chemistry	1333
Journal of Alloys and Compounds	2604	Advanced Functional Materials	1317
Remote Sensing	2364	Journal of Colloid and Interface Science	1295
Ceramics International	2052	Complexity	1217
Journal of Hazardous Materials	1976	Chemical Communications	1183
Optics Express	1748	International Journal of Hydrogen Energy	1172
Construction and Building Materials	1735	IEEE Sensors Journal	1168
Journal of Cleaner Production	1690	IEEE Transactions on Geoscience and Remote Sensing	1165
Chemosphere	1663	Separation and Purification Technology	1152
Materials	1663	Environmental Pollution	1147
Applied Surface Science	1662	Neurocomputing	1113
Mathematical Problems in Engineering	1639	New Journal of Chemistry	1113
RSC Advances	1639	European Physical Journal D	1064
Chinese Journal of Chemical Physics	1522	Computational and Mathematical Methods in Medicine	1034
Energy	1497		
Energies	1458	Colloids and Surfaces A: Physicochemical and Engineering Aspects	1026
Angewandte Chemie – International Edition	1401		
Fuel	1394		

续

期刊名称	论文篇数	期刊名称	论文篇数
Acta Biomaterialia	1022	Ocean Engineering	799
IEEE Internet of Things Journal	1004	IEEE Transactions on Vehicular Technology	796
Physical Review B	972	Journal of Physical Chemistry C	789
Small	964	Energy and Fuels	788
Nanoscale	955	Applied Physics Letters	766
Bioresource Technology	948	Taiyangneng Xuebao/Acta Energiae Solaris Sinica	766
Chinese Physics B	941	Energy Reports	765
IEEE Transactions on Industrial Electronics	936	Journal of Petroleum Science and Engineering	762
IEEE Transactions on Instrumentation and Measurement	927	Measurement: Journal of the International Measurement Confederation	760
Zhendong yu Chongji/Journal of Vibration and Shock	917	Analytical Sciences	749
Materials Letters	916	Journal of Environmental Chemical Engineering	734
International Journal of Advanced Manufacturing Technology	906	Inorganic Chemistry	732
Journal of Intelligent and Fuzzy Systems	903	Applied Optics	726
LWT	903	Applied Catalysis B: Environmental	723
Journal of Agricultural and Food Chemistry	900	ACS Sustainable Chemistry and Engineering	713
Water（Switzerland）	900	BioResources	710
Journal of Materials Chemistry C	893	ACS Applied Energy Materials	701
Analytical Chemistry	886	Optics Letters	701
Journal of Molecular Liquids	883	Information Sciences	698
Journal of Materials Science: Materials in Electronics	882	Physical Chemistry Chemical Physics	696
Shock and Vibration	869	Electrochimica Acta	694
Wireless Communications and Mobile Computing	862	Guang Pu Xue Yu Guang Pu Fen Xi/ Spectroscopy and Spectral Analysis	692
Wuli Xuebao/Acta Physica Sinica	858	Optik	686
Shipin Kexue/Food Science	852	Frontiers in Materials	679
Nongye Gongcheng Xuebao/Transactions of the Chinese Society of Agricul	845	Cailiao Daobao/Materials Reports	676
Materials Science and Engineering A	833	Dalton Transactions	673
Advanced Materials	812	Journal of Materials Science and Technology	669
Journal of Materials Research and Technology	809	Huanjing Kexue/Environmental Science	664
Zhongguo Dianji Gongcheng Xuebao/ Proceedings of the Chinese Society of	807	AIP Advances	663
		Nano Energy	661
IEEE Geoscience and Remote Sensing Letters	803	Sensors and Actuators, B: Chemical	659

注：统计时间 2022 年 6 月。论文数量的统计口径为 "Ei 数据库收录的全部期刊论文"。

附录 10　2021 年影响因子居前 100 位的中国科技期刊名单

序号	期刊名称	核心影响因子	序号	期刊名称	核心影响因子
1	管理世界	10.069	41	天然气工业	2.915
2	中国循环杂志	6.064	42	电力自动化设备	2.905
3	地理学报	5.978	43	中华心血管病杂志	2.902
4	中国石油勘探	5.901	44	工程地质学报	2.884
5	石油勘探与开发	5.013	45	中草药	2.809
6	自然资源学报	4.707	46	中国软科学	2.797
7	电力系统保护与控制	4.701	47	高电压技术	2.743
8	中华肿瘤杂志	4.631	48	仪器仪表学报	2.739
9	地理研究	4.438	49	应用生态学报	2.737
10	智慧电力	4.210	50	中华妇产科杂志	2.724
11	电力科学与技术学报	4.174	51	中华护理杂志	2.724
12	石油与天然气地质	4.110	52	机器人	2.722
13	电网技术	4.010	53	湖泊科学	2.719
14	电力系统自动化	3.997	54	农业机械学报	2.691
15	石油学报	3.806	55	Molecular Plant	2.681
16	中国心血管杂志	3.805	56	石油实验地质	2.681
17	中国电机工程学报	3.744	57	中国科学院院刊	2.662
18	地理科学	3.580	58	中国水稻科学	2.661
19	煤炭学报	3.561	59	自动化学报	2.656
20	资源科学	3.550	60	中华神经科杂志	2.654
21	中国人口资源与环境	3.545	61	油气地质与采收率	2.636
22	中国土地科学	3.475	62	植物营养与肥料学报	2.632
23	经济地理	3.392	63	高原气象	2.627
24	中华流行病学杂志	3.371	64	中华预防医学杂志	2.627
25	环境科学	3.317	65	经济管理	2.615
26	电网与清洁能源	3.312	66	采矿与岩层控制工程学报	2.602
27	水资源保护	3.268	67	中华消化外科杂志	2.579
28	生态学报	3.249	68	煤炭科学技术	2.573
29	电工技术学报	3.203	69	中华临床感染病杂志	2.569
30	城市规划学刊	3.189	70	中国科学 地球科学	2.568
31	土壤学报	3.187	71	遥感学报	2.561
32	地理科学进展	3.181	72	中国实用外科杂志	2.528
33	中国肿瘤	3.160	73	中国癌症杂志	2.519
34	应用气象学报	3.141	74	计算机学报	2.513
35	岩石力学与工程学报	3.025	75	水利学报	2.505
36	南开管理评论	2.982	76	环境科学研究	2.497
37	桥梁建设	2.975	77	中国激光	2.487
38	中国中药杂志	2.970	78	中国实验方剂学杂志	2.479
39	Chinese Journal of Catalysis	2.962	79	地质力学学报	2.460
40	中医杂志	2.923	80	中华内科杂志	2.459

续

序号	期刊名称	核心影响因子	序号	期刊名称	核心影响因子
81	中国生态农业学报中英文版	2.446	91	新疆石油地质	2.336
82	中华结核和呼吸杂志	2.441	92	中国感染与化疗杂志	2.314
83	新发传染病电子杂志	2.435	93	长江流域资源与环境	2.304
84	ACTA Pharmaceutica Sinica B	2.397	94	中华放射学杂志	2.292
85	水科学进展	2.390	95	Horticultural Plant Journal	2.289
86	电子测量与仪器学报	2.375	96	中国实用妇科与产科杂志	2.288
87	中华肝脏病杂志	2.347	97	农业工程学报	2.274
88	中华儿科杂志	2.343	98	肿瘤综合治疗电子杂志	2.263
89	地质学报	2.340	99	电测与仪表	2.247
90	供用电	2.338	100	Cell Research	2.244

注：数据来源 2021 CJCR。

附录 11　2021 年核心总被引频次居前 100 位的中国科技期刊

序号	刊名	核心总被引频次	序号	刊名	核心总被引频次
1	生态学报	27 307	26	科学技术与工程	9440
2	中国电机工程学报	23 199	27	中国农学通报	9296
3	农业工程学报	19 349	28	高电压技术	9038
4	食品科学	18 349	29	中华医学杂志	8987
5	电力系统自动化	16 272	30	中国环境科学	8632
6	管理世界	15 585	31	经济地理	8528
7	中华中医药杂志	15 010	32	地球物理学报	8450
8	中国中药杂志	14 865	33	生态学杂志	8422
9	电网技术	14 530	34	中华中医药学刊	8377
10	应用生态学报	13 804	35	地理研究	8327
11	环境科学	13 744	36	振动与冲击	8115
12	中草药	13 553	37	中国全科医学	7468
13	地理学报	12 784	38	环境科学学报	7418
14	食品工业科技	12 565	39	岩土工程学报	7417
15	煤炭学报	12 446	40	自然资源学报	7286
16	岩石力学与工程学报	12 181	41	科学通报	7185
17	中国农业科学	12 035	42	中华医院感染学杂志	7159
18	中国实验方剂学杂志	11 901	43	中华护理杂志	7073
19	岩土力学	11 200	44	现代预防医学	6997
20	电工技术学报	10 871	45	中国组织工程研究	6955
21	农业机械学报	10 161	46	地理科学	6906
22	电力系统保护与控制	10 045	47	护理学杂志	6892
23	机械工程学报	9498	48	江苏农业科学	6749
24	岩石学报	9492	49	植物营养与肥料学报	6718
25	中医杂志	9489	50	中国人口资源与环境	6716

续

序号	刊名	核心总被引频次	序号	刊名	核心总被引频次
51	计算机工程与应用	6635	76	光学学报	5691
52	护理研究	6582	77	中成药	5622
53	食品与发酵工业	6571	78	食品安全质量检测学报	5604
54	地质学报	6561	79	天然气工业	5557
55	水土保持学报	6528	80	地学前缘	5522
56	中华流行病学杂志	6390	81	重庆医学	5516
57	资源科学	6350	82	中药材	5348
58	食品研究与开发	6347	83	中国针灸	5331
59	石油勘探与开发	6298	84	仪器仪表学报	5292
60	中国医药导报	6269	85	中国激光	5289
61	物理学报	6207	86	土壤学报	5262
62	中国药房	6200	87	水利学报	5255
63	煤炭科学技术	6170	88	世界中医药	5145
64	作物学报	6167	89	中国科学 地球科学	5120
65	农业环境科学学报	6163	90	中华心血管病杂志	5118
66	动物营养学报	6054	91	激光与光电子学进展	5094
67	生态环境学报	6030	92	辽宁中医药大学学报	5091
68	辽宁中医杂志	5991	93	草业学报	5028
69	实用医学杂志	5976	94	地球科学	5006
70	现代中西医结合杂志	5932	95	材料导报	4993
71	石油学报	5908	96	中国中医基础医学杂志	4974
72	地理科学进展	5818	97	中华神经科杂志	4956
73	电力自动化设备	5808	98	Science Bulletin	4938
74	中华现代护理杂志	5753	99	工程力学	4906
75	山东医药	5735	100	植物生态学报	4883

注：数据来源 2021 CJCR。

附　表

附表1　2021年度国际科技论文总数居世界前列的国家（地区）

国家（地区）	2021年收录的科技论文篇数			2021年收录的科技论文总篇数	占科技论文总数比例	排名
	SCI	EI	CPCI-S			
世界科技论文总数	2 498 341	1 037 779	222 932	3 759 052	100.0%	
中国大陆	615 436	393 255	39 486	1 048 177	27.9%	1
美国	580 782	155 810	54 329	790 921	21.0%	2
英国	195 363	53 454	12 330	261 147	6.9%	3
德国	154 518	63 408	14 630	232 556	6.2%	4
印度	117 327	69 974	15 770	203 071	5.4%	5
日本	111 097	44 392	10 724	166 213	4.4%	6
意大利	119 287	33 027	9646	161 960	4.3%	7
法国	100 032	36 002	8640	144 674	3.8%	8
加拿大	99 552	32 637	7351	139 540	3.7%	9
澳大利亚	93 788	30 653	4663	129 104	3.4%	10
韩国	81 987	40 392	5262	127 641	3.4%	11
西班牙	93 052	27 007	5158	125 217	3.3%	12
巴西	69 192	20 559	3828	93 579	2.5%	13
俄罗斯	52 404	26 123	6249	84 776	2.3%	14
伊朗	51 068	28 266	1377	80 711	2.1%	15
荷兰	57 648	14 752	4040	76 440	2.0%	16
土耳其	47 244	16 824	2053	66 121	1.8%	17
波兰	44 562	17 536	2141	64 239	1.7%	18
瑞士	47 531	12 779	3424	63 734	1.7%	19
沙特阿拉伯	36 763	17 639	1070	55 472	1.5%	20
瑞典	38 489	11 822	2597	52 908	1.4%	21
比利时	33 545	9175	2326	45 046	1.2%	22
埃及	26 493	11 334	822	38 649	1.0%	23
巴基斯坦	25 544	11 984	1113	38 641	1.0%	24
丹麦	28 106	7928	1895	37 929	1.0%	25
奥地利	25 589	8338	2202	36 129	1.0%	26
葡萄牙	25 362	8240	2490	36 092	1.0%	27
新加坡	19 448	10 378	2255	32 081	0.9%	28
墨西哥	22 922	7521	1337	31 780	0.8%	29
马来西亚	19 481	10 279	1996	31 756	0.8%	30

注：2021年中国台湾地区三大系统论文总数为56 052篇；占1.5%，香港特区三大系统论文总数为41 389篇，占1.1%；澳门特区三大系统论文总数为6610篇，占0.2%。

附表 2　2021 年 SCI 收录主要国家（地区）发表科技论文情况

国家（地区）	2017—2021 年排名					2021 年发表的科技论文总篇数	占收录科技论文总数比例
	2017	2018	2019	2020	2021		
世界科技论文总数						2 498 341	100%
中国	2	2	2	2	1	615 436	24.6%
美国	1	1	1	1	2	580 782	23.2%
英国	3	3	3	3	3	195 363	7.8%
德国	4	4	4	4	4	154 518	6.2%
意大利	7	7	7	5	5	119 287	4.8%
印度	9	9	9	7	6	117 327	4.7%
日本	5	5	5	6	7	111 097	4.4%
法国	6	6	6	8	8	100 032	4.0%
加拿大	8	8	8	9	9	99 552	4.0%
澳大利亚	10	10	10	10	10	93 788	3.8%
西班牙	11	11	11	11	11	93 052	3.7%
韩国	12	12	12	12	12	81 987	3.3%
巴西	13	13	13	13	13	69 192	2.8%
荷兰	14	14	14	14	14	57 648	2.3%
俄罗斯	15	15	15	16	15	52 404	2.1%
伊朗	17	17	17	15	16	51 068	2.0%
瑞士	16	16	16	17	17	47 531	1.9%
土耳其	18	18	18	18	18	47 244	1.9%
波兰	20	19	19	19	19	44 562	1.8%
瑞典	19	20	20	20	20	38 489	1.5%
沙特阿拉伯	27	26	26	22	21	36 763	1.5%
比利时	21	21	21	21	22	33 545	1.3%
丹麦	22	22	22	23	23	28 106	1.1%
埃及				26	24	26 493	1.1%
奥地利	23	23	23	24	25	25 589	1.0%
巴基斯坦				28	26	25 544	1.0%
葡萄牙	24	24	24	25	27	25 362	1.0%
墨西哥	25	25	25	27	28	22 922	0.9%
马来西亚					29	19 481	0.8%
新加坡	28	28	28	29	30	19 448	0.8%

注：2021 年中国台湾地区 SCI 收录论文数为 38 340 篇，占 1.5%；香港特区 SCI 收录论文数为 25 843 篇，占 1.0%；澳门特区收录 SCI 论文数为 4294 篇，占 0.2%。

附表 3　2021 年 CPCI-S 收录主要国家（地区）发表科技论文情况

国家（地区）	2017—2021 年排名					2021 年发表的科技论文总篇数	占收录科技论文总数比例
	2017	2018	2019	2020	2021		
世界科技论文总数						222 932	
美国	1	1	1	1	1	54 329	24.4%
中国大陆	2	2	2	2	2	39 486	17.7%
印度	6	6	7	3	3	15 770	7.1%
德国	4	4	3	4	4	14 630	6.6%
英国	3	3	4	5	5	12 330	5.5%
日本	5	5	5	7	6	10 724	4.8%
意大利	8	7	6	8	7	9646	4.3%
法国	7	8	8	10	8	8640	3.9%
加拿大	10	10	9	9	9	7351	3.3%
俄罗斯	9	9	10	6	10	6249	2.8%
韩国	12	13	12	14	11	5262	2.4%
西班牙	11	11	11	11	12	5158	2.3%
印度尼西亚	13	12	14	12	13	4689	2.1%
澳大利亚	14	14	13	13	14	4663	2.1%
荷兰	18	15	15	16	15	4040	1.8%
巴西	17	17	16	15	16	3828	1.7%
瑞士	20	18	18	17	17	3424	1.5%
瑞典	21	21	19	20	18	2597	1.2%
葡萄牙	25	24	22	23	19	2490	1.1%
比利时	24	22	21	22	20	2326	1.0%
新加坡	28	28	28	29	21	2255	1.0%
奥地利	26	26	25	26	22	2202	1.0%
波兰	15	16	17	18	23	2141	1.0%
土耳其	19	20	20	19	24	2053	0.9%
马来西亚	16	19	26	21	25	1996	0.9%
丹麦	27	25	24	27	26	1895	0.9%
希腊	29	29	30	30	27	1837	0.8%
乌克兰				28	28	1587	0.7%
罗马尼亚	23	27	27	25	29	1563	0.7%
以色列					30	1558	0.7%

　　注：2021 年 CPCI-S 收录中国台湾地区论文数为 2204 篇，占 1.0%；香港特区论文数为 1977 篇，占 0.9%；澳门特区论文数为 244 篇，占 0.1%。

附表 4　2021 年 Ei 收录主要国家（地区）科技论文情况

国家（地区）	2017—2021 年排名					2021 年收录的科技论文总篇数	占收录科技论文总数比例
	2017	2018	2019	2020	2021		
世界科技论文总数						1 037 779	
中国大陆	1	1	1	1	1	393 255	37.9%
美国	2	2	2	2	2	155 810	15.0%
印度.	3	4	3	3	3	69 974	6.7%
德国	4	3	4	4	4	63 408	6.1%
英国	5	5	5	5	5	53 454	5.2%
日本	6	6	6	6	6	44 392	4.3%
韩国	8	8	8	8	7	40 392	3.9%
法国	7	7	7	7	8	36 002	3.5%
意大利	9	9	10	9	9	33 027	3.2%
加拿大	10	10	9	10	10	32 637	3.1%
澳大利亚	14	14	11	12	11	30 653	3.0%
伊朗	11	12	13	14	12	28 266	2.7%
西班牙	12	11	14	13	13	27 007	2.6%
俄罗斯	13	13	12	11	14	26 123	2.5%
巴西	15	15	15	15	15	20 559	2.0%
沙特阿拉伯	22	22	21	19	16	17 639	1.7%
波兰	16	16	16	16	17	17 536	1.7%
土耳其	18	18	17	18	18	16 824	1.6%
荷兰	17	17	18	17	19	14 752	1.4%
瑞士	19	19	19	20	20	12 779	1.2%
巴基斯坦					21	11 984	1.2%
瑞典	20	20	20	21	22	11 822	1.1%
埃及	30	29	24	24	23	11 334	1.1%
新加坡	21	21	22	22	24	10 378	1.0%
马来西亚	24	24	25	25	25	10 279	1.0%
比利时	23	21	23	23	26	9175	0.9%
奥地利	26	27	28	29	27	8338	0.8%
葡萄牙	25	25	26	26	28	8240	0.8%
丹麦	28	26	29	28	29	7928	0.8%
捷克	27	30	30	30	30	7739	0.7%

注：2021 年 Ei 收中国台湾地区论文数为 15 508 篇，占 1.5%；香港特区论文数为 13 569 篇，占 1.3%；澳门特区论文数为 2072 篇，占 0.2%。

附表5　2021年SCI、Ei和CPCI-S收录的中国科技论文学科分布情况

学科	SCI		Ei		CPCI-S		论文总篇数	排名
	论文篇数	比例	论文篇数	比例	论文篇数	比例		
数学	14 273	2.56%	7939	2.31%	38	0.14%	22 250	14
力学	5471	0.98%	6534	1.90%	2	0.01%	12 007	20
信息、系统科学	1850	0.33%	1245	0.36%	96	0.36%	3191	29
物理学	38 401	6.89%	18 243	5.30%	2988	11.15%	59 632	6
化学	64 844	11.64%	17 369	5.05%	21	0.08%	82 234	2
天文学	2599	0.47%	710	0.21%	0	0.00%	3309	28
地学	23 116	4.15%	33 080	9.61%	55	0.21%	56 251	7
生物学	54 728	9.82%	41 512	12.06%	120	0.45%	96 360	1
预防医学与卫生学	11 262	2.02%	0	0.00%	23	0.09%	11 285	21
基础医学	32 202	5.78%	512	0.15%	480	1.79%	33 194	12
药物学	18 976	3.41%	0	0.00%	18	0.07%	18 994	16
临床医学	67 986	12.20%	0	0.00%	982	3.66%	68 968	3
中医学	2995	0.54%	0	0.00%	0	0.00%	2995	30
军事医学与特种医学	2055	0.37%	0	0.00%	0	0.00%	2055	37
农学	8486	1.52%	334	0.10%	24	0.09%	8844	23
林学	1579	0.28%	0	0.00%	0	0.00%	1579	38
畜牧、兽医	2925	0.52%	0	0.00%	0	0.00%	2925	31
水产学	2145	0.38%	0	0.00%	1	0.00%	2146	35
测绘科学技术	6	0.00%	4157	1.21%	0	0.00%	4163	27
材料科学	40 505	7.27%	22 320	6.49%	385	1.44%	63 210	5
工程与技术基础	3032	0.54%	10 894	3.17%	527	1.97%	14 453	19
矿山工程技术	1116	0.20%	1549	0.45%	0	0.00%	2665	32
能源科学技术	15 346	2.75%	21 832	6.34%	1160	4.33%	38 338	11
冶金、金属学	2079	0.37%	16 582	4.82%	0	0.00%	18 661	17
机械、仪表	8223	1.48%	12 419	3.61%	328	1.22%	20 970	15
动力与电气	1333	0.24%	23 706	6.89%	464	1.73%	25 503	13
核科学技术	2273	0.41%	318	0.09%	4	0.01%	2595	33
电子、通信与自动控制	33 278	5.97%	26 106	7.59%	6568	24.50%	65 952	4
计算技术	24 734	4.44%	18 324	5.33%	10 833	40.41%	53 891	8
化工	15 680	2.81%	543	0.16%	27	0.10%	16 250	18
轻工、纺织	1577	0.28%	502	0.15%	0	0.00%	2079	36
食品	7821	1.40%	109	0.03%	61	0.23%	7991	24
土木建筑	9411	1.69%	29 983	8.71%	525	1.96%	39 919	9
水利	2221	0.40%	8	0.00%	8	0.03%	2237	34
交通运输	1756	0.32%	7625	2.22%	15	0.06%	9396	22
航空航天	1715	0.31%	3636	1.06%	92	0.34%	5443	25
安全科学技术	398	0.07%	513	0.15%	9	0.03%	920	39
环境科学	26 359	4.73%	12 394	3.60%	27	0.10%	38 780	10
管理学	1537	0.28%	2864	0.83%	67	0.25%	4468	26

续表

学科	SCI		Ei		CPCI-S		论文总篇数	排名
	论文篇数	比例	论文篇数	比例	论文篇数	比例		
其他	945	0.17%	223	0.06%	857	3.20%	2025	
合计	557 238	100.00%	344 085	100.00%	26 805	100.00%	928 128	

附表6　2021 年 SCI、Ei 和 CPCI-S 收录的中国科技论文地区分布情况

地区	SCI		Ei		CPCIS		论文总数	排名
	论文篇数	比例	论文篇数	比例	论文篇数	比例		
北京	76 505	16.18%	51 875	15.08%	6237	21.47%	134 617	1
天津	15 871	3.00%	11 650	3.39%	865	2.58%	28 386	12
河北	7816	1.28%	3992	1.16%	183	1.75%	11 993	20
山西	5879	1.05%	4270	1.24%	109	0.51%	10 258	22
内蒙古	2331	0.33%	1327	0.39%	117	0.34%	3775	27
辽宁	19 751	3.66%	14 373	4.18%	717	4.24%	34 841	10
吉林	11 541	2.40%	7535	2.19%	344	2.23%	19 420	18
黑龙江	12 936	2.66%	11 287	3.28%	512	3.24%	24 735	14
上海	43 404	8.68%	24 877	7.23%	2636	7.97%	70 917	3
江苏	56 919	10.73%	35 191	10.23%	2217	8.31%	94 327	2
浙江	31 132	5.17%	16 356	4.75%	1328	3.48%	48 816	7
安徽	15 067	2.61%	10 692	3.11%	814	2.44%	26 573	13
福建	11 907	2.05%	7692	2.24%	416	1.65%	20 015	17
江西	7409	1.07%	4123	1.20%	268	1.21%	11 800	21
山东	31 427	5.20%	17 642	5.13%	959	4.95%	50 028	6
河南	14 727	2.32%	8549	2.48%	453	1.80%	23 729	15
湖北	29 798	5.46%	17 500	5.09%	1278	5.75%	48 576	8
湖南	19 881	3.30%	13 064	3.80%	643	3.11%	33 588	11
广东	43 521	6.53%	20 049	5.83%	2449	6.27%	66 017	4
广西	6154	0.81%	3210	0.93%	172	0.80%	9536	23
海南	2103	0.22%	625	0.18%	35	0.28%	2763	28
重庆	12 528	2.29%	7749	2.25%	606	2.02%	20 883	16
四川	26 770	4.28%	16 218	4.71%	1265	4.18%	44 253	9
贵州	3900	0.44%	827	0.24%	68	0.49%	4795	26
云南	6005	0.98%	2894	0.84%	186	0.77%	9085	24
西藏	101	0.01%	73	0.02%	11	0.01%	185	31
陕西	29 201	5.25%	23 247	6.76%	1669	6.89%	54 117	5
甘肃	7561	1.30%	4523	1.31%	142	0.82%	12 226	19
青海	726	0.11%	495	0.14%	35	0.07%	1256	30
宁夏	1103	0.11%	547	0.16%	39	0.12%	1689	29
新疆	3264	0.54%	1633	0.47%	32	0.24%	4929	25
总计	557 238	100.00%	344 085	100.00%	26 805	100.00%	928 128	

注：按中国为第一作者论文数统计。

附表 7　2021 年 SCI、Ei 和 CPCI-S 收录的中国科技论文分学科地区分布情况

学科	北京	天津	河北	山西	内蒙古	辽宁	吉林	黑龙江	上海	江苏	浙江
数学	2710	560	311	270	116	670	414	557	1536	2186	1168
力学	1976	407	99	92	50	608	137	546	1070	1281	664
信息、系统科学	415	96	53	21	13	191	31	101	212	327	162
物理学	8725	2069	825	985	273	1881	1661	1716	4539	5960	2864
化学	8868	3480	820	1215	351	3225	2520	1858	6493	8751	4410
天文学	986	60	16	13	8	45	41	34	238	384	57
地学	12 073	1289	526	471	256	1771	1269	1293	3017	5752	1970
生物学	11 776	2800	1094	945	438	2851	2167	2489	7424	9995	5846
预防医学与卫生学	1748	218	163	90	38	288	180	190	885	1001	863
基础医学	3598	802	658	247	122	1000	636	555	3290	2814	2532
药物学	1771	398	387	139	89	766	475	349	1461	1895	1467
临床医学	10 495	1612	1217	551	269	1999	1152	768	7357	5493	4947
中医学	466	98	51	23	15	79	73	55	265	261	227
军事医学与特种医学	358	37	24	14	4	71	11	14	244	149	114
农学	1397	112	127	100	59	276	191	283	176	1136	500
林学	430	12	16	12	11	45	20	153	22	182	57
畜牧、兽医	403	9	52	41	52	29	117	164	59	336	92
水产学	41	22	13	3	0	99	27	31	188	176	201
测绘科学技术	725	125	41	41	14	149	72	102	289	392	187
材料科学	7233	2250	778	1075	310	3223	1616	1925	5080	6056	2861
工程与技术基础学科	2555	410	164	142	42	560	330	438	1153	1468	800
矿山工程技术	594	34	31	70	14	202	33	31	53	317	43
能源科学技术	6255	1361	507	518	165	1468	629	1183	2586	3719	1646
冶金、金属学	2542	586	345	384	108	1660	426	693	1270	1514	648
机械、仪表	2763	677	338	247	66	1153	481	853	1656	2217	934
动力与电气	4012	1022	362	298	77	935	552	853	2073	2580	1216
核科学技术	432	24	20	13	6	52	19	83	221	92	58
电子、通信与自动控制	10 152	1942	846	627	145	2510	1280	2191	4741	7349	3274
计算技术	9403	1490	634	402	178	2161	765	1245	3934	5059	2816
化工	2051	917	187	249	47	773	360	424	1211	1839	930
轻工、纺织	131	111	22	23	7	64	48	36	256	303	144
食品	881	205	92	54	62	278	196	312	343	1364	571
土木建筑	5175	1244	465	385	145	1700	490	1493	3178	4749	1704
水利	295	105	30	17	11	88	30	63	132	304	89
交通运输	1801	253	111	55	32	355	220	276	782	1043	330
航空航天	1346	113	46	18	7	170	67	311	282	811	129
安全科学技术	183	28	12	14	3	43	13	12	58	105	26
环境科学	6757	1178	425	352	149	1129	604	945	2543	4315	1933
管理学	644	172	59	24	13	236	40	78	387	496	222
其他	451	58	26	18	10	38	27	32	213	156	114
合计	134 617	28 386	11 993	10 258	3775	34 841	19 420	24 735	70 917	94 327	48 816

续表

学科	安徽	福建	江西	山东	河南	湖北	湖南	广东	广西	海南	重庆
数学	850	622	334	1326	843	1088	988	1417	297	46	595
力学	326	159	95	458	208	527	561	577	58	7	264
信息、系统科学	107	75	30	192	84	181	139	230	25	5	89
物理学	2520	1170	841	2695	1591	2848	2118	3639	558	88	1122
化学	2803	2545	1365	5066	2520	3834	2706	5698	945	242	1465
天文学	163	35	34	131	47	192	78	193	39	4	30
地学	1416	952	603	3509	980	4303	1585	3267	421	130	845
生物学	2308	2519	1253	5988	2909	5109	2967	8192	1190	660	2334
预防医学与卫生学	211	221	126	619	317	725	364	1181	100	56	280
基础医学	782	606	499	2037	950	2051	1193	3484	456	207	808
药物学	486	372	308	1334	658	947	631	1778	237	118	424
临床医学	1210	1515	958	3480	1735	3247	2330	7200	775	244	1894
中医学	51	46	63	131	54	112	98	330	36	15	34
军事医学与特种医学	27	53	11	110	26	104	50	257	14	5	84
农学	177	212	125	447	284	433	230	525	107	97	169
林学	16	34	21	23	24	26	50	99	32	10	15
畜牧、兽医	69	20	51	140	113	127	103	213	48	17	54
水产学	20	106	16	361	33	165	42	402	30	38	29
测绘科学技术	94	102	40	212	117	339	162	235	31	9	92
材料科学	1981	1417	944	3219	1568	2959	2620	4096	724	93	1399
工程与技术基础学科	417	301	143	566	355	777	525	866	113	24	288
矿山工程技术	88	20	49	160	90	133	182	53	27	3	85
能源科学技术	1082	743	342	2521	843	2200	1305	2109	394	64	917
冶金、金属学	603	350	352	819	468	739	1071	866	194	22	459
机械、仪表	634	363	241	884	445	1089	834	967	166	21	680
动力与电气	759	504	302	1176	522	1285	921	1422	238	39	531
核科学技术	480	19	18	43	27	99	84	166	9	1	29
电子、通信与自动控制	2033	1170	545	2964	1418	3307	2390	4532	601	103	1661
计算技术	1869	1092	562	2598	1328	2743	2252	4066	513	103	1274
化工	379	354	190	1034	341	721	653	956	166	37	303
轻工、纺织	48	52	32	138	67	123	37	131	19	3	38
食品	217	143	247	414	312	315	141	595	62	42	141
土木建筑	821	741	376	1984	1051	2308	1898	2174	407	56	1134
水利	54	48	27	95	100	156	52	137	15	3	46
交通运输	240	154	87	333	162	477	443	444	65	10	286
航空航天	81	55	38	110	63	190	296	148	20	4	57
安全科学技术	27	18	5	35	13	57	45	40	1	1	27
环境科学	888	959	451	2394	909	2228	1193	2946	358	130	739
管理学	190	108	46	191	99	206	199	264	29	4	109
其他	46	40	30	91	55	106	52	122	16	2	53
合计	26 573	20 015	11 800	50 028	23 729	48 576	33 588	66 017	9536	2763	20 883

学科	四川	贵州	云南	西藏	陕西	甘肃	青海	宁夏	新疆	合计
数学	944	171	209	3	1257	455	39	93	175	22 250
力学	544	17	41	0	1059	127	3	19	27	12 007
信息、系统科学	144	6	20	0	199	26	1	3	13	3191
物理学	3007	236	430	5	4112	841	38	75	200	59 632
化学	3596	534	904	10	3733	1425	129	218	505	82 234
天文学	62	39	170	2	81	70	2	3	52	3309
地学	2450	370	529	12	3426	1155	97	79	435	56 251
生物学	3870	823	1661	57	4285	1308	221	200	681	96 360
预防医学与卫生学	617	80	111	4	371	117	17	26	78	11 285
基础医学	1602	235	367	8	958	306	61	88	242	33 194
药物学	985	211	251	2	630	199	33	62	131	18 994
临床医学	4593	430	512	6	1913	553	62	133	318	68 968
中医学	224	26	42	2	54	24	5	11	24	2995
军事医学与特种医学	160	22	13	0	57	15	1	2	4	2055
农学	308	132	147	2	676	224	25	27	140	8844
林学	52	25	43	1	90	36	1	3	18	1579
畜牧、兽医	210	27	36	6	116	141	18	15	47	2925
水产学	42	6	8	0	39	5	1	0	2	2146
测绘科学技术	188	11	29	2	275	62	7	4	15	4163
材料科学	3114	270	667	5	4339	970	100	97	221	63 210
工程与技术基础学科	774	37	79	1	909	134	13	28	41	14 453
矿山工程技术	105	23	52	0	149	6	3	5	10	2665
能源科学技术	1975	98	375	7	2525	404	45	127	225	38 338
冶金、金属学	657	47	251	2	1170	276	36	17	86	18 661
机械、仪表	1053	25	125	0	1712	270	8	8	60	20 970
动力与电气	1227	35	209	9	1904	272	25	28	115	25 503
核科学技术	273	9	10	1	211	83	3	0	10	2595
电子、通信与自动控制	3421	149	356	6	5454	464	44	52	225	65 952
计算技术	2450	168	350	2	3664	450	77	84	159	53 891
化工	799	63	170	0	774	199	17	33	73	16 250
轻工、纺织	68	12	19	0	107	24	2	1	13	2079
食品	241	68	91	8	411	67	11	30	77	7991
土木建筑	1779	78	257	5	3345	557	32	51	137	39 919
水利	95	10	26	2	137	44	4	5	17	2237
交通运输	574	15	51	4	669	98	7	3	16	9396
航空航天	176	2	7	0	849	32	0	5	10	5443
安全科学技术	74	1	4	0	62	9	1	0	3	920
环境科学	1434	251	411	10	2007	721	61	51	309	38 780
管理学	282	15	27	0	278	34	4	0	12	4468
其他	84	18	25	1	110	23	2	3	3	2025
合计	44 253	4795	9085	185	54 117	12 226	1256	1689	4929	928 128

附表 8　2020 年 SCI、Ei 和 CPCI-S 收录的中国科技论文分地区机构分布情况

单位：篇

地区	高等院校	研究机构	企业	医疗机构	其他	合计
北京	89 676	35 883	3094	3126	2838	134 617
天津	26 296	904	295	582	309	28 386
河北	9867	621	195	1070	240	11 993
山西	9188	557	101	321	91	10 258
内蒙古	3312	106	39	154	164	3775
辽宁	30 690	3304	157	483	207	34 841
吉林	16 584	2499	82	158	97	19 420
黑龙江	23 804	545	51	205	130	24 735
上海	62 974	5506	687	994	756	70 917
江苏	87 555	3621	669	1508	974	94 327
浙江	41 752	2653	692	2863	856	48 816
安徽	23 794	2000	147	326	306	26 573
福建	17 707	1689	119	288	212	20 015
江西	10 887	375	72	322	144	11 800
山东	42 758	2499	369	3862	540	50 028
河南	21 106	914	281	945	483	23 729
湖北	44 168	2325	405	1117	561	48 576
湖南	31 720	579	193	791	305	33 588
广东	55 884	5272	1335	1703	1823	66 017
广西	8700	248	105	300	183	9536
海南	2086	330	14	237	96	2763
重庆	19 382	518	152	485	346	20 883
四川	38 616	3166	586	1264	621	44 253
贵州	3897	539	89	167	103	4795
云南	7357	1156	180	229	163	9085
西藏	119	17	5	12	32	185
陕西	50 533	2006	431	835	312	54 117
甘肃	9435	2223	122	272	174	12 226
青海	870	252	19	63	52	1256
宁夏	1570	18	17	24	60	1689
新疆	3849	772	23	146	139	4929
总计	796 136	83 097	10 726	24 852	13 317	928 128

注：按中国为第一作者论文数统计。

附表 9　2021 年 SCI 收录论文数居前 50 位的中国高等院校

排名	高等院校	论文篇数	排名	高等院校	论文篇数
1	浙江大学	10 828	26	重庆大学	3571
2	上海交通大学	10 429	27	电子科技大学	3564
3	四川大学	8662	28	东北大学	3494
4	中南大学	7621	29	北京理工大学	3447
5	华中科技大学	7552	30	中国地质大学	3311
6	中山大学	7337	31	北京航空航天大学	3308
7	北京大学	6830	32	江苏大学	3161
8	复旦大学	6429	33	中国矿业大学	3150
9	西安交通大学	6350	34	中国石油大学	3102
10	山东大学	6324	35	厦门大学	3022
11	清华大学	6076	36	北京科技大学	2933
12	吉林大学	5920	37	南京医科大学	2919
13	武汉大学	5467	38	南京航空航天大学	2862
14	天津大学	5373	39	深圳大学	2855
15	哈尔滨工业大学	5372	40	江南大学	2791
16	同济大学	4836	41	兰州大学	2687
17	东南大学	4670	42	湖南大学	2625
18	郑州大学	4411	43	中国农业大学	2613
19	华南理工大学	4340	44	南昌大学	2549
20	首都医科大学	4306	45	西北农林科技大学	2548
21	大连理工大学	3979	46	南开大学	2453
22	苏州大学	3743	47	南方医科大学	2410
23	中国科学技术大学	3733	48	上海大学	2376
24	西北工业大学	3725	49	中国医科大学	2343
25	南京大学	3709	50	暨南大学	2329

注 1. 仅统计 Article 和 Review 两种文献类型。

　　2. 高等院校论文数含其附属机构论文数。

附表 10　2021 年 SCI 收录论文数居前 50 位的中国研究机构

排名	研究机构	论文篇数	排名	研究机构	论文篇数
1	中国科学院合肥物质科学研究院	851	10	中国科学院化学研究所	567
2	中国工程物理研究院	829	11	中国林业科学研究院	554
3	中国科学院地理科学与资源研究所	758	12	中国科学院海洋研究所	501
4	中国科学院大连化学物理研究所	682	13	中国科学院宁波材料技术与工程研究所	497
5	中国医学科学院肿瘤研究所	664	14	中国科学院金属研究所	492
6	中国科学院空天信息创新研究院	616	15	中国科学院地质与地球物理研究所	483
7	中国科学院生态环境研究中心	601	16	中国科学院物理研究所	478
8	中国科学院西北生态环境资源研究院	592	17	中国科学院海西研究院	467
9	中国科学院长春应用化学研究所	581	18	中国科学院深圳先进技术研究院	448

续表

排名	研究机构	论文篇数	排名	研究机构	论文篇数
19	中国科学院大气物理研究所	413	35	中国科学院植物研究所	270
20	中国科学院上海硅酸盐研究所	407	36	中国科学院动物研究所	260
21	中国科学院过程工程研究所	401	37	中国科学院上海药物研究所	258
22	中国水产科学研究院	399	38	中国科学院新疆生态与地理研究所	256
23	中国科学院兰州化学物理研究所	378	39	中国科学院自动化研究所	254
24	中国科学院高能物理研究所	362	40	中国科学院上海光学精密机械研究所	253
25	中国科学院半导体研究所	331	41	中国科学院国家天文台	249
26	中国科学院广州地球化学研究所	329	42	中国科学院上海应用物理研究所	246
26	中国科学院理化技术研究所	329	43	中国科学院武汉岩土力学研究所	244
28	中国疾病预防控制中心	315	44	中国科学院上海有机化学研究所	240
29	中国科学院长春光学精密机械与物理研究所	311	45	中国科学院微电子研究所	238
30	中国科学院南海海洋研究所	309	45	中国科学院力学研究所	238
31	中国科学院昆明植物研究所	305	47	中国环境科学研究院	237
32	中国科学院水生生物研究所	302	48	中国农业科学院北京畜牧兽医研究所	234
33	山东省医学科学院	289	49	中国农业科学院植物保护研究所	233
34	中国科学院南京土壤研究所	271	50	中国科学院东北地理与农业生态研究所	230

注 1：仅统计 Article 和 Review 两种文献类型。

附表 11　2021 年 CPCI-S 收录科技论文数居前 50 位的中国高等院校

排名	高等院校	论文篇数	排名	高等院校	论文篇数
1	清华大学	1002	17	西北工业大学	319
2	上海交通大学	838	18	复旦大学	312
3	电子科技大学	758	19	华南理工大学	282
4	浙江大学	622	20	南京理工大学	267
5	北京大学	582	21	同济大学	256
6	哈尔滨工业大学	470	22	西安电子科技大学	253
7	北京邮电大学	461	23	南京大学	232
8	北京航空航天大学	452	24	南京航空航天大学	229
9	中国科学技术大学	447	25	山东大学	222
10	东南大学	435	26	重庆大学	213
11	北京理工大学	387	27	武汉大学	200
12	华中科技大学	364	28	华东师范大学	199
13	中山大学	354	29	上海大学	197
14	国防科学技术大学	351	30	北京交通大学	189
15	天津大学	341	31	大连理工大学	185
16	西安交通大学	334	32	深圳大学	182

排名	高等院校	论文篇数	排名	高等院校	论文篇数
33	苏州大学	166	41	上海科技大学	138
34	北京工业大学	159	43	山东科技大学	134
35	中国科学院大学	157	44	四川大学	129
36	武汉理工大学	154	45	长春理工大学	116
37	重庆邮电大学	152	46	合肥工业大学	115
38	厦门大学	146	47	长安大学	112
39	南方科技大学	141	48	中南大学	110
40	南京邮电大学	140	49	东北大学	105
41	西南交通大学	138	50	广东工业大学	103

注：高等院校论文数含其附属机构论文数。

附表 12 2021 年 CPCI-S 收录科技论文数居前 50 位的中国研究机构

排名	研究机构	论文篇数	排名	研究机构	论文篇数
1	中国科学院信息工程研究所	213	22	中国科学院广州能源研究所	16
2	中国科学院自动化研究所	157	23	中国水利水电科学研究院	14
3	中国科学院深圳先进技术研究院	140	24	中国科学院紫金山天文台	12
4	中国科学院计算技术研究所	134	24	中国科学院上海技术物理研究所	12
5	中国科学院西安光学精密机械研究所	60	24	交通运输部公路科学研究院	12
6	中国科学院空天信息创新研究院	57	27	西北核技术研究所	11
6	中国科学院软件研究所	57	28	中国科学院宁波材料技术与工程研究所	10
8	中国科学院上海微系统与信息技术研究所	53	28	中国科学院国家天文台	10
9	中国科学院微电子研究所	43	28	中国科学院国家空间科学中心	10
10	中国工程物理研究院	39	31	军事医学科学院	9
11	中国科学院沈阳自动化研究所	37	31	中国科学院心理研究所	9
12	中国科学院上海光学精密机械研究所	35	33	中国地质调查局	8
13	中国科学院半导体研究所	34	33	中国科学院国家授时中心	8
14	中国科学院合肥物质科学研究院	31	33	南京电子技术研究所	8
15	中国医学科学院肿瘤研究所	26	36	山东省医学科学院	7
15	中国科学院电工研究所	26	36	中国科学院上海高等研究院	7
17	中国科学院光电技术研究所	25	36	中国科学院西双版纳热带植物园	7
18	中国科学院长春光学精密机械与物理研究所	22	36	中国科学院重庆绿色智能技术研究院	7
19	中国科学院数学与系统科学研究院	19	36	中航工业北京航空材料研究院	7
20	中国科学院声学研究所	18	36	中国空气动力研究与发展中心	7
21	中国计量科学研究院	17	36	中国标准化研究院	7

续表

排名	研究机构	论文篇数	排名	研究机构	论文篇数
43	中国科学院高能物理研究所	6	48	中国科学院海西研究院	5
43	中国科学院北京纳米能源与系统研究所	6	48	中国科学院理化技术研究所	5
43	中国农业科学院油料作物研究所	6	48	中国科学院昆明动物研究所	5
43	内蒙古自治区农业科学院	6	48	北京市科学技术研究院	5
43	中国社会科学院数量经济与技术经济研究所	6			

附表 13 2021 年 Ei 收录科技论文数居前 50 位的中国高等院校

排名	高等院校	论文篇数	排名	高等院校	论文篇数
1	浙江大学	6136	26	电子科技大学	2949
2	上海交通大学	5638	27	中国矿业大学	2882
3	清华大学	5566	28	中国地质大学	2737
4	哈尔滨工业大学	5324	29	北京大学	2671
5	天津大学	4978	30	中山大学	2535
6	西安交通大学	4974	31	湖南大学	2457
7	四川大学	4116	32	南京大学	2435
8	中南大学	4102	33	西南交通大学	2352
9	大连理工大学	4097	34	南京理工大学	2344
10	华中科技大学	3997	35	江苏大学	2270
11	东南大学	3941	36	西安电子科技大学	2249
12	中国科学技术大学	3741	37	郑州大学	2079
13	华南理工大学	3645	38	武汉理工大学	2073
14	西北工业大学	3624	39	深圳大学	2026
15	同济大学	3578	40	江南大学	2021
16	北京理工大学	3525	41	复旦大学	2012
17	武汉大学	3481	42	上海大学	2010
18	重庆大学	3434	43	北京工业大学	2003
19	吉林大学	3365	44	华北电力大学	1980
20	山东大学	3361	45	北京交通大学	1898
21	东北大学	3329	46	厦门大学	1883
22	中国石油大学	3190	47	国防科学技术大学	1872
23	北京航空航天大学	3152	48	合肥工业大学	1835
24	南京航空航天大学	3002	49	苏州大学	1786
25	北京科技大学	2965	50	河海大学	1765

注：高等院校论文数含其附属机构论文数。

附表 14　2021 年 Ei 收录科技论文数居前 50 位的中国研究机构

排名	研究机构	论文篇数	排名	研究机构	论文篇数
1	中国科学院合肥物质科学研究院	803	27	中国科学院力学研究所	238
2	中国科学院长春应用化学研究所	666	28	中国科学院广州地球化学研究所	236
3	中国科学院大连化学物理研究所	631	29	中国科学院大气物理研究所	227
4	中国工程物理研究院	621	30	中国科学院广州能源研究所	223
5	中国科学院空天信息创新研究院	611	30	国家纳米科学中心	223
6	中国科学院化学研究所	592	32	中国科学院山西煤炭化学研究所	203
7	中国科学院金属研究所	480	33	中国科学院工程热物理研究所	187
8	中国科学院物理研究所	459	34	中国科学院沈阳自动化研究所	183
9	中国科学院地理科学与资源研究所	452	35	中国科学院声学研究所	178
10	中国科学院生态环境研究中心	450	36	中国科学院高能物理研究所	177
11	中国科学院宁波材料技术与工程研究所	443	36	中国科学院地球化学研究所	177
12	中国科学院深圳先进技术研究院	402	38	中国科学院海洋研究所	176
13	中国科学院海西研究院	379	39	中航工业北京航空材料研究院	173
14	中国科学院过程工程研究所	377	39	中国地质科学院	173
15	中国科学院上海硅酸盐研究所	375	41	中国科学院城市环境研究所	172
16	中国科学院兰州化学物理研究所	350	42	中国科学院上海微系统与信息技术研究所	170
17	中国科学院长春光学精密机械与物理研究所	345	43	中国科学院电工研究所	168
18	中国科学院理化技术研究所	332	44	中国科学院南京土壤研究所	165
19	中国科学院半导体研究所	328	44	中国环境科学研究院	165
20	中国科学院上海光学精密机械研究所	323	46	中国科学院北京纳米能源与系统研究所	162
21	中国科学院地质与地球物理研究所	321	47	中国科学院西安光学精密机械研究所	161
22	中国科学院自动化研究所	318	48	中国空气动力研究与发展中心	155
23	中国林业科学研究院	313	49	中国水利水电科学研究院	154
24	中国科学院武汉岩土力学研究所	272	50	中国科学院计算技术研究所	149
25	中国科学院上海应用物理研究所	257	50	中国地质调查局	149
26	中国科学院微电子研究所	252			

注：高等院校论文数含其附属机构论文数。

附表 15　1999—2021 年 SCIE 收录的中国科技论文在国内外科技期刊上发表的比例

年份	论文总篇数	在中国期刊上发表		在非中国期刊上发表	
		论文篇数	所占比例	论文篇数	所占比例
1999	19 936	7647	38.4%	12 289	61.6%
2000	22 608	9208	40.7%	13 400	59.3%
2001	25 889	9580	37.0%	16 309	63.0%
2002	31 572	11 425	36.2%	20 147	63.8%

年份	论文总篇数	在中国期刊上发表		在非中国期刊上发表	
		论文篇数	所占比例	论文篇数	所占比例
2003	38 092	12 441	32.7%	25 651	67.3%
2004	45 351	13 498	29.8%	31 853	70.2%
2005	62 849	16 669	26.5%	46 180	73.5%
2006	71 184	16 856	23.7%	54 328	76.3%
2007	79 669	18 410	23.1%	61 259	76.9%
2008	92 337	20 804	22.5%	71 533	77.5%
2009	108 806	22 229	20.4%	86 577	79.6%
2010	121 026	25 934	21.4%	95 092	78.6%
2011	136 445	22 988	16.8%	113 457	83.2%
2012	158 615	22 903	14.4%	135 712	85.6%
2013	204 061	23 271	11.4%	180 790	88.6%
2014	235 139	22 805	9.7%	212 334	90.3%
2015	265 469	22 324	8.4%	243 145	91.6%
2016	290 647	21 789	7.5%	268 858	92.5%
2017	323 878	21 331	6.6%	302 547	93.4%
2018	376 354	21 480	5.7%	354 874	94.3%
2019	450 215	22 568	5.0%	427 647	95.0%
2020	501 576	25 786	5.1%	475 790	94.9%
2021	557 238	30 682	5.5%	526 556	94.5%

数据来源：SCIE 数据库和 JCR 期刊数据。

附表 16 1995—2021 年 Ei 收录的中国科技论文在国内外科技期刊上发表的比例

年份	论文总篇数	在中国期刊上发表		在非中国期刊上发表	
		论文篇数	所占比例	论文篇数	所占比例
1995	6791	3038	44.70%	3753	55.30%
1996	8035	4997	62.20%	3038	37.80%
1997	9834	5121	52.10%	4713	47.90%
1998	8220	4160	50.61%	4060	49.40%
1999	13 155	8324	63.30%	4831	36.70%
2000	13 991	8293	59.30%	5698	40.70%
2001	15 605	9055	58.00%	6550	42.00%
2002	19 268	12 810	66.50%	6458	33.50%
2003	26 857	13 528	50.40%	13 329	49.60%
2004	32 881	17 442	53.00%	15 439	47.00%
2005	60 301	35 262	58.50%	25 039	41.50%
2006	65 041	33 454	51.40%	31 587	48.60%
2007	75 568	40 656	53.80%	34 912	46.20%
2008	85 381	45 686	53.50%	39 695	46.50%
2009	98 115	46 415	47.30%	51 700	52.70%

续表

年份	论文总篇数	在中国期刊上发表		在非中国期刊上发表	
		论文篇数	所占比例	论文篇数	所占比例
2010	119 374	56 578	47.40%	62 796	52.60%
2011	116 343	54 602	46.90%	61 741	53.10%
2012	116 429	51 146	43.90%	65 283	56.10%
2013	163 688	49 912	30.50%	113 776	69.50%
2014	172 569	54 727	31.73%	117 842	68.29%
2015	217 313	62 532	28.78%	154 781	71.22%
2016	213 385	55 263	25.90%	158 122	74.10%
2017	214 226	47 545	22.19%	166 681	77.81%
2018	249 732	48 527	19.43%	201 205	80.57%
2019	271 240	53 574	19.75%	217 666	80.25%
2020	340 715	101 392	29.76%	239 323	70.24%
2021	344 085	11 836	3.44%	332 249	96.56%

注：统计时间截至 2021 年 6 月。论文数量的统计口径 Ei 数据库收录的全部期刊论文。

附表 17　2005—2021 年 Medline 收录的中国科技论文在国内外科技期刊上发表的比例

年份	论文总篇数	在中国期刊上发表		在非中国期刊上发表	
		论文篇数	所占比例	论文篇数	所占比例
2005	27 460	14 452	52.6%	13 008	47.4%
2006	31 118	13 546	43.5%	17 572	56.5%
2007	33 116	14 476	43.7%	18 640	56.3%
2008	41 460	15 400	37.1%	26 060	62.9%
2009	47 581	15 216	32.0%	32 365	68.0%
2010	56 194	15 468	27.5%	40 726	72.5%
2011	64 983	15 812	24.3%	49 171	75.7%
2012	77 427	16 292	21.0%	61 135	79.0%
2013	90 021	15 468	17.2%	74 553	82.8%
2014	104 444	15 022	14.4%	89 422	85.6%
2015	117 086	16 383	14.0%	100 703	86.0%
2016	128 163	12 847	10.0%	115 316	90.0%
2017	141 344	15 352	10.9%	125 992	89.1%
2018	188 471	15 603	8.3%	172 868	91.7%
2019	222 441	15 333	6.9%	207 108	93.1%
2020	267 778	17 529	6.5%	250 249	93.5%
2021	311 548	24 253	7.8%	287 295	92.2%

数据来源：Medline 2005—2021。

附表 18　2021 年 Ei 收录的中国台湾地区和香港特区的论文按学科分布情况

学科	中国台湾地区			香港特区		
	论文篇数	所占比例	学科排名	论文篇数	所占比例	学科排名
数学	184	1.77%	15	147	2.94%	13
力学	155	1.49%	19	83	1.66%	18
信息、系统科学	23	0.22%	25	27	0.54%	21
物理学	562	5.41%	9	246	4.92%	8
化学	399	3.84%	14	147	2.94%	14
天文学	18	0.17%	26	5	0.10%	27
地学	882	8.48%	2	379	7.58%	4
生物学	1628	15.66%	1	639	12.78%	1
基础医学	38	0.37%	23	10	0.20%	25
农学	4	0.04%	30	2	0.04%	31
测绘科学技术	101	0.97%	20	115	2.30%	17
材料科学	690	6.64%	4	221	4.42%	10
工程与技术基础	39	0.38%	22	20	0.40%	23
矿山工程技术	16	0.15%	27	3	0.06%	30
能源科学技术	519	4.99%	10	277	5.54%	7
冶金、金属学	419	4.03%	12	156	3.12%	12
机械、仪表	413	3.97%	13	141	2.82%	15
动力与电气	576	5.54%	7	238	4.76%	9
核科学技术	4	0.04%	31	4	0.08%	28
电子、通信与自动控制	799	7.69%	3	381	7.62%	3
计算技术	657	6.32%	5	350	7.00%	6
化工	14	0.13%	28	7	0.14%	26
轻工、纺织	28	0.27%	24	2	0.04%	32
食品	2	0.02%	32	3	0.06%	29
土木建筑	617	5.93%	6	555	11.10%	2
水利	168	1.62%	16	48	0.96%	20
交通运输	165	1.59%	17	136	2.72%	16
航空航天	54	0.52%	21	27	0.54%	22
安全科学技术	9	0.09%	29	14	0.28%	24
环境科学	478	4.60%	11	184	3.68%	11
管理学	164	1.58%	18	78	1.56%	19
其他	571	5.49%	8	356	7.12%	5
总计	10 396	100.00%	0	5001	100.00%	

注：数据源 Ei 收录第一作者为以上地区的论文。

附表 19 2010—2021 年 SCI 网络版收录的中国科技论文在 2021 年被引情况按学科分布

学科	未被引论文篇数	被引论文篇数	被引次数	总论文篇数	平均被引次数	论文未被引率
化学	44 154	478 609	12 929 897	522 763	24.73	8.45%
其他	228	334	3774	562	6.72	40.57%
环境科学	12 351	119 874	2 543 087	132 225	19.23	9.34%
能源科学技术	6552	81 151	1 894 637	87 703	21.60	7.47%
化工	6764	69 666	1 573 553	76 430	20.59	8.85%
天文学	2398	21 889	414 518	24 287	17.07	9.87%
材料科学	27 195	246 506	4 889 438	273 701	17.86	9.94%
生物学	47 174	356 650	6 449 859	403 824	15.97	11.68%
农学	5214	40 338	625 877	45 552	13.74	11.45%
食品	4464	33 322	611 739	37 786	16.19	11.81%
地学	17 622	124 303	2 079 808	141 925	14.65	12.42%
动力与电气	540	7837	146 752	8377	17.52	6.45%
管理学	1008	9741	192 106	10 749	17.87	9.38%
药物学	22 925	94 166	1 453 397	117 091	12.41	19.58%
计算技术	22 415	118 997	2 143 606	141 412	15.16	15.85%
基础医学	42 348	173 951	2 716 111	216 299	12.56	19.58%
电子、通信与自动控制	29 380	164 164	2 611 097	193 544	13.49	15.18%
水产学	1733	12 840	173 144	14 573	11.88	11.89%
信息、系统科学	1691	9702	162 173	11 393	14.23	14.84%
工程与技术基础	5095	15 004	182 392	20 099	9.07	25.35%
测绘科学技术	4	22	246	26	9.46	15.38%
军事医学与特种医学	1872	4150	48 438	6022	8.04	31.09%
物理学	47 802	284 092	4 033 905	331 894	12.15	14.40%
预防医学与卫生学	10 694	41 321	669 113	52 015	12.86	20.56%
土木建筑	5283	37 699	598 455	42 982	13.92	12.29%
临床医学	116 022	320 363	5 274 064	436 385	12.09	26.59%
安全科学技术	117	1726	34 110	1843	18.51	6.35%
力学	3693	31 911	472 054	35 604	13.26	10.37%
机械、仪表	7029	41 723	501 227	48 752	10.28	14.42%
矿山工程技术	713	5053	72 487	5766	12.57	12.37%
水利	2354	15 343	264 631	17 697	14.95	13.30%
林学	1035	7700	95 339	8735	10.91	11.85%
交通运输	1261	8885	159 958	10 146	15.77	12.43%
数学	28 499	94 032	1 188 847	122 531	9.70	23.26%
航空航天	1440	8996	98 063	10 436	9.40	13.80%
核科学技术	3057	11 071	92 373	14 128	6.54	21.64%
轻工、纺织	797	4318	44 385	5115	8.68	15.58%
冶金、金属学	2828	17 291	160 295	20 119	7.97	14.06%
中医学	2172	11 304	118 390	13 476	8.79	16.12%
畜牧、兽医	3275	13 605	133 693	16 880	7.92	19.40%

数据来源：SCIE 数据库。

附表 20 2010—2021 年 SCI 网络版收录的中国科技论文在 2021 年被引情况按地区分布

地区	未被引论文篇数	被引论文篇数	被引次数	总论文篇数	平均被引次数	论文未被引率
北京	74 138	455 299	8 866 327	529 437	16.75	14.00%
天津	13 177	84 841	1 539 977	98 018	15.71	13.44%
河北	8785	34 313	428 176	43 098	9.93	20.38%
山西	5985	28 547	386 573	34 532	11.19	17.33%
内蒙古	2721	9247	96 058	11 968	8.03	22.74%
辽宁	16 785	105 757	1 785 800	122 542	14.57	13.70%
吉林	11 761	68 658	1 270 022	80 419	15.79	14.62%
黑龙江	11 249	75 626	1 281 676	86 875	14.75	12.95%
上海	40 515	244 831	4 679 274	285 346	16.40	14.20%
江苏	46 928	299 805	5 281 007	346 733	15.23	13.53%
浙江	27 589	148 874	2 601 013	176 463	14.74	15.63%
安徽	13 365	76 105	1 430 727	89 470	15.99	14.94%
福建	9939	59 196	1 128 782	69 135	16.33	14.38%
江西	7007	31 496	446 099	38 503	11.59	18.20%
山东	26 710	150 172	2 304 223	176 882	13.03	15.10%
河南	14 221	64 941	901 855	79 162	11.39	17.96%
湖北	23 310	154 215	3 077 353	177 525	17.33	13.13%
湖南	16 141	99 878	1 763 027	116 019	15.20	13.91%
广东	36 831	191 667	3 476 923	228 498	15.22	16.12%
广西	5434	23 720	287 800	29 154	9.87	18.64%
海南	2030	6976	80 657	9006	8.96	22.54%
重庆	11 174	63 906	1 044 050	75 080	13.91	14.88%
四川	25 164	123 170	1 818 312	148 334	12.26	16.96%
贵州	3816	12 905	140 192	16 721	8.38	22.82%
云南	5672	28 339	376 398	34 011	11.07	16.68%
西藏	122	317	2672	439	6.09	27.79%
陕西	25 262	148 554	2 336 478	173 816	13.44	14.53%
甘肃	6499	39 193	673 701	45 692	14.74	14.22%
青海	811	2582	25 760	3393	7.59	23.90%
宁夏	1048	3514	38 961	4562	8.54	22.97%
新疆	3417	13 971	177 239	17 388	10.19	19.65%

数据来源：SCIE 数据库。

附表 21　2010—2021 年 SCI 网络版收录的中国科技论文累计被引篇数居前 50 位的高等院校

排名	高等院校	被引篇数	被引次数	排名	高等院校	被引篇数	被引次数
1	浙江大学	72 634	1 273 739	26	电子科技大学	22 983	335 515
2	上海交通大学	70 402	1 077 525	27	重庆大学	22 792	356 815
3	四川大学	53 015	700 678	28	北京理工大学	21 516	359 893
4	北京大学	51 618	934 454	29	厦门大学	20 285	379 158
5	清华大学	51 432	1 177 121	30	郑州大学	20 264	280 015
6	华中科技大学	49 115	935 606	31	北京科技大学	20 140	328 754
7	中山大学	48 519	776 498	32	东北大学	19 536	246 891
8	复旦大学	46 373	812 197	33	中国石油大学	18 798	268 215
9	中南大学	45 264	693 045	34	中国地质大学	18 665	297 228
10	吉林大学	43 688	633 970	35	江苏大学	18 208	302 933
11	西安交通大学	42 515	634 428	36	兰州大学	18 002	309 986
12	哈尔滨工业大学	39 828	679 454	37	中国农业大学	17 995	314 332
13	山东大学	36 775	544 245	38	中国矿业大学	17 971	236 848
14	武汉大学	35 693	668 234	39	湖南大学	17 779	451 718
15	天津大学	35 326	599 472	40	华东理工大学	17 430	338 102
16	同济大学	31 003	499 886	41	南京航空航天大学	17 259	225 674
17	东南大学	29 863	484 692	42	南开大学	16 708	398 118
18	华南理工大学	29 534	596 097	43	江南大学	16 636	255 549
19	南京大学	29 226	615 829	44	西北农林科技大学	16 597	271 753
20	中国科学技术大学	28 840	686 314	45	南京医科大学	16 139	211 588
21	大连理工大学	27 691	470 520	46	北京师范大学	15 543	281 124
22	北京航空航天大学	25 922	400 529	47	西安电子科技大学	15 507	193 307
23	苏州大学	25 786	505 659	48	上海大学	15 437	228 494
24	首都医科大学	24 539	214 641	49	南京理工大学	15 011	237 460
25	西北工业大学	23 073	347 545	50	西南大学	14 689	229 547

数据来源：SCIE 数据库。

附表 22　2010—2021 年 SCI 网络版收录的中国科技论文累计被引篇数居前 50 位的研究机构

排名	研究机构	被引篇数	被引次数
1	中国科学院长春应用化学研究所	6955	287 780
2	中国科学院化学研究所	6801	294 192
3	中国科学院合肥物质科学研究院	6059	105 241
4	中国工程物理研究院	5749	64 246
5	中国科学院大连化学物理研究所	5584	206 695
6	中国科学院生态环境研究中心	5257	150 083
7	中国科学院大学	5077	79 838
8	中国科学院地理科学与资源研究所	4900	102 626
9	中国科学院物理研究所	4471	137 705
10	中国科学院金属研究所	4320	120 164
11	中国科学院空天信息创新研究院	3963	55 782

续表

排名	研究机构	被引篇数	被引次数
12	中国科学院上海硅酸盐研究所	3941	129 842
13	中国科学院海洋研究所	3847	57 910
14	中国科学院福建物质结构研究所	3837	118 781
15	中国科学院地质与地球物理研究所	3794	67 159
16	中国科学院过程工程研究所	3649	90 687
17	中国科学院兰州化学物理研究所	3595	98 779
18	中国科学院宁波材料技术与工程研究所	3241	94 796
19	军事医学科学院	3206	55 601
20	中国科学院大气物理研究所	3154	67 788
21	中国科学院西北生态环境资源研究院	3093	48 771
22	中国林业科学研究院	3070	39 573
23	中国科学院上海生命科学研究院	2937	117 119
24	中国水产科学研究院	2927	35 794
25	中国科学院理化技术研究所	2863	88 665
26	中国科学院半导体研究所	2745	52 454
27	中国科学院广州地球化学研究所	2667	72 070
28	中国科学院上海有机化学研究所	2641	99 618
29	中国科学院高能物理研究所	2589	49 182
30	中国科学院深圳先进技术研究院	2574	65 520
31	中国疾病预防控制中心	2570	94 374
32	中国科学院昆明植物研究所	2458	45 869
33	中国科学院动物研究所	2444	50 850
34	中国医学科学院肿瘤研究所	2429	33 834
35	国家纳米科学中心	2388	113 572
36	中国科学院上海光学精密机械研究所	2314	29 790
37	中国科学院南海海洋研究所	2284	35 903
38	中国科学院长春光学精密机械与物理研究所	2222	37 857
39	中国科学院水生生物研究所	2221	36 931
40	中国科学院上海药物研究所	2215	60 747
41	中国科学院南京土壤研究所	2147	58 389
42	中国科学院植物研究所	2110	49 861
43	中国科学院自动化研究所	2013	55 674
44	中国科学院微生物研究所	1932	46 855
45	中国科学院上海应用物理研究所	1877	30 161
46	中国中医科学院	1858	27 940
47	中国农业科学院植物保护研究所	1783	28 240
48	军国医学科学院药物研究所	1748	26 301
49	中国科学院上海微系统与信息技术研究所	1737	24 397
50	中国科学院新疆生态与地理研究所	1710	30 789

数据来源：SCIE 数据库。

附表 23　2021 年 CSTPCD 收录的中国科技论文按学科分布

学科	论文篇数	所占比例	排名
数学	3818	0.83%	29
力学	1928	0.42%	34
信息、系统科学	277	0.06%	39
物理学	4838	1.05%	25
化学	7861	1.71%	19
天文学	591	0.13%	38
地学	14 380	3.13%	9
生物学	9421	2.05%	17
预防医学与卫生学	14 686	3.20%	8
基础医学	10 339	2.25%	15
药物学	11 061	2.41%	13
临床医学	121 210	26.41%	1
中医学	23 199	5.05%	4
军事医学与特种医学	1611	0.35%	35
农学	21 784	4.75%	5
林学	4008	0.87%	27
畜牧、兽医	7305	1.59%	20
水产学	2136	0.47%	33
测绘科学技术	3087	0.67%	31
材料科学	7120	1.55%	21
工程与技术基础	4708	1.03%	26
矿山工程技术	6481	1.41%	22
能源科学技术	5068	1.10%	24
冶金、金属学	10 500	2.29%	14
机械、仪表	10 321	2.25%	16
动力与电气	3960	0.86%	28
核科学技术	1576	0.34%	36
电子、通信与自动控制	25 376	5.53%	3
计算技术	27 722	6.04%	2
化工	12 307	2.68%	12
轻工、纺织	2454	0.53%	32
食品	9220	2.01%	18
土木建筑	14 351	3.13%	10
水利	3413	0.74%	30
交通运输	12 475	2.72%	11
航空航天	5479	1.19%	23
安全科学技术	235	0.05%	40
环境科学	14 874	3.24%	7
管理学	851	0.19%	37
其他	16 933	3.69%	6
合计	458 964	100.00%	

附表 24　2021 年 CSTPCD 收录的中国科技论文按地区分布

地区	论文篇数	所占比例	排名
北京	65 204	14.21%	1
天津	12 388	2.70%	15
河北	15 637	3.41%	12
山西	9112	1.99%	18
内蒙古	4711	1.03%	27
辽宁	16 186	3.53%	11
吉林	6694	1.46%	24
黑龙江	9779	2.13%	17
上海	28 515	6.21%	3
江苏	39 672	8.64%	2
浙江	17 196	3.75%	10
安徽	13 056	2.84%	13
福建	8148	1.78%	22
江西	6437	1.40%	26
山东	20 777	4.53%	8
河南	18 734	4.08%	9
湖北	22 041	4.80%	7
湖南	12 781	2.78%	14
广东	25 998	5.66%	4
广西	8275	1.80%	21
海南	3637	0.79%	28
重庆	10 342	2.25%	16
四川	22 454	4.89%	6
贵州	6586	1.43%	25
云南	8599	1.87%	19
西藏	451	0.10%	31
陕西	25 609	5.58%	5
甘肃	8564	1.87%	20
青海	2031	0.44%	30
宁夏	2205	0.48%	29
新疆	7118	1.55%	23
不详	27	0.01%	
总计	458 964	100.00%	

附表 25　2021 年 CSTPCD 收录的中国科技论文篇数分学科按地区分布

学科	北京	天津	河北	山西	内蒙古	辽宁	吉林	黑龙江
数学	313	103	87	170	75	86	80	88
力学	319	71	48	50	26	84	11	50
信息、系统科学	32	8	10	11	2	17	6	8
物理学	799	135	94	174	32	135	230	54
化学	921	308	185	248	68	354	241	148
天文学	180	7	8	6	0	3	11	2
地学	2989	431	509	140	128	311	226	217
生物学	1248	233	170	186	181	203	162	248
预防医学与卫生学	2896	310	375	186	111	367	100	224
基础医学	1361	283	319	136	101	296	145	176
药物学	1785	348	513	94	91	421	150	144
临床医学	15 887	2546	6414	1833	958	4022	1275	2082
中医学	4228	716	830	265	155	693	467	872
军事医学与特种医学	336	52	67	13	9	46	7	8
农学	1859	200	659	745	389	606	531	706
林学	629	7	59	72	111	92	48	331
畜牧、兽医	726	83	247	145	361	114	285	299
水产学	70	42	9	6	6	112	18	28
测绘科学技术	396	71	28	26	10	92	23	15
材料科学	835	262	119	145	135	446	62	160
工程与技术基础	718	203	159	131	29	188	76	83
矿山工程技术	1043	17	214	521	267	357	48	67
能源科学技术	1266	375	140	28	10	165	20	260
冶金、金属学	1418	257	497	292	126	933	125	204
机械、仪表	1086	290	271	453	75	554	180	183
动力与电气	618	192	91	60	77	144	64	165
核科学技术	482	12	12	25	11	20	3	36
电子、通信与自动控制	3457	859	906	556	201	717	519	412
计算技术	3453	816	669	826	225	1179	467	615
化工	1480	549	280	393	121	637	179	247
轻工、纺织	108	80	33	7	18	31	20	41
食品	776	247	263	197	150	306	173	402
土木建筑	1935	501	286	184	99	431	73	290
水利	398	103	51	40	21	77	18	24
交通运输	1511	493	288	127	67	452	214	219
航空航天	1497	176	34	39	7	283	53	141
安全科学技术	47	6	7	3	3	6	5	4
环境科学	2494	593	409	316	139	545	143	188
管理学	140	27	8	3	2	68	9	10
其他	3468	376	269	260	114	593	227	328
总计	65 204	12 388	15 637	9112	4711	16 186	6694	9779

续表

学科	上海	江苏	浙江	安徽	福建	江西	山东	河南
数学	184	253	173	137	143	75	141	141
力学	164	236	80	61	17	22	49	30
信息、系统科学	12	30	9	4	10	6	12	22
物理学	415	387	178	204	96	54	164	122
化学	520	587	334	229	212	133	440	306
天文学	45	71	6	10	8	0	19	9
地学	413	955	344	257	220	203	1095	358
生物学	586	696	381	197	289	153	402	267
预防医学与卫生学	1589	1052	623	375	228	122	656	443
基础医学	866	741	404	324	204	108	420	360
药物学	760	1075	490	360	180	139	503	582
临床医学	8258	10 921	5154	5264	1969	957	5266	5741
中医学	1222	1468	804	548	312	368	1123	1090
军事医学与特种医学	172	149	60	41	35	13	81	30
农学	376	1630	718	375	669	381	1117	1247
林学	18	234	191	34	208	84	65	95
畜牧、兽医	105	562	158	103	124	120	257	359
水产学	489	157	125	16	65	17	240	31
测绘科学技术	101	258	66	54	41	85	207	268
材料科学	492	508	240	206	133	186	339	303
工程与技术基础	388	407	222	137	77	88	187	166
矿山工程技术	80	392	31	223	54	111	350	428
能源科学技术	89	119	70	13	7	6	498	85
冶金、金属学	571	743	249	238	104	287	496	409
机械、仪表	573	1100	353	242	118	158	486	527
动力与电气	418	357	187	78	31	25	162	98
核科学技术	153	38	16	67	12	35	14	8
电子、通信与自动控制	1480	2635	900	733	426	326	982	756
计算技术	1755	2951	1033	750	511	530	1153	1076
化工	742	1113	592	278	212	267	724	464
轻工、纺织	256	378	238	28	70	16	107	149
食品	365	810	408	135	243	179	410	583
土木建筑	1265	1422	644	257	287	190	531	536
水利	90	556	131	61	22	66	91	325
交通运输	1162	977	349	154	175	232	423	294
航空航天	408	643	60	41	28	54	131	74
安全科学技术	5	8	7	7	2	2	5	9
环境科学	754	1536	469	399	311	309	690	444
管理学	90	74	26	28	10	13	26	20
其他	1084	1443	673	388	285	317	715	479
总计	28 515	39 672	17 196	13 056	8148	6437	20 777	18 734

学科	湖北	湖南	广东	广西	海南	重庆	四川	贵州	云南
数学	144	93	204	93	12	152	189	83	58
力学	94	73	53	21	2	33	100	6	13
信息、系统科学	12	8	7	5	0	9	14	1	2
物理学	190	152	287	49	5	76	246	36	49
化学	354	201	463	156	30	100	315	167	158
天文学	27	4	26	13	1	3	13	15	49
地学	790	261	664	243	68	128	921	213	324
生物学	441	257	580	237	103	166	368	280	423
预防医学与卫生学	714	299	1129	239	112	401	824	162	186
基础医学	466	295	762	180	118	398	441	216	279
药物学	471	266	523	165	118	286	551	158	181
临床医学	6029	2613	7893	2252	1573	2893	6942	1464	1813
中医学	861	912	1889	619	239	200	947	365	388
军事医学与特种医学	55	22	91	28	12	46	68	15	26
农学	806	657	794	635	501	372	615	862	909
林学	62	150	155	200	152	29	121	116	355
畜牧、兽医	178	210	373	220	51	112	353	211	196
水产学	145	37	205	53	40	44	36	28	17
测绘科学技术	419	82	217	57	6	57	108	15	62
材料科学	360	246	354	98	21	164	321	75	101
工程与技术基础	229	155	198	51	9	55	169	29	52
矿山工程技术	146	286	76	59	5	251	133	126	220
能源科学技术	264	18	164	5	19	54	514	13	16
冶金、金属学	387	498	406	119	6	202	472	83	212
机械、仪表	491	237	323	153	11	271	632	130	94
动力与电气	187	108	191	41	3	44	95	14	80
核科学技术	57	47	88	1	1	20	278	0	1
电子、通信与自动控制	1412	757	1495	397	50	794	1254	261	375
计算技术	1157	751	1311	467	53	634	1238	276	487
化工	447	306	654	177	54	171	483	193	234
轻工、纺织	76	50	114	30	3	16	81	21	55
食品	424	302	611	226	63	151	552	295	240
土木建筑	842	534	964	289	23	457	470	92	208
水利	403	84	112	33	3	49	168	38	58
交通运输	1136	600	714	201	28	574	813	65	131
航空航天	109	193	53	10	2	20	364	12	15
安全科学技术	28	9	8	4	0	5	24	0	6
环境科学	655	444	744	267	60	360	621	249	312
管理学	54	38	58	8	2	24	37	3	6
其他	919	526	1045	174	78	521	563	198	208
总计	22 041	12 781	25 998	8275	3637	10 342	22 454	6586	8599

续表

学科	西藏	陕西	甘肃	青海	宁夏	新疆	不详	合计
数学	0	217	184	12	27	101	0	3818
力学	0	146	45	0	10	14	0	1928
信息、系统科学	0	16	0	0	1	3	0	277
物理学	2	321	110	4	12	26	0	4838
化学	2	364	137	40	44	96	0	7861
天文学	4	22	4	1	1	23	0	591
地学	43	852	480	177	54	366	0	14 380
生物	37	326	246	69	74	211	1	9421
预防医学与卫生学	20	389	158	55	100	241	0	14 686
基础医学	9	459	174	67	72	159	0	10 339
药物学	4	340	148	37	25	153	0	11 061
临床医学	68	4483	1728	617	491	1802	2	121 210
中医学	19	766	441	101	62	229	0	23 199
军事医学与特种医学	1	87	20	5	4	12	0	1611
农学	57	1041	815	189	332	989	2	21 784
林学	23	139	107	13	24	84	0	4008
畜牧、兽医	51	258	413	148	172	311	0	7305
水产学	11	22	28	5	4	30	0	2136
测绘科学技术	1	191	86	27	2	16	0	3087
材料科学	0	583	111	14	40	60	1	7120
工程与技术基础	0	382	72	7	13	28	0	4708
矿山工程技术	8	768	76	18	40	66	0	6481
能源科学技术	0	393	105	9	7	336	0	5068
冶金、金属学	0	830	220	24	35	57	0	10 500
机械、仪表	1	967	248	10	22	81	1	10 321
动力与电气	0	304	64	3	12	47	0	3960
核科学技术	0	80	54	1	0	4	0	1576
电子、通信与自动控制	16	1974	297	51	113	265	0	25 376
计算技术	5	2435	399	58	126	315	1	27 722
化工	5	826	225	56	63	135	0	12 307
轻工、纺织	0	386	6	5	2	29	0	2454
食品	14	275	143	48	55	174	0	9220
土木建筑	3	1027	313	36	28	116	18	14 351
水利	4	208	53	17	31	78	0	3413
交通运输	5	736	254	17	7	56	1	12 475
航空航天	0	973	48	0	0	11	0	5479
安全科学技术	1	12	9	2	0	1	0	235
环境科学	23	809	295	54	51	191	0	14 874
管理学	0	60	4	0	1	2	0	851
其他	14	1142	244	34	48	200	0	16 933
总计	451	25 609	8564	2031	2205	7118	27	458 964

附表 26 　2021 年 CSTPCD 收录的中国科技论文篇数分地区按机构分布

地区	论文篇数					
	高等院校	研究机构	医疗机构	企业	其他	合计
北京	34 221	16 832	5352	5274	3525	65 204
天津	8377	1045	1295	1293	378	12 388
河北	7986	1010	5013	1013	615	15 637
山西	7492	399	449	620	152	9112
内蒙古	3317	341	424	479	150	4711
辽宁	11 730	1555	1594	763	544	16 186
吉林	5406	760	126	303	99	6694
黑龙江	8328	937	137	261	116	9779
上海	21 299	3043	1294	2127	752	28 515
江苏	30 105	2961	3589	2153	864	39 672
浙江	10 470	1724	2731	1659	612	17 196
安徽	8865	742	2560	680	209	13 056
福建	6075	843	604	395	231	8148
江西	5055	553	362	272	195	6437
山东	13 799	2196	2491	1592	699	20 777
河南	12 641	1665	2618	1254	556	18 734
湖北	15 741	1877	2507	1366	550	22 041
湖南	9837	724	1067	934	219	12 781
广东	15 415	2889	3593	2802	1299	25 998
广西	5541	1006	974	422	332	8275
海南	1548	579	1272	108	130	3637
重庆	7697	739	1078	551	277	10 342
四川	14 462	2749	3171	1444	628	22 454
贵州	4905	701	348	371	261	6586
云南	5668	1231	701	585	414	8599
西藏	230	103	59	25	34	451
陕西	19 506	2002	1658	1917	526	25 609
甘肃	5692	1388	756	421	307	8564
青海	931	287	505	115	193	2031
宁夏	1550	224	132	219	80	2205
新疆	4729	957	685	458	289	7118
不详	0	8		1	18	27
总计	308 618	54 070	49 145	31 877	15 254	458 964

数据来源：CSTPCD 2021。

注：此处医院的数据不包括高等院校所属医院数据。

附表 27 　2021 年 CSTPCD 收录的中国科技论文篇数分学科按机构分布

学科	篇数					
	高等院校	研究机构	医疗机构[①]	企业	其他	合计
数学	3699	85	5	15	14	3818
力学	1616	228		53	31	1928

续表

学科	篇数					
	高等院校	研究机构	医疗机构①	企业	其他	合计
信息、系统科学	251	19		3	4	277
物理学	3897	832	3	70	36	4838
化学	5502	1364	25	522	448	7861
天文学	312	247		3	29	591
地学	6364	4101	5	1082	2828	14 380
生物学	7018	1932	110	125	236	9421
预防医学与卫生学	8345	3126	2360	129	726	14 686
基础医学	7313	1069	1610	143	204	10 339
药物学	6506	1063	2624	323	545	11 061
临床医学	78 908	3140	37 737	177	1248	121 210
中医学	17 530	1473	3641	295	260	23 199
军事医学与特种医学	918	85	528	8	72	1611
农学	12 681	7206	20	537	1340	21 784
林学	2590	1062	5	44	307	4008
畜牧、兽医	5160	1621	11	241	272	7305
水产学	1423	621	3	38	51	2136
测绘科学技术	1885	583		258	361	3087
材料科学	5518	880	12	631	79	7120
工程与技术基础	3515	747	10	340	96	4708
矿山工程技术	3221	576		2526	158	6481
能源科学技术	2046	1265	2	1676	79	5068
冶金、金属学	6882	1096	1	2369	152	10 500
机械、仪表	7588	1276	34	1125	298	10 321
动力与电气	2858	372	1	662	67	3960
核科学技术	597	652	8	266	53	1576
电子、通信与自动控制	17 271	3230	22	4073	780	25 376
计算技术	22 894	2242	122	1771	693	27 722
化工	8306	1471	36	2300	194	12 307
轻工、纺织	1821	179	2	366	86	2454
食品	6748	1368	12	671	421	9220
土木建筑	10 023	1096	4	2938	290	14 351
水利	2123	589		458	243	3413
交通运输	7527	953	6	3623	366	12 475
航空航天	3071	1741		362	305	5479
安全科学技术	154	34	1	11	35	235
环境科学	9920	2569	22	1233	1130	14 874
管理学	798	34	3	8	8	851
其他	13 819	1843	160	401	710	16 933
总计	308 618	54 070	49 145	31 876	15 255	458 964

数据来源：CSTPCD 2021。

注：①此处医院的数据不包括高等院校所属医院数据。

附表 28　2021 年 CSTPCD 收录各学科科技论文的引用文献情况

学科	论文篇数	引文总篇数	篇均引文篇数
数学	3819	77 455	20.28
力学	1928	50 519	26.20
信息、系统科学	277	6328	22.84
物理学	4842	184 260	38.05
化学	7861	282 357	35.92
天文学	591	29 613	50.11
地学	14 382	575 941	40.05
生物学	9423	389 588	41.34
预防医学与卫生学	14 686	278 733	18.98
基础医学	10 343	282 391	27.30
药物学	11 061	267 287	24.16
临床医学	121 216	2 772 419	22.87
中医学	23 199	578 781	24.95
军事医学与特种医学	1611	32 389	20.10
农学	21 784	651 830	29.92
林学	4010	127 766	31.86
畜牧、兽医	7305	224 451	30.73
水产学	2137	76 679	35.88
测绘科学技术	3088	65 078	21.07
材料科学	7121	260 031	36.52
工程与技术基础	4708	130 357	27.69
矿山工程技术	6481	122 759	18.94
能源科学技术	5068	125 588	24.78
冶金、金属学	10 500	228 368	21.75
机械、仪表	10 322	181 003	17.54
动力与电气	3961	92 220	23.28
核科学技术	1576	27 355	17.36
电子、通信与自动控制	25 376	570 673	22.49
计算技术	27 722	628 377	22.67
化工	12 307	336 470	27.34
轻工、纺织	2454	45 577	18.57
食品	9220	287 040	31.13
土木建筑	14 357	288 886	20.12
水利	3413	75 061	21.99
交通运输	12 475	215 606	17.28
航空航天	5479	126 724	23.13
安全科学技术	235	6510	27.70
环境科学	14 874	474 297	31.89
管理学	851	24 657	28.97
其他	16 933	477 243	28.18

附表 29　2021 年 CSTPCD 收录科技论文数居前 50 位的高等院校

排名	高等院校	论文篇数	排名	高等院校	论文篇数
1	首都医科大学	6295	26	贵州大学	1656
2	上海交通大学	5733	27	广州中医药大学	1642
3	北京大学	4292	28	南京航空航天大学	1630
4	四川大学	4182	29	山西医科大学	1598
5	浙江大学	3084	30	新疆医科大学	1574
6	复旦大学	3055	31	河海大学	1573
7	北京中医药大学	2990	32	上海中医药大学	1562
8	华中科技大学	2985	33	昆明理工大学	1553
9	武汉大学	2978	34	重庆医科大学	1550
10	郑州大学	2819	35	西南交通大学	1547
11	南京医科大学	2711	36	中国医科大学	1536
12	中山大学	2496	37	苏州大学	1496
13	中南大学	2397	38	太原理工大学	1486
14	同济大学	2374	39	河北医科大学	1472
15	西安交通大学	2309	40	东南大学	1458
16	吉林大学	2232	41	江南大学	1438
17	天津大学	2115	42	中国矿业大学	1435
18	安徽医科大学	2016	43	南京中医药大学	1419
19	华南理工大学	1991	44	中国地质大学	1407
20	清华大学	1915	45	大连理工大学	1339
21	哈尔滨医科大学	1856	46	海军军医大学	1330
22	山东大学	1773	47	江苏大学	1313
23	南京大学	1753	47	华北电力大学	1313
24	空军军医大学	1733	49	西北农林科技大学	1311
25	中国石油大学	1674	50	天津医科大学	1306

注：高等院校论文数含其附属机构论文数。

附表 30　2021 年 CSTPCD 收录科技论文数居前 50 位的研究机构

排名	研究机构	论文篇数	排名	研究机构	论文篇数
1	中国中医科学院	1829	12	中国环境科学研究院	329
2	中国疾病预防控制中心	935	13	江苏省农业科学院	327
3	中国林业科学研究院	589	14	广西农业科学院	317
4	中国医学科学院肿瘤研究所	455	15	河南省农业科学院	281
5	中国工程物理研究院	454	16	中国科学院合肥物质科学研究院	273
6	中国科学院地理科学与资源研究所	448	17	贵州省农业科学院	260
7	中国食品药品检定研究院	445	18	中国水利水电科学研究院	256
8	中国水产科学研究院	434	18	福建省农业科学院	256
9	中国热带农业科学院	419	20	中国科学院空天信息创新研究院	255
10	广东省农业科学院	382	21	上海市农业科学院	234
11	中国科学院西北生态环境资源研究院	361	22	广东省科学院	231

排名	研究机构	论文篇数	排名	研究机构	论文篇数
23	解放军军事科学院	230	35	北京市疾病预防控制中心	178
24	云南省农业科学院	229	38	山东省农业科学院	176
25	中国空气动力研究与发展中心	228	39	中国科学院海洋研究所	172
26	中航工业北京航空材料研究院	222	40	四川省农业科学院	171
27	中国科学院生态环境研究中心	221	41	中国科学院大连化学物理研究所	169
27	湖北省农业科学院	221	42	中国农业科学院植物保护研究所	167
29	北京市农林科学院	217	43	南京水利科学研究院	166
30	首都儿科研究所	215	44	北京矿冶研究总院	164
31	山东省医学科学院	212	45	中国医学科学院药物研究所	163
32	军事医学科学院	209	46	中国科学院长春光学精密机械与物理研究所	162
33	中国科学院声学研究所	195	47	中国科学院地质与地球物理研究所	161
34	中国科学院金属研究所	193	47	浙江省农业科学院	161
35	中国科学院物理研究所	178	49	河北省农林科学院	160
35	新疆农业科学院	178	49	中国铁道科学研究院	160

附表 31　2021 年 CSTPCD 收录科技论文数居前 50 位的医疗机构

排名	医疗机构	论文篇数	排名	医疗机构	论文篇数
1	解放军总医院	1982	18	首都医科大学附属北京友谊医院	640
2	四川大学华西医院	1760	19	昆山市中医医院	633
3	北京协和医院	1280	20	海军军医大学第一附属医院（上海长海医院）	625
4	郑州大学第一附属医院	1217	21	上海交通大学医学院附属第九人民医院	614
5	江苏省人民医院	1040	22	华中科技大学同济医学院附属协和医院	613
6	武汉大学人民医院	954	23	安徽医科大学第一附属医院	603
7	华中科技大学同济医学院附属同济医院	825	24	复旦大学附属中山医院	575
8	北京大学第三医院	807	25	广东省中医院	571
9	河南省人民医院	804	26	重庆医科大学附属第一医院	564
10	空军军医大学第一附属医院（西京医院）	768	27	首都医科大学附属北京朝阳医院	552
11	中国医科大学附属盛京医院	759	28	中国中医科学院广安门医院	551
12	新疆医科大学第一附属医院	711	29	北京大学人民医院	544
13	南京鼓楼医院	700	30	首都医科大学附属北京同仁医院	538
14	首都医科大学宣武医院	695	31	首都医科大学附属北京安贞医院	529
15	北京中医药大学东直门医院	652	32	北京大学第一医院	522
16	哈尔滨医科大学附属第一医院	649	33	中国医学科学院阜外心血管病医院	515
17	西安交通大学医学院第一附属医院	648	34	青岛大学附属医院	501

续表

排名	医疗机构	论文篇数	排名	医疗机构	论文篇数
35	哈尔滨医科大学附属第二医院	496	43	中国人民解放军北部战区总医院	443
36	安徽省立医院	495	44	武汉大学中南医院	428
37	上海交通大学医学院附属瑞金医院	494	45	兰州大学第一医院	425
38	首都医科大学附属北京儿童医院	485	46	河北医科大学第二医院	424
39	首都医科大学附属北京天坛医院	481	47	吉林大学白求恩第一医院	411
40	西南医科大学附属医院	477	47	蚌埠医学院第一附属医院	411
41	中国人民解放军东部战区总医院	460	49	南方医院	409
42	上海市第六人民医院	456	49	上海中医药大学附属曙光医院	409

附表 32　2021 年 CSTPCD 收录科技论文数居前 30 位的农林牧渔类高等院校

排名	高等院校	论文篇数	排名	高等院校	论文篇数
1	西北农林科技大学	1311	16	河北农业大学	651
2	中国农业大学	1243	17	云南农业大学	641
3	山西农业大学	1006	18	东北农业大学	582
4	南京农业大学	932	19	西南林业大学	528
5	福建农林大学	907	20	四川农业大学	527
6	甘肃农业大学	883	21	山东农业大学	490
7	内蒙古农业大学	840	22	吉林农业大学	476
8	北京林业大学	795	23	江西农业大学	393
9	东北林业大学	788	24	浙江农林大学	388
10	华中农业大学	772	25	安徽农业大学	380
11	新疆农业大学	759	26	中南林业科技大学	373
12	南京林业大学	741	27	沈阳农业大学	324
13	华南农业大学	721	28	黑龙江八一农垦大学	303
14	湖南农业大学	675	29	青岛农业大学	295
15	河南农业大学	662	30	天津农学院	192

注：高等院校论文数含其附属机构论文数。

附表 33　2021 年 CSTPCD 收录科技论文数居前 30 位的师范类高等院校

排名	高等院校	论文篇数	排名	高等院校	论文篇数
1	北京师范大学	616	11	云南师范大学	278
2	华东师范大学	553	12	首都师范大学	231
3	西北师范大学	462	13	华中师范大学	228
4	贵州师范大学	461	13	广西师范大学	228
5	陕西师范大学	420	15	浙江师范大学	221
6	福建师范大学	395	15	重庆师范大学	221
7	南京师范大学	368	17	山东师范大学	214
8	湖南师范大学	356	18	江西师范大学	213
9	华南师范大学	336	19	安徽师范大学	196
10	杭州师范大学	293	20	内蒙古师范大学	195

排名	高等院校	论文篇数	排名	高等院校	论文篇数
21	新疆师范大学	190	25	河北师范大学	160
22	河南师范大学	187	27	江苏师范大学	159
23	四川师范大学	174	27	天津师范大学	159
24	辽宁师范大学	168	29	山西师范大学	158
25	东北师范大学	160	30	上海师范大学	157

注：高等院校论文数含其附属机构论文数。

附表 34　2021 年 CSTPCD 收录科技论文数居前 30 位的医药学类高等院校

排名	高等院校	论文篇数	排名	高等院校	论文篇数
1	首都医科大学	6295	16	天津医科大学	1306
2	北京中医药大学	2990	17	山东中医药大学	1274
3	南京医科大学	2711	18	河南中医药大学	1164
4	安徽医科大学	2016	19	湖南中医药大学	1117
5	哈尔滨医科大学	1856	20	黑龙江中医药大学	1093
6	空军军医大学	1733	21	南方医科大学	1087
7	广州中医药大学	1642	22	浙江中医药大学	1081
8	山西医科大学	1598	23	广西医科大学	1074
9	新疆医科大学	1574	24	天津中医药大学	1057
10	上海中医药大学	1562	25	陆军军医大学	1045
11	重庆医科大学	1550	26	昆明医科大学	1010
12	中国医科大学	1536	27	温州医科大学	917
13	河北医科大学	1472	28	广西中医药大学	916
14	南京中医药大学	1419	29	贵州医科大学	898
15	海军军医大学	1330	30	陕西中医药大学	880

注：高等院校论文数含其附属机构论文数。

附表 35　2021 年 CSTPCD 收录中国科技论文数居前 50 位的城市

排名	城市	论文篇数	排名	城市	论文篇数
1	北京	65 204	14	哈尔滨	7887
2	上海	28 515	15	兰州	7687
3	南京	21 565	16	合肥	7522
4	西安	19 701	17	青岛	7421
5	武汉	17 671	18	昆明	7400
6	广州	16 438	19	太原	6914
7	成都	15 698	20	济南	6119
8	天津	12 388	21	长春	5464
9	郑州	11 295	22	石家庄	5284
10	重庆	10 342	23	乌鲁木齐	5206
11	杭州	10 266	24	贵阳	4938
12	长沙	9609	25	大连	4923
13	沈阳	8271	26	南宁	4909

续表

排名	城市	论文篇数	排名	城市	论文篇数
27	南昌	4805	39	西宁	1929
28	福州	4532	40	厦门	1902
29	深圳	4235	41	镇江	1852
30	苏州	3471	42	唐山	1847
31	无锡	3176	43	桂林	1744
32	咸阳	3165	44	扬州	1658
33	呼和浩特	2868	45	绵阳	1649
34	海口	2725	46	洛阳	1639
35	徐州	2534	47	烟台	1548
36	保定	2386	48	南通	1507
37	银川	2083	49	常州	1463
38	宁波	1957	50	秦皇岛	1315

附表 36　2021 年 CSTPCD 统计科技论文被引次数居前 50 位的高等院校

排名	高等院校	被引次数	排名	高等院校	被引次数
1	北京大学	38 857	26	郑州大学	13 248
2	上海交通大学	32 413	27	南京农业大学	12 297
3	首都医科大学	30 531	28	东南大学	12 169
4	武汉大学	27 383	29	山东大学	12 117
5	浙江大学	26 832	30	河海大学	11 672
6	清华大学	25 086	31	西南大学	11 669
7	四川大学	23 059	32	西南交通大学	11 562
8	同济大学	22 077	33	北京师范大学	11 471
9	华中科技大学	21 556	34	中国人民大学	11 425
10	中南大学	21 442	35	南京中医药大学	11 337
11	中山大学	20 665	36	兰州大学	10 784
12	复旦大学	20 214	37	上海中医药大学	10 646
13	中国地质大学	18 753	38	安徽医科大学	10 530
14	中国矿业大学	18 629	39	哈尔滨工业大学	10 464
15	西北农林科技大学	18 111	40	南京航空航天大学	10 440
16	北京中医药大学	17 608	41	广州中医药大学	10 293
17	南京大学	17 526	42	大连理工大学	10 048
18	吉林大学	17 227	43	南京医科大学	9893
19	西安交通大学	16 462	44	北京航空航天大学	9456
20	中国石油大学	16 306	45	西北工业大学	9392
21	华北电力大学	15 783	46	北京科技大学	9288
22	中国农业大学	15 001	47	湖南大学	9241
23	华南理工大学	14 618	48	北京林业大学	9078
24	天津大学	14 594	49	江苏大学	9035
25	重庆大学	13 474	50	中国医科大学	8960

注：高等院校论文被引频次数含其附属机构论文被引频次数。

附表 37　2021 年 CSTPCD 统计科技论文被引次数居前 50 位的研究机构

排名	研究机构	被引次数	排名	研究机构	被引次数
1	中国科学院地理科学与资源研究所	14 899	26	中国工程物理研究院	2096
2	中国中医科学院	14 229	27	中国地质科学院地质研究所	2095
3	中国疾病预防控制中心	9592	28	山东省农业科学院	2053
4	中国林业科学研究院	6793	29	中国科学院东北地理与农业生态研究所	2035
5	中国水产科学研究院	5587	30	中国科学院沈阳应用生态研究所	1971
6	中国科学院西北生态环境资源研究院	5301	31	中国科学院广州地球化学研究所	1907
7	中国科学院地质与地球物理研究所	4594	32	中国科学院武汉岩土力学研究所	1890
8	中国科学院生态环境研究中心	4363	33	云南省农业科学院	1848
9	江苏省农业科学院	3394	34	中国科学院植物研究所	1793
10	中国环境科学研究院	3131	35	河南省农业科学院	1771
11	中国科学院南京土壤研究所	3091	36	中国科学院海洋研究所	1722
12	中国热带农业科学院	3064	37	北京市农林科学院	1708
13	中国地质科学院矿产资源研究所	2820	38	南京水利科学研究院	1587
14	中国水利水电科学研究院	2814	39	中国农业科学院作物科学研究所	1580
15	中国科学院空天信息创新研究院	2781	40	中国科学院地球化学研究所	1542
16	中国科学院南京地理与湖泊研究所	2743	41	广西农业科学院	1541
17	中国农业科学院农业资源与农业区划研究所	2670	42	中国社会科学院研究生院	1509
18	广东省农业科学院	2445	43	中国科学院水利部成都山地灾害与环境研究所	1499
19	中国科学院新疆生态与地理研究所	2441	44	中国地震局地质研究所	1452
20	中国科学院大气物理研究所	2409	45	甘肃省农业科学院	1382
21	中国气象科学研究院	2257	46	浙江省农业科学院	1346
22	中国科学院长春光学精密机械与物理研究所	2215	47	四川省农业科学院	1332
23	中国药品生物制品检定所	2183	48	中国科学院金属研究所	1286
24	山西省农业科学院	2116	48	中国科学院合肥物质科学研究院	1286
25	福建省农业科学院	2107	50	中国农业科学院植物保护研究所	1270

附表 38　2020 年 CSTPCD 统计科技论文被引次数居前 50 位的医疗机构

排名	医疗机构	被引次数	排名	医疗机构	被引次数
1	解放军总医院	12 994	7	北京大学第三医院	4571
2	四川大学华西医院	7748	8	中国中医科学院广安门医院	4360
3	北京协和医院	7697	9	中国医科大学附属盛京医院	4284
4	郑州大学第一附属医院	4813	10	北京大学第一医院	4249
5	华中科技大学同济医学院附属同济医院	4765	11	北京大学人民医院	3635
6	武汉大学人民医院	4620	12	江苏省人民医院	3608

排名	医疗机构	被引次数	排名	医疗机构	被引次数
13	首都医科大学宣武医院	3532	32	新疆医科大学第一附属医院	2723
14	中国医学科学院阜外心血管病医院	3469	33	上海中医药大学附属曙光医院	2701
15	中国医学科学院肿瘤医院	3425	34	河南省人民医院	2649
16	海军军医大学第一附属医院（上海长海医院）	3292	35	中南大学湘雅医院	2626
17	北京中医药大学东直门医院	3140	36	中国医科大学附属第一医院	2625
18	华中科技大学同济医学院附属协和医院	3116	37	广东省中医院	2520
19	复旦大学附属中山医院	2967	38	江苏省中医院	2518
20	空军军医大学第一附属医院（西京医院）	2964	39	上海市第六人民医院	2492
21	南方医科大学南方医院	2953	40	首都医科大学附属北京朝阳医院	2423
22	重庆医科大学附属第一医院	2922	41	安徽省立医院	2400
23	首都医科大学附属北京友谊医院	2885	42	中日友好医院	2388
24	上海交通大学医学院附属瑞金医院	2881	43	上海交通大学医学院附属第九人民医院	2311
25	南京鼓楼医院	2852	44	首都医科大学附属北京同仁医院	2309
26	安徽医科大学第一附属医院	2826	45	中山大学附属第一医院	2306
27	复旦大学附属华山医院	2821	46	北京医院	2245
28	中国人民解放军东部战区总医院	2817	47	首都医科大学附属北京中医医院	2244
29	首都医科大学附属北京安贞医院	2814	48	青岛大学附属医院	2236
30	哈尔滨医科大学附属第一医院	2800	49	上海交通大学医学院附属新华医院	2175
30	西安交通大学医学院第一附属医院	2800	50	上海中医药大学附属龙华医院	2173

附表 39　2021 年 CSTPCD 收录的各类基金资助来源产出论文情况

序号	基金来源	论文篇数	所占比例
1	国家自然科学基金委员会基金项目	123 972	34.85%
2	科学技术部基金项目	46 933	13.19%
3	国内大学、研究机构和公益组织资助	30 819	8.66%
4	江苏省基金项目	6725	1.89%
5	河北省基金项目	6476	1.82%
6	广东省基金项目	6236	1.75%
7	国内企业资助	5994	1.69%
8	河南省基金项目	5965	1.68%
9	陕西省基金项目	5320	1.50%
10	四川省基金项目	5238	1.47%
11	上海市基金项目	4946	1.39%
12	北京市基金项目	4652	1.31%
13	山东省基金项目	4619	1.30%
14	教育部基金项目	4113	1.16%

续表

序号	基金来源	论文篇数	所占比例
15	浙江省基金项目	4049	1.14%
16	国家社会科学基金	3741	1.05%
17	湖南省基金项目	3384	0.95%
18	安徽省基金项目	3266	0.92%
19	辽宁省基金项目	3140	0.88%
20	湖北省基金项目	3088	0.87%
21	山西省基金项目	2994	0.84%
22	重庆市基金项目	2923	0.82%
23	广西壮族自治区基金项目	2920	0.82%
24	农业农村部基金项目	2455	0.69%
25	贵州省基金项目	2283	0.64%
26	福建省基金项目	2109	0.59%
27	云南省基金项目	2022	0.57%
28	黑龙江省基金项目	2006	0.56%
29	吉林省基金项目	2000	0.56%
30	新疆维吾尔自治区基金项目	1966	0.55%
31	天津市基金项目	1895	0.53%
32	海南省基金项目	1829	0.51%
33	江西省基金项目	1702	0.48%
34	甘肃省基金项目	1658	0.47%
35	军队系统基金	1488	0.42%
36	内蒙古自治区基金项目	1466	0.41%
37	国家中医药管理局	1196	0.34%
38	国土资源部基金项目	1165	0.33%
39	人力资源和社会保障部基金项目	1078	0.30%
40	宁夏回族自治区基金项目	944	0.27%
41	青海省基金项目	878	0.25%
42	国家国防科技工业局基金项目	423	0.12%
43	其他部委基金项目	414	0.12%
44	工业和信息化部基金项目	356	0.10%
45	中国科学院基金项目	342	0.10%
46	西藏自治区基金项目	305	0.09%
47	国内个人资助	227	0.06%
48	中国气象局基金项目	215	0.06%
49	中国地震局基金项目	145	0.04%
50	住房和城乡建设部基金项目	113	0.03%
51	海外公益组织、基金机构、学术机构、研究机构资助	109	0.03%
52	中国科学技术协会基金项目	96	0.03%
53	国家卫生计生委基金项目	85	0.02%

序号	基金来源	论文篇数	所占比例
54	交通运输部基金项目	76	0.02%
55	海外个人资助	55	0.02%
56	国家林业局基金项目	38	0.01%
57	国家发展和改革委员会基金项目	32	0.01%
58	水利部基金项目	31	0.01%
59	国家海洋局基金项目	17	0.00%
60	环境保护部基金项目	10	0.00%
61	国家铁路局基金项目	8	0.00%
62	国家食品药品监督管理局基金项目	6	0.00%
63	海外公司和跨国公司资助	6	0.00%
64	国家测绘局基金项目	5	0.00%
	其他资助	30 952	8.70%
	合计	355 719	100.00%

附表 40　2021 年 CSTPCD 收录的各类基金资助产出论文的机构分布

机构类型	基金论文篇数	所占比例
高等院校	258 392	72.64%
医疗机构	28 487	8.01%
研究机构	42 872	12.05%
企业	15 924	4.48%
其他	10 044	2.82%
合计	355 719	100.00%

附表 41　2021 年 CSTPCD 收录的各类基金资助产出论文的学科分布

序号	学科	基金论文篇数	所占比例	学科排名
1	数学	3593	1.01%	27
2	力学	1685	0.47%	32
3	信息、系统科学	245	0.07%	38
4	物理学	4489	1.26%	22
5	化学	6705	1.88%	19
6	天文学	548	0.15%	37
7	地学	13 328	3.75%	6
8	生物学	8944	2.51%	10
9	预防医学与卫生学	9781	2.75%	9
10	基础医学	8357	2.35%	13
11	药物学	7624	2.14%	16
12	临床医学	77 968	21.92%	1
13	中医学	20 406	5.74%	4
14	军事医学与特种医学	984	0.28%	35
15	农学	20 848	5.86%	3

续表

序号	学科	基金论文篇数	所占比例	学科排名
16	林学	3833	1.08%	24
17	畜牧、兽医	6870	1.93%	18
18	水产学	2094	0.59%	31
19	测绘科学技术	2570	0.72%	30
20	材料科学	6070	1.71%	20
21	工程与技术基础	3744	1.05%	25
22	矿业工程技术	4613	1.30%	21
23	能源科学技术	4304	1.21%	23
24	冶金、金属学	7609	2.14%	17
25	机械、仪表	7648	2.15%	15
26	动力与电气	3295	0.93%	28
27	核科学技术	992	0.28%	34
28	电子、通信与自动控制	20 229	5.69%	5
29	计算技术	22 659	6.37%	2
30	化工	8880	2.50%	12
31	轻工、纺织	1683	0.47%	33
32	食品	8113	2.28%	14
33	土木建筑	11 089	3.12%	8
34	水利	2999	0.84%	29
35	交通运输	8944	2.51%	11
36	航空航天	3699	1.04%	26
37	安全科学技术	223	0.06%	39
38	环境科学	12 961	3.64%	7
39	管理学	781	0.22%	36
40	其他	14 312	4.02%	
	合计	355 719	100.00%	

附表 42　2021 年 CSTPCD 收录的各类基金资助产出论文的地区分布

序号	地区	基金论文篇数	所占比例	排名
1	北京	47 873	13.46%	1
2	天津	9585	2.69%	15
3	河北	12 088	3.40%	12
4	山西	7117	2.00%	21
5	内蒙古	3808	1.07%	27
6	辽宁	12 450	3.50%	11
7	吉林	5489	1.54%	26
8	黑龙江	8045	2.26%	17
9	上海	21 335	6.00%	3
10	江苏	30 778	8.65%	2
11	浙江	12 924	3.63%	10

序号	地区	基金论文篇数	所占比例	排名
12	安徽	9920	2.79%	14
13	福建	6625	1.86%	22
14	江西	5667	1.59%	25
15	山东	15 259	4.29%	8
16	河南	14 316	4.02%	9
17	湖北	16 470	4.63%	7
18	湖南	10 620	2.99%	13
19	广东	20 188	5.68%	4
20	广西	7321	2.06%	18
21	海南	2783	0.78%	28
22	重庆	8212	2.31%	16
23	四川	16 609	4.67%	6
24	贵州	5793	1.63%	24
25	云南	7245	2.04%	19
26	西藏	383	0.11%	31
27	陕西	20 032	5.63%	5
28	甘肃	7226	2.03%	20
29	青海	1563	0.44%	30
30	宁夏	1886	0.53%	29
31	新疆	6109	1.72%	23
	合计	355 719	100.00%	

附表 43　2021 年 CSTPCD 收录的基金论文数据居前 50 位的高等院校

排名	高等院校	基金论文篇数	排名	高等院校	基金论文篇数
1	上海交通大学	4109	17	吉林大学	1643
2	首都医科大学	3909	18	贵州大学	1608
3	四川大学	3114	19	清华大学	1580
4	北京大学	2570	20	中国石油大学	1519
5	北京中医药大学	2544	21	华南理工大学	1503
6	浙江大学	2383	22	安徽医科大学	1429
7	武汉大学	2275	23	昆明理工大学	1410
8	华中科技大学	2122	24	河海大学	1404
9	复旦大学	2105	25	太原理工大学	1400
10	郑州大学	2087	26	上海中医药大学	1397
11	中南大学	1996	27	西南交通大学	1386
12	同济大学	1933	28	南京大学	1383
13	西安交通大学	1892	29	山东大学	1369
14	天津大学	1843	30	南京航空航天大学	1354
15	南京医科大学	1714	31	中国矿业大学	1337
16	中山大学	1711	32	中国地质大学	1320

续表

排名	高等院校	基金论文篇数	排名	高等院校	基金论文篇数
33	新疆医科大学	1300	42	广西大学	1127
34	西北农林科技大学	1272	43	华北电力大学	1122
35	广州中医药大学	1258	44	苏州大学	1117
36	江南大学	1242	45	东北大学	1102
37	大连理工大学	1213	46	山东中医药大学	1092
37	东南大学	1213	47	长安大学	1079
39	重庆大学	1163	48	空军军医大学	1069
40	中国农业大学	1157	49	武汉理工大学	1042
41	南京中医药大学	1128	50	江苏大学	1040

附表 44　2021 年 CSTPCD 收录的基金论文数居前 50 位的研究机构

排名	研究机构	基金论文篇数	排名	研究机构	基金论文篇数
1	中国疾病预防控制中心	677	21	云南省农业科学院	226
2	中国中医科学院	663	22	中国科学院生态环境研究中心	216
3	中国林业科学研究院	577	22	广东省科学院	216
4	中国科学院地理科学与资源研究所	444	24	北京市农林科学院	214
5	中国水产科学研究院	427	25	湖北省农业科学院	211
6	中国热带农业科学院	410	26	中国科学院金属研究所	177
7	广东省农业科学院	381	26	新疆农业科学院	177
8	中国科学院西北生态环境资源研究院	352	28	山东省农业科学院	176
9	中国工程物理研究院	346	29	中国科学院声学研究所	171
10	中国环境科学研究院	324	30	中国科学院海洋研究所	170
11	江苏省农业科学院	323	30	四川省农业科学院	170
12	广西壮族自治区农业科学院	309	32	军事医学科学院	168
13	中国药品生物制品检定研究所	285	33	中国科学院大连化学物理研究所	161
14	河南省农业科学院	279	34	南京水利科学研究院	160
15	贵州省农业科学院	257	35	中国科学院物理研究所	159
16	福建省农业科学院	250	36	中国农业科学院植物保护研究所	158
17	中国水利水电科学研究院	247	36	河北省农林科学院	158
18	中国科学院合肥物质科学研究院	243	38	浙江省农业科学院	157
19	中国科学院空天信息创新研究院	234	39	中国科学院地质与地球物理研究所	154
20	上海市农业科学研究院	231	40	中国科学院过程工程研究所	146

续表

排名	研究机构	基金论文篇数	排名	研究机构	基金论文篇数
41	中国科学院长春光学精密机械与物理研究所	145	46	吉林省农业科学院	129
42	中国科学院新疆生态与地理研究所	141	47	中国科学院水利部成都山地灾害与环境研究所	128
43	甘肃省农业科学院	138	47	中国农业科学院北京畜牧兽医研究所	128
44	军事科学院	137	49	长江科学院	125
45	黑龙江省农业科学院	135	50	中国科学院南京土壤研究所	124

附表45 2021年CSTPCD收录的论文按作者合著关系的学科分布

学科	单一作者 论文篇数	比例	同机构合著 论文篇数	比例	同省合著 论文篇数	比例	省际合著 论文篇数	比例	国际合著 论文篇数	比例	总计
数学	507	13.3%	2109	55.2%	513	13.4%	570	14.9%	119	3.1%	3818
力学	65	3.4%	1131	58.7%	257	13.3%	425	22.0%	50	2.6%	1928
信息、系统科学	18	6.5%	168	60.6%	34	12.3%	51	18.4%	6	2.2%	277
物理学	158	3.3%	2739	56.6%	674	13.9%	1015	21.0%	252	5.2%	4838
化学	212	2.7%	4857	61.8%	1467	18.7%	1163	14.8%	162	2.1%	7861
天文学	40	6.8%	209	35.4%	81	13.7%	178	30.1%	83	14.0%	591
地学	511	3.6%	5580	38.8%	2841	19.8%	5049	35.1%	399	2.8%	14380
生物学	184	2.0%	5170	54.9%	1930	20.5%	1785	18.9%	352	3.7%	9421
预防医学与卫生学	621	4.2%	8190	55.8%	3989	27.2%	1719	11.7%	167	1.1%	14686
基础医学	251	2.4%	5714	55.3%	2753	26.6%	1466	14.2%	155	1.5%	10339
药物学	266	2.4%	6329	57.2%	2922	26.4%	1455	13.2%	89	0.8%	11061
临床医学	3941	3.3%	76496	63.1%	29644	24.5%	10496	8.7%	633	0.5%	121210
中医学	557	2.4%	10806	46.6%	8612	37.1%	3049	13.1%	175	0.8%	23199
军事医学与特种医学	34	2.1%	957	59.4%	348	21.6%	270	16.8%	2	0.1%	1611
农学	394	1.8%	11200	51.4%	6078	27.9%	3906	17.9%	206	0.9%	21784
林学	104	2.6%	1970	49.2%	1061	26.5%	826	20.6%	47	1.2%	4008
畜牧、兽医	148	2.0%	3859	52.8%	1908	26.1%	1320	18.1%	70	1.0%	7305
水产学	31	1.5%	1028	48.1%	467	21.9%	593	27.8%	17	0.8%	2136
测绘科学技术	174	5.6%	1392	45.1%	584	18.9%	913	29.6%	24	0.8%	3087
材料科学技术	273	3.8%	3678	51.7%	1154	16.2%	1625	22.8%	390	5.5%	7120
工程与技术基础学科	189	4.0%	2640	56.1%	778	16.5%	957	20.3%	144	3.1%	4708
矿山工程技术	1028	15.9%	2745	42.4%	933	14.4%	1720	26.5%	55	0.8%	6481
能源科学技术	373	7.4%	1730	34.1%	842	16.6%	2070	40.8%	53	1.0%	5068
冶金、金属学	465	4.4%	5368	51.1%	1924	18.3%	2582	24.6%	161	1.5%	10500
机械、仪表	495	4.8%	5964	57.8%	1753	17.0%	2037	19.7%	72	0.7%	10321
动力与电气	104	2.6%	2148	54.2%	638	16.1%	973	24.6%	97	2.4%	3960
核科学技术	35	2.2%	947	60.1%	180	11.4%	407	25.8%	7	0.4%	1576

续表

学科	单一作者		同机构合著		同省合著		省际合著		国际合著		总计
	论文篇数	比例	论文篇数	比例	论文篇数	比例	论文篇数	比例	论文篇数	比例	
电子、通信与自动控制	1140	4.5%	13391	52.8%	4548	17.9%	5872	23.1%	425	1.7%	25376
计算技术	2031	7.3%	16925	61.1%	4341	15.7%	4007	14.5%	418	1.5%	27722
化工	769	6.2%	7052	57.3%	2128	17.3%	2137	17.4%	221	1.8%	12307
轻工、纺织	393	16.0%	1200	48.9%	412	16.8%	433	17.6%	16	0.7%	2454
食品	232	2.5%	5112	55.4%	2215	24.0%	1581	17.1%	80	0.9%	9220
土木建筑	1248	8.7%	6697	46.7%	2940	20.5%	3200	22.3%	266	1.9%	14351
水利	90	2.6%	1492	43.7%	658	19.3%	1123	32.9%	50	1.5%	3413
交通运输	1211	9.7%	5666	45.4%	2097	16.8%	3349	26.8%	152	1.2%	12475
航空航天	166	3.0%	3263	59.6%	748	13.7%	1260	23.0%	42	0.8%	5479
安全科学技术	18	7.7%	102	43.4%	51	21.7%	62	26.4%	2	0.9%	235
环境科学	673	4.5%	7365	49.5%	3234	21.7%	3394	22.8%	208	1.4%	14874
管理学	55	6.5%	449	52.8%	143	16.8%	195	22.9%	9	1.1%	851
交叉学科与其他	1642	9.7%	8851	52.3%	2867	16.9%	3281	19.4%	292	1.7%	16933
总计	20846	4.5%	252689	55.1%	100747	22.0%	78514	17.1%	6168	1.3%	458964

附表 46　2021 年 CSTPCD 收录的论文按作者合著关系地区分布

地区	单一作者		同机构合著		同省合著		省际合著		国际合著		论文总篇数
	论文篇数	比例	论文篇数	比例	论文篇数	比例	论文篇数	比例	论文篇数	比例	
北京	3102	4.8%	34573	53.0%	13570	20.8%	12694	19.5%	1265	1.9%	65204
天津	554	4.5%	6914	55.8%	2171	17.5%	2556	20.6%	193	1.6%	12388
河北	586	3.7%	8866	56.7%	3649	23.3%	2471	15.8%	65	0.4%	15637
山西	592	6.5%	4870	53.4%	2025	22.2%	1519	16.7%	106	1.2%	9112
内蒙古	247	5.2%	2415	51.3%	1153	24.5%	861	18.3%	35	0.7%	4711
辽宁	703	4.3%	9568	59.1%	2927	18.1%	2790	17.2%	198	1.2%	16186
吉林	187	2.8%	3951	59.0%	1330	19.9%	1113	16.6%	113	1.7%	6694
黑龙江	333	3.4%	5905	60.4%	1753	17.9%	1667	17.0%	121	1.2%	9779
上海	1557	5.5%	16808	58.9%	5487	19.2%	4139	14.5%	524	1.8%	28515
江苏	1524	3.8%	22836	57.6%	8161	20.6%	6505	16.4%	646	1.6%	39672
浙江	663	3.9%	9029	52.5%	4476	26.0%	2759	16.0%	269	1.6%	17196
安徽	470	3.6%	7857	60.2%	2589	19.8%	2025	15.5%	115	0.9%	13056
福建	531	6.5%	4503	55.3%	1764	21.6%	1213	14.9%	137	1.7%	8148
江西	263	4.1%	3629	56.4%	1184	18.4%	1300	20.2%	61	0.9%	6437
山东	884	4.3%	10178	49.0%	5748	27.7%	3741	18.0%	226	1.1%	20777
河南	1215	6.5%	9840	52.5%	4395	23.5%	3179	17.0%	105	0.6%	18734
湖北	824	3.7%	12736	57.8%	4330	19.6%	3833	17.4%	318	1.4%	22041
湖南	375	2.9%	6944	54.3%	2855	22.3%	2420	18.9%	187	1.5%	12781
广东	1056	4.1%	13503	51.9%	6783	26.1%	4152	16.0%	504	1.9%	25998

续表

地区	单一作者		同机构合著		同省合著		省际合著		国际合著		论文总篇数
	论文篇数	比例	论文篇数	比例	论文篇数	比例	论文篇数	比例	论文篇数	比例	
广西	364	4.4%	4515	54.6%	2236	27.0%	1109	13.4%	51	0.6%	8275
海南	104	2.9%	2070	56.9%	795	21.9%	650	17.9%	18	0.5%	3637
重庆	629	6.1%	5981	57.8%	1926	18.6%	1697	16.4%	109	1.1%	10342
四川	864	3.8%	12678	56.5%	5174	23.0%	3476	15.5%	262	1.2%	22454
贵州	180	2.7%	3350	50.9%	1844	28.0%	1179	17.9%	33	0.5%	6586
云南	211	2.5%	4711	54.8%	2243	26.1%	1349	15.7%	85	1.0%	8599
西藏	19	4.2%	180	39.9%	54	12.0%	196	43.5%	2	0.4%	451
陕西	2157	8.4%	13456	52.5%	5349	20.9%	4357	17.0%	290	1.1%	25609
甘肃	228	2.7%	4666	54.5%	2135	24.9%	1459	17.0%	76	0.9%	8564
青海	123	6.1%	1102	54.3%	420	20.7%	383	18.9%	3	0.1%	2031
宁夏	68	3.1%	1149	52.1%	566	25.7%	407	18.5%	15	0.7%	2205
新疆	211	3.0%	3901	54.8%	1655	23.3%	1315	18.5%	36	0.5%	7118
其他	22	81.5%	5	18.5%	0	0.0%	0	0.0%	0	0.0%	27
总计	20846	4.5%	252689	55.1%	100747	22.0%	78514	17.1%	6168	1.3%	458964

附表 47　2021 年 CSTPCD 统计被引次数居前 50 位的基金资助项目情况

排名	基金资助项目	被引次数	所占比例
1	国家自然科学基金委基金项目	740 917	36.96%
2	科学技术部基金项目	322 338	16.08%
3	国内大学、研究机构和公益组织资助	88 912	4.44%
4	教育部基金项目	43 403	2.17%
5	国内企业资助基金项目	35 055	1.75%
6	江苏省基金项目	33 969	1.69%
7	广东省基金项目	32 191	1.61%
8	上海市基金项目	29 719	1.48%
9	北京市基金项目	28 550	1.42%
10	浙江省基金项目	24 375	1.22%
11	河南省基金项目	24 198	1.21%
12	农业部基金项目	22 744	1.13%
13	河北省基金项目	21 858	1.09%
14	四川省基金项目	21 135	1.05%
15	山东省基金项目	20 558	1.03%
16	陕西省基金项目	20 397	1.02%
17	湖南省基金项目	15 527	0.77%
18	湖北省基金项目	14 212	0.71%
19	广西壮族自治区基金项目	12 908	0.64%
20	辽宁省基金项目	12 644	0.63%
21	中国科学院基金项目	12 375	0.62%

排名	基金资助项目	被引次数	所占比例
22	重庆市基金项目	11 767	0.59%
23	安徽省基金项目	11 740	0.59%
24	福建省基金项目	11 498	0.57%
25	贵州省基金项目	11 052	0.55%
26	国土资源部基金项目	10 423	0.52%
27	国家中医药管理局基金项目	10 124	0.51%
28	黑龙江省基金项目	9866	0.49%
29	山西省基金项目	9818	0.49%
30	天津市基金项目	8868	0.44%
31	吉林省基金项目	8734	0.44%
32	军队系统基金	8202	0.41%
33	江西省基金项目	8069	0.40%
34	云南省基金项目	7962	0.40%
35	新疆维吾尔自治区基金项目	7530	0.38%
36	甘肃省基金项目	7151	0.36%
37	海南省基金项目	6060	0.30%
38	人力资源和社会保障部基金项目	5493	0.27%
39	内蒙古自治区基金项目	4845	0.24%
40	国家林业局基金项目	3738	0.19%
41	宁夏回族自治区基金项目	3059	0.15%
42	青海省基金项目	2809	0.14%
43	国家卫生计生委基金项目	2751	0.14%
44	中国气象局基金项目	2522	0.13%
45	中国工程院基金项目	2505	0.12%
46	国家国防科技工业局基金项目	2034	0.10%
47	地质行业科学技术发展基金	1798	0.09%
48	中国地震局基金项目	1740	0.09%
49	海外公益组织、基金机构、学术机构、研究机构资助	1703	0.08%
50	水利部基金项目	1578	0.08%

附表 48　2021 年 CSTPCD 统计被引的各类基金资助论文次数按学科分布情况

学科	被引次数	所占比例	排名
数学	7561	0.38%	34
力学	8212	0.41%	32
信息、系统科学	1801	0.09%	36
物理学	11 615	0.58%	30
化学	26 893	1.34%	22
天文学	1468	0.07%	39
地学	116 606	5.82%	5

学科	被引次数	所占比例	排名
生物学	68 773	3.43%	8
预防医学与卫生学	45 446	2.27%	11
基础医学	37 291	1.86%	14
药物学	30 801	1.54%	18
临床医学	283 244	14.13%	1
中医学	122 845	6.13%	4
军事医学与特种医学	4477	0.22%	35
农学	160 817	8.02%	2
林学	28 131	1.40%	21
畜牧、兽医	30 366	1.51%	19
水产学	12 155	0.61%	28
测绘科学技术	14 530	0.72%	27
材料科学	18 163	0.91%	23
工程与技术基础	11 738	0.59%	29
矿业工程技术	32 247	1.61%	17
能源科学技术	37 510	1.87%	13
冶金、金属学	33 575	1.67%	16
机械、仪表	34 879	1.74%	15
动力与电气	14 804	0.74%	26
核科学技术	1695	0.08%	38
电子、通信与自动控制	124 171	6.19%	3
计算技术	113 498	5.66%	6
化工	28 738	1.43%	20
轻工、纺织	8148	0.41%	33
食品	50 069	2.50%	10
土木建筑	59 350	2.96%	9
水利	17 108	0.85%	25
交通运输	40 028	2.00%	12
航空航天	17 570	0.88%	24
安全科学技术	1703	0.08%	37
环境科学	100 621	5.02%	7
管理学	8228	0.41%	31
其他	237 695	11.86%	
合计	2 004 570		

附表 49　2021 年 CSTPCD 统计被引的各类基金资助论文次数按地区分布情况

地区	被引次数	所占比例	排名
北京	371 085	18.51%	1
天津	54 008	2.69%	13
河北	49 992	2.49%	14

续表

地区	被引次数	所占比例	排名
山西	28 658	1.43%	25
内蒙古	16 642	0.83%	27
辽宁	68 159	3.40%	10
吉林	34 455	1.72%	20
黑龙江	46 065	2.30%	16
上海	118 277	5.90%	3
江苏	178 981	8.93%	2
浙江	75 075	3.75%	9
安徽	45 362	2.26%	17
福建	36 930	1.84%	19
江西	29 860	1.49%	24
山东	81 423	4.06%	8
河南	65 296	3.26%	11
湖北	99 891	4.98%	6
湖南	65 023	3.24%	12
广东	112 218	5.60%	4
广西	30 746	1.53%	22
海南	11 067	0.55%	28
重庆	46 730	2.33%	15
四川	84 739	4.23%	7
贵州	26 029	1.30%	26
云南	30 867	1.54%	21
西藏	1376	0.07%	31
陕西	108 379	5.41%	5
甘肃	42 152	2.10%	18
青海	5969	0.30%	30
宁夏	8384	0.42%	29
新疆	30 732	1.53%	23
总计	2 004 570	100.00%	

附表 50　2021 年 CSTPCD 收录科技论文数居前 30 位的企业

排名	单位	论文篇数
1	中国核工业集团公司	935
2	中国电子科技集团公司	724
3	国家电网公司	657
4	中国煤炭科工集团有限公司	651
4	中国航天科技集团公司	651
6	中国航空工业集团公司	516
7	中国兵器工业集团公司	501
8	中国石油天然气集团公司	480

续表

排名	单位	论文篇数
9	中国石油化工集团公司	464
10	中国船舶重工集团公司	388
11	中国铁道建筑总公司	343
12	中国钢研科技集团公司	191
13	中国交通建设集团有限公司	187
14	矿冶科技集团有限公司	164
15	中国铁路工程总公司	162
16	中国南方电网有限责任公司	159
17	机械科学研究总院	154
18	中国建筑科学研究院	131
19	中国机械工业集团有限公司	122
20	中国中车股份有限公司	112
21	国家能源集团	105
22	中国煤炭地质总局	91
23	中国轻工集团公司	83
24	中国航天科工集团公司	82
25	中国商用飞机有限责任公司	78
26	中国冶金地质总局	71
27	中国南车集团公司	67
27	北京有色金属研究总院	67
29	中国医药集团总公司	63
30	武汉邮电科学研究院	62

附表 51　2021 SCI 收录的中国数学领域科技论文数居前 20 位的单位排名

排名	单位	论文篇数
1	山东大学	161
2	上海交通大学	154
3	清华大学	149
4	复旦大学	141
4	西北工业大学	141
6	哈尔滨工业大学	139
7	中南大学	136
7	中山大学	136
9	中国科学技术大学	126
10	北京大学	123
11	四川大学	122
11	浙江大学	122
13	武汉大学	120
14	兰州大学	119

排名	单位	论文篇数
15	北京师范大学	118
16	西南大学	116
17	山东师范大学	114
18	西北师范大学	111
19	电子科技大学	110
19	厦门大学	110

注 1. 仅统计 Article 和 Review 两种文献类型。

2. 高等院校论文数含其附属机构论文数，下同。

附表 52　2021 年 SCI 收录的中国物理领域科技论文数居前 20 位的单位排名

排名	单位	论文篇数
1	中国科学技术大学	702
2	清华大学	668
3	西安交通大学	660
4	华中科技大学	642
5	哈尔滨工业大学	575
6	浙江大学	572
7	上海交通大学	568
8	天津大学	542
9	南京大学	535
10	北京大学	523
11	四川大学	470
12	吉林大学	442
13	电子科技大学	428
14	北京理工大学	419
15	山东大学	406
16	复旦大学	370
17	大连理工大学	365
18	西北工业大学	363
19	东南大学	353
20	西安电子科技大学	348

附表 53　2021 年 SCI 收录的中国化学领域科技论文数居前 20 位的单位排名

排名	单位	论文篇数
1	四川大学	1133
2	浙江大学	1014
3	天津大学	990
4	吉林大学	916
5	华南理工大学	801

排名	单位	论文篇数
6	中国科学技术大学	792
7	清华大学	763
8	山东大学	755
9	苏州大学	731
10	上海交通大学	726
11	南开大学	702
12	中南大学	688
13	大连理工大学	667
14	厦门大学	663
15	复旦大学	659
16	南京大学	658
17	郑州大学	654
18	北京化工大学	651
19	哈尔滨工业大学	647
20	华东理工大学	645

附表 54　2021 年 SCI 收录的中国天文领域科技论文数居前 20 位的单位排名

排名	单位	论文篇数
1	中国科学院国家天文台	213
2	北京大学	159
3	中国科学院紫金山天文台	108
4	中国科学院高能物理研究所	100
5	中国科学技术大学	97
6	南京大学	89
7	中国科学院云南天文台	79
8	中山大学	75
9	北京师范大学	72
10	清华大学	71
11	武汉大学	70
12	山东大学	67
13	中国科学院上海天文台	62
14	上海交通大学	61
15	云南大学	38
16	中国科学院空间科学与应用研究中心	37
17	哈尔滨工业大学	33
18	北京航空航天大学	32
19	中国科学院大学	31
20	复旦大学	30
20	兰州大学	30

附表 55　2021 年 SCI 收录的中国地学领域科技论文数居前 20 位的单位排名

排名	单位	论文篇数
1	中国地质大学	1297
2	武汉大学	670
3	南京信息工程大学	540
4	中国石油大学	538
5	中国海洋大学	448
6	中山大学	402
7	浙江大学	399
8	中国矿业大学	396
9	同济大学	388
10	河海大学	378
11	中国科学院地质与地球物理研究所	368
12	南京大学	363
13	吉林大学	332
14	中国科学院空天信息创新研究院	323
15	北京大学	315
16	北京师范大学	313
17	中国科学院大气物理研究所	288
18	成都理工大学	255
19	上海交通大学	239
20	中国科学院地理科学与资源研究所	238
20	中南大学	238

附表 56　2021 年 SCI 收录的中国生物领域科技论文数居前 20 位的单位排名

排名	单位	论文篇数
1	浙江大学	1186
2	上海交通大学	1000
3	中山大学	909
4	复旦大学	742
5	西北农林科技大学	718
6	南京农业大学	716
7	中国农业大学	702
8	山东大学	698
9	华中农业大学	675
10	四川大学	673
11	北京大学	616
12	中南大学	573
13	华中科技大学	569
14	武汉大学	500
15	华南农业大学	485
16	吉林大学	483

续表

排名	单位	论文篇数
17	郑州大学	468
18	南京医科大学	437
19	西南大学	422
20	江南大学	415

附表 57 2021 年 SCI 收录的中国医学领域科技论文数居前 20 位的单位排名

排名	单位	论文篇数
1	上海交通大学	4037
2	首都医科大学	3853
3	四川大学	3728
4	浙江大学	3487
5	复旦大学	3428
6	中山大学	3302
7	北京大学	3153
8	华中科技大学	2756
9	中南大学	2717
10	南京医科大学	2306
11	山东大学	1994
12	中国医科大学	1930
13	南方医科大学	1804
14	吉林大学	1743
15	郑州大学	1656
16	武汉大学	1569
17	重庆医科大学	1562
18	苏州大学	1558
19	安徽医科大学	1473
20	温州医学院	1394

附表 58 2021 年 SCI 收录的中国农学领域科技论文数居前 20 位的单位排名

排名	单位	论文篇数
1	西北农林科技大学	685
2	中国农业大学	664
3	南京农业大学	450
4	华中农业大学	361
5	四川农业大学	340
6	华南农业大学	338
7	扬州大学	276
8	浙江大学	252
9	北京林业大学	248
10	南京林业大学	225

排名	单位	论文篇数
11	东北农业大学	222
12	东北林业大学	221
13	西南大学	198
14	山东农业大学	187
15	中国林业科学研究院	184
16	福建农林大学	165
17	沈阳农业大学	163
18	中国海洋大学	159
19	湖南农业大学	149
20	上海海洋大学	147

附表 59　2021 年 SCI 收录的中国材料科学领域科技论文数居前 20 位的单位排名

排名	单位	论文篇数
1	上海交通大学	796
2	中南大学	794
3	哈尔滨工业大学	782
4	四川大学	775
5	北京科技大学	767
6	西北工业大学	762
7	东北大学	695
8	浙江大学	607
9	西安交通大学	581
10	天津大学	542
11	华中科技大学	520
12	吉林大学	516
13	华南理工大学	498
14	山东大学	488
15	大连理工大学	449
16	武汉理工大学	424
17	清华大学	408
18	南京航空航天大学	401
19	重庆大学	398
20	上海大学	397

附表 60　2021 年 SCI 收录的中国环境科学领域科技论文数居前 20 位的单位排名

排名	单位	论文篇数
1	浙江大学	511
2	清华大学	439
3	北京师范大学	431
4	中国地质大学	393

续表

排名	单位	论文篇数
5	北京大学	371
6	河海大学	338
7	同济大学	325
8	山东大学	324
9	西北农林科技大学	317
10	南京大学	314
11	中国科学院生态环境研究中心	312
12	哈尔滨工业大学	306
13	南京信息工程大学	295
14	中山大学	286
15	武汉大学	284
16	中国矿业大学	274
17	上海交通大学	263
18	华中科技大学	244
18	中国科学院地理科学与资源研究所	244
18	中南大学	244

附表 61　2021 年 SCI 收录的中国科技期刊数量居前 10 位的出版机构

排名	出版机构	期刊数
1	SPRINGER NATURE	51
2	SCIENCE PRESS	30
3	ELSEVIER	22
4	KEAI PUBLISHING LTD	19
5	WILEY	12
6	HIGHER EDUCATION PRESS	10
7	OXFORD UNIV PRESS	8
8	ZHEJIANG UNIV	6
8	IOP PUBLISHING LTD	6
10	BMC	5

附表 62　2021 年 SCI 收录中国科技论文数居前 50 位的城市

排名	城市	论文篇数	排名	城市	论文篇数
1	北京	76505	8	杭州	20739
2	上海	43404	9	长沙	16358
3	南京	33250	10	天津	15871
4	广州	27983	11	青岛	12784
5	武汉	27206	12	重庆	12528
6	西安	25407	13	哈尔滨	11574
7	成都	22808	14	合肥	11266

续表

排名	城市	论文篇数	排名	城市	论文篇数
15	长春	10538	33	贵阳	3206
16	济南	10317	34	咸阳	3013
17	沈阳	10078	35	石家庄	2916
18	深圳	9787	36	温州	2677
19	郑州	8913	37	乌鲁木齐	2325
20	大连	7941	38	扬州	2227
21	兰州	7380	39	桂林	1932
22	福州	6122	40	海口	1858
23	南昌	5794	41	常州	1751
24	昆明	5493	42	烟台	1733
25	苏州	5090	43	呼和浩特	1614
26	太原	4756	44	保定	1589
27	厦门	4662	45	南通	1431
28	镇江	3964	46	绵阳	1428
29	徐州	3652	47	秦皇岛	1417
30	无锡	3605	48	湘潭	1396
31	宁波	3597	49	新乡	1283
32	南宁	3550	50	泰安	1169

附表 63　2021 年 Ei 收录中国科技论文数居前 50 位的城市

排名	城市	论文篇数	排名	城市	论文篇数
1	北京	51875	20	深圳	4304
2	上海	24877	21	福州	3979
3	南京	22038	22	盘锦	3863
4	西安	21783	23	太原	3719
5	武汉	16278	24	南昌	3187
6	成都	14109	25	镇江	2910
7	广州	13807	26	大连	2876
8	杭州	12300	27	昆明	2789
9	天津	11650	28	苏州	2593
10	长沙	11093	29	厦门	2583
11	哈尔滨	9639	30	徐州	2558
12	合肥	8336	31	无锡	2318
13	青岛	7764	32	宁波	1995
14	重庆	7749	33	南宁	1597
15	长春	7019	34	桂林	1381
16	济南	6427	35	绵阳	1314
17	沈阳	6250	36	石家庄	1313
18	郑州	5078	37	秦皇岛	1201
19	兰州	4406	38	湘潭	1174

续表

排名	城市	论文篇数	排名	城市	论文篇数
39	咸阳	1103	45	牡丹江	823
40	乌鲁木齐	989	46	温州	778
41	呼和浩特	950	46	淄博	778
42	烟台	937	48	焦作	731
43	扬州	883	49	鞍山	722
44	泉州	868	50	赣州	688

附表 64　2021 年 CPCI-S 收录中国科技论文数居前 50 位的城市

排名	城市	论文篇数	排名	城市	论文篇数
1	北京	6237	26	兰州	127
2	上海	2636	27	桂林	100
3	南京	1671	28	宁波	94
4	西安	1638	29	安阳	92
5	武汉	1248	30	镇江	91
6	成都	1222	31	呼和浩特	84
7	广州	1145	32	吉安	82
8	深圳	1120	33	太原	81
9	杭州	1109	34	石家庄	73
10	天津	865	35	南宁	61
11	合肥	761	36	珠海	51
12	重庆	606	37	洛阳	50
13	长沙	579	38	保定	43
14	哈尔滨	486	39	舟山	41
15	济南	443	39	开封	41
16	沈阳	331	39	东莞	41
17	青岛	326	39	贵阳	41
18	大连	304	43	无锡	40
19	长春	293	44	佛山	39
20	苏州	269	45	吉林	38
21	郑州	202	46	徐州	37
22	厦门	201	46	银川	37
23	福州	197	48	威海	36
24	昆明	177	49	湘潭	34
25	南昌	161	49	西宁	34